Small animal surgery

José Rodríguez Gómez (Editor)
María José Martínez Sañudo
Jaime Graus Morales

Surgery atlas, a step-by-step guide
The thorax

SERVET

All rights reserved.
No part of this book may be reproduced, stored or transmitted in any form or by any electronic or mechanical means, including photocopying or CD/DVD, without prior written permission from the publisher.

Any form of reproduction, distribution, publication or transformation of this book is only permitted with the authorisation of its copyright holders, apart from the exceptions allowed by law. Contact CEDRO (Spanish Centre of Reproduction Rights, www.cedro.org) if you need to photocopy or scan any part of this book (www.conlicencia.com; 91 702 19 70 / 93 272 04 47).

Warning:
Veterinary science is constantly evolving, as are pharmacology and the other sciences. Inevitably, it is therefore the responsibility of the veterinary clinician to determine and verify the dosage, the method of administration, the duration of treatment and any possible contraindications to the treatments given to each individual patient, based on his or her professional experience. Neither the publisher nor the author can be held liable for any damage or harm caused to people, animals or properties resulting from the correct or incorrect application of the information contained in this book.

This book has been published originally in spanish under the tittle:
La cirugía en imágenes, paso a paso: El tórax
© 2011 Grupo Asís Biomedia S.L.
ISBN spanish edition: 978-84-92569-67-0

For this english edition:
© 2013 Grupo Asís Biomedia, S.L.
Plaza Antonio Beltrán Martínez nº 1, planta 8 - letra I
(Centro empresarial El Trovador)
50002 Zaragoza - Spain

Translation:
Karin de Lange DVM MRCVS
Mette Bouman DVM
Ian Neville BVSc MRCVS

Design and layout:
Servet editorial - Grupo Asís Biomedia, S.L.
www.grupoasis.com

ISBN: 978-84-92569-99-1
D.L.: Z 2340-2012

Printed in Spain

SMALL ANIMAL SURGERY. SURGERY ATLAS, A STEP-BY-STEP GUIDE: THE THORAX
by José Rodríguez Gómez, María José Martínez Sañudo, Jaime Graus Morales
Spanish edition © 2011 Grupo Asís Biomedia, S. L.
English edition © 2013 Grupo Asís Biomedia, S. L.
Japanese translation rights arranged with
Grupo Asis Biomedia Sociedad Limitada, under its branch Servet, Zaragoza, Spain
through Tuttle-Mori Agency, Inc.

GRUPO ASIS BIOMEDIA SOCIEDAD LIMITADA, under its branch SERVET によるSMALL ANIMAL SURGERY. SURGERY ATLAS, A STEP-BY-STEP GUIDE: THE THORAX の日本語翻訳権・出版権は㈱ファームプレスが所有する。本書からの無断複写・転載を禁ずる。(Printed in Japan)

カラーアトラス
小動物外科シリーズ
Small animal surgery

José Rodríguez Gómez (Editor)
María José Martínez Sañudo
Jaime Graus Morales

監訳
西村亮平

Surgery atlas, a step-by-step guide

胸部
The thorax

ファームプレス

著者

Coordination: José Rodríguez Gómez
Authors: José Rodríguez Gómez
Mª José Martínez Sañudo
Jaime Graus Morales

執筆者

Mª Carmen Aceña
Faculty of Veterinary Medicine
University of Zaragoza
(Zaragoza, Spain)

Víctor Ara
Clinical Veterinary Centre
of Jaca
(Huesca, Spain)

Rodolfo Bruhl-Day
School of Veterinary Medicine
St. George's University
(Grenada, West Indies)

Roberto Bussadori
Veterinary Clinic Gran Sasso
(Milan, Italy)

Jordi Cairó
Canis Veterinary Hospital
(Girona, Spain)

Jesús Calvo
Clinical Veterinary Centre
of Jaca
(Huesca, Spain)

Amaya de Torre
Faculty of Veterinary Medicine
University of Zaragoza
(Zaragoza, Spain)

Pedro Esteve
Cardiosonic
(Madrid, Spain)

Rocío Fernández
Faculty of Veterinary Medicine
University of Zaragoza
(Zaragoza, Spain)

Javier Gómez-Arrue
IACS
(Zaragoza, Spain)

Ana González
Veterinary Hospital
University of Zaragoza
(Zaragoza, Spain)

Cristina Gracia
Clinical Veterinary Centre
of Jaca (Huesca, Spain)

Alicia Laborda
Faculty of Veterinary Medicine
University of Zaragoza
(Zaragoza, Spain)

María Elena Martínez
Teaching Hospital
Faculty of Veterinary Sciences
UBA (Buenos Aires, Argentina)

Pablo Meyer
Teaching Hospital
Faculty of Veterinary Sciences
UBA (Buenos Aires, Argentina)

Silvia Repetto
Veterinary Clinic Gran Sasso
(Milan, Italy)

Carolina Serrano
Faculty of Veterinary Medicine
University of Zaragoza
(Zaragoza, Spain)

Ramón Sever
Veterinary Polyclinic Rover
(Zaragoza, Spain)

Patricio Torres
Veterinary Hospital Animal
Medical Center
(Concepción, Chile)

Amaia Unzueta
Veterinary Hospital
University of Zaragoza
(Zaragoza, Spain)

推薦の言葉

　個人的なものであれ職業上のものであれ、人生には優れた教師―忍耐強く経験豊富で、あたかも自ら学んだように思わせる自然で滑らかな教授法を身につけている人物―の存在が重要であり、必要である。

　この、小動物外科シリーズの各巻が好例である。これらの本は明解かつ簡潔で、臨床的な側面と各々の手技の要点が述べられており、そのために難度の高い技術が、持って生まれた外科の素質のない獣医師にとってさえ簡単に見えてしまうほどである。

　本書のような胸部外科に関する書籍は経験の浅い獣医師の訓練においてきわめて役に立つものである。本書は解剖学、生理学、外科病理学の基礎的な教科書はもちろん、古典的な外科学書とも併せて持っておくべきものである。本書は、定型的な手術から侵襲を最小限にとどめる手術まで、また、画像診断から細胞診まで、胸部疾患の処置に必要なすべての点を網羅している。

　本書の助けがあれば、誰にでも胸部に起こる問題を扱うことが可能となる。心膜切除術や気胸、横隔膜ヘルニア、心タンポナーデに対する処置などの日々の臨床でよく遭遇する疾患に対する単純な手技や、食道や気管の修復、動脈管遺残に対する処置などのより複雑な手技も可能となるであろう。

　筆者には、本書の著者の一人と一緒に外科学を学ぶという恩恵に浴した経験があるが、本書を読むと、まさに麻酔のかかった患者の前に立ち、手術中に現れる問題を解決するに際しての疑問や困難を共有しているかのように感じられてならない。

Carlos Muñoz Sevilla
Veterinary Clinic San Francisco. Castellón(Spain)

はじめに

何かを目指して何日も航海する、あるいは、単に楽しみのために数時間波に乗るだけだとしても、船に乗ることによってしか得られないユニークで楽しい経験というものがある。

だが、いざ帆を上げようという前にしておかなければならないことがある。進むべき航路を計画し、安全に錨をおろせる場所を見つけるために海岸を調べ、必要なもののリストを作り、そのほか旅の間に必要なあらゆることを準備しなくてはならない。

あなたには船長として、目的地に到達するための、また、起こりうる災難に対処するための十分な知識と経験が必要である。そのためには、訓練を受けるだけでなく、航海に関するすべてのことを学習し、分析し、計画し、予期しなくてはならない。さもないと、楽しいはずの海上での日々が悪夢へと変わることになる。

どうか、「パンパン、パンパン、パンパン」[1]を送るようなことのないように、そして、楽しい旅を満喫できますように。

我々は20年以上にわたって、さまざまな分野でたくさんの学生や獣医師の外科手技の訓練を助ける機会をもち、喜びを得てきた。この間、さまざまな外科手技の手順を例示し、我々の経験を可能な限りリアルに伝えるために、臨床例や外科手技の写真を撮影してきた。

7年前、これらの素材に、我々がこれまでに得た秘訣やコツといったものを加えて出版するという計画が持ち上がった。そして、腹部と骨盤領域の外科に関する3冊の本が出版された。4冊目となる本書では胸部における最も重要な外科手技について述べられている。

これまでの各巻と同様、本書の主な目的は、解剖学、生理学、外科技術に関する従来の書籍に加えてさらなる情報源を提供することであり、臨床家が適切な手技を選択し、より正確に、より容易に、より安全に手術を行い、最良の結果を得る一助となることである。

多くの獣医師にとって胸腔へのアプローチは、自発呼吸のできない患者の麻酔管理、術野の狭さ、動きを止めることのできない胸腔内臓器、術後の管理などの点で困難を伴うものであることは承知している。

我々は本書の図表や、説明、忠告、ちょっとした秘訣などが読者が胸部外科手術を計画する際に役立ってくれることを期待している。

我々はまた、将来の本書の改訂のために読者の意見や提案を求めたいと思っている。

何度も言うようだが、いくつかの写真の質についてはお詫びしたい。しかし、これらの写真がもつ情報は手術の「真っ最中」に撮られたスナップ写真であるが故の欠点を上回るものと信じている。

読者の手術を改善することにいくらかでも役立つなら、本書の目的は十分に果たされたことになる。

本書に興味をもってくれたことに感謝します。そして、手術を楽しんでください。

---

[1] 「パンパン、パンパン、パンパン」とは、エンジンが故障して修繕不可能であるとか、乗組員が腕を折ったなど、船やその乗員に緊急の援助が必要な際にVHF16チャンネルまたは船舶無線電話の周波数2,182kHzで送信される救難信号である。

監訳の言葉

謝辞

本書を書き終えた今、それを現実のものとすべく我々を助けてくれたすべての人々の努力と奮闘に感謝したいと思う。これまでの各巻と同様、その名簿はとても長いものとなる。きわめて多くの人々が、我々の教育、臨床、研究活動が円滑に行えるよう日々、支えてくれた。

管理部門、事務部門の皆さん、臨床助手の皆さん、清掃・消毒部門の皆さん、外科部門の講師の皆さん、病院の臨床獣医師の皆さんに心から感謝します。

我々の仕事を容易にすべく日々助けてくれた Maria José Pueyo に、とくに感謝します。また、我々の所で専門教育を受けている獣医師である Amaya de Torre、Alicia Laborda、Carolina Serrano、Rocío Fernández に感謝します。あなた方は我々の未来そのものです。

手術室での日々の仕事はきついもので、時として強いストレスの元となる―サラゴサ大学獣医科病院のインターンにはよく知られていることであるが。しかし彼らは我々とともに働き、すべてがうまく行くよう取りはからってくれた。Patricia、Isabel L.、María U.、Isabel T.、María B.、Javi、Cristina、Bárbara そして Ester、あなた方に心を込めて感謝の言葉を送ります。あなた方の学習に対する意欲と向上心はあなた方を高みへと導くでしょう。我々はあなた方が成し遂げた仕事を誇りに思います。あなた方には明るい未来が待っています。

患者を我々に委ねてくれたすべての獣医師に感謝します。あなた方をがっかりさせていなければいいのですが。

そしてもちろん、この本のすべての読者に感謝します。この本を楽しんでくれること、そしてこの本が役に立ってくれることを望みます。

最後に、Servet Publishing 社のすばらしいチームに感謝します。彼らは、いつものことながら、細心の注意を払い優れた仕事を成し遂げました。その甲斐あって、この魅力的な本を読者に届けることができたのです。

Dr. José Rodríguez Gómez
Dra. Dña. María José Martínez Sañudo
Dr. D. Jamie Graus Morales
Veterinary Hospital.
Zaragoza University

温故知新（故きを温ねて新しきを知る）、誰もが知る論語にある孔子の言葉である。本来の意味とは少し異なるかもしれないが、この言葉は外科手術にも当てはまると思う。外科手術に求められるものはいくつかあるが、安全に行うことは共通して重要な項目である。その上で病気の動物たちをできるだけ少ない負担で、できるだけ良好な状態に導くことが求められる。最初から経験を豊富にもつことはできないし、大きな危険を冒して手術経験を積むことも厳に慎むべきことである。

外科レジデントとして専門教育を受けられる人はごくごく限られるので、それ以外の多くの人たちにとって最も役に立つことは、先人の知恵を最大限借りることである。これまで多くの手術がなされ、その経験の中からさまざまな手術法が開発されてきた。これを効果的に学ぶことは重要であるが、実際に手術をしてみると教科書通りにはなかなかいかないことも多い。このときにも役立つものが先人たちが伝えてくれたコツである。長く積み重ねられてきた経験を深く学ぶことによって、我々は多くのことを知ることができる。さらにここには危険を回避する珠玉の知恵もたくさん含まれているのだ。

シリーズ4冊目となる本書は、これまでの本と同じ著者で現在活躍中の外科医により書かれているが、書かれた内容は先人たちの知恵の上に立つものであることは間違いがない。もちろん過去の知識だけでなく、彼らが作り上げた知恵も加えられ、最大限の安全と最小限の侵襲で最大限の効果を得るための知恵が詰まった1冊と言える。"胸部外科"とややとっつきにくい内容かもしれないが、逆に本書の内容はこれまでのシリーズ以上に我々に知識と勇気を与えてくれる。その勇気が病気に苦しむ動物たちを救う一歩となることを願って本書を送り出す。

今回も訳者の先生方にはスピード感あふれる仕事をしていただいた。心から感謝申し上げる。またファームプレスの方々にもお世話になった。併せて感謝したい。

2014年12月吉日

東京大学大学院農学生命科学研究科獣医学専攻
獣医外科学研究室　教授　**西村 亮平**

胸部

本書の使い方

　「胸部」は7章に分かれている。初めの6章では、それぞれの領域（胸郭と胸腔、食道、肺、心血管系、縦隔および気管）においてよく見られる疾患について述べられており、それらに関する一般的な手術法および新しい手術法にも触れている。また、各章には、外科的治療法だけでなく関連する疾患についても解説した臨床例も記載されている。

　このシリーズの前著と同様、最後の章である「一般的手技」では通常用いられる診断技術（放射線、細胞診、内視鏡）と外科技術（麻酔、チューブやドレインの設置、低侵襲手術法、開胸法）について述べられている。

　本書の構成は、さまざまな外科技術についての記載と、その他の記載（臨床徴候や内科的治療）を明確に区別できるように工夫されている。

各章の初め

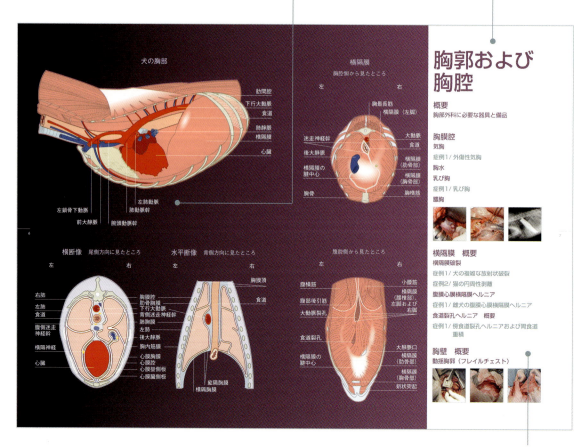

各見開きページに掲載された各部位の解剖学的な模式図

各章のタイトル

簡単に臨床例や術式を参照できる目次

本書の使い方

各章の内容

一部のページでは、使われている手技の難易度と取り上げられている疾患の発生頻度が5段階で表示されている

扱われている臨床例や疾患についての序文

写真の説明文ではそれぞれの段階について簡略かつ的確に述べられている

ページ上部の色つきの帯は術式についての解説であることを示す

使われている手技を段階的に解説

それぞれの手技は優れた写真を使って段階的に図解

ページ上部の無色の帯は疾患そのものや内科的処置についての解説であることを示す

本書内で参考となる他の手技や解説が記載されたページがわかりやすく示されている

小動物外科シリーズ内の他の巻で参考となる他の手技や解説が記載されたページがわかりやすく示されている

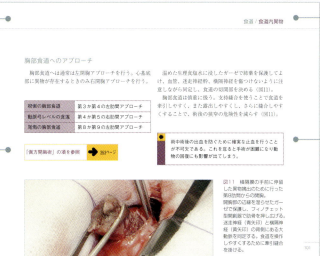

各章のタイトルと扱われている疾患名

手技に伴う危険性や注意すべき点を囲み文で示す

「こつ」が書かれた囲み文

それぞれの手技は写真を使って段階的に図解

もくじ
Table of contents

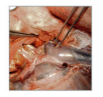
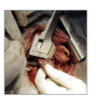

前付ページ（著者、推薦の言葉、はじめに、謝辞、本書の使い方） ········· IV-IX
監訳の言葉 ········· VII

序文 ········· 2

胸郭および胸腔 ········· 6
概要 ········· 8
　胸部外科に必要な器具と備品 ········· 13

胸膜腔 ········· 19
　気胸 ········· 23
　症例1/ 外傷性気胸 ········· 27
　胸水 ········· 29
　乳び胸 ········· 32
　症例1/ 乳び胸 ········· 36
　膿胸 ········· 39

横隔膜　概要 ········· 42
　横隔膜破裂 ········· 44
　症例1/ 犬の複雑な放射状破裂 ········· 50
　症例2/ 猫の円周性剥離 ········· 57
　腹膜心膜横隔膜ヘルニア ········· 61
　症例1/ 雄犬のPPDH ········· 66
　食道裂孔ヘルニア ········· 70
　症例1/ 傍食道裂孔ヘルニアおよび胃食道重積 ········· 78

胸壁　概要 ········· 82
　動揺胸郭（フレイルチェスト） ········· 84

食道 ········· 88
概要 ········· 90

食道内異物　概要 ········· 96
　症例1/ 尾側の胸部食道内異物　食道切開術 ········· 102
　症例2/ 尾側の胸部食道内異物　胃切開術 ········· 110

右大動脈弓遺残（PRAA） ········· 113
　症例1/ 右大動脈弓遺残（PRAA） ········· 121

巨大食道症　概要 ········· 124

特発性巨大食道症　食道横隔膜噴門形成 ········· 128
　症例1/ 巨大食道症 ········· 135

肺 ········· 140
概要 ········· 142

肺腫瘍 ········· 146
　症例1/ 肥大性骨症（マリー病） ········· 150

肺膿瘍 ········· 155
　後縦隔の被覆膿胞 ········· 160

肺葉捻転 ········· 166

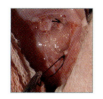

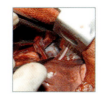

心臓血管系　168

概要 …………………………………………… 170

動脈管開存症（PDA）　概要 ………………… 175
　PDA　標準的外科手術 ……………………… 179
　症例1/ 術中の PDA 裂開 …………………… 186
　症例2/ 血管ステイプラーを用いた閉鎖 …… 190
　症例3/Amplatzer Canine Duct Occluder（ACDO）を
　　用いた PDA 閉塞法 ……………………… 193

肺動脈狭窄症　概要 …………………………… 198
　肺動脈弁狭窄症の治療　バルーン弁形成術 … 202
　肺動脈狭窄症の治療　Transannular パッチ（開胸下パッ
　　チグラフト術） …………………………… 204

大血管流入遮断テクニック/静脈還流の完全遮断 …… 209

心タンポナーデ ………………………………… 214

心臓腫瘍　概要 ………………………………… 219

前縦隔　226

前縦隔　概要 …………………………………… 228

猫の胸腺腫 ……………………………………… 229

前縦隔内の腫瘍 ………………………………… 233

気管　236

気管　概要 ……………………………………… 238

気管虚脱 ………………………………………… 241
　気管虚脱　頸部管外気管形成術 …………… 246
　気管虚脱　管内気管形成術 ………………… 252

一般的手技　256

胸部手術の麻酔 ………………………………… 258

胸腔ドレイン …………………………………… 265
　胸腔穿刺 ……………………………………… 277

チューブとドレインの固定 …………………… 279

胸部X線検査 …………………………………… 284

胸腔内の細胞診断 ……………………………… 310

胸腔の内視鏡検査 ……………………………… 324

低侵襲手術 ……………………………………… 332
　画像ガイド下低侵襲手術 …………………… 334
　胸腔鏡　概要 ………………………………… 340

開胸術　概要 …………………………………… 348
　側方開胸術 …………………………………… 353
　正中開胸術 …………………………………… 361

監訳者・翻訳者一覧

監 訳──
西村亮平
　所属：東京大学大学院農学生命科学研究科獣医学専攻獣医外科学研究室　教授

The thorax

翻 訳──
酒井秀夫（p v-ix、3-18）
　所属：八重咲動物病院　院長
高木 哲（p19-41）
　所属：北海道大学大学院獣医学研究科附属動物病院　准教授
宝達美穂（p42-81）
　獣医師
冨澤伸行（p82-95、348-367）
　所属：とみざわ犬猫病院　院長
越後良介（p96-123）
　所属：北海道大学大学院獣医学研究科附属動物病院　特任助教
千々和宏作（p124-139）
　所属：若久動物病院　院長
舩橋三朋子（p140-145）
　所属：フィル動物病院　獣医師
秋吉秀保（p146-167）
　所属：大阪府立大学大学院生命環境科学研究科獣医学専攻獣医外科学教室　准教授
藤田 淳（p168-197）
　所属：東京大学大学院農学生命科学研究科附属動物医療センター外科系診療科　特任助教
進 学之（p198-213）
　所属：しん動物病院　院長
中川貴之（p214-235）
　所属：東京大学大学院農学生命科学研究科獣医学専攻獣医外科学研究室　助教
高尾幸司（p236-255）
　所属：野毛坂どうぶつ病院　院長
鎌田正利（p256-264）
　所属：東京大学大学院農学生命科学研究科附属動物医療センター麻酔・集中治療部　特任助教
佐伯亘平（p265-283）
　所属：東京大学大学院農学生命科学研究科獣医学専攻獣医外科学研究室
藤原玲奈（p284-309）
　所属：東京大学大学院農学生命科学研究科附属動物医療センター画像診断部　特任助教
坪井誠也（p310-323）
　所属：東京大学大学院農学生命科学研究科附属動物医療センター病理診断部/獣医病理学研究室　特任助教
福島建次郎（p324-331）
　所属：東京大学大学院農学生命科学研究科附属動物医療センター内科系診療科　特任助教
金本英之（p332-347）
　所属：東京大学大学院農学生命科学研究科附属動物医療センター内科系診療科　特任助教

（担当項目初出順：（　）内担当ページ、所属は2014年12月現在、敬称略）

序文

José Rodríguez Gómez

　胸腔に対する外科的処置は、呼吸障害をもつ患者で状態が安定する前に必要となることが多い。したがって、胸腔穿刺法や胸腔ドレナージ法などの手技は十分に理解、習得しておく必要がある（図1）。

　胸部の外科的処置は、1日の最初に行う。そうすれば、突発的な術後合併症に対して日中を通して監視することができる。さらに言えば、術後24時間は患者を集中治療室に入院させるべきである。

　胸部外科には、他の部位や体腔に対する外科的処置と異なるいくつかの特徴がある（図2～4）。
- 気管や食道のように、不注意な切開や乱暴な扱いにきわめて弱い組織や解剖学的構造が多い。
- 肋間からの開胸のように、術野が狭く、深い。
- 肺葉切除後の気管支断端の縫合の破綻など、縫合の失敗が破滅的な結果を招く。
- 食道に併走する迷走神経幹のように、主要な血管や神経がきわめて近い位置にある。
- 食道や気管などの分節性の血管構造

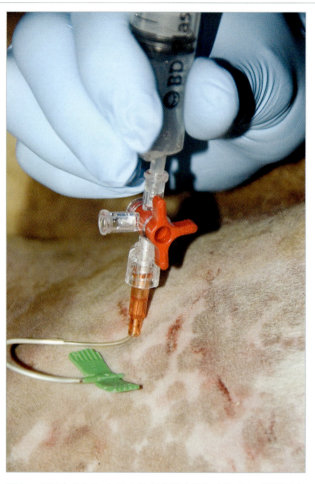

図1　犬同士のケンカによる外傷性気胸に対して、吸引のための胸腔穿刺を行っているところ

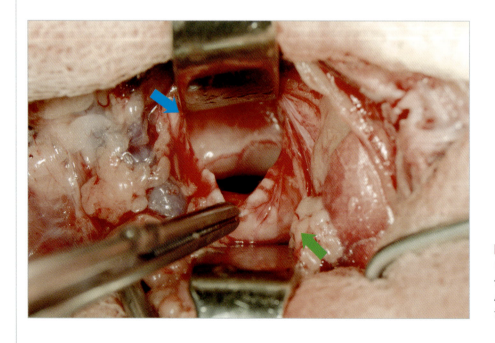

図2　食道（青矢印）と気管（緑矢印）に分布する血管を保護するために、正確かつ細心の注意を払って胸部気管を切開している。

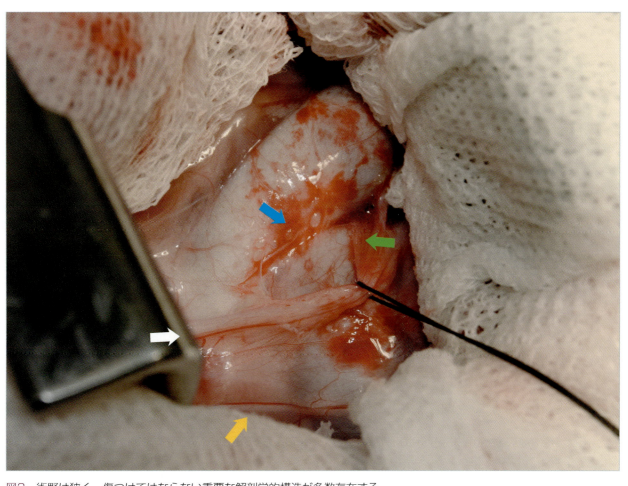

図3 術野は狭く、傷つけてはならない重要な解剖学的構造が多数存在する。
写真は動脈管開存を閉鎖するために心基底部にアプローチしているところを示している。横隔神経（黄矢印）、迷走神経（白矢印）、反回神経（緑矢印）、動脈管開存（青矢印）を示す。

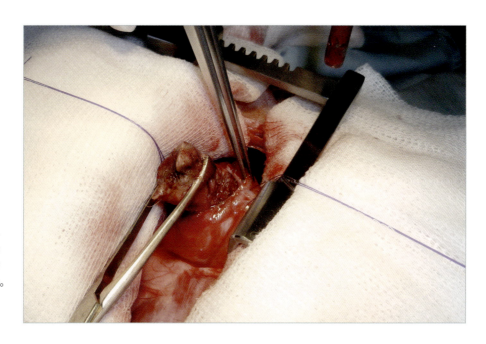

図4 胸部食道の手術に際しては、手術中の汚染と食道およびその近傍の血管や神経の損傷を避けなくてはならない。縫合は正確に、注意深く行う必要がある。

これらの理由により、術中および術後の合併症が比較的多い。合併症を極力避けるために、術者には以下の事項が要求される。
- この領域の器官や組織の解剖学と生理学の完全な理解
- 特殊な器具と患者モニタ装置
- 完全な手術計画
- 代替計画と緊急事態に対する対処法
- 到達が難しい術野で手術を行うために訓練され、器用な手先
- 侵襲の少ない正確な手術手技
- 手術のすべての段階における麻酔医との良好なコミュニケーション

術者は、術前、術中、術後に起こりうる以下のような合併症についても理解し、予期しておかなくてはならない。
- 手術前から存在する肺や心臓、大血管に対する圧迫
- 感染：誤嚥性肺炎が最も多い
- 気胸による呼吸障害
- 迷走神経刺激による徐脈
- 心臓に触れることによる心機能障害
- 出血
- 血圧低下

合併症を最小限にするためには、必要な段階を踏む必要がある。これらの患者にルーチンに行うべき検査としては、心電図、非観血的血圧、体温、酸素飽和度、呼気二酸化炭素濃度測定があげられる。重症症例では、可能ならばこれらに加えて血液ガス分析も行う（図5）。

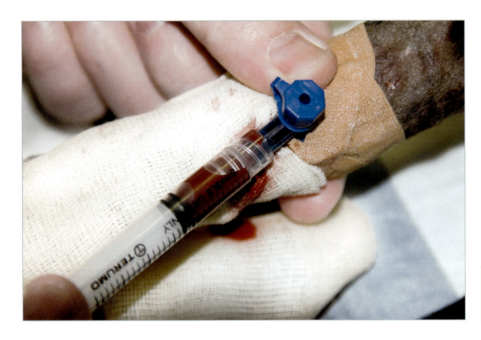

「胸部手術の麻酔」の項を参照 → 258ページ

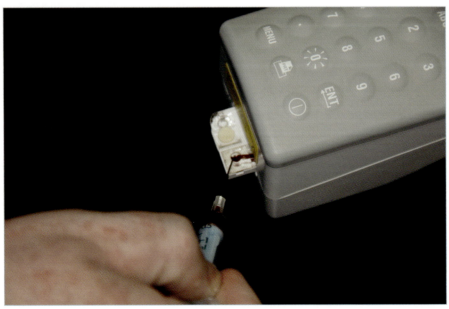

図5　血液ガス分析を行うことによって、患者の恒常性に関する有用なデータが得られる。写真は、後肢背側の動脈（頭側脛骨動脈の分枝）から採血しているところと、直後に血液を分析しているところを示している。

胸腔へのアプローチは、肋間切開または正中胸骨切開によって行う。側方からの開胸では胸腔背側や心基底部、肺門部へのアプローチに用いられるが、術野は著しく限られたものとなる。これに対して、正中からの開胸では胸腔全体を広く露出することができる。

すべての症例で、術中、術後の血液喪失および疼痛の評価とそれに対する処置を考慮する。術後少なくとも24時間は、起こりうる合併症を認識でき、迅速にそれに対処できる技術をもったスタッフの監督下で動物を集中治療する（図6）。

「開胸術」の項を参照 348ページ

側方開胸術と胸骨切開の術後の回復に与える影響は同程度である。

患者の回復期間中は、体温を維持し疼痛を緩和することに加えて、酸素療法と輸液療法により正常な呼吸と血行動態に回復させることが主な目標となる。

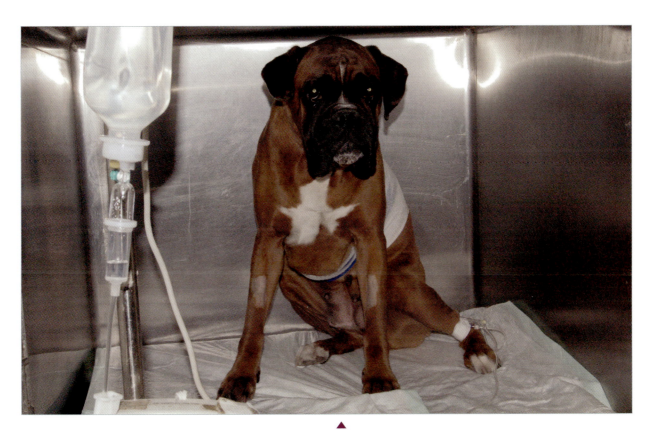

術後、患者を苦痛から守り、速やかに回復させるためには疼痛の緩和が必要となる（図6）。回復期には以下のような徴候をモニタする。

図6　胸部外科手術を行った患者は、術後の監視のために集中治療室に収容する。胸腔からの排液と肺の再拡張に注意を払い、適切な水分補給と給餌を行う。術後の疼痛緩和を確実に行う。

- 頻脈
- 呼吸数の増加
- 高血圧
- 不整脈
- 瞳孔散大
- 鳴き声
- 流涎
- 不眠
- 行動の変化（攻撃性や沈うつなど）
- 異常な姿勢
- 歯ぎしり

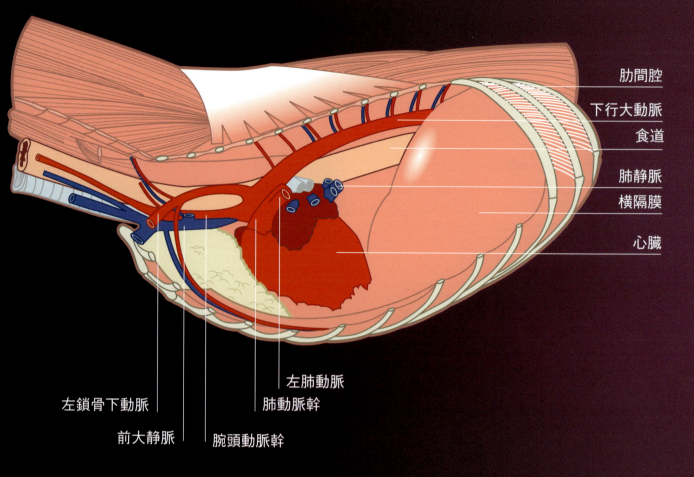

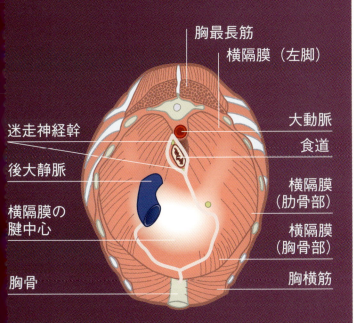

横隔膜
胸腔側から見たところ
左　　　右

- 胸最長筋
- 横隔膜（左脚）
- 大動脈
- 食道
- 迷走神経幹
- 後大静脈
- 横隔膜（肋骨部）
- 横隔膜の腱中心
- 横隔膜（胸骨部）
- 胸骨
- 胸横筋

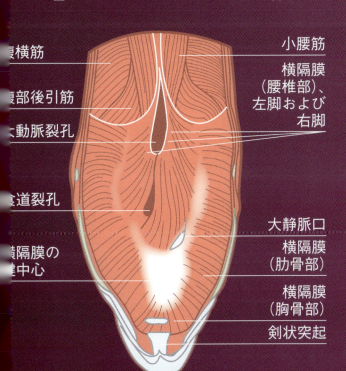

腹腔側から見たところ
左　　　右

- 腹横筋
- 小腰筋
- 横隔膜（腰椎部）、左脚および右脚
- 腰部後引筋
- 大動脈裂孔
- 食道裂孔
- 大静脈口
- 横隔膜（肋骨部）
- 横隔膜の腱中心
- 横隔膜（胸骨部）
- 剣状突起

胸郭および胸腔

概要
胸部外科に必要な器具と備品

胸膜腔
気胸

症例1/ 外傷性気胸

胸水

乳び胸

症例1/ 乳び胸

膿胸

  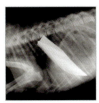

横隔膜　概要
横隔膜破裂

症例1/ 犬の複雑な放射状破裂

症例2/ 猫の円周性剥離

腹膜心膜横隔膜ヘルニア

症例1/ 雌犬の腹膜心膜横隔膜ヘルニア

食道裂孔ヘルニア　概要

症例1/ 傍食道裂孔ヘルニアおよび胃食道重積

胸壁　概要
動揺胸郭（フレイルチェスト）

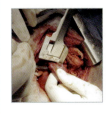 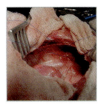 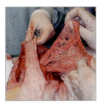

胸部

概要

José Rodríguez, Amaya de Torre, Carolina Serrano, Rocío Fernández

| 発生 | |

　胸郭は肋骨、胸骨、胸椎およびそれらに付着する筋肉で構成され、胸腔内および腹腔内臓器を包含する。胸腔や腹腔が関係する病変を理解し、修復するためにはこの領域に関する十分な知識が必要である。

　胸部の切開は、小動物臨床で遭遇するさまざまな疾患に対処するために必要な技術であり、胸腔ドレインの設置から開胸術や、開腹術とともに行われる肋骨切除などのより複雑な外科的手技が含まれる。

> 胸腔へ外科的介入を行う際には麻酔中の調節呼吸が必須である。

「胸部手術の麻酔」の項を参照 ➡ 258ページ

解剖学的考察

　外科的な損傷や疼痛を最小限にするために、胸壁の解剖に関する知識は重要である。

皮膚

　この領域の皮膚がもつ特性のおかげで、皮膚の外科的な再構築は容易であり（図1）、広範囲に及ぶ皮膚の欠損も容易に修復することができる（図2、3）。さらに、肘の部分の皮膚の折りたたみを利用して皮弁を作成することで胸部や前肢の皮膚の欠損を覆うこともできる（図4）。

骨格

　胸部の骨格は、13個の胸椎とそれに対応する13対の肋骨、肋軟骨を介して頭側の9対の肋骨と結合する胸骨から成る。

筋肉

　この領域には多数の筋肉が存在し、一部は呼吸に関わり、他のものは運動や腹壁の構成にかかわる。

　運動にかかわる筋肉のうち、開胸術によって損傷される可能性のあるものには、広背筋、鋸筋、胸筋などがある（図5、6）。

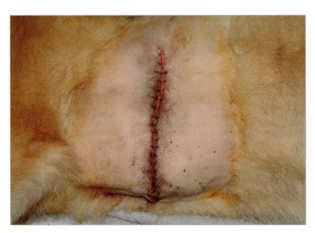

図1　皮下膿瘍を全切除した症例。過剰な皮膚の緊張を伴うことなく欠損を修復することができた。

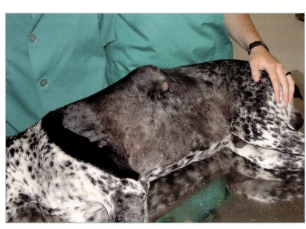

図2　この症例では皮膚腫瘍の切除の際に広いマージンが必要であった。Z字型形成によって修復を行った。

図3 図2の症例の皮膚形成術後10日目の状態

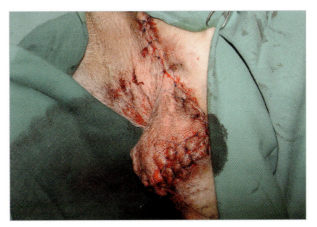
図4 腋窩襞皮弁を用いて肘の皮膚欠損を修復した例

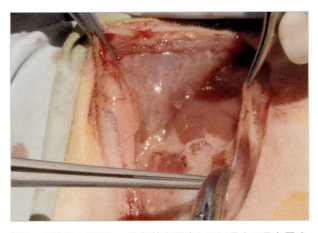
図5 広背筋を切開し、腹鋸筋を露出しているところを示す。

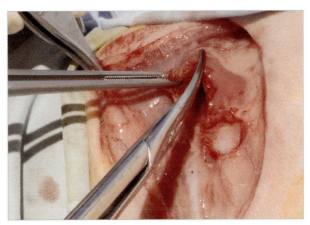
図6 組織の損傷を最小限にするためには、腹鋸筋の筋線維を切断するよりも筋線維に沿って切開するのが望ましい。

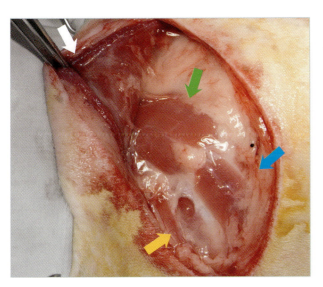

外腹斜筋が頭側端で第五肋骨に付着する点が、側方開胸術を行う際の重要な指標となる。外腹斜筋が同定できれば、容易に第四肋間を特定できる（図7）。

図7 青矢印は外腹斜筋が頭側端で第五肋骨に付着している点を示す。
他に、切開された広背筋（白矢印）、腹鋸筋（緑矢印）、斜角筋（黄矢印）が見える。

胸部

　胸筋は胸骨と上腕骨の内側面の間を走っており、正中開胸術の際に分離が必要となることがある（図8）。

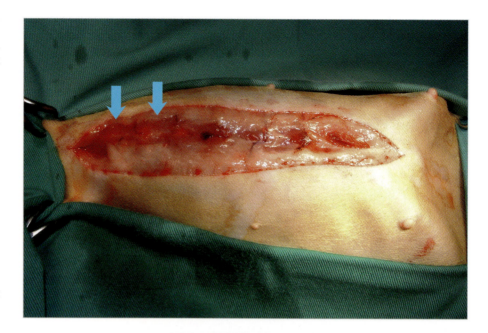

図8　浅胸筋は胸骨の両側に存在し、正中開胸術の際には胸骨から剥離、挙上する必要がある。

　横隔膜は二つの部分から成る。一つは腱中心で、もう一つは最後肋骨、胸骨、腰椎に付着する周辺の筋部である。尾側大静脈、食道、大動脈がそれぞれ対応する裂孔を通過する（図9）。

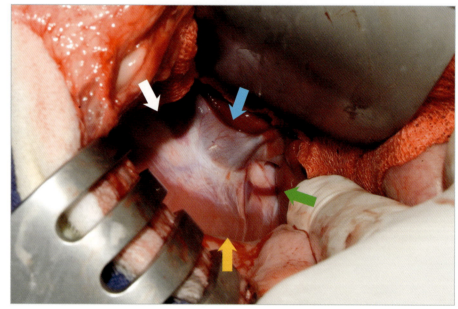

図9　横隔膜右側の術中写真。横隔膜の筋部（黄矢印）、腱部（白矢印）および横隔膜の血管（緑矢印）、大静脈口（青矢印）を示す。

神経分布

　肋間神経は、各肋骨の尾側面に沿って対応する動脈、静脈とともに走っている。術後の疼痛を最小限にし、患者の回復を早めるために硬膜外麻酔を行う。

「側方開胸術」の項を参照　　353ページ

　左および右迷走神経は、頭側縦隔内を通過して多数の臓器に分枝を出し、大動脈弓に沿って頭方に走る喉頭神経も分枝する。尾側に進むと2本の神経は結合して背側および腹側迷走神経幹を形成し、食道と併走する（図10）。横隔神経は胸腔を横切っており、縦隔の手術の際には必ず特定し保護しなくてはならない（図10）。

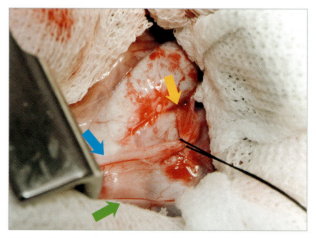

図10　胸腔内の主な神経は必ず特定し、手術中の偶発的な損傷を防がなくてはならない。迷走神経（青矢印）、反回喉頭神経（黄矢印）および横隔神経（緑矢印）を示す。

脈管系／血管系

開胸術を行うに際に頭側浅腹壁動静脈、内胸動静脈を傷つけないよう注意する。これらの血管はそれぞれの肋骨の尾側の肋間動静脈と平行に走っている。

側方開胸術では、広背筋への血液供給路にも注意を払う。この血管は第五から第六肋間付近で広背筋の中央部に進入する。

胸部および心臓の大血管の解剖については成書を参照のこと（図11）。

> 胸腔内部の解剖についての十分な知識が必要であり、術者はその習得に時間を割くべきである。

本書の各章では、先天異常や二次的な障害、小動物臨床で日常的に遭遇する胸部疾患について述べられている。

本書は、胸腔の予定外科手術が成功するよう準備することだけでなく、より複雑で緊急性の高い状況に対応することも目標にしている（図12、13）。

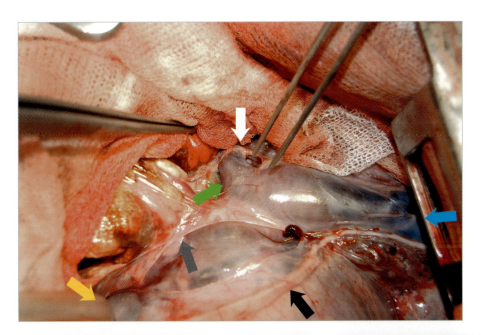

図11 心臓と胸部の大血管の解剖を熟知するためには学習が必要である。
右側方開胸術で見られた前大静脈（青矢印）、奇静脈（緑矢印）、後大静脈（黄矢印）を示す。迷走神経の背側枝（白矢印）、同腹側枝（灰矢印）、右横隔神経（黒矢印）も示す。

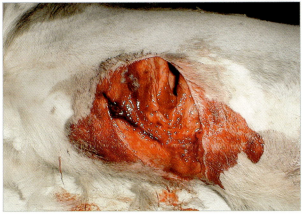

図12 犬同士のケンカによる胸壁の重度の外傷。このような例では、内部の傷害を評価し、それらすべての損傷を修復するために、試験的開胸術が必要となる。
Rodolfo Bruhl Day 氏の厚意による。

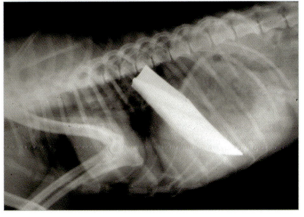

図13 刺されたナイフが胸腔内に留まり肺が傷害を受けた患者
Jordi Cairó 氏（Centro Veterinario Canis、Girona、Spain）の厚意による。

胸部外科手術に伴う合併症

胸部外科手術を計画し、行うに際して、以下のような合併症が生じる可能性を念頭に置いておくべきである。

血胸

胸部外科手術では、胸腔内の血液の存在は深刻な合併症を引き起こしうる。したがって、胸壁（筋層、肋間動静脈、胸骨）から生じたものであれ、体循環（気管支動脈、縦隔の血管、奇静脈）から生じたものであれ、どんな出血でも完全にコントロールする必要がある。

> 出血がコントロールされていれば、犬は全血の30％に当たる量の血液を90時間以内に胸腔から吸収することができる。

重度の血胸では、胸腔への液体の貯留による呼吸困難を防ぐために排液を行う。また、必要ならば、輸液または輸血によって循環血液量の不足を補う。

この種の合併症は、通常、術後24時間以内に起こる。もしもそれ以降に起きた場合は、おそらくは血管の破綻によるものであり、緊急の開胸術が必要となる。

気胸

手術後に残った空気による気胸は普通のことであり、胸膜は空気を迅速に吸収する。しかし、その経過は毎日X線撮影によりモニタすべきである。

胸腔ドレインの不適切な設置や管理による気胸は、ドレインを通って、あるいはその周囲から胸腔内に空気が侵入するために深刻な合併症となる場合がある。

「胸腔ドレイン」の項を参照 265ページ

肺水腫

肺水腫とは、間質や気道、肺胞に水分が異常に貯留することであり、肺における毛細血管による水分の輸送とリンパ系による排液のバランスの変化によって起こる。水分の貯留は肺におけるガス交換を阻害し、呼吸困難を招く。

肺水腫を招く原因は数多くあるが、主なものは以下の通りである。

- 左心不全や大量の輸液による医原性の過剰水和が引き起こす肺毛細血管圧の上昇
- 気胸に対して急激に吸引することにより生じる間質の陰圧の増大。これは回復を急ぐあまり犯しがちな誤りである。
- 消化管から原因となる物質を吸収することによる肺毛細血管の透過性の変化

肺水腫の治療は、酸素、コルチコステロイド、利尿薬、気管支拡張剤の投与を基本とする。

無気肺

肺の圧迫や気道の閉塞によって肺の虚脱が起こりうる。

無気肺は胸部外科手術では普通に起こることである。また、術後にもある程度の肺への圧迫は常に存在する。

一部の例では、乾燥したガスを吸入することで界面活性作用が損なわれ、麻酔中に肺の容積が減少してしまう。加えて、術後の疼痛が呼吸運動や咳の減少を引き起こし、このことが分泌液の貯留や小気道の虚脱を招く。その結果、肺の容積やコンプライアンスがさらに減少する。

無気肺を防ぐためには、胸腔内から液体やガスを取り除いて肺の拡張性を改善することが必要である。術後の疼痛緩和は深い呼吸や咳をしやすくする。また、疼痛緩和には、貯留した分泌液を排出するための、患者の体位変換や胸部の打診を行いやすいという利点もある。

急性呼吸不全

肺におけるガス交換を維持できなくなれば急性呼吸不全となる。

この合併症は、換気と循環の整合性が失われた結果、高二酸化炭素血症（$PaCO_2 > 45mmHg$）および低酸素血症（$PaO_2 < 60mmHg$）に陥ることによって起こる。

対処法としては、呼気終末期の陽圧換気に加えて酸素吸入、コルチコステロイドや抗生物質、利尿剤、気管支拡張剤の投与などを行う。

不整脈

心臓の手術では心筋を直接手で操作することによって異常を招くことがあるが、どのようなものであれ、胸腔への侵襲は同じように心臓の異常を引き起こす可能性がある。

このような合併用の原因として以下のようなものがあげられる。

- 肺血管抵抗の上昇
- 縦隔の腫瘍
- 迷走神経の緊張
- 低酸素血症
- 電解質および酸塩基平衡の異常
- 基礎疾患としての心臓疾患や心機能の異常

胸郭および胸腔 / 概要

胸部外科に必要な器具と備品

José Rodríguez, Amaya de Torre

器具

胸部外科手術を行う場合には、一般的な外科手術に必要な器具に加えて特殊な器具が必要となる。

> 胸部外科手術用の器具は、深くて狭い術野に到達する必要があるため、総じて長い（平均して18〜24cm）。

- 患者に応じた各種サイズのフィノチェット型開胸器（図1）
- 一般的な手術で使われる自在開創器。小型犬や猫ではフィノチェット型開胸器の代わりに使用可能である（図2）。

図1　フィノチェット型開胸器はきわめて強力で、開胸後の肋骨や胸骨を開いた状態に保つことができる。最低限、大型と中型のものを用意しておく。

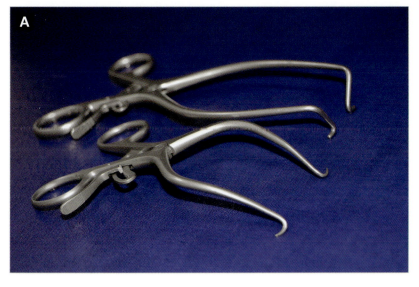

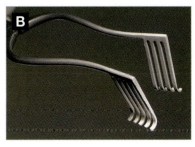

図2　子犬や猫、小型犬では開胸の際に一般的な手術で使われるゲルピー型（A）やシュークネヒト型（B）の開創器が使用可能である。

- ドベイキー型ピンセット（図3）。深い術野で組織を安全に、傷つけることなく保持するために使用する。2種類の長さのものを用意する。
- メッツェンバウム剪刀（曲）も、より深い部位で使用するために2種類の長さのものを用意する（図4）。
- 先端角45°のポッツ剪刀は一部の血管外科等で有用である（図5）。
- 把針器は長いものが、そして使用する縫合針に応じてさまざまのサイズのものが必要である（図6）。縫合時に針をしっかりと確保できる高品質な把持部のものがよい。
- 先端が曲の胸部外科鉗子（分離鉗子）はこの種の手術には必須のものである。繊細な組織を分離したり結紮を正確に行うために使用する。手入れが十分され、先端部がぴったりと完全に閉じるものが必要である。少なくとも2種類の長さとカーブのものを用意する（図7）。

> 曲鉗子は血管外科には必須である。使用する前に、把持部が滑らかで血管を傷つけたり切断してしまうような不整部分がないことを確認する。

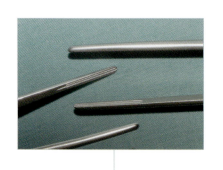

図3　ドベイキー型ピンセットは血管のような繊細で脆い組織を扱う際に使用する。血管壁を傷つけることなく保持することができる。

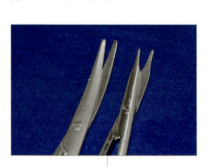
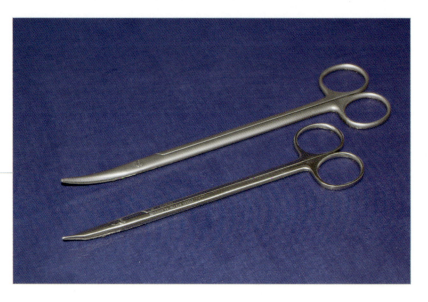

図4　このような処置で使われる分離用剪刀。使いやすく切れ味の鋭いものを選ぶ。
繊細で正確な切開のためには写真下に示すような刃の細い剪刀が推奨される。

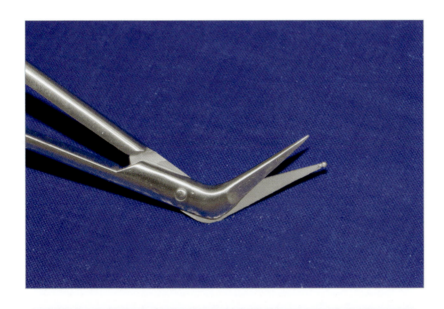

図5 ポッツ剪刀は術野深部での切開や分離、とくに血管を縦切開する際などにきわめて有用である。

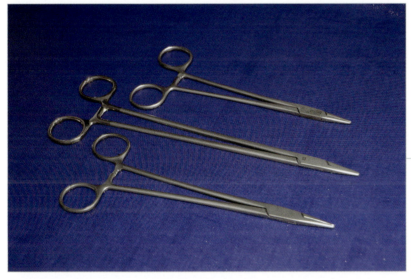

図6 把針器は胸腔深部を縫合するために長いものが必要である。
縫合時に針が動かないよう、把持部が強く正確なものがよい。

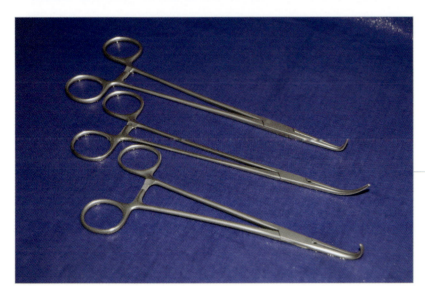
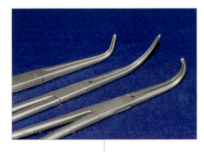

図7 曲鉗子は組織を丁寧に分離する、縫合糸を通す、深部での確実な止血などの際に必要に応じて使用される。角度の異なる2種類のものが必要である。

- 血管鉗子は血管や気道などを一時的に閉鎖するために使用される無傷性鉗子である。さまざまな形や大きさのものがある。中程度の大きさの正接鉗子（血流を部分的に閉鎖するタイプの血管鉗子）が汎用性がある（図8）。

- ルーメルターニケット法は手術中に一時的に血流を遮断する方法としては、最も損傷の少ない方法の一つである（図9）。

「大血管流入遮断」の項を参照 ➡ 209ページ

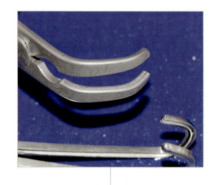
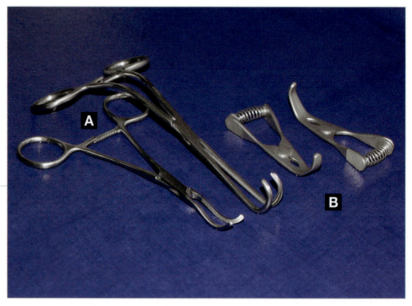

図8　各種の血管鉗子
A：サテンスキー型
B：ブルドッグ型
正接鉗子は血管の一部の血流のみを遮断し、他の部分の血流を維持することができる。

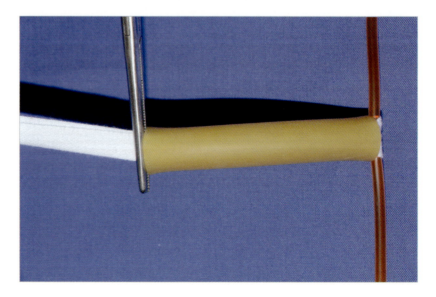

図9　ルーメルターニケット法は、血管の周囲に回したバンドをゴムまたはシリコンのチューブに通して締め付け、血流を遮断する。

- 外科用ステイプラーは、肺葉切除や動脈管開存の血管閉鎖などの胸腔内のさまざまな処置における用手縫合に代わる方法である。外科用ステイプルによって組織を密閉し安定した閉鎖状態を保つことができる。使用する組織の厚さに応じてステイプルの高さの異なる3種類のステイプラーがある（図10）（表1）。

> 外科用ステイプラーには2列または3列のチタン製ステイプルが位置をずらして並べられており、虚血を起こすことなく確実に組織を閉鎖することができる。

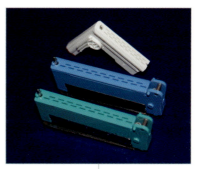

図10　胸部外科で使用される各種の外科用ステイプラー
A　緑：ステイプルの高さ2mm
B　青：ステイプルの高さ1.5mm
C　白：ステイプルの高さ1mm。このステイプラーでは安全性と確実性を増すためにステイプルが3列に並べられている。

表1

カートリッジ	閉鎖前のステイプルの高さ	閉鎖時のステイプルの高さ	適　応
緑	4.8mm	2mm	厚い（近位の）肺実質の切除
青	3.5mm	1.5mm	薄い（遠位の）肺実質の切除
白	3.0mm	1mm	血管の閉鎖（PDA*）心耳の切除

* PDA：動脈管開存

> ＊ 外科用ステイプラーは、正しく使用すれば良好な結果が得られる。虚血部位のない健康な組織に使用する。大量の組織を挟んで無理にステイプラーを閉じてはならない。閉鎖する組織の厚さに適したステイプラーを選択する。起こりうる失敗に注意して結果をチェックする。

胸部

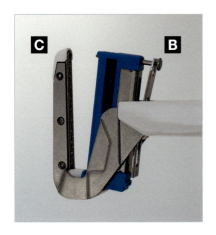 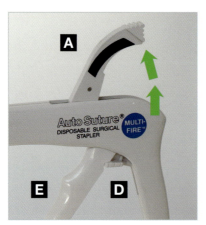

図11　レバー A を上げるとステイプラーが開き、カートリッジ B と受け具 C が離れる。次に、B と C の間に縫合する組織を挟み込む。

各部の名称
A：ステイプルが装着されたヘッド部分を動かすレバー
B：ステイプルのカートリッジ。ステイプルのサイズよって色が異なる。
C：射出されたステイプルを閉じる受け具
D：ステイプルの誤射出を防ぐ安全装置
E：挟み込まれた組織にステイプルを射出する引き金

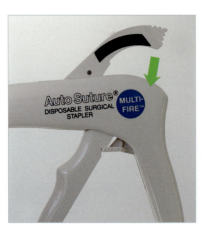  

図12　挟み込んだ組織の周囲にステイプラーをセットするためにレバー A を下げる。ステイプルが正確にセットされるよう、金属製の保持ピンがステイプラーの遠位端から伸び出して受け具にはまる。このピンはステイプルが射出されたときに組織が滑って縫合範囲から逸脱するのを防いでいる。次に、安全装置 D を解除し、引き金をいっぱいまで引く。ステイプルの射出後、D をロック位置に戻し、レバー A を解除してステイプラーを組織から外す。

縫合糸

ほとんどの胸腔内の外科手術では、組織を分けて通過することができる無傷性の丸針付きの縫合糸を用いる必要がある（図13）。鋭利な角のついた針を用いると組織が切れて脆くなり、縫合部位が裂開する危険が増すことになる。

使用する縫合糸の太さは対象となる組織によって異なる。例えば、血管の縫合には USP5-0 あるいは 6-0 の糸を用い、大型の患者の開胸部を閉鎖する際には USP2 の縫合糸を用いる。

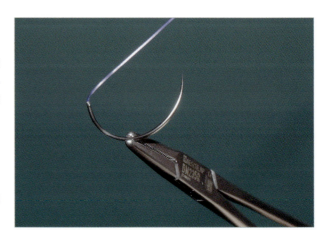

図13　通常、縫合針は、通過する組織の血管の損傷を防ぐために丸針を使用する。

詳細は「一般的手技」の章を参照　➡　256ページ〜

胸膜腔

José Rodríguez, Roberto Bussadori, Amaya de Torre, Silvia María Repetto

発生 ■□□□□

概要

胸膜は胸腔の全表面を覆う漿膜である。
- 壁側胸膜は胸壁、横隔膜および縦隔構造を覆っている。
- 臓側胸膜は肺を覆っている。

> 犬および猫では縦隔が貫通しており、2つの半胸郭の間に交通がある。

胸膜腔は、この2つの膜の間に存在する。これは胸壁が広がったときに陰圧（4〜6mmHg）となり、肺を拡張させる仮想的な空間である。

胸膜の滑りと肺の摩擦のない運動を助け、胸膜を内張りする中皮細胞を損傷させないように、壁側胸膜の全身性毛細管から液体が分泌されるが、これは臓側胸膜の肺毛細管および壁側胸膜のリンパ管から吸収される。

> 胸膜炎は胸膜液の再吸収を妨げ、胸水貯留を引き起こす可能性がある。

静水圧またはコロイド浸透圧、あるいはリンパ液の再吸収の変化により、胸膜滲出液の産生が増加あるいは再吸収が減少することがあり、これにより胸水貯留が生じる。

胸膜腔に影響が及ぶような外傷やある種の疾患により胸膜が破損することがあり、空気の貯留（気胸）や液体の貯留（胸水）のために呼吸障害が生じることがある（図1）。

胸水には3種類ある：漏出液、変性漏出液および滲出液（表1）である。

表1

胸水の種類		
種類	蛋白（g/dL）	細胞数（10^9/L）
漏出液	<25	<1〜1.5
変性漏出液	>25	<5〜7
滲出液	>30	>7

胸膜腔は、横隔膜の欠損部から胸腔内へ入り込んだ腹腔内臓器によって占拠されることもある（図2）。

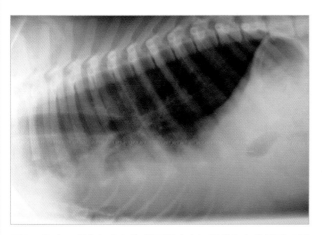

図1 胸水。重力により胸部下部方向に移動した胸膜腔の液体貯留を正確に評価するために、このX線像は動物を立たせた状態で水平方向のX線ビームを用いて撮影した。

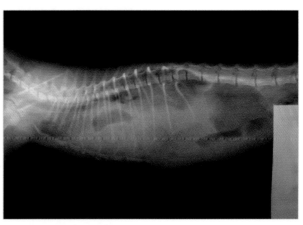

図2 外傷性の横隔膜損傷による小腸の一部および肝臓の頭側への変位。このX線像が不鮮明なのは、腹腔内臓器の変位による二次的な胸水のためである。

> ※ 腹部臓器の移動や変位した臓器の脈管障害による血管外漏出液のために呼吸障害が生じることがある。

通常、縦隔には半胸郭間の連絡があるため、胸水および気胸は両側性となる。しかし、時に片側性の場合もある（図3）。おそらくこのような症例では、胸腔間の連絡を妨げる著しい縦隔の炎症がある。

> 縦隔が貫通しているため、胸腔ドレナージはどちらか片側の半胸郭で実施可能だが、これはすべての症例にあてはまるわけではない。最初に腹背方向のX線写真を撮るとよい。

「胸腔穿刺」の項を参照 277ページ

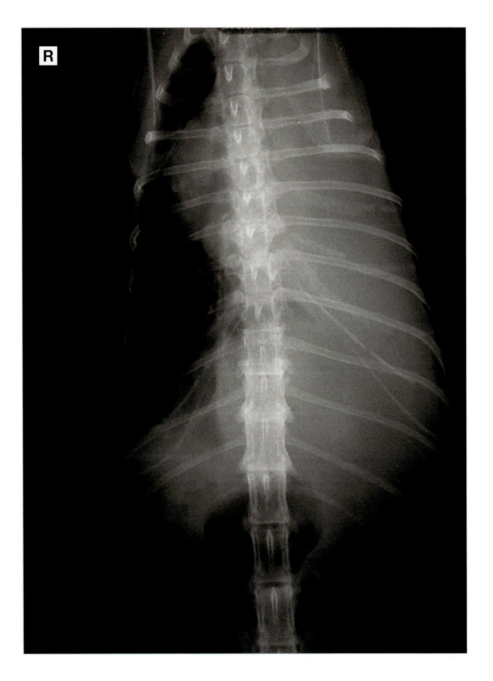

図3　膿胸の結果生じた、左半胸郭を占拠する片側性の胸水

臨床症状

これらの動物の臨床症状は、肺の拡張容積の減少が原因となる。呼吸は浅速になるが、深い腹式呼吸にもなりうる。

肺音および心音は減弱し、重度の低酸素症の症例では粘膜はチアノーゼを呈する。

> 胸膜腔に異常のある症例における臨床症状として、最も一般的なのは頻呼吸である。

基礎となる原因によって、動物は他の臨床症状を示すこともある。例えば、
- 発咳
- 食欲不振
- 心雑音
- 抑うつ
- 体重減少
- 腹水
- 発熱
- 心不整脈 などである。

胸部疾患のある動物では呼吸数、心拍数、呼吸様式、粘膜の色調および毛細血管再充満時間にとくに注意し、定期的に肺換気を監視する必要がある（表2）。

表2

犬および猫における生理的な値の正常範囲		
	犬	猫
呼吸数	20～40 rpm	20～40 rpm
心拍数	70～140 bpm	145～200 bpm
毛細血管再充満時間	<2秒	

診断

胸部X線像からは、どのように肺が圧迫されているか、気体または液体の量、影響を受けている構造、問題の根本的原因など多くの情報を得ることができる。

 重度の呼吸困難がある症例では、X線検査や他の診断のための検査を行う前に必ず胸腔穿刺を行って、胸腔内から気体や液体を抜去しなければならない。

「胸部X線検査」の項を参照 ➡ 284ページ

また、超音波検査も基礎疾患としての心疾患の評価や縦隔腫瘤の検索に非常に有用である。さらに、胸腔内腫瘤の細胞診断のための細針吸引生検のガイドとしても用いられる。

> 胸水があると超音波検査の際、音響窓として働き、診断が容易になる。

胸水および胸腔内腫瘤の細胞診断により、診断に有用な情報が得られる。

「胸腔内の細胞診断」の項を参照 ➡ 310ページ

心臓を強打すると心臓に傷害が生じる可能性があるので、すべての外傷性症例に対して心電図検査を行う。

パルスオキシメトリーは、ヘモグロビンの飽和度から動物の呼吸機能と酸素化状態を評価するもので広く用いられている非侵襲的な検査法である（図4）。

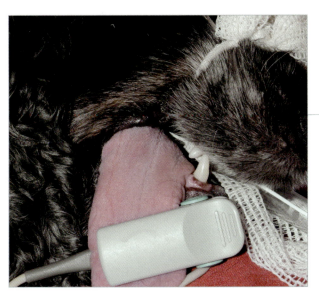
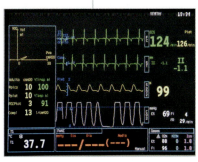

図4 パルスオキシメータのプローブで舌（または耳）を挟み、ヘモグロビンの酸素飽和度を測定する。麻酔下のこの症例は、飽和度99％を示している。

動脈血液ガス（ABG）分析からは、肺胞レベルにおける換気とガス交換能について多くの情報が得られる（図5）（表3）。

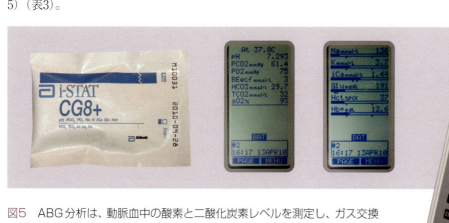

図5　ABG分析は、動脈血中の酸素と二酸化炭素レベルを測定し、ガス交換と酸塩基平衡における異常を検出する。

表3

犬の動脈血液ガスの正常値		
パラメータ	平均値	参照値範囲
pH	7.41	7.36〜7.45
paO_2	99mmHg	70〜157mmHg
$paCO_2$	37mmHg	28〜46mmHg
CO_3H^-	23mEq/L	17〜29mmol/L
EB	−1	−7〜+5
$SATO_2$	97%	95〜99%

PaO_2：酸素分圧、$PaCO_2$：二酸化炭素分圧、
CO_3H-：重炭酸イオン、EB：塩基過剰、$SATO_2$：酸素飽和度

「胸部手術の麻酔」の項を参照　→ 258ページ

治療

処置開始時に鼻チューブや酸素ケージを用いて酸素化すると有効であることが多い（図6）。

まず、ストレスを減らすためにハンドリングと保定をできるだけ最小限にし、さらに酸素療法、輸液療法、胸腔穿刺、必要であればグラム陽性菌、グラム陰性菌および嫌気性菌に対する広域抗生物質を用いて安定化させる。

治療としては、微生物および組織検査用の採材のために胸腔鏡あるいは開胸術による胸腔内の検査を行い、もし適切であれば手術で問題解決を図る。

麻酔導入後は、気管チューブを挿管し、十分な1回換気量を維持するために間欠的陽圧換気とする。

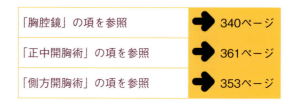

「胸腔鏡」の項を参照　→ 340ページ
「正中開胸術」の項を参照　→ 361ページ
「側方開胸術」の項を参照　→ 353ページ

術後管理

術後24〜48時間は動物を集中管理する必要がある。このクリティカルな時期は継続的に次の項目をモニタし、生じるいかなる問題も検査・是正する必要がある。

- 呼吸困難、呼吸不全
- 気胸
- 循環器疾患、不整脈、心不全
- 血胸
- 敗血症性ショック
- 全身性炎症反応症候群（SIRS）
- 播種性血管内凝固症候群（DIC）

図6　呼吸障害の動物のための酸素ケージ。呼吸器の分泌物を防ぎ、粘膜が乾燥するのを避けるために空気は加湿する必要がある。また、ケージ内の温度と湿度は高くなりすぎないようにチェックする。

胸郭および胸腔 / 胸膜腔

気胸

José Rodríguez, Roberto Bussadori, Silvia Maria Repetto, Carolina Serrano

| 発生 | ■■■□ |

概要

気胸とは胸膜腔に空気やガスが蓄積した状態をさす（図1）。

> 犬と猫では気胸は通常両側性に生ずる。

気胸は原因により、開放性の場合と閉塞性の場合がある。開放性気胸では、胸膜腔と外界が直接連絡している（図2）。一方、閉塞性の場合は、気道あるいは食道（異物）の損傷部から空気が漏出する。

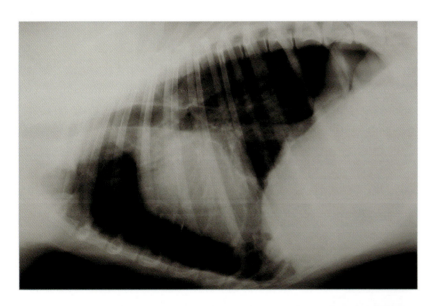

図1　外傷性気胸
X線側方像で正常では胸骨上に存在するはずの心臓の先端部（心尖部）が挙上している。

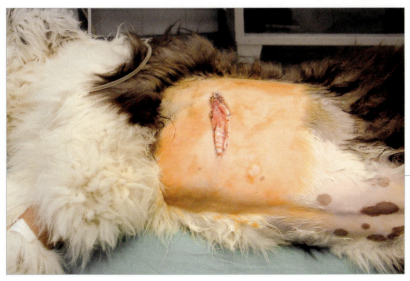

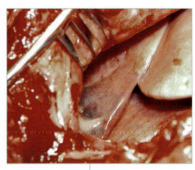

図2　この症例は、穿孔性の刺創により肺実質が損傷し、気胸となった。損傷した肺の部分肺葉切除術と胸壁の再建が必要であった。

自然気胸（図3）は、肺実質の囊胞またはブラの破裂、あるいは慢性肺炎、肺膿瘍、原発性肺腺癌の穿孔に二次的に生じるなど、肺にもともと疾患がある場合に生じる。

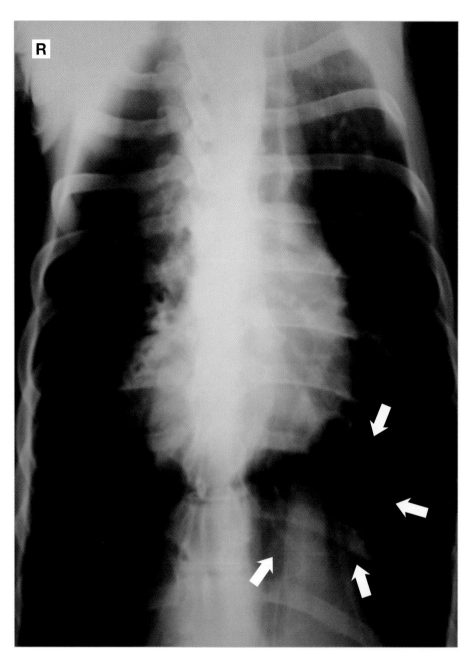

図3　この自然気胸の症例では、巨大なブラが存在していた（矢印）。

緊張性気胸は、胸膜腔内に空気が流入するが、呼気時にその穴から排気されない場合に生じる。呼吸困難は次第に悪化し、速やかに胸膜腔内の気体を除去しないと、動物は死に至る可能性がある（図4）。

医原性気胸は開胸術や胸腔鏡検査の際は避けられないが、胸腔穿刺で生じてはならない。閉胸するとき、ドレナージシステムの不適切な操作時、あるいは術後管理を怠ったときに偶発的に生じることがある。

臨床症状

これらの症例における主な臨床症状として、頻呼吸と浅呼吸に加え呼吸困難が認められる。

図4　緊張性気胸により、胸腔背側へ圧迫され著しく虚脱した肺実質が認められる。

治療

様子を見た方がよいか、胸腔ドレナージとチューブあるいは針による吸引を行うべきかは、気胸による呼吸困難の程度による。
- 軽度の呼吸困難：入院および頻回のモニタリング
- 中等度の呼吸困難：胸腔穿刺と、緩徐な気胸の吸引
- 重度の呼吸困難：胸腔ドレインの設置

外傷性気胸の大部分の症例では、胸膜の裂傷が治癒するまでの間の治療は、安静と呼吸困難となるのを防ぐための間欠的な胸腔穿刺による胸膜腔からの空気の吸引が基本となる。症状が改善しない場合は、ハイムリックバルブ付きドレインの設置を考慮する必要がある（図5）。

胸部の開放創は、外科的修復が可能となるまで、損傷部をガーゼ、局所の消毒薬および呼吸を阻害しないように胸部をバンデージで巻いてカバーする。

動物が安定したら手術を行う。

動物を麻酔して換気する際、密閉されている肺の欠損部が再び開いたり再出血や空気が漏れたりしないよう圧を注意深くコントロールする。

> 胸腔体積の30％までの気胸であれば臨床症状はほとんど生じず、通常は数日で吸収される。

> ※ 気胸を急速に吸引すると、肺組織の急激な再拡張による肺水腫が生じることがある。

> ※ 緊張性気胸の場合には、迅速に対処し、問題が解決できるまで胸腔ドレインを設置しておくことがきわめて重要である。

> 胸膜腔は下記の方法で排気することができる。
> - 胸壁閉創中の強制的な吸気による肺の拡張
> - カテーテルもしくは針による胸腔穿刺
> - 胸腔ドレイン

自然気胸の修復に手術を考える場合には、以下の点を考慮する。
- 保存療法では問題が解決することはまれである。
- 再発しやすい疾患である。
- 患部の切除で再発の危険性が減少する。
- 複数の病変がある場合、胸膜癒着術を実施することがある。

「胸腔穿刺」の項を参照 → 277ページ

「胸腔ドレイン」の項を参照 → 265ページ

図5　ハイムリックバルブは非常に単純な持続的なドレイン装置であり、呼吸するたびに胸膜腔から気体もしくは液体を除去することができる。

胸部

　自然気胸を解決するために従来から行われてきた手術は以下の通りである。
- 胸骨正中切開を行い肺の表面全体を観察する。
- 温めた生理食塩水で胸腔を満たし、呼吸時の空気の漏出を調べる。
- 病変が肺の辺縁部に存在する場合には、肺葉部分切除術（図6）を行う（ブラはしばしば肺の尖端に存在する）。
- 病変が肺の辺縁部以外にも及ぶ場合は、肺葉全切除術（図7）を行う。
- 病変が広範に存在する場合、胸膜癒着術を行う。
- 胸腔を閉創する。
- 胸腔ドレインを設置する。

> ＊ 胸膜癒着術は、術中の機械的損傷（乾いたガーゼで胸膜を擦る）もしくは刺激物（ケイ酸マグネシウム、テトラサイクリン）の胸膜腔への局所投与により臓側胸膜と壁側胸膜間を癒着させる方法である。

> 胸膜癒着術は疼痛を伴うので、疼痛管理が必要である。

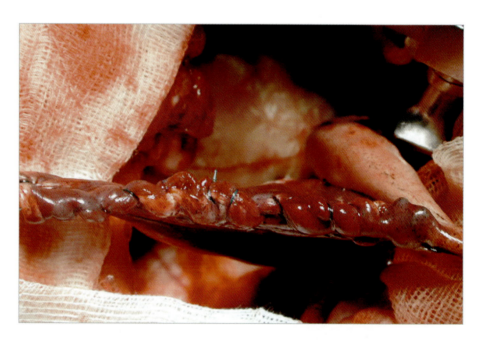

図6　肺葉部分切除術
1. 病変部より近位の肺実質に鉗子を掛ける。
2. 鉗子の近位を貫通し、縫合する。
3. 鉗子と縫合部の間で組織を切断する。
4. 吸収糸を用いて切開線を単純連続縫合で閉鎖する。

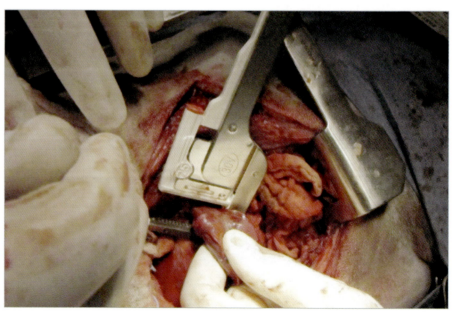

図7　肺葉全切除術
1. 病変のある肺葉へ血液供給している血管を結紮、切断する。
2. サテンスキー鉗子で主気管支を閉じ、離れた位置で切断する。
3. 鉗子の近位を水平マットレス縫合する。
4. 切断端を単純連続縫合で閉鎖する。

本症例では、外科用ステイプラーで気管支を閉鎖した。

症例1／外傷性気胸

Roberto Bussadori, Silvia Maria Repetto

症例は道路で交通事故に遭い、救急に搬送された5歳齢の未去勢雄、体重27 kgの雑種犬である。

一般身体検査で鼻鏡部および右前肢に擦過傷が認められた。粘膜は正常なピンク色で意識はあったが、呼吸困難、頻呼吸（95rpm）、頻脈（200 bpm）が認められた。

毛細血管再充満時間は2秒以内であり、直腸温は39.0℃であった。

胸部には肉眼的に認められる外傷はなかった。

胸部の聴診で、とくに右側の呼吸音が減弱していた。

動物をブトルファノール（0.22mg/kg IM）で軽く鎮静し、酸素マスクを装着した。

22G静脈内カテーテルを左前肢に留置した後、左右両側の第七肋骨上方1/3の位置で経皮的胸腔穿刺を行った。これには22G翼状針をルアーコネクターの50mlシリンジと三方活栓に接続して用いた（図1）。

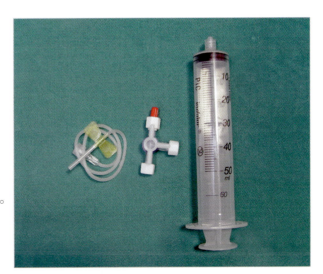

図1　経皮的胸腔穿刺に必要な器具

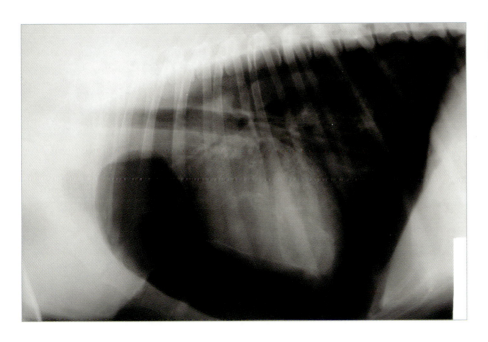

「胸腔穿刺」の項を参照 → 277ページ

胸部右側から400ml、左側から150mlの空気が抜けた。

この処置を行っている間、症例には酸素を補給し、乳酸リンゲル液で輸液を行った。

動物が安定した後に、胸部X線撮影を行った（図2）。

図2　X線右側方像。気胸による心陰影の挙上を示す。

気胸は3時間ごとに胸腔穿刺を行って管理した。

3回目の胸腔穿刺の後、16Frの胸部造瘻チューブを空気が最も大量に存在すると思われる右胸郭に入れ、脱落防止のため巾着縫合とチャイニーズフィンガートラップ縫合で皮膚に固定した。チューブは呼吸のたびに胸膜腔内から抜気できるようハイムリックバルブに接続した。

ドレインを抜かれないように、エリザベスカラーを装着した。

術後治療として、輸液と鎮痛（ブプレノルフィン0.01mg/kg q8h SC）を行った。

胸部造瘻チューブを36時間留置した後、ハイムリックバルブを24時間閉じ気胸の状態が続くか確認した。胸膜腔内に空気が流入しないことを確認し、ドレインを抜去した。

症例を、24時間観察下においた。気胸を示す臨床症状やX線所見はそれ以上なかったので退院とした。

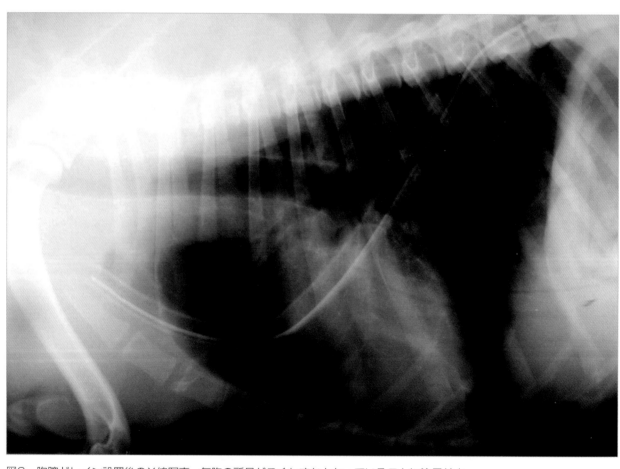

図3　胸腔ドレイン設置後のX線写真。気胸の所見がごくわずかとなっていることに注目せよ。

胸水

Roberto Bussadori, Silvia Maria Repetto, José Rodríguez

発生		■			

概要

胸膜腔内の変化により、吸気努力の増加を伴う速くて浅い呼吸と奇異性の腹式呼吸となることが多い。

胸水は、液体の産生が吸収を上回った場合もしくは液体が肺、血管または胸管由来である場合に発生する（表1）。

胸水と診断したときには、以下の問いに対する解答が必要である。
- 貯留液は滲出液、漏出液のどちらか？
- 貯留液が滲出液である場合、その原因は何か？

3分の2以上の症例で、胸腔穿刺で得られた胸水の分析により診断が得られる（図1）。

胸水の性状により、水胸症、乳び胸、血胸もしくは腫瘍性の滲出液に分けられる。
- 水胸症：胸膜液の吸収をコントロールするスターリング力の変化が原因となる。可能性のある原因として以下があげられる。
  - 腸疾患、腎疾患、肝疾患に伴う低蛋白血症（アルブミン<0.15g/L）
  - うっ血性心不全：右心不全の場合、液体の産生が増加し、左心不全の場合、液体の吸収が減少する。
  - リンパ管もしくは血管の閉塞
  - 肺葉捻転
  - 横隔膜の裂傷もしくは横隔膜ヘルニアに伴う肝臓の嵌頓

治療は胸腔ドレナージおよび水胸症の原因の除去に基づく。
- 膿胸：細菌もしくは真菌の胸膜腔内感染による化膿性滲出。原因：胸壁の貫通創、異物の迷入、血行性播種または医原性の汚染

表1

胸水の原因となる機序
胸膜液の産生増加
■ 肺間質液の増加（心不全、肺炎）
■ 胸膜における血管内圧の上昇（心不全、血管閉塞）
■ 胸膜の毛細血管の透過性亢進（肺炎、腫瘍）
■ 血液膠質浸透圧の低下（低蛋白血症）
■ 胸腔内圧の低下（無気肺）
■ 腹腔内液の増加（腹水、肝疾患）
■ 胸管の破綻（乳び胸）
■ 血管の破綻（血胸）
胸膜液の吸収低下
■ 壁側胸膜のリンパ液を排出するリンパ管の閉塞（腫瘍）
■ 全身性高血圧（心不全、血管閉塞）

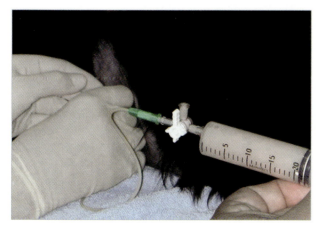

図1　穿刺と胸腔内腔からの分析用の液体の吸引および症例を安定化するための排液を同時に行う。この症例は乳び胸の猫である。
写真は Rodolf Bruhi-Day のご厚意による。

「膿胸」の項を参照 ➡ 39ページ

- 乳び胸：胸管を流れるリンパ液が胸膜腔に流入する。考えられる原因は以下の通りである。
  - 外傷
  - 前大静脈圧の上昇（閉塞、血栓症、圧迫）
  - うっ血性心不全
  - 三尖弁の形成異常
  - 犬糸条虫
  - 特発性の原因

  治療は内科および外科療法による。

「乳び胸」の項を参照 32ページ

- 血胸：この場合、胸膜腔内に血液が貯留するが、考えられる原因は以下の通りである。
  - 外傷あるいは手術による損傷

> ※ 最も一般的な血胸の原因は胸部の外傷である。開胸術の合併症として閉創時に肋間の血管を穿孔した場合も起こりうる。

- 血液凝固障害（血小板減少症、抗凝固剤中毒）
- 腫瘍
- 寄生虫（血色食道虫、犬糸条虫）

- 腫瘍性滲出液。原発性もしくは転移性の腫瘍が胸腔内に浸潤することで起こる。以下のような原因を含む
  - リンパ肉腫
  - 肺癌
  - 他の上皮系悪性腫瘍の転移
  - 血管肉腫
  - 中皮腫

> 腫瘍性滲出液の細胞診は、症例の50%においてのみ腫瘍細胞が認められる。

臨床症状

動物は運動不耐性もしくは呼吸困難の症状で来院する。
呼吸困難は、強い吸気とこれに続く遅延した呼気を特徴とする。
聴診では不明瞭な心音、腹側領域における減弱した肺音および背側領域における増強した気管支肺胞音を認める。

診断

患者が顕著な呼吸困難を示さない場合、動物にストレスを与えないよう注意し、呼吸状態を悪化させないよう酸素マスクを使用しながらX線側方像および背腹像を撮影する（図2、3）。

> 遊離胸水が肺葉の周囲に確認でき、側方像で波状に認められる。胸水で心陰影および横隔膜ラインがマスクされることもある。

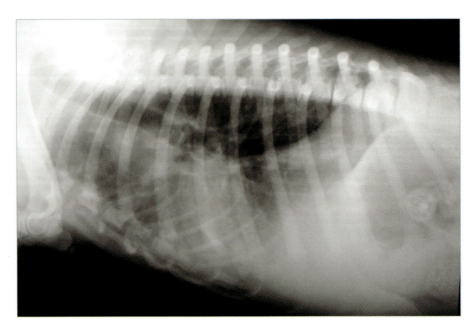

図2 この症例は、胸水によって重度の呼吸困難が生じていた。症例の呼吸を改善して管理するために胸水を抜去した。

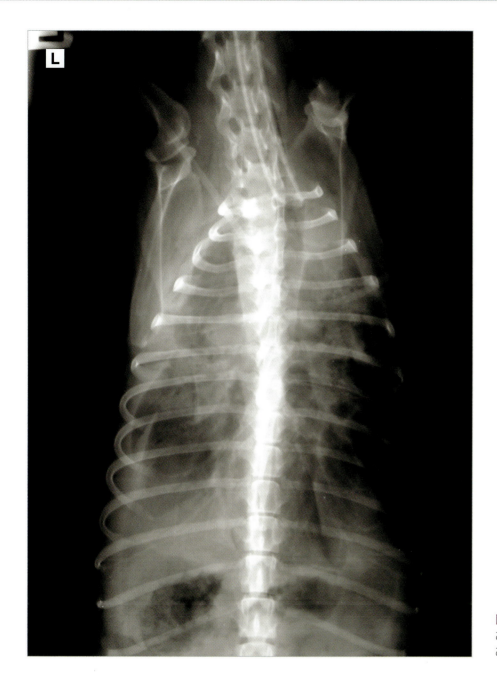

図3 この症例は重度の胸郭および肺の挫傷による血胸である。

> 動物が重度の呼吸困難を呈しているときには、先に胸腔穿刺により胸水を抜去する。

胸水を吸引した後、腫瘤性病変や液体貯留のために確認できなかった異常所見を除外するために、胸部X線写真を撮影する必要がある。

超音波検査は、胸水を除去する前に実施する。これは、胸水が音響窓として機能することで胸腔の構造を可視化する助けになるためである。超音波像は、心疾患の評価や縦隔に存在する腫瘤病変の検出にも非常に有用である。さらに、胸膜腔からの液体の抜去時や胸腔穿刺の誘導時にも用いることが推奨される。

胸水は生化学分析用はクエン酸チューブに、細胞診用はEDTAチューブに採取する。採取した液体は必ず総蛋白およびアルブミン濃度を測定し、細胞数を算定する。

「胸部X線検査」の項を参照 ➡ 284ページ

胸部

乳び胸

Roberto Bussadori, Silvia Maria Repetto

　乳びは、消化器系で産生される高濃度の脂質を含むリンパ液である。乳び胸は乳びが胸管から胸膜腔内へ流入した場合に生じ、乳び腹は乳び槽から生じたものである。

　大部分の症例で乳び胸の明確な原因が特定できず、特発性の乳び胸と分類される。

> 乳び胸は犬と猫の両者で生じる消耗性疾患である。

> ほぼすべての乳び胸の症例が特発性と分類される。

　乳び胸の病態は明確にはなっていない。可能性のある原因は以下に通りである。
- 胸管内圧の上昇に続いてリンパ管の拡張が生じ、乳び縦隔症が誘発され、乳び胸が続発する。
- 腫瘍栓または血栓による前大静脈内圧の上昇
- 心疾患（心筋症、三尖弁異形成、心不全、ファロー四徴症）
- 心膜疾患
- 犬糸状虫
- 胸管の奇形（アフガンハウンド）
- 横隔膜ヘルニア
- 肺葉捻転
- 特発性リンパ管拡張症
- 低蛋白血症
- 胸管の破綻を伴う外傷

臨床症状

　臨床症状は、乳びの刺激による胸膜炎に伴う胸水によるものである。一部の症例、とくに猫においては体重減少が認められる。

> 動物は急性の呼吸困難、活動性の低下、無気力などの臨床症状を呈し、1日中呼吸困難が持続する。

診断

　乳び胸の診断は、胸部X線検査および胸水の分析に基づく（図1、2）。
　通常、乳びは不透明でミルク様（図2）であるが、ピンクや黄色がかったものやまれに無色の症例も存在する。

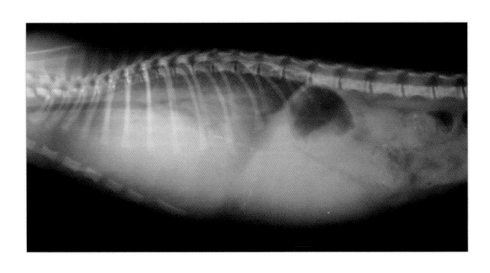

図1　乳び胸のX線像は胸水の像と類似する。

胸水の特徴は、変性漏出液と非常に類似する（比重1.019〜1.050、総蛋白35g/L）。細胞診では大型および小型のリンパ球とカイロミクロン[1]（スダンⅢもしくはⅣ染色で検出される）が認められる。慢性の症例では多数の好中球、マクロファージおよび中皮細胞が認められることがある。

確定診断は、血清と吸引した液体中のコレステロールおよびトリグリセリド濃度の測定により行う。乳び胸の場合、胸水中のコレステロール濃度は血清中のそれよりも低い一方で、胸水中のトリグリセリド濃度が血清中のそれよりも10〜100倍も高値を示すことがある（トリグリセリドの血清中濃度に対する乳び液中濃度の割合＞1）。

他の診断法として、エーテル溶解試験がある[2]。

> X線像上で胸管を可視化するためには、ヨード造影剤を用いて腸間膜もしくは膝窩からリンパ管造影を行う。

治療

基礎疾患が特定された場合には、その疾患の治療を基本とする。

初期治療は、胸膜腔内の排液および乳びの産生を低下させることを目的として行う。低脂肪食は乳び液中のトリグリセリドの濃度を減少させるが、乳びの産生に与える影響は少ない。

> これらの症例では、多くが衰弱あるいは栄養失調の状態にあるため、食事に脂溶性ビタミンを添加して栄養のサポートも行う。

以下のような場合、外科的介入が必要となる。
- 内科的治療を開始してから5〜10日以内に乳びの産生量に顕著な減少が認められない。
- 胸腔内への乳びの喪失が20ml/kg/dayを上回る日が5日を超える。
- 栄養失調および低蛋白血症がある。

解剖学の再確認

犬の胸管の尾側部は大動脈の右背側、肋間動脈の外側および奇静脈の腹側を走行する。第五胸椎の位置で左側へ入り腹側に続き左頸静脈と前大静脈の合流部まで食道の左側に沿って走行する。

猫の胸管は大動脈および奇静脈の左側に位置する。

古典的な解剖学的多様性として、胸管中央および尾側部で多くの側副枝と胸管の二重走行構造がある。

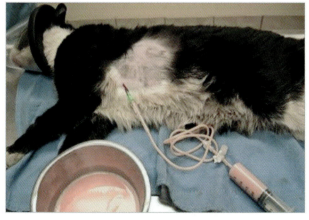

図2　胸水の猫に対する胸腔ドレイン。吸引された液体はリンパ液である。
写真はRodolf Bruhi-Dayのご厚意による。

手術の目的

- 胸管の閉鎖および、場合によっては乳び槽切開を実施
- 胸腔と腹部の間に受動−能動ドレインの設置
- 正常なリンパ経路を維持するため、右心系の圧を軽減

> 術中にリンパ系構造を目立たせるために、術前1時間に、動物に高脂肪食を与えてもよい。

---

[1] カイロミクロンは食事性のトリグリセリド、リン脂質および小腸から吸収されたコレステロールが集合した大型で円形の粒子であり、リンパ系を介してそれらを組織に運搬する。
[2] サンプルをエチルエーテルと混合すると、脂質が溶解するために白色が消失する。

手術法

外科手術におけるさまざまな手順

- 犬では右の第9もしくは第10肋間での肋間開胸、猫では左肋間開胸を行う（図3）。胸骨正中切開によっても胸腔内の評価は可能である。
- 大動脈と脊柱の間の交感神経幹を避け、胸管と奇静脈を含むすべての構造を一括して結紮する（図4、5）。症例の体格に合わせて、1、0、2-0 もしくは3-0の非吸収性糸（ポリプロピレンもしくは絹糸）を使用する。

「側方開胸術」の項を参照	➡ 353ページ
「正中開胸術」の項を参照	➡ 361ページ

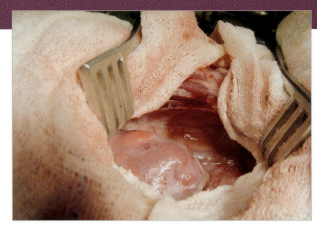

図3　胸腔の尾側を肋間開胸術によって観察し、大動脈、奇静脈および交感神経幹を同定、分離した。

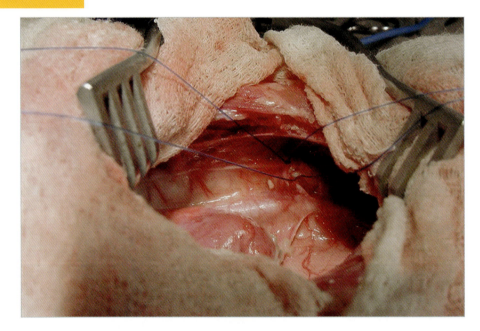

図4　胸郭上部に位置する組織の分離。交感神経幹を除き胸管と奇静脈を取り囲むように結紮する。

> 胸管を結紮すると乳びの胸膜腔内への流れが遮断され、新たなリンパ静脈吻合が形成されやすくなる。

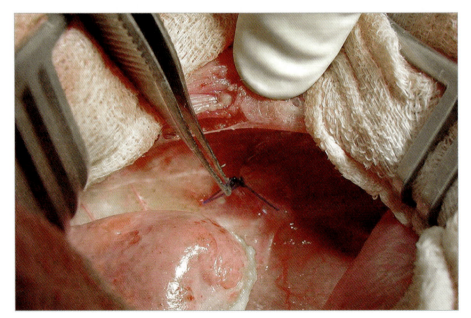

図5　胸管と奇静脈の周囲を一括して二重結紮する。

> 胸管の一部が結紮されていない場合、結紮されていない側副枝がある場合にはこの手技は失敗する。

- 第4あるいは第5肋間から横隔神経下心膜切除術。乳び刺激による心膜肥厚が全体的な圧を上昇させ、リンパの排出を妨げる。

- 緩和的な排液法としての胸膜腔への大網留置術
- 横隔膜もしくは肋骨と横隔膜の接合部に開けた孔から大網の一部をプールサクション[3]を用いて吸引し、胸膜腔内へ引き込む（図6）。この大網は、2-0もしくは3-0モノフィラメント吸収糸を用いて頭側および尾側の縦隔に部分的に固定する。
- 胸壁の再建およびドレインチューブの設置

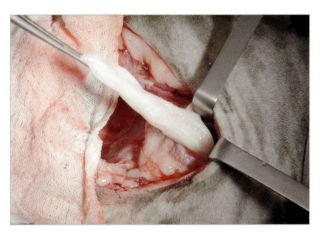

図6 肋骨横隔膜に切開を加えた後、大網の一部を胸膜腔内に引き込みリンパ液の再吸収を促す。

胸管の一括結紮で問題が解決しない場合には、乳び槽破壊術を行うことがある（図7）。

乳び槽は犬では第一から第四腰椎の腹側に位置する貯蔵庫であり、猫では大動脈背側の囊状部と腹側の網状部からなる二葉構造をもつ。

乳び槽破壊と胸管結紮の併用は、リンパ管と静脈の吻合形成を促すため、二次的なリンパ管圧の上昇を防ぐ。

しかし、この方法の合併症としてとくにリンパ管拡張症のある動物では、乳び腹水となる可能性がある[4]。

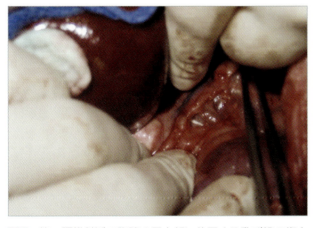

図7 第一腰椎付近で腹腔の最上部に位置する乳び槽の術中所見

術後管理

術後は胸膜腔内を4時間ごとに吸引する。

著者らは通常、セファゾリン（30mg/kg/8h IV）を用いて抗生物質療法およびトルフェナム酸（4mg/kg/48h）およびトラマドール（2mg/kg/12h）を用いた鎮痛を始める。

通常翌日まで更に胸水が吸引されることはなく、ドレインチューブは3～4日後に抜去する。

術後は症例の全体的な状態をチェックし、産生された胸水の量および性状も評価する。胸水中のコレステロールおよびトリグリセリドの濃度を測定し、胸水がリンパ性なのか炎症性なのかを判断することはきわめて重要である。

---

[3] 一般手術で用いられるサクションカニューレ
[4] HAYASHI K. ら 乳び胸に対する胸管結紮と乳び槽破壊術の併用：犬8症例の結果 Vet Surg. 2005, 34:519-523

症例1／乳び胸

Roberto Bussadori, Silvia Maria Repetto

| 技術的難易度 | ■ | ■ | □ | □ | □ |
| 発生 | ■ | ■ | ■ | ■ | □ |

症例は8歳齢の雄のボルドー・マスティフで、2カ月前に肺動脈弁形成術を受けている（図1）。

動物に体重減少以外に異常な臨床症状は認められない。術後の超音波学的検査で偶発的に胸水が認められた。

胸腔から吸引した液体の分析で乳び胸であることが確認された（図2）。

胸水の検査所見
■ 乳様の外観
■ リンパ球、マクロファージ、中皮細胞の存在
■ 胸水中のトリグリセリド＞血清中のトリグリセリド
■ コレステロール／トリグリセリド＜1
■ エーテル溶解試験陽性

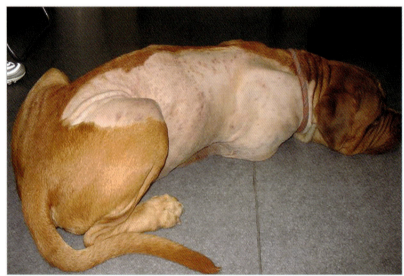

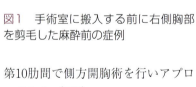

図2　症例の胸水と血清の外観

図1　手術室に搬入する前に右側胸部を剪毛した麻酔前の症例

第10肋間で側方開胸術を行いアプローチした（図3）。

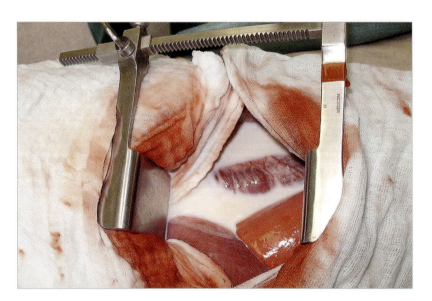

図3　右側第10肋間で開胸した胸腔の外観。多量のリンパ液に注目せよ。

胸郭および胸腔／胸膜腔

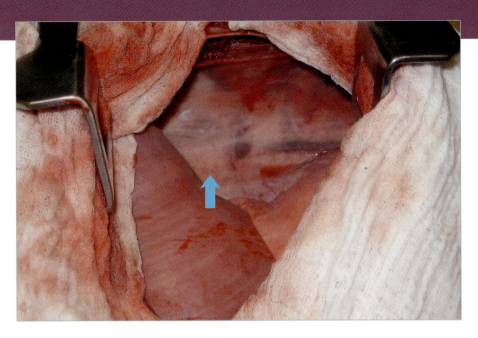

胸水を吸引した後、奇静脈および胸管を同定、分離する（図4、5）。

図4　胸腔の尾背側に位置する胸管および奇静脈（矢印）。

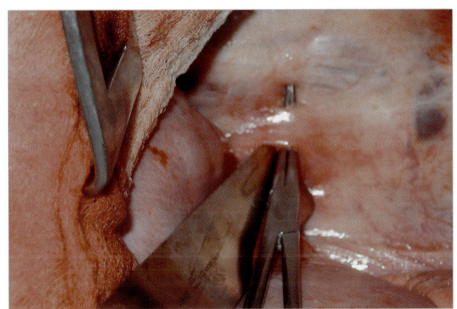

図5　横隔膜付近の領域で両者を交感神経幹を分離して剥離する。

次に、胸管および奇静脈を2-0の合成非吸収性モノフィラメント糸を用い、二重結紮で一括して閉じる（図6）。

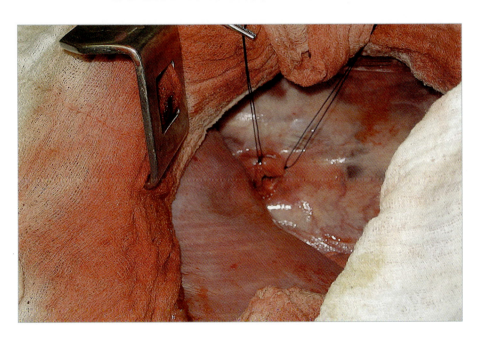

図6　胸管および奇静脈を取り囲んで二重結紮した。

胸部

次いで最後肋骨の後方で側腹部切開を行う。大網を同定して頭側方向に可動化し（図7）、テンションが全くかかっていないことを確認した後、横隔膜の小切開部から胸腔内へ誘導する。

「心膜切除術」の項を参照 ➡ 215ページ

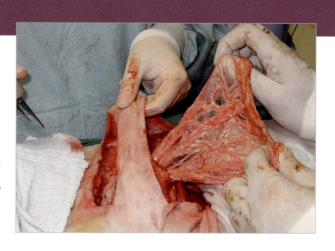

図7　胸膜腔への大網留置は、横隔膜の切開部を介して大網を側腹切開部から胸腔内へ通して実施した。

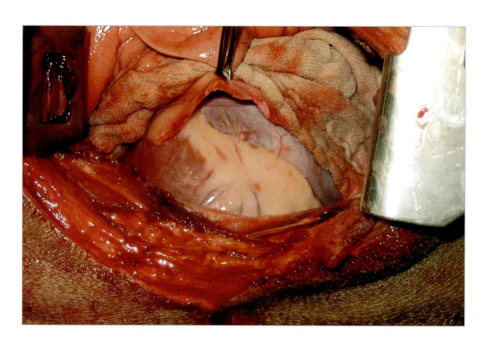

最後に大静脈からの静脈還流を改善するために、横隔神経下心膜切除術を行った（図8）。胸腔ドレインを設置して（図9）、定法に従って閉胸し、手術を終了した。

図8　心膜切除術の最終的な外観。心膜の肥厚に注目せよ。

術後管理

術後、最初の24時間は漿液性の液体が60ml排液された。翌日以降はさらに排液を見ることはなかった。4日目に問題は解決したと判断し、胸腔ドレインを抜去した。

5カ月後、この犬の健康状態は良好で乳び胸の再発はなかった。

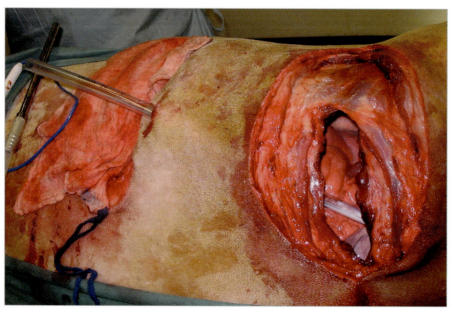

図9　閉胸前に大口径の胸腔ドレインを設置し、空気およびリンパ性滲出液を除去した。

膿胸

José Rodríguez, Roberto Bussadori, Silvia Maria Repetto, Rodolfo Bruhl Day

発生	■	■	□	□	□
技術的難易度	■	□	□	□	■

胸膜の炎症には、乾性、漿液線維素性、化膿性肉芽腫性および化膿性のいくつかの異なった型がある。後者は膿胸もしくは蓄膿症として知られている。

> 膿胸は感染に起因する化膿性の液体が胸膜腔内へ貯留することが特徴である。膿胸は主に猫で生じる。

病原体（表1）は胸部、頸部や縦隔の貫通性の創傷、食道の穿孔、他の感染巣からの血行性伝播、頸椎もしくは腰椎の椎間板脊椎炎、肺の感染症もしくは寄生虫感染症および胸腔穿刺や開胸術による医原性の汚染から胸膜内に侵入する。

> 猟犬や使役犬は呼吸器を介して植物性の物質を吸引するので危険性が高い。

表1

膿胸の症例から分離される主な細菌（南ヨーロッパ）		
	病原体	選択する抗生物質
嫌気性菌	*Actinomyces* spp.	アンピシリン、アモキシシリンとクラブラン酸の合剤、ペニシリン
	Bacteroides spp.	アンピシリン、アモキシシリンとクラブラン酸の合剤、クリンダマイシン
	Clostridium spp.	アモキシシリンとクラブラン酸の合剤、メトロニダゾール、アンピシリン
	Fusobacterium spp.	アンピシリン、アモキシシリンとクラブラン酸の合剤、クリンダマイシン
	Klebsiella spp.	アミカシン、セフチゾキシム、エンロフロキサシン
	Pasteurella spp.	アンピシリン、アモキシシリンとクラブラン酸の合剤、セファロスポリン
好気性菌	*Escherichia coli*	エンロフロキサシン、アミカシン、セファロスポリン
	Nocardia spp.	トリメトプリムとサルファ剤の合剤、アミカシン、シプロフロキサシン
	Pseudomonas spp.	アモキシシリンとクラブラン酸の合剤、エンロフロキサシン、アミカシン

病原体が胸腔内に定着する際、炎症性メディエーターが放出されることで、局所の毛細管の透過性が亢進するため、胸腔内に液体、蛋白、炎症性細胞が蓄積する。

臨床症状

動物が臨床症状を呈するまで数日から数週間、場合によっては数カ月を要することがあり、膿胸の原因を特定することが非常に困難な場合がある。
最も一般的な臨床症状は以下の通りである。
- 活動性の低下、無気力
- 呼吸困難、頻呼吸、咳、起座呼吸[1]
- 発熱、食欲不振、体重減少、運動不耐

高体温あるいは低体温、粘膜のうっ血もしくは蒼白、脈拍の強勢あるいは減弱などの敗血症性ショックの症状を呈することもある。

診断

胸部X線検査で胸水が認められた（図1）。呼吸困難のある症例では、胸腔内容物の吸引および酸素療法で状態を安定化させてから胸部X線側方撮影を行わなくてはならない。

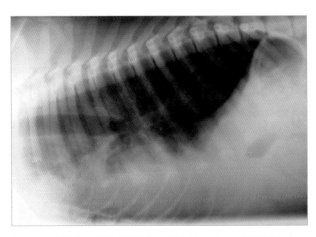

図1　胸腔の腹側領域に胸水が認められる。X線撮影台上で横臥位に保定することによるストレスを避けるため、このX線像は動物を立位にして撮影した。

---

[1] 頭頸部を伸展し、肘を外転させ、立位または伏せの状態での呼吸

胸腔穿刺により得られたサンプルは、黄色を帯び、混濁、粘性および悪臭があった（これは嫌気性病原菌による感染を示唆している）。検体を鏡検すると、変性好中球および細胞内外の細菌（これらが存在しなくても胸水のタイプとして膿胸を除外しない）を認めた。硫黄顆粒を認めることもある。

> サンプルは毎回好気および嫌気性菌両方の培養をすること。

血液検査では通常白血球の増多が見られ、桿状核好中球および中毒性好中球の増加を伴う場合と伴わない場合がある。重症例では左方移動を伴った好中球減少症と貧血が生じることがある。

治療

まず、輸液療法、酸素療法および胸腔ドレナージにより動物の状態を安定させる（図2）。

> 呼吸困難のある症例では動物の取り扱いをできるだけ最小限にし、ストレスを避けるために静かな環境におく。

「胸腔ドレイン」の項を参照 → 265ページ

図2　胸腔ドレインの設置

図2A　皮膚切開および皮下トンネルの作成

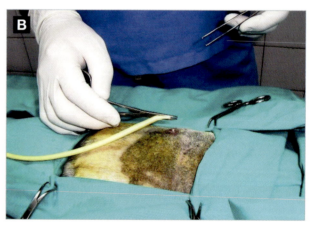

図2B　ドレインを鉗子で把持する

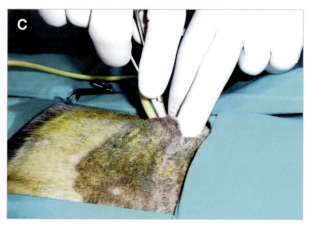

図2C　胸膜内へのドレインの挿入

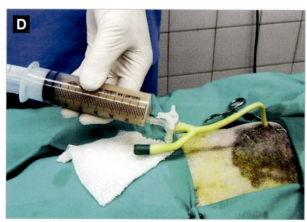

図2D　ドレイン設置の装着と胸腔内容物の吸引

培養および感受性試験の結果が出るまで広域性の抗生物質を投与する。
- 嫌気性菌：アンピシリン、アモキシシリンとクラブラン酸の合剤、メトロニダゾール
- 好気性菌：エンロフロキサシン、アミカシン、スルフォンアミド

抗生物質治療は退院後少なくとも4〜6週間継続する。

> 抗生物質は動物が入院中は静脈内投与し、帰宅後は経口投与する。

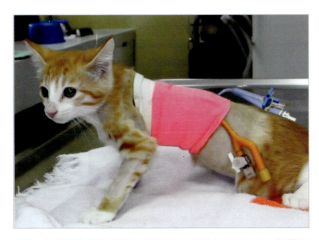

図3　化膿性物質を確実に胸腔内から除去するため、通常それぞれの半胸郭にドレインを設置する。

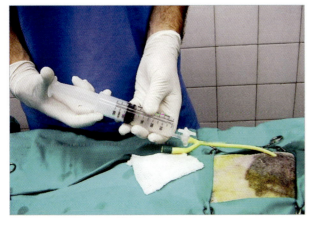

図4　本文中に示すように、胸腔内を洗浄することにより、化膿性物質の除去が可能となる。

輸液療法は動物を確実に水和させ、また膿胸を液状化させることで吸引しやすくする。

胸膜腔内の排膿は治療の柱の一つであり、胸腔瘻チューブを用いて実施する。

> 胸水が片側性でなければ、ドレインは各々の半胸郭に設置する。

胸水の粘稠性が高い場合、胸腔内を温めた滅菌生理食塩水でフラッシュ洗浄する必要がある（20 ml/kg、10〜15分かけて注入、6〜24時間ごと）（図4）。洗浄液へのヘパリン添加（1,500単位/100 ml生理食塩水）は有効な可能性があるが、抗生物質や蛋白分解酵素を添加してはならない。

> ＊ 洗浄液は非常にゆっくり注入し、呼吸困難の症状が生じれば中止する。洗浄液は1時間胸腔内に放置し、その後抜去する。液体の約25％は動物に吸収される。

> 胸腔内の洗浄は無菌状態で実施すること

膿胸の原因が膿瘍もしくは異物である場合は、手術が推奨される。開胸手術により、胸膜腔内の壊死性のデブリス、粘稠性の高い滲出液および線維性の癒着を除去する。

「正中開胸術」の項を参照 ➡ 361ページ

> 両側の胸腔を探索できるように通常は胸骨正中切開を実施する。

術後管理

これらの症例は敗血症性ショックや全身性炎症反応症候群（SIRS）に陥る可能性があるため、術後少なくとも24〜48時間は厳密な監視および集中的な管理が必要である。

輸液療法は非常に重要である。昇圧剤は難治性の低血圧に対する治療に必要となることがある。また、血中カリウム濃度のモニタリングは動物が自力で摂食および飲水可能になるまで実施する。

適切かつ積極的な治療を受けた犬および猫の生存率は50％以上であり、再発率は10％以下である。

横隔膜 概要

José Rodríguez, Amaya de Torre
Carolina Serrano, Rocío Fernández

発生 ■■■□

横隔膜は胸郭と腹腔を隔てる筋膜性構造であり、呼吸動作とリンパ液の輸送に関して積極的な役割を果たしている。横隔膜が収縮すると半球状構造が平坦化し、内臓は尾側へ移動する。これによって胸郭は拡大し、肺へ空気が流れ込む。肋間筋も吸息に部分的に関与しており、横隔膜が機能しないときでも動物は呼吸を持続することができる。

> ヘルニアの症例では、解剖学的には正常だが、正常よりも拡大した裂孔を臓器が通る。一方、横隔膜破裂の例では、損傷部位でヘルニアが形成される。

解剖学的概要

横隔膜は腰椎の腹側面、肋骨および胸骨に付着している。横隔膜はY字の腱中心および筋性の周辺部から構成される。横隔膜の腹側部は2つの筋柱で形成され、大動脈裂孔を取り囲んでいる。大動脈、奇静脈、半奇静脈および胸管が大動脈裂孔を通過する。食道裂孔は2つの厚い筋性縁で取り囲まれており、食道および迷走神経幹が通る。大静脈孔は横隔膜の膜性部に位置する（図1）。

横隔膜の異常

横隔膜の機能障害は、主に先天的な欠損もしくは解剖学的構造の損傷に起因する。どちらの場合にも、胸腔内に腹腔内臓器が存在することによる呼吸器症状や消化器症状が生じる。

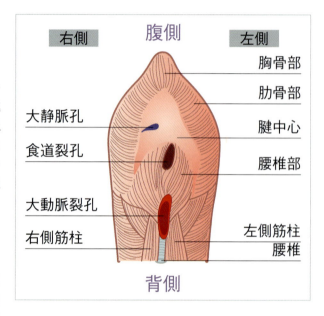

図1　腹腔側から見た横隔膜の解剖学的略図

次の章では、食道裂孔を通って形成されたヘルニア、腹膜心膜ヘルニアおよび横隔膜破裂について述べる（図2～4）。

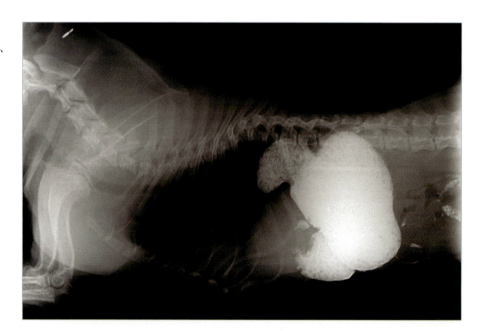

図2　裂孔ヘルニアのイングリッシュ・ブルドッグの子犬における硫酸バリウム投与後のX線像。胃の頭側が胸腔内に存在する。
写真はJorge Linasのご厚意による（Silla Veterinary Centre, Valencia, Spain）

胸郭および胸腔／横隔膜

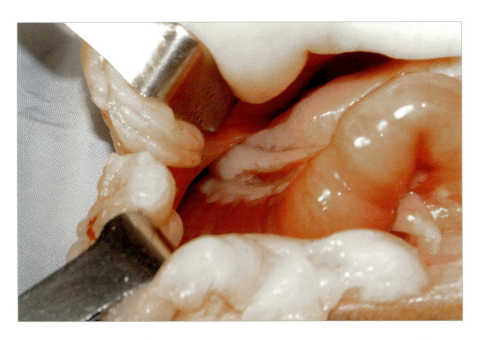

図3　腹膜心膜ヘルニアの動物で、腸ループを腹腔へ戻しているところ

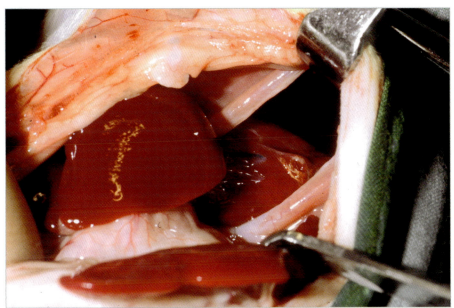

図4　この動物は車に撥ねられ、横隔膜が破裂した。胃と腸管の一部を腹腔内に戻しているが、肝左葉はまだ胸腔内に存在する（肝左葉は横隔膜の断裂部から確認できる）。

これらの患者に対する外科治療としては、腹腔内臓器を正常な位置に戻した後、横隔膜の欠損および解剖学的病変の再建を行う（図5）。

図5　この写真は、横隔膜左側の大きな外傷性損傷を再建したところである。

胸部

横隔膜破裂

José Rodríguez, Amaya de Torre, Carolina Serrano, Rocío Fernández

| 発生 | ■■■□ |

横隔膜の破裂は、外傷により腹腔内圧が過剰に上昇することにより発生する。破裂により呼吸器症状が現れることが多いが、慢性化し無症状の症例や消化器疾患が認められる患者も珍しくない（図1）。

> 横隔膜破裂の症例は、外傷後数週間から数カ月経過して診断されることが多い。

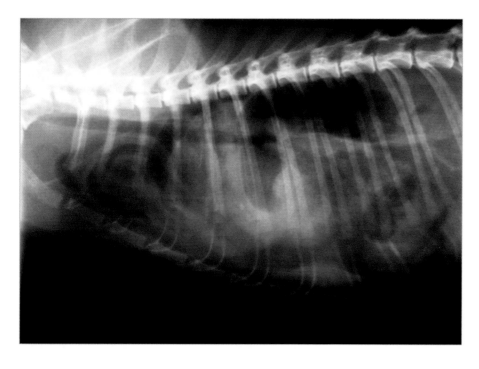

図1 この症例は腸閉塞の症状を示したが、呼吸器症状は全くなかった。胸腔内の腸ループを観察すること。

表1

慢性横隔膜破裂の動物の臨床徴候[1]	
臨床症状	患者の割合
肺音および心音微弱	58%
呼吸困難	34%
悪液質、体重減少	32%
頻呼吸	26%
黄疸	6%
ショック	6%
倦怠、沈うつ	6%

臨床徴候

臨床的に認められる症状は、急性ショック、呼吸困難を伴う呼吸器症状や運動不耐性、嘔吐、下痢などの消化器症状、さらに体重減少までさまざまである。

慢性症例における臨床症状は不明瞭で、見過ごされることが少なくない。このような破裂は臨床診察で偶然発見される（表1）。

> 大部分の例で肝臓がヘルニア内にある。脱出した肝臓内で起きる血管障害のために胸水が生じることが多い。

[1] MINHAN, A.C., BERG,J., EVANS, K.L., Chronic diaphragmatic hernia in 34 dogs and 16 cats. Journal of the American Animal Hospital Association, 2004. Vol. 40: 51-63.

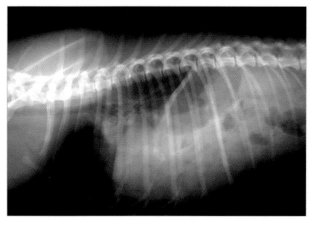

図2 この画像では横隔膜ラインが胸部腹側で消失し、腸管の一部は頭側へ変位していることがわかる。

診断

胸部尾側領域のX線像で、横隔膜ラインの不連続性、心陰影の喪失、肺の変位、胸腔内における腸ループおよび胃の存在、および胸水が認められる（図2、3）。腹部X線像では消化器が一部消失している（図4）。

X線検査所見は曖昧だが、本疾患が疑われる場合には、消化管の可視化のために硫酸バリウムを投与する。

胸水は存在するが、X線像で前述のような所見が認められない場合は、超音波検査を行うと横隔膜破裂と診断できる情報が得られる可能性がある。

血液検査では特異的変化は認められない。肝臓がヘルニア内に巻き込まれている場合は、肝酵素が上昇することがある。

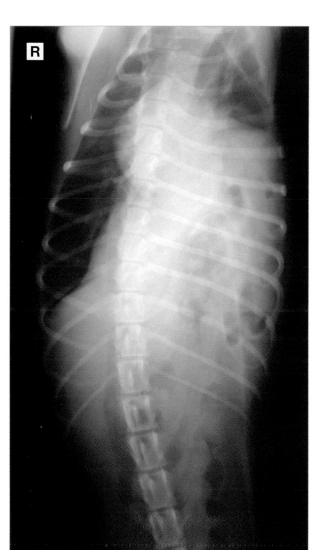

図3 X線腹背像で肺葉の頭側変位が観察され、胸腔内に腹腔臓器が認められる。この症例では、左側の半胸郭が腹腔内臓器によって占拠されている。

> 肝臓がヘルニアを起こした場合、胸水および腹水が症例の30％で認められ、X線検査による診断の妨げとなる。

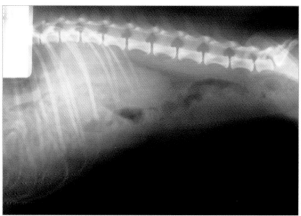

図4 腸管の一部が胸腔内にあるため、腹部X線像が"空"に見える。

胸部

外科的処置

技術的難易度

これらの患者に対する外科的処置は、横隔膜病変のタイプ、発症してからの時間および癒着の程度により単純なものから複雑なものまでさまざまである。

横隔膜破裂の整復は患者の状態が安定するまで待つべきだが、不必要に遅らせるべきではない。生じる可能性のある合併症を発見するために動物の状態を定期的にモニタする。

術式

臍上正中で開腹し、横隔膜への損傷を避けながら剣状突起の横まで頭側に広げる。

損傷した横隔膜領域が目視できるように、この領域に認められる臓器を脇へ移動させ、湿らせた外科用ガーゼで保護する。

胸腔内にある異所性の腹部臓器は正常な位置に戻す必要があり、過剰な牽引を避けるために必要ならば横隔膜の断裂を拡大する（図5、6）。

* 手術が早すぎても遅すぎても死亡率は上昇する。

術前に考慮すべき点

肝臓のような臓器がヘルニアを形成すると虚血と毒素の貯留が生じ、臓器を解剖学的に正常な位置に戻したときに血管作動性代謝産物が血液中へ放出される。

ステロイド（メチルプレドニゾロン10～30mg/kg）の静脈内投与は、血行再開後の影響を軽減し、慢性患者で肺の再拡張性の肺水腫を抑制するのに有効である。

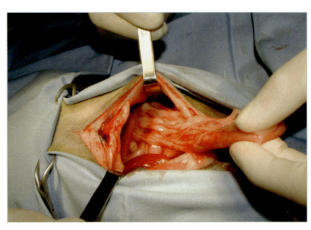

図5 腹部臓器を解剖学的に正常な位置に戻すため慎重に牽引する。

『下腹部』の「虚血/再灌流症候群」の項を参照 436ページ

「胸部手術の麻酔」の項を参照 → 258ページ

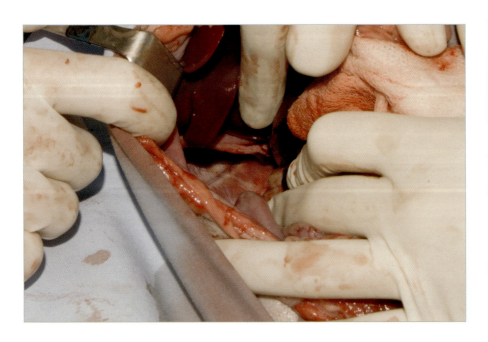

図6 腹部臓器をすべて解剖学的に正常な位置に戻し、横隔膜の欠損を閉鎖しようとしている。

胸郭および胸腔／横隔膜

> ※ 胸腔内にヘルニアを起こしている臓器は脆く、裂開あるいは破裂し、血胸が生じる可能性がある。

横隔膜の破裂を注意深く精査し、再建を計画する。

　胸部で癒着が見られる場合は、肺損傷や胸腔内出血が生じないよう癒着を剥がす。この操作は、多くの場合横隔膜の断裂部から行うことができるが、開胸を必要とする場合もある。

> ※ 慢性例の場合でも、横隔膜欠損部の縁は決して新しくしない。これにより損傷を増やし、縫合部の緊張を高める。

> 胸腔内で癒着を剥離する際は、注意深く出血をコントロールする必要がある。

「開胸術」の項を参照 ➡ 348ページ

水平あるいは垂直マットレス縫合で結節縫合を行った。無傷性丸針が付いた0～3-0の非吸収性あるいは吸収の遅いモノフィラメント糸を使用する（図7、8）。

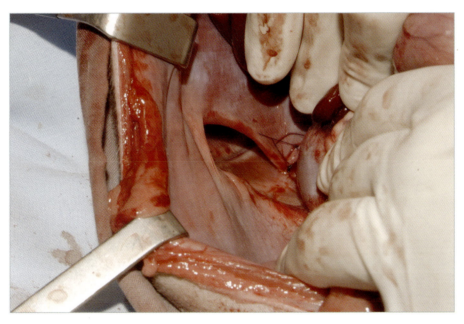

図7　横隔膜病変を精査した後、最深部から縫合を開始する。この最深部は位置的な理由からも、重要な血管や神経（この症例では大動脈）と近接していることからも、最も複雑な部位となる。

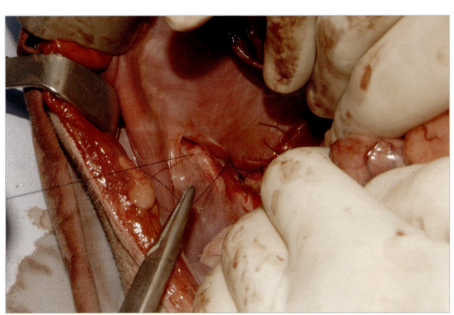

図8　横隔膜の欠損は、無傷性丸針が付いたモノフィラメント合成糸を用い、水平マットレス縫合で順次閉鎖する。

> 通常は吸収性の糸が使用されるが、慢性症例では例外的に非吸収糸が好まれる。

横隔膜が肋骨から剥離している場合（円周性断裂）には、肋骨と胸骨を一緒に縫合する（図9）。

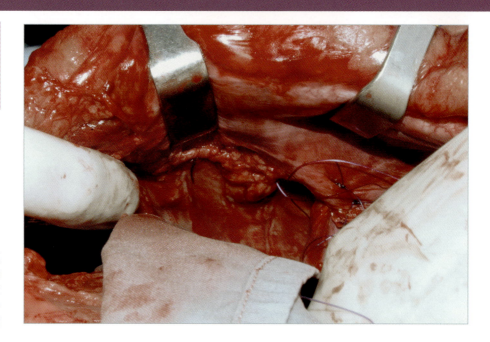

図9 この症例では、横隔膜が腹壁への付着部位から剥離していることに注目せよ。欠損閉鎖部位の強度を増すために、縫合は複数の肋骨と一緒に行う。

腹腔全域を精査して他の臓器に病変がないか調べ、すべての異常を修復する。とくに、腸間膜が破れている場合はさらに腸管が絞扼しないよう修復する。

急性症例では、手術を終了する前に胸膜腔の空気を除去する。そのため、最後の縫合は結紮せずに残しておき、麻酔医は数秒間深い強制吸入を2、3回行い動物の肺を拡張させる。2回目の吸入後に縫合を結紮する（図10）。

> 急性症例では20cmH$_2$O 以下の圧でゆっくり深く持続的に吸入させて肺を拡張させ、胸膜腔から空気を除去する。同時に外科医は横隔膜を閉鎖する縫合の最後の結び目を結紮する。

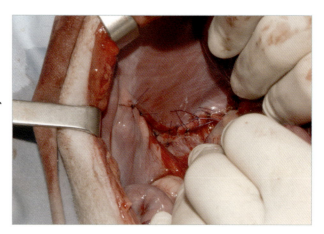

図10 数秒間深い吸入を持続させた後、最後の縫合を結紮する。

慢性症例では、肺を徐々に再拡張させて損傷しないようにするためにドレインを設置する。ドレインは、胸水、あるいは内部の損傷で生じる可能性のある血胸もわかるので、予後の評価も可能である。

> 慢性症例では、胸腔ドレインにより徐々に肺を再拡張させる。

「胸腔ドレイン」の項を参照 265ページ

次に、横隔膜の縫合が密閉されていることを確認する。腹部前方を温めた生理食塩水で満たし、吸気時に縫合線から気泡が発生しないか確認する（図11）。

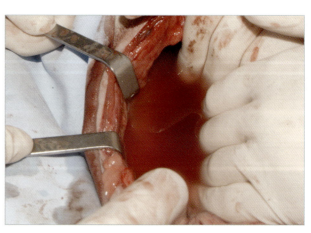

図11 縫合線が確実に密閉しているか、腹腔内を生理食塩水で満たし、吸入中に気泡が発生しないか確認する。

> 横隔膜の修復部位から漏れている場合は、術後も気胸が残り、吸収されない。

液体を吸引後、定法通りに開腹部を閉鎖し、手技を終了する。

> 術後生存率はおよそ90%である。

術後管理

術後は早期に患者の低換気を見つけ、治療する必要がある。患者には酸素を吸入させ、過剰な気胸が認められる場合には胸腔穿刺を行う。

> ※ 慢性症例において急速に肺が再拡張することで生じうる合併症の一つが、肺水腫である。したがって、胸膜腔からの空気の抜去は持続監視下でゆっくりかつ徐々に行う。

> 肺の拡張は徐々に行う。動物が正常に呼吸できるようにと急いで胸膜腔から空気を抜いてはならない。気長に行うこと。

術後にブトルファノール（0.05〜0.1mg/kg/2〜4h）あるいはブプレノルフィン（5〜15μg/kg/6h）を投与して疼痛を緩和させる。最初の24時間を経過すれば、予後はたいへん良好である。

生じうる他の合併症は以下の通りである。
- 以下のような手技的な問題によるヘルニアの再発
  - 横隔膜欠損部の縫合が辺縁に近すぎる。
  - 患者に対して縫合糸が細すぎる。
  - 縫合糸の引っ張り強度が急速に喪失する。
  - 結紮が不十分でほどけてしまう。
  - 無菌操作が適切でなく感染が起きる。

> 横隔膜背側部の破裂では術部へのアプローチが難しいため、縫合が不十分になることが多い。

- 縫合部からの漏れ、あるいは癒着剥離中に生じた肺損傷による気胸
- ヘルニアとなった肝臓と脾臓は脆く、破裂して血胸を引き起こすことがある。この合併症は胸腔内での癒着剥離によって生じることもある。縫合中は、大静脈あるいは横隔膜の血管を傷つけないよう注意する。
- 腹部内容物の大部分が胸腔内へ移動し、腹部の筋肉が拘縮しているような慢性症例では、"腹部が空"になっている（図12）。内臓を解剖学的に正常な位置に戻して閉腹すると、腹部内圧が非常に高くなり、横隔膜破裂が再発する危険性が高くなる。

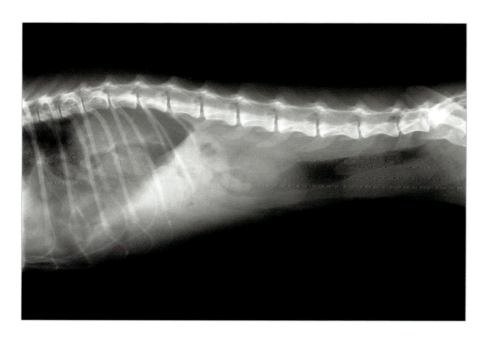

図12 この患者では、腹部には膀胱、結腸、腎臓および小腸の最後部しかない。

症例1／犬の複雑な放射状破裂

José Rodríguez, Amaya de Torre, Carolina Serrano, Rocío Fernández

技術的難易度 ■■■□

"Friki"は2歳齢の雌犬で、数日間食べ物をいっさい受けつけなかったため獣医師のところへ連れてこられた（図1）。病歴を聴取すると、1カ月前に車に轢かれたことがあり、すぐに回復していたことがわかった。

図1　1カ月間経過した横隔膜破裂の手術を実施する日の症例

臨床検査では、著しい悪液質が認められた（図2）。血液検査で増加していたのはBUNのみで50mg/dL（参照値7～25）であった。

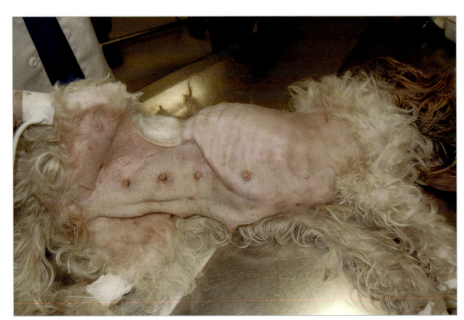

図2　腹部および胸部の毛刈りを行うと、著しく痩せているのがわかった。

X線検査で、右側の横隔膜破裂により腹部内容物が胸腔内に存在していることがわかった（図3、4）。

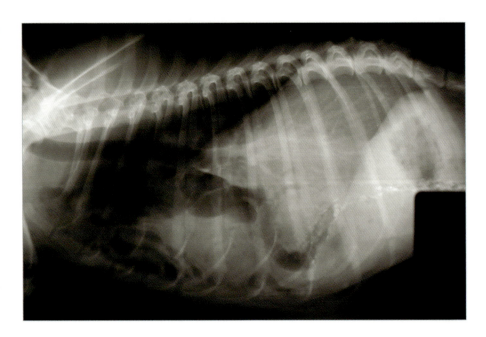

図3　X線側方像では、腸ループが胸腔内に認められ、心臓の頭側まで到達している。肺の虚脱も認められる。

事故からの経過時間、および胸腔内で肝臓の癒着が発生している可能性を考慮し、臍上正中での開腹を予定し、右側開胸の可能性も予定しておいた（図2）。

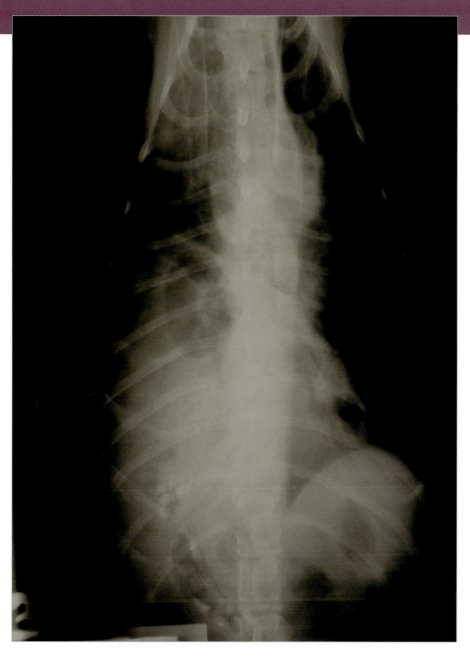

図4　X線腹背像で、右半胸郭尾側にヘルニアとなった肝臓と思われる不透過性の亢進が認められる。また、腸ループが同側半胸郭の頭側で確認できる。

術式

正中を開腹すると、右側で横隔膜の破裂と胸腔内への腸ループの逸脱が認められた（図5）。

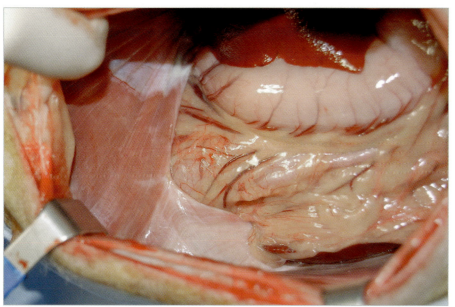

図5　開腹すると、右側に横隔膜破裂があり、腸ループ、胃および肝臓の一部が胸腔内へ逸脱していた。

次に、腸ループを慎重に胸腔から牽引し、腹部内の正常な位置に戻した（図6）。

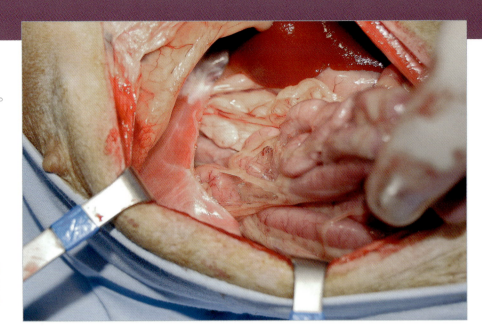

図6　腸ループの牽引は、腸壁あるいは腸間膜を損傷しないように慎重に行う必要がある。

腸ループを腹部内へ戻すと、胸腔内にいくつかの肝葉が認められた（図7）。この肝葉を傷つけないよう注意しながら正常な位置へ戻す必要があった。

> 横隔膜破裂から外科的介入まで相当な日数が経過している場合は、胸腔内に肝臓が癒着していることを想定しておく。

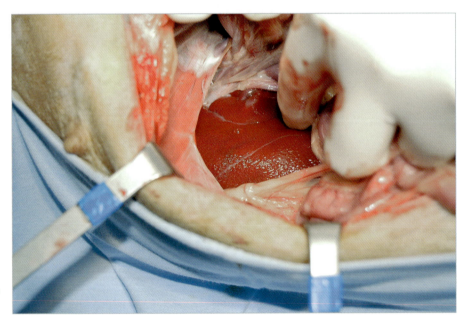

図7　腹部内に位置したままであった尾状葉は、うっ血のために腫大していた。

> 血液再灌流障害の危険性を最小限にするために、メチルプレドニゾロン（30mg/kg）を静脈内投与した。

それぞれの肝葉は、胸腔内での癒着に注意しながら、また実質が破けないように注意しながら移動させた（図8）。癒着した肝葉が完全に遊離するよう線維性の癒着を剪刀で切断した（図8～10）。

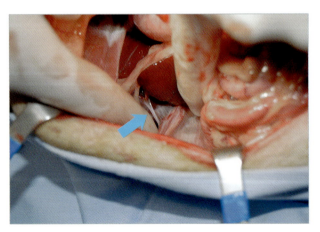

図8　肝尾状葉は、横隔膜頂と重度に癒着していた（矢印）。

胸郭および胸腔／横隔膜

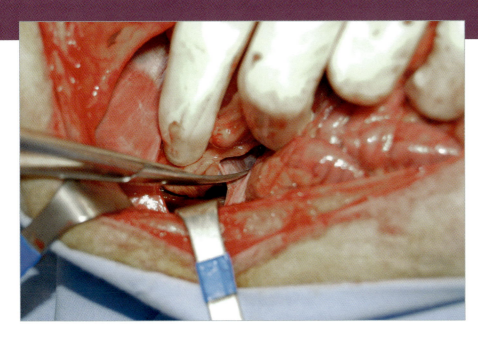

図9　肝臓が損傷したり出血したりしないよう注意して癒着を扱う必要がある。

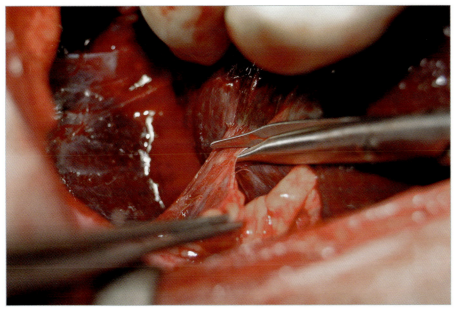

> ＊ 肝臓が異常な位置にあると全身循環へ静脈血が適切に還流されず、うっ血が生じる。患部の肝臓は拡大し脆くなる。

図10　この写真では、外側右葉と胸壁の癒着を切断している。

　肝臓の癒着を分離後、肝葉は解剖学的に正常な位置へ戻した。尾状葉は、大きな問題もなく腹腔内へ戻せたが、右葉は腫大していたため、横隔膜の破裂した部分を通過をできなかった（図11）。

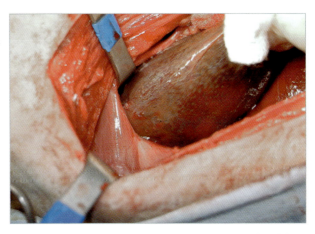

> 肝葉の取り扱いは、滅菌生理食塩水で湿らせたガーゼで把持すると容易になる。

図11　肝うっ血による二次的な肝腫大のため、外側右葉を腹腔内の正常な位置に戻すことができなくなっている。

この症例における唯一の選択肢は横隔膜の裂開部を広げることであり、剪刀を用いて肋骨へ向かって外側方向に横隔膜を切断した（図12）。

この拡大術により胸腔内にアプローチして肝右葉が動かしやすくなり、右葉の癒着を剥離し、解剖学的に正常な位置へ戻した（図13）。

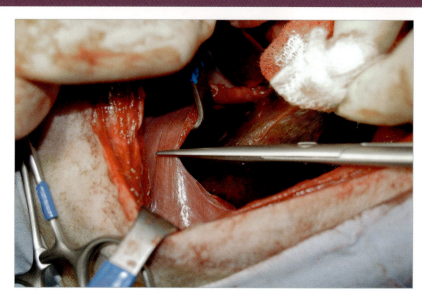

図12　残っている肝葉を腹腔内へ戻すためには、剪刀で横隔膜の裂開部を広げる必要があった。

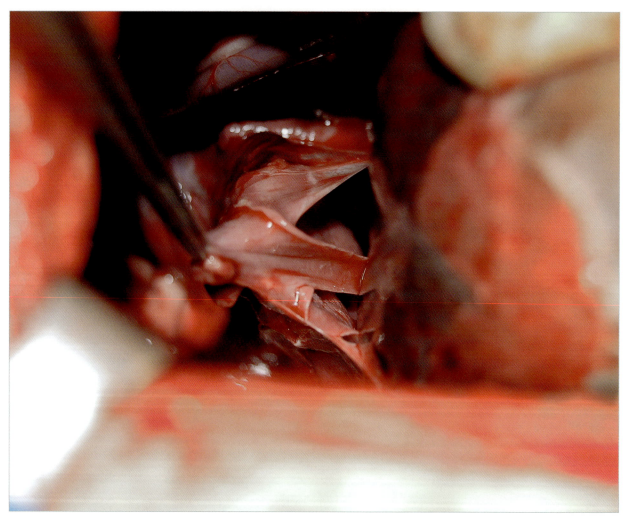

図13　内側右葉を引き戻すと、肝臓と胸部の癒着が何カ所か観察された。

胸部に出血がないか確認し、横隔膜の再建方法を決定してから欠損部の縫合を行った（図14、15）。

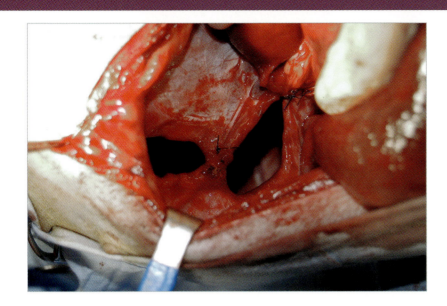

図14　横隔膜欠損部の閉鎖には、非吸収性のモノフィラメント糸を使用し水平マットレス縫合を行った。

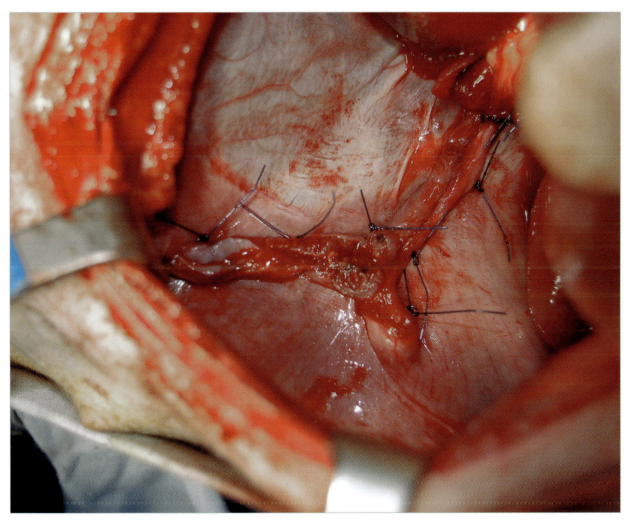

図15　完全に横隔膜を再建した後の外観。縫合糸の断端は、接触する肝臓への損傷を防ぐために比較的長いままにしてある。

胸部

この症例では、二次的な胸部の出血がないかを確認するために、また術後数時間かけて胸膜腔から空気を徐々に抜去し、急激な再拡張による肺水腫を防ぐために胸腔ドレインを設置した。(図16)。

> * 慢性症例では、肺の急速な拡張あるいは高圧による拡張が重度の肺水腫を引き起こす可能性がある。

経過観察

毎時間胸腔ドレインを使い気胸状態の胸部から空気を抜去した。患者の酸素化を改善するために酸素ケージに入れた(図17)。

患者は満足いく程度まで回復した。24時間後のX線像では、気胸は最小限にまで減少したことが確認され、胸腔ドレインを抜去した。2日後、犬はすべての生理学的機能を回復し、退院した。

10日後、かかりつけの獣医師に抜糸してもらった。

「胸腔ドレイン」の項を参照 → 265ページ

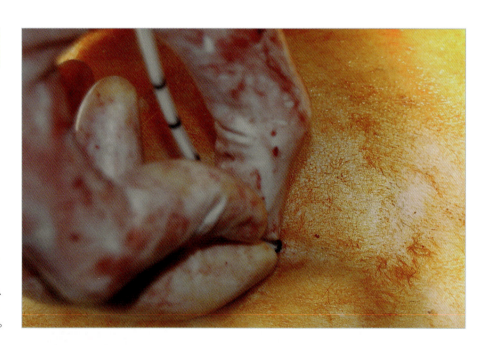

図16　胸腔ドレインを使うことで胸膜腔から空気を徐々に抜去することが可能になり、長時間虚脱していた肺をゆっくり拡張させることができる。

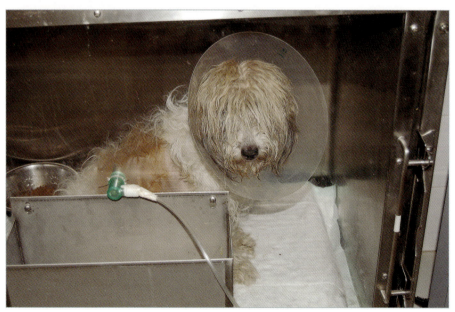

図17　酸素ケージ内で手術から回復中の"Friki"

症例2／猫の円周性剥離

José Rodríguez, Amaya de Torre, Carolina Serrano, Rocío Fernández

技術的難易度 ■■■□

"Pipo"は4歳齢の短毛の雄猫で、オートバイに轢かれた。"Pipo"は獣医療センターで診察を受け、直ちに安定化の処置が行われた。診断のための検査をいくつか行い、横隔膜破裂が生じていることが明らかとなった（図1）。

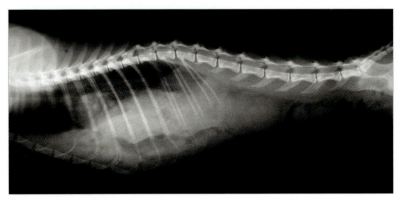

図1　X線像で横隔膜の境界線が見えず、胸腔腹側が腹部臓器で占拠されている。

3日後、状態が安定した症例は横隔膜破裂の再建のために当院に来院した。病変は横隔膜中心部の剥離で左側が重度に断裂していることが明らかとなった（図2〜8）。

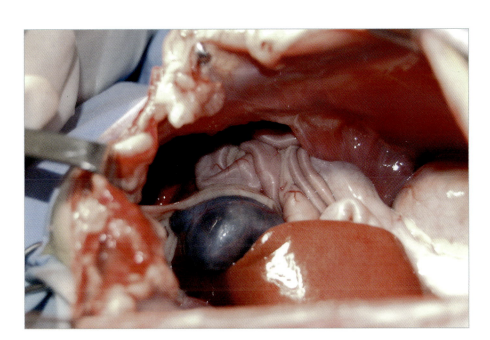

図2　開腹により横隔膜の大きな断裂が明らかとなった。横隔膜の欠損が大きく、事故からの経過時間が短かったため、腹部へ臓器を戻すことは非常に容易であった。

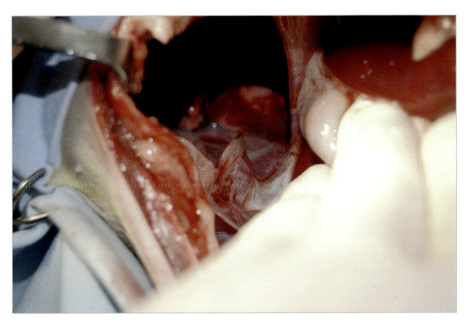

図3　胸腔内の視診では、左肺の虚脱以外の内部損傷は認められなかった。

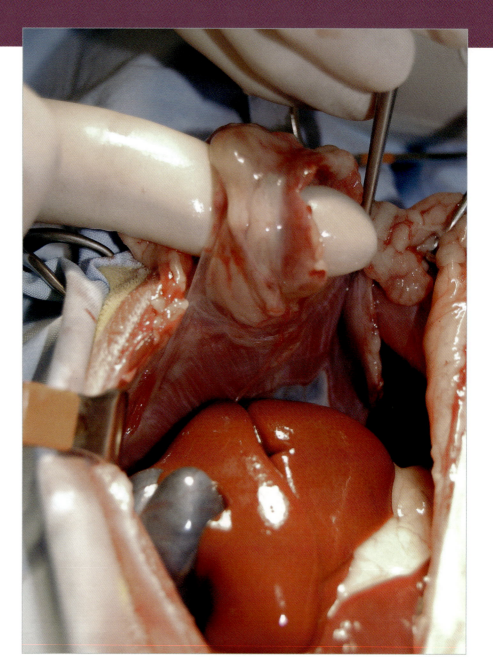

図4 腹部臓器を正しい位置に戻した後、横隔膜再建のプランをたてるために断裂部を調べた。胸壁右側および中央部の横隔膜が付着する部分に非常に大きな辺縁部断裂が認められ、左側には腱性部に向かう放射状の損傷が別に認められた。

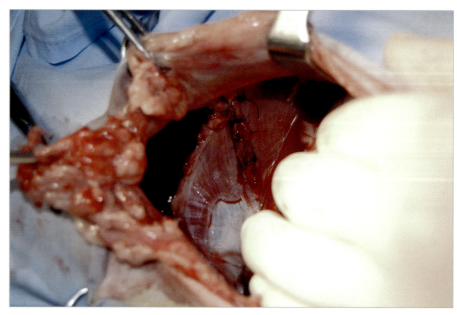

図5 再建は放射状断裂の縫合を吸収性モノフィラメント糸で単純マットレス縫合することから始めた。

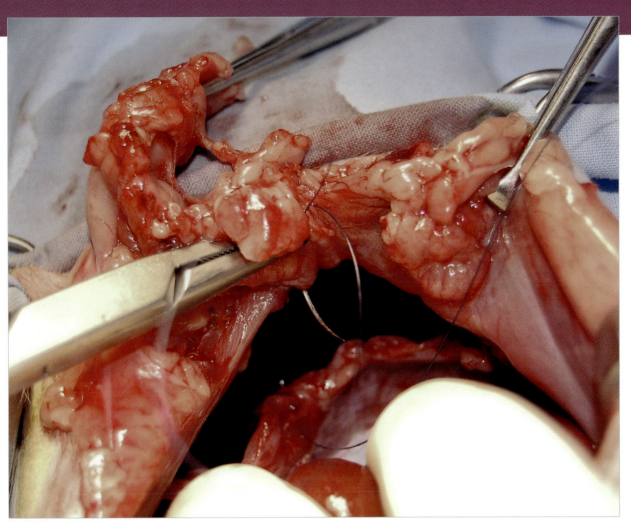

図6　横隔膜を胸壁へ確実にしっかりと縫い付けるために、胸骨および2本の肋骨周囲に縫合をいくつか施した。写真は、横隔膜の中央部を胸骨剣状突起へ縫い付けるために縫合を行っているところである。

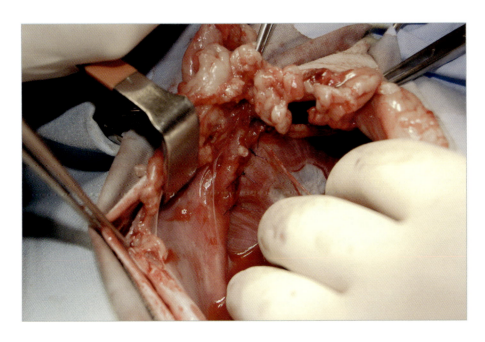

図7　横隔膜は、結節型の水平マットレス縫合で縫合した。

胸部

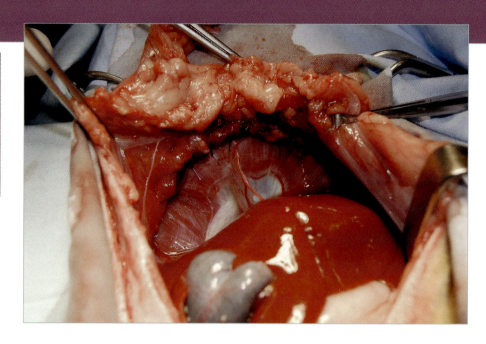

> ※ 急性肺水腫の原因となる肺の急激な再拡張を避けるため、深い強制持続吸入は圧が20cmH_2Oを決して超えないようにする。

図8　最後の縫合を結紮する前に、数秒間深い強制吸入を続け、その間に外科医は結紮を行う。

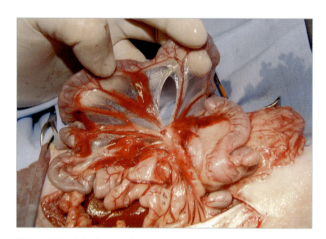

図9　比較的軽度のいくつかの血腫の他に、腸間膜の断裂が確認された。この断裂は4-0の合成吸収性モノフィラメント糸を用いて単純縫合を2カ所掛けて閉鎖した。

横隔膜の再建が終わったら、腹部臓器に他の病変がないか確認を行う。この症例では、重大な損傷は回腸ループの腸間膜断裂のみであった（図9）。

この患者では、術後の摂食を維持して回復中の肝リピドーシスの危険性を減らすために、胃瘻チューブを設置することとした（図10）。

『下腹部』の「強制給餌胃瘻チューブ」の項を参照
412ページ

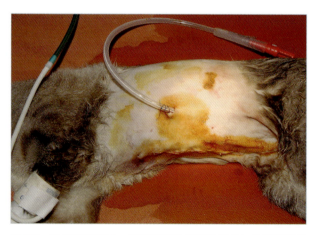

図10　この患者には、術後確実に給餌を行うために胃瘻チューブを設置した。

術後管理

この猫に対しては、術後数時間、低換気が生じていないか継続的に監視した。"Pipo"は気胸から徐々に回復し、肺容量を改善するための追加処置は必要なかった。36時間後には胸膜腔内のすべての空気が吸収され、症例は正常に呼吸していた。

入院中の3日間は胃瘻チューブから給餌した。この猫は自宅で正常に採食を始め、胃チューブは手術から12日後に抜去した。

抗生物質はアモキシシリンとクラブラン酸の合剤を7日間継続使用した。

腹膜心膜横隔膜ヘルニア

José Rodríguez, Rodolfo Bruhl Day, Roberto Busadori, María Elena Martínez, Pablo Meyer, Silvia Repetto

発生

　腹膜心膜横隔膜ヘルニア（PPDH）は、伴侶動物における最も一般的な先天性心膜異常である。この疾患は横中隔の発生異常により、発生する。横隔膜の腹側正中に欠損を生じるため、腹部臓器が心膜腔へ向かって移動する。移動した腹腔臓器が自由にあちこち移動するか、あるいは心膜腔内に絞扼されるようになるかは、欠損の大きさによって変わる（図1）。

　この子犬の横隔膜の閉鎖不全には腹壁ヘルニアを伴うことがある。このヘルニアは臍の頭側にあり、臍ヘルニアと間違えないようにしなければならない（図2、3）。

　さらに、胸骨分節の癒合不全、漏斗胸あるいは心血管奇形などの異常が存在する可能性がある。

> ペットの飼い主が大きな臍ヘルニアだと信じているものの中には、より大きな異常、つまり腹膜心膜ヘルニアである可能性もある。

> 腹膜心膜ヘルニア形成に遺伝的要素が関与するかどうかは不明である。

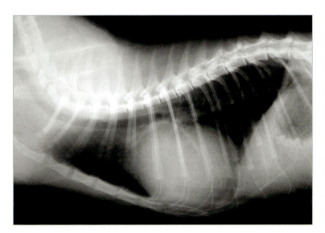

図1　食欲不振、運動不耐性および散発性の咳を示した症例のX線側方像。心陰影の拡大が観察できる。

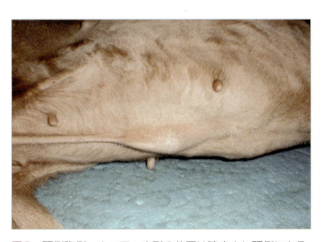

図2　頭側腹側ヘルニア。変形の位置は臍痕より頭側にある。

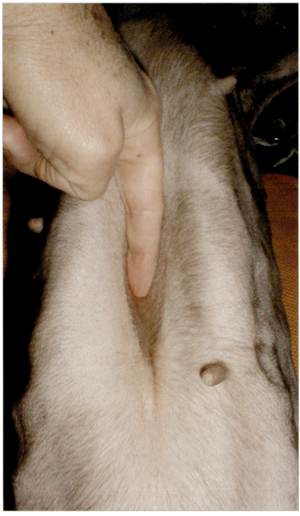

図3　身体検査のとき、患者を背臥位にすると腹部ヘルニアの診断的触診が容易にできる。

腹膜心膜ヘルニアは出生時から存在し、長期間症状を示さないままでいる。

患者で認められる臨床症状は、ヘルニア内の臓器およびその機能変化による。
- 嘔吐
- 食欲不振
- 下痢
- 運動不耐性
- 咳
- 呼吸困難
- 成長遅延（図4）

うっ血あるいはタンポナーデのような心機能変化はまれである。これらはヘルニアとなった肝葉の血管障害から生じる滲出液に起因する。

> 動物の中には生涯を通して無症状な場合もある。

診断

胸部X線像では、心陰影が非常に拡大して円形あるいは卵形を示し、腹側領域において心陰影と横隔膜が重なる（図1）。

胸部X線像で、心陰影の拡大があるときに鑑別診断が必要なものは以下の通りである。
- 腹膜心膜横隔膜ヘルニア
- 心嚢水
- 拡張型心筋症
- 重度の弁異常
- その他

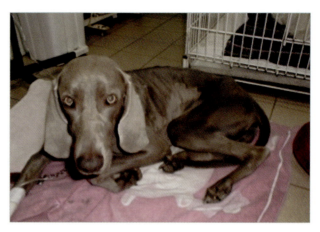

図4　PPDHと診断された7カ月齢の症例。病的に痩せており、同腹子と同じ体重に到達したことがない。

診断確定のためには、腸通過検査のX線写真を撮影すれば、心膜腔内に消化管が存在することがわかる（図5、6）。もしくは腹腔撮影で腹腔から心膜腔への造影剤の流れが観察される。超音波検査は、このような患者に非常に有用である。

「胸部X線検査」の項を参照　➡ 284ページ

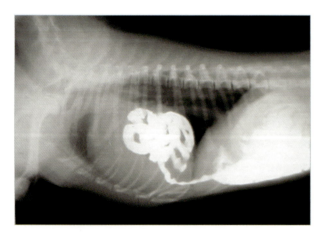

図5　消化管の通過検査のためのX線像では、小腸ループが胸腔内で心臓と重なって存在することが明らかである。

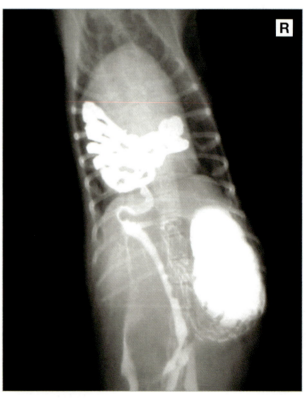

図6　同じ患者の消化管通過検査における背腹像では、心膜内に腸ループが存在することが確定できる。

外科的治療

| 技術的難易度 | ■■■□ |

　PPDHに対する外科処置後の原則は、横隔膜破裂で述べたものと同じである。

> PPDHでは胸膜腔との連絡がない。臨床、麻酔および外科的管理が横隔膜破裂の管理とは異なるので、このことは重要である。

　胸膜腔が開いていないので、原則的に患者の補助換気の必要はない。しかし、酸素化を改善し、肺を徐々に再拡張させるためには、補助換気が推奨される。アプローチは臍上正中で開腹し、剣状突起近くまで広げる。

　横隔膜の腹側正中で欠損が認められ、腹部臓器がそれを通って胸腔内へ突出している（図7）。
　肝臓の位置を戻す際にはとくに注意を払う必要がある。多くの場合、肝臓は脆く触れると出血する可能性がある。ヘルニアとして逸脱した臓器と心膜との間に癒着が生じることはまれである（図8）。

> ＊ 腹腔へ肝臓を戻すことで、多量の毒素が体循環に放出されることになる。このため、術前のコルチコステロイドの使用が有益となる可能性がある。

> ＊ これらの症例で最も多い合併症は、ヘルニアとして逸脱した臓器を戻す際に生じる損傷および出血である。このような臓器は注意深く扱う。

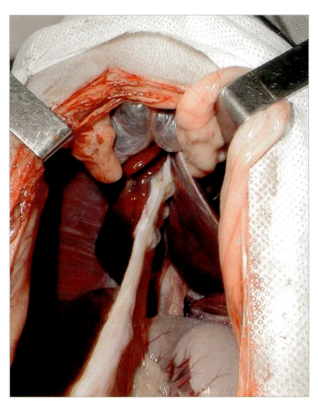

図7　臍上正中で開腹すると、肝葉が横隔膜欠損部を通り心膜内へと頭側に変位しているのが見える。

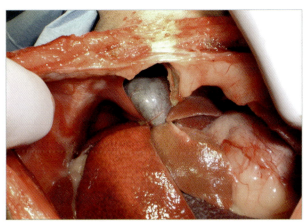

図8　多くの場合、臓器を腹腔へ戻すのは容易である。この症例では、肝臓の方形葉および内側右葉および胆嚢だけがまだ正常な位置に戻されていない状態にある。

胸部

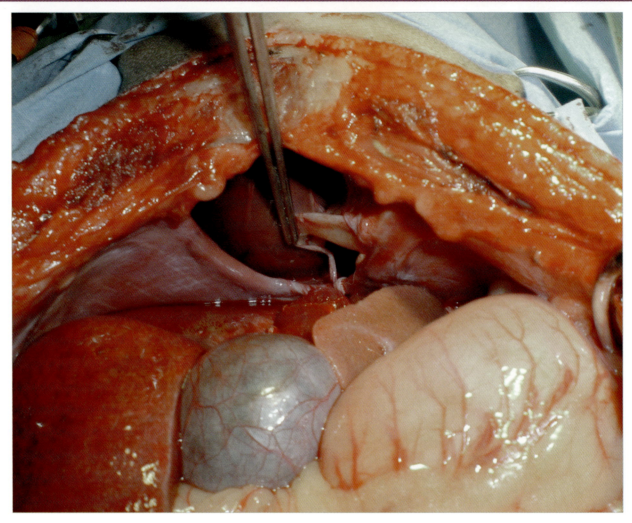

図9　この患者は心膜が切開されている。これを縫合すると心膜気腫となり、重篤な状態となることがある。このような症例では、手術が終了するまで機械的換気を継続する。

　ヘルニアは、合成非吸収性のモノフィラメント糸を用い結節縫合で閉鎖する。横隔膜と心膜の欠損は同じ縫合で修復する。心膜が開いている場合は、縫合すべきではない（図9〜11）。

> PPDHの縫合を容易に行うためには、結紮する前にすべての縫合を欠損部に掛けておく（図10）。

> 適切に閉鎖するために、横隔膜の欠損を縫合する際に大網を巻き込んでいないことを十分確認する。

　原則的には、心嚢液あるいは気胸がなければ胸腔ドレインは必要ない。

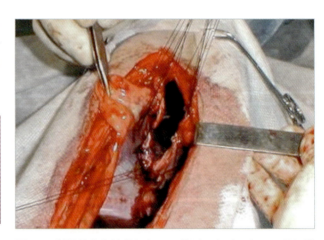

図10　単純縫合を結紮しないで掛けておくことで、それぞれが正しく設置されているかを容易に確認することができる。

胸郭および胸腔／横隔膜

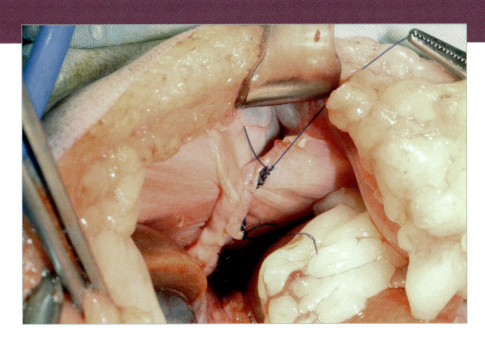

ヘルニアが非常に大きく、大きな横隔膜の欠損がある場合は、縫合部の緊張およびヘルニアの再発を避けるために外科用メッシュあるいは腹横筋フラップを使用する必要がある。

図11 水平マットレス縫合による横隔膜欠損部の閉鎖。大部分の症例では欠損部を閉鎖するのに十分な組織があり、縫合部に過剰な緊張が加わることはない。

心膜腔（心膜が開いている場合）あるいは胸膜腔から空気を抜去するために、麻酔医が強制吸入を続けている間に最後の縫合を結紮するか、あるいは代わりに横隔膜から胸腔穿刺を行う必要がある（図12）。

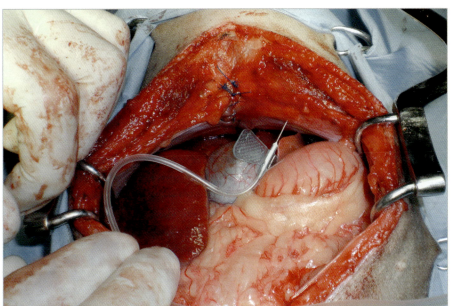

図12 心膜切開により医原性気胸が生じた動物では、胸膜腔内の空気は横隔膜から胸腔穿刺によって抜去する。

術後管理

通常は合併する心臓病変がなければ、術後の回復は早く、合併症もなく予後は良好である。

さらなる心臓異常を除外するため、回復後に徹底した心臓検査を実施する。

起こりうる合併症は以下の通りである。
- 心タンポナーデ：右側第4肋間間隙の肋軟骨結合より下の位置で心膜穿刺を実施する。
- 肺水腫：治療は酸素化を行い、コルチコステロイドおよび利尿薬を使用する。

胸部

症例1／雌犬のPPDH

Rodolfo Bruhl Day, María Elena Martínez, Pablo Meyer

発生				
技術的難易度				

症例は4歳齢の未避妊雌のペキニーズである。症例は避妊手術と"臍ヘルニア"の修復を目的に獣医師のところへ連れてこられた。

問診および検査中に、咳、パンティング、虚弱、食欲不振および呼吸困難などの明らかな臨床症状が認められた。心音は微弱で、胸部で腹鳴が聴取できた。これらの症状に加え、ヘルニアが存在せず外傷歴もないことから、腹膜心膜横隔膜ヘルニア（PPDH）が疑われた。

この検査によりPPDHとの診断が確定し、これに従って手術が計画された。この犬には同様にPPDHに罹患している同腹子がおり、後に修復された。

術前の血液一般検査および血液化学検査では、すべての値が正常範囲内であった。

> PPDHおよび頭腹側のヘルニアに伴う心臓の異常が認められることが多いため、これらの症例では術前に心臓検査を実施することが推奨される。

> 初めからPPDHが疑われる患者ではとくに、詳細な臨床検査が非常に重要である。

腹側正中の臍の頭側に、かなり大きな突出が認められた（図1）。

臨床症状の状況と腹部ヘルニアはPPDHと関連性が高いことから、胸部X線検査および腹部超音波検査を行うこととした。超音波検査では腹側の腹壁が欠損し内容は充実したものであることがわかり、さらに腹部臓器が胸腔内に存在することがわかった。

同様の所見が胸部X線検査でも観察されたため（図2）、腸通過検査を行うこととした（図3、4）。

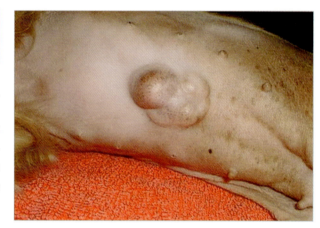

図1　腹壁欠損部から出た腹部内容物の突出に注目せよ。腹部ヘルニアは臍部および臍上部両方に位置している。

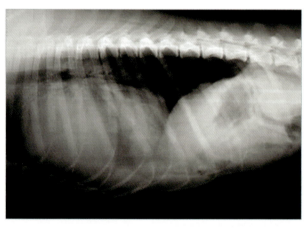

図2　胸部X線側方像では、横隔膜腹側の不連続性、拡大した心陰影、気管の背側変位および心膜内のX線不透過性亢進像を容易に確認できる。

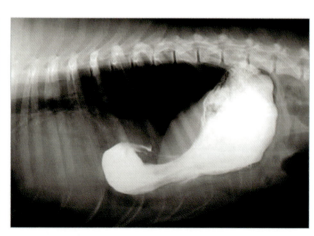

図3　造影剤を経口投与すると、胃が胸腔内へと頭側に移動していることが明らかになった。

胸郭および胸腔／横隔膜

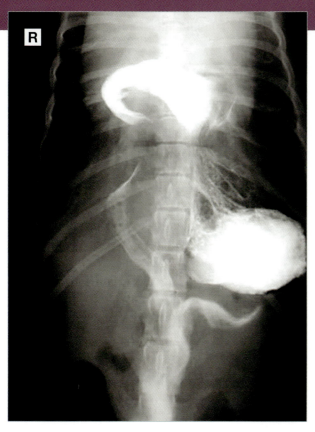

図4　腹背像では、胃陰影が頭側へ変位し、一部は心膜内に位置していた。

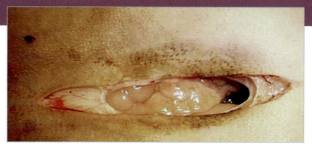

図5　臍痕より頭側にある正中の欠損

術式

麻酔管理の重要なポイントは以下の通りである。
- 導入前の酸素化
- 速やかな導入
- 縦隔および心膜内の"占拠性病変"に対処するための調節呼吸

手術は、横隔膜欠損に対し良好な視野を確保しながら腹腔内へアプローチするために、剣状突起から臍部後方まで大きく正中切開で開腹し開始した（図5）。腹腔内に到達したら、欠損に対する治療プランを得るために速やかに病変領域を精査した。この症例では裂孔が小さかったので、逸脱した組織をスムーズに整復するためには裂孔を拡大する必要があると考えられた（図6）。

横隔膜腹側正中の欠損が狭かったので、内臓が心膜内に絞扼されていた。変位した内臓の整復を慎重に牽引することから始めた。心膜内で癒着が見つかることはまれで、これは逸脱した腸ループをもとに戻す際に大きな助けとなる（図7）。

心電図では、心膜内が充満しているために心電図波形は低電位であった。これは PPDH の特徴である。また、電気軸の偏位も認められた。

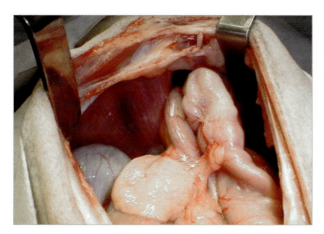

図6　この症例では欠損部は非常に狭い。この写真では胸腔内に小腸ループが見える。

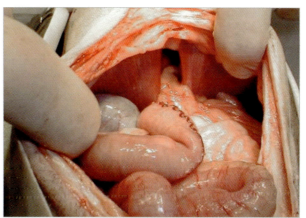

図7　腸ループを慎重に牽引し腹腔内に戻した。この写真では横隔膜の欠損が見える。

裂孔が小さく、他の逸脱した臓器を引き戻すことができなかったため、横隔膜欠損を拡大することとした。これにより脾臓の取り扱い中に損傷を与えることなくもとの位置に戻すことができた（図8、9）。

> 横隔膜の欠損が非常に狭い場合、これを拡大すると胸膜腔が開いてしまう（図9）。
> この瞬間から先は、横隔膜破裂の場合と同様に、麻酔管理に調節呼吸を加える必要がある。用手あるいは人工呼吸を初めから使用している場合はそれを継続する。

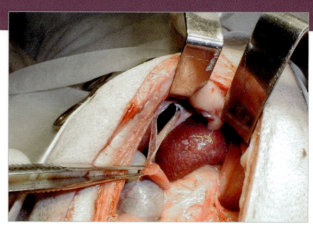

図8　変位した内臓を腹腔内へ戻すために欠損部を拡大した。横隔膜欠損部中央に脾臓が見える。

> この症例では、胸腔内の陰圧を回復させるため、手術終了時に適切な胸腔ドレインを設置する必要がある。

最後に、肝葉を引き出した（図10）。

しばしば、出生後に必要となる成長ホルモンが欠如していたため肝葉の発育が不完全である場合がある。そのような症例では、部分的肝葉切除を考慮する必要がある。

考慮すべきその他の要因は、肝葉間の深い割れ目が横隔膜の欠損部に引っ掛かることである。組織が損傷しないように十分注意を払って肝葉をリリースする。

横隔膜欠損縁への小網の癒着は、不必要な出血を避けるために、吸収糸で結紮するか焼灼凝固して剥がす（図11）。

すべての臓器および心膜腔の漿膜を取り除くと心臓がはっきりと見える（図12）。

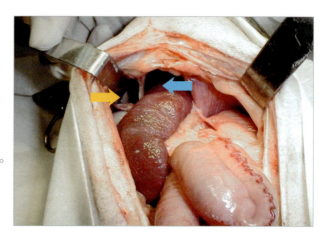

図9　写真は心膜腔（青矢印）および胸膜腔（黄矢印）両方を示している。脾臓は部分的に心膜腔内から引き出されており、腸間膜と反対側の血管が見えることから回腸が横隔膜欠損の近くに存在することがわかる。

図10　胸部から引き出す必要があるものは、逸脱した肝葉で最後である。

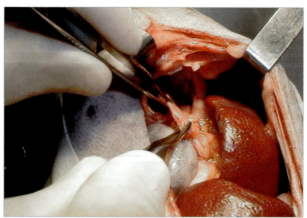

図11　横隔膜欠損部への癒着を結紮後に剥離しているところ。

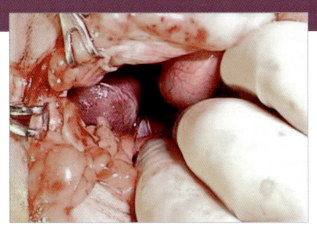

図12　横隔膜欠損部から心臓が見える。

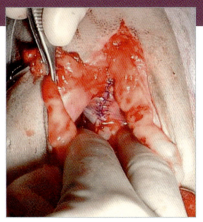

図13　モノフィラメントのナイロン糸を用い単純縫合で横隔膜を修復した最終外観

　横隔膜欠損の閉鎖には非連続縫合を用いる。この症例では単純結節縫合を行った。縫合材料は非吸収性のモノフィラメント糸を使用した（図13）。この材料は心膜の縫合には適さない。

> 縫合を結紮しないで置いておくと、それらを見て確認することができる。また、最背側の縫合（外科医から最も遠い縫合）は横隔膜縁を慎重に牽引するのにも役立ち、これを使って患者の深い部分にある横隔膜の縫合を簡易に行うことができる。

　欠損を閉鎖した後、腹腔を閉鎖する前に、術野の出血がないことを確認した。
　胸膜腔が開いた場合は、胸腔内が再び陰圧となるように、横隔膜欠損部を完全に閉鎖する前に胸腔ドレインを設置する。

> 一部の著者は、辺縁の癒着を縫合後に強固にするために、横隔膜欠損縁を新鮮創にすることを推奨している。我々も同様の効果を得るために欠損縁を擦ることがある。しかし実際は、さらに外傷を加えなければ、縫合後に欠損部が良好に治癒しないことを示す事実は何もない。

> 別の著者は、胸部の陰圧回復のために、縫合した領域にチューブを設置するようアドバイスしている。最終縫合が設置され結紮する準備ができたら、遊離ガスをチューブからシリンジで抜去する間、麻酔医は肺を膨らませておく。チューブを抜去するときに最終縫合を結紮する。

> 我々は、胸腔ドレインを設置することを好んでいる。術後合併症が生じ胸部からの排出が必要となった症例でも胸腔ドレインが役に立つ。胸腔ドレインの他の利点は、胸部からの排出がゆっくりとより安全に行われ、肺水腫の危険性を伴うような急激な肺拡張がない点である。我々は、より生理的に胸腔内陰圧を回復させるために、12～24時間は定位置にチューブを設置したままにしている。

術後管理

　残った心膜気腫の定量のため、術後にＸ線写真撮影を実施する。多くの場合、心膜気腫は数日で消失し、患者に重大な合併症をもたらすことはない。
　この犬は、満足いく程度に手術から回復した。症例は入院させて、4～6時間おきに胸部を吸引した。3回連続して空気が吸引されなくなったので、チューブを抜いた。抗生物質の投与は5日間続けた。第一世代のセファロスポリンに加え、肝臓を操作したので2日間メトロニダゾールを使用した。
　胸腔ドレインを抜去した後、症例は自宅に帰ったが、外来で1日1回確認した。正常に治癒し、臨床症状は早急に消失した。7日後には追加治療の必要はなくなった。

食道裂孔ヘルニア 概要

José Rodríguez, Amaya de Torre
Carolina Serrano, Rocío Fernández

| 発生 | | | | |

裂孔ヘルニアは、一般的に先天的な食道裂孔異常に起因し、腹部食道および胃が胸腔内へ移動してしまう。

この疾患では下部食道括約筋の緊張が低下することで、食道の逆流と食道炎が生じ、二次的な巨大食道症を引き起こす可能性がある（図1、2）。

裂孔ヘルニアはどの犬種でも罹患する可能性があるが、著者の経験では大部分がシャー・ペイ、イングリッシュ・ブルドッグおよびフレンチ・ブルドッグで認められる。猫ではあまり見られない。

臨床症状は患者が1歳齢になる前に現れる。最もよく認められる症状は吐出であるが、その他の症状としては以下のようなものがある。

- 嘔吐
- 嚥下障害
- 食欲不振
- 流涎
- 呼吸症状
- 体重減少、発育遅延など

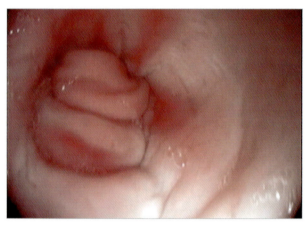

図1 食道裂孔の内視鏡像。正常とは異なる裂孔の広さ、食道内の胃粘膜ひだおよび胃の逆流による食道炎に注目せよ。この症例では胃食道重積が認められる。

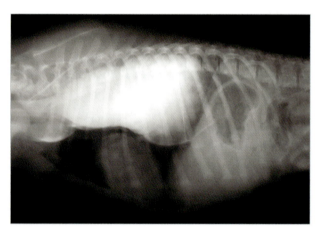

図2 巨大な裂孔ヘルニア患者の大きな巨大食道症。巨大食道症は原発性の可能性もあるので、正確な診断が必要である。

診断

裂孔ヘルニアを単純X線像で見つけることは容易ではない。それは大部分の例がスライドするので、X線検査を行うときには腹部臓器が正しい位置にある場合があるためである。しかし、遠位食道の拡張あるいは空気の存在は、この疾患による症状の可能性がある（図3）。

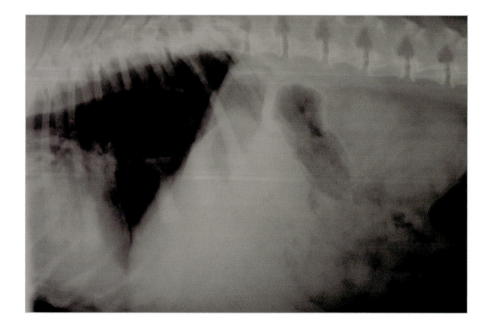

図3 裂孔ヘルニア症例の単純X線像。横隔膜頭側の食道拡張および食道腔内の空気貯留に注目せよ。

陽性造影剤を使うとヘルニアによる解剖学的な変化を明瞭に可視化するのに役立つ（図4〜6）。

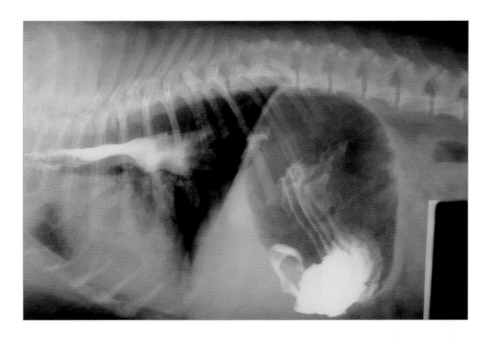

図4 水溶性造影剤投与後、遠位食道の拡張と下部食道括約筋内に認められる胃粘膜ひだが見えるようになった。

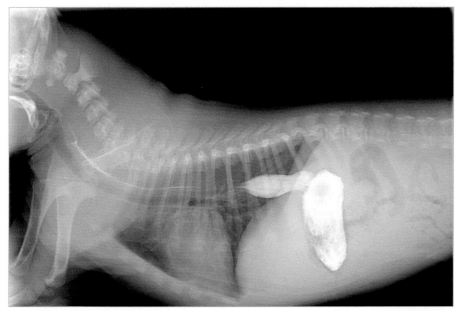

図5 5カ月齢、ブルドッグの裂孔ヘルニアの写真。横隔膜前方の食道拡張、食道裂孔の広さと裂孔内に認められる胃粘膜ひだに注目せよ。

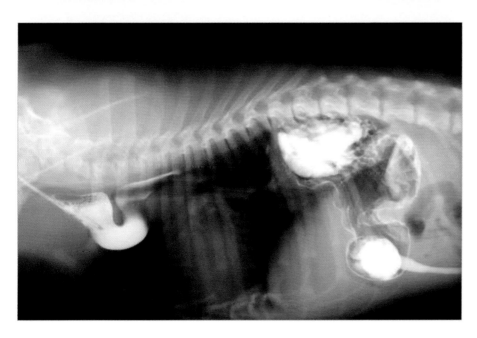

図6 この症例では、裂孔ヘルニアが大きく胃の一部が胸腔内に移動している。

食道胃内視鏡検査（図7〜9）は、以下の所見を直接観察することができるので、最も信頼性のある診断検査である。
- 胃の逆流による食道炎
- 下部食道括約筋の幅
- 食道腔内の胃粘膜ひだ
- 内視鏡で後方に湾曲させて操作する際、内視鏡周囲の噴門がぴったり閉鎖されない

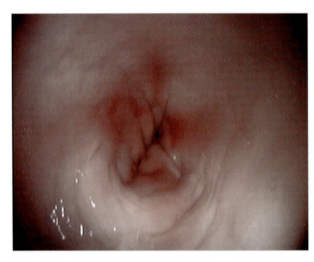

図7　裂孔ヘルニア症例の食道内視鏡では、胃の逆流による食道炎が認められ、さらに下部食道括約筋の側方変位および筋緊張の低下が認められる。

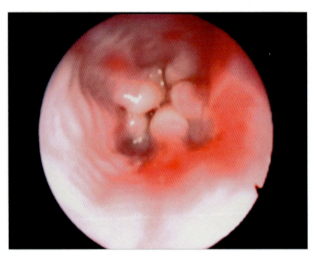

図8　猫の裂孔ヘルニアにより食道腔内に胃粘膜ひだが見えている。遠位食道の全周囲領域で食道炎が認められる。

「胸部X線検査」の項を参照 → 284ページ

> 遠位食道の食道炎は常に認められるわけではない。

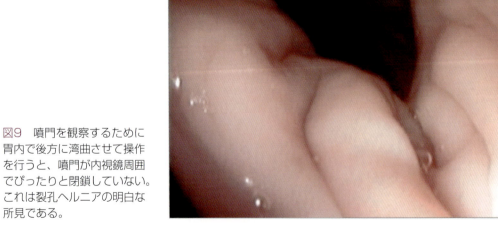

図9　噴門を観察するために胃内で後方に湾曲させて操作を行うと、噴門が内視鏡周囲でぴったりと閉鎖していない。これは裂孔ヘルニアの明白な所見である。

治療

治療の目的は以下の通りである。
- 胃の逆流による症状の改善
- 下部食道括約筋機能の回復
- 誤嚥性肺炎、潰瘍、瘢痕狭窄など食道炎による合併症の予防

すべての症例で内科療法を開始する必要がある。満足いく反応が得られない場合は、外科的治療を行う場合がある。

内科療法は以下のものを基本とする。
- 下部食道括約筋の筋緊張性を改善するための低脂肪食
- 胃酸分泌抑制剤（オメプラゾール1～1.5mg/kg/24h）
- 胃粘膜保護剤（スクラルファート0.5～1g/8h）
- 胃内容排出時間の短縮（メトクロプラミド0.2～0.5mg/kg/8h）
- 誤嚥性肺炎の症例では広域スペクトラム抗生物質による治療

> 肺の検査を実施すべきである。誤嚥性肺炎が認められた場合は、必ず外科的介入の前に直ちに治療を行う必要がある。

内科療法を1カ月間行った後も症状および不快感が持続する場合、あるいは患者が頻繁に再発を繰り返す場合は、手術を行う必要がある。

技術的難易度　■■■□

この問題の治療に使われる手術法は数多くある。通常は複数の手技を組み合わせる。考慮すべき外科的選択は、食道裂孔の縮小およびひだ形成術、食道固定術、および左側胃底部における胃腹壁固定術であり、重度の食道炎の症例では食事が食道を通過しないよう胃内に栄養チューブを設置する。

> 人医療で用いられている逆流を防ぐ手術法は、獣医療ではあまり有効ではない。

アプローチ

臍上での開腹を頭側に剣状突起の左側まで拡大する。食道裂孔へアプローチするために肝左葉を内側に動かす（図10）。

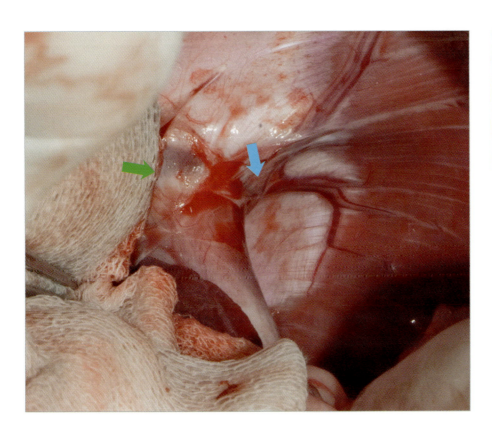

> 肝臓の外側左葉および内側左葉を右側へ移動させやすくするために、頭側の肝被膜と横隔膜の付着部である三角間膜を切断するとよい。

図10　食道裂孔（緑矢印）を目視できるよう肝葉を右側へ移動させ、生理食塩水で湿らせたガーゼで固定、保護する。青矢印は横隔膜の血管を示している。

胸部

　腹部食道および胃を見やすく、触診を容易にするため、6〜12mmの胃チューブを挿入する（図11）。

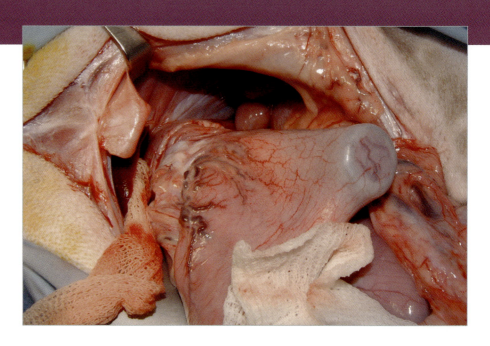

図11　太い胃チューブを挿入すると食道の同定と触診が容易になる。このフレンチ・ブルドッグでは、10mmのチューブを用いた。

ひだ形成による裂孔の縮小術

　横隔食道靱帯を目視しながら切断するために、胃を尾側へ牽引する。胃の固定を補助し術野の血管および神経の損傷を予防するために、血管テープあるいはペンローズドレインを腹部食道周囲に設置する（図12）。

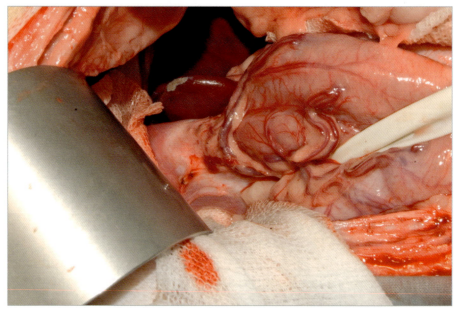

図12　胃の血管および神経の損傷を予防し、胃の固定を補助するため、腹部食道周囲にペンローズドレインを設置する。
この写真は、切離を開始し横隔食道靱帯を切断するところである。

　次に、食道に付着する横隔膜につながる靱帯の腹側（外科医に近い側）を180°以上切断する。この時点で胸腔が開くため、麻酔医は患者の呼吸の維持のための準備を行う必要がある（図12、13）。

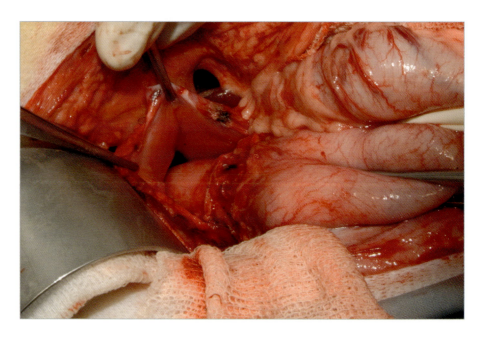

図13　食道を正常な位置に戻し、食道裂孔を正常な大きさに縮小させるため、裂孔の腹側領域の横隔食道靱帯を切断する。この患者では裂孔の大きさが巨大であることに注目せよ。

胸郭および胸腔／横隔膜

> ＊ このステップでは、食道あるいは迷走神経幹へ走行する血管を損傷しないよう十分注意を払う必要がある。

> 胃の牽引によって、胸部食道が2〜3cmほど腹腔内へ入る。これにより遠位食道の内圧が上昇し、胃食道逆流の危険性が減少する。

　胃を尾側へ牽引し、食道を胃の背側、脊柱の下に位置させる。裂孔にひだ形成を施し、径を縮小させる。

> 食道に沿って走行している背側および腹側迷走神経幹を損傷しないようにとくに注意を払う必要がある。

　裂孔の大きさを小さくするために、いくつか縫合を行う。無傷性の丸針付合成吸収性モノフィラメント糸を使用し水平マットレス縫合を行う。横隔膜の血管、大静脈あるいは迷走神経幹を損傷しないよう十分注意を払う（図14）。

　新たな裂孔径は、猫および小型犬ではおよそ10mm、中型犬および大型犬では10〜15mmとなるようにする。

> 狭窄しないように、裂孔は胃チューブの周囲で縮小させる。

図14　食道裂孔腹側（緑矢印）の閉鎖およびひだ形成。3-0吸収性モノフィラメント糸を用い水平マットレス縫合を2カ所行う（青矢印）。食道に沿って走行する迷走神経（黄矢印）あるいは近接する大静脈（白矢印）を損傷しないようとくに注意を払う。

食道固定術

　食道固定術は食道を裂孔に固定するため、食道周囲に単純結節縫合を何カ所か行う。この縫合には粘膜を除く食道全層を含める（図15、16）。

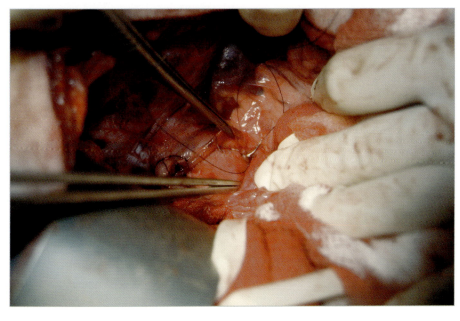

図15　前に使ったものと同じ材料を用い、複数の単純縫合で食道を食道裂孔へ固定する。感染による合併症を避けるため、縫合は粘膜を貫通しないように行う。

胸部

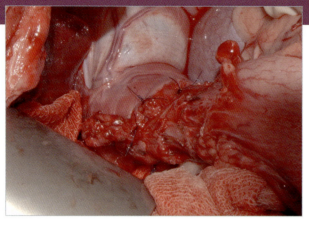

図16　横隔膜の手術の完成図。胸部食道の長さに注目せよ。食道の一部が今は腹腔内に位置している（およそ8mm）。

胃腹壁固定術

　切開胃腹壁固定術では、胃体部を左側腹壁に固定する。この手技により食道胃接合部の頭側への移動が防止できる。裂孔での接合部の圧迫を防ぎ、接合部が胸腔内へと入らないようにする。

　外科用メスで切開を2カ所に加える。1カ所は胃体部の血管が乏しい領域、もう1カ所は腹壁上である。続いて2カ所の間を強力かつ持続的に癒着させるために、吸収性モノフィラメント糸で連続縫合を2回施し、この2つの切開をつなげる（図17〜19）。

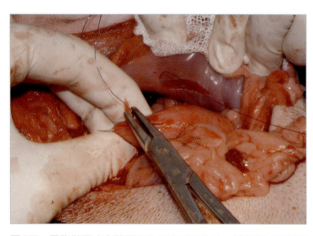

図17　胃腹壁固定を強固なものとするため、外科用メスで2カ所に切開を加える。1カ所は左側腹壁上に加え、もう1カ所は胃体部の血管が乏しい頭側領域に加える。

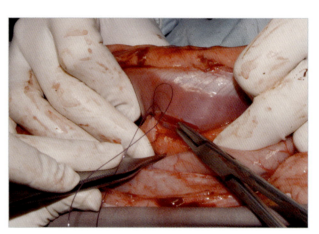

図18　吸収糸を用いた連続縫合を2回施すことで両方の切開をつなぐ。この写真は後縁を縫合しているところである。

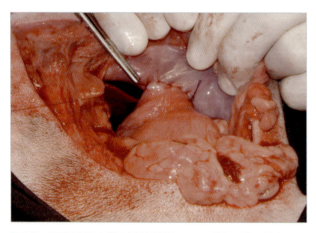

図19　胃腹壁固定術の最終外観。この手技は胃の前方への滑脱を阻止し、食道裂孔における圧を低下させる。

　胃腹壁固定術を栄養チューブ周囲で実施することもある。栄養チューブは、重度の食道炎を発症している症例で食事と水を与えるために用いる。

手技の終了

　裂孔縮小術あるいは食道固定術の最終縫合を結紮している間に、強制吸気を持続させておくことで（肺への送気は10〜20cmH$_2$O以上にならないようにする）、あるいは胸腔穿刺を行うことで胸膜腔から空気を抜去する。

　腹腔内に（液体を）満たして縫合に漏れがないか確認する（図20）。腹部は定法通りに閉鎖する。

『上腹部』の「胃固定術」の項を参照

177ページ

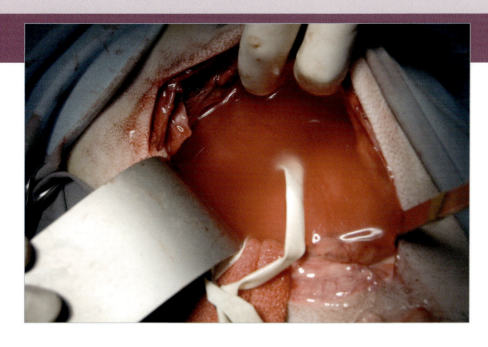

図20　横隔膜の縫合に漏れがないことを確認するために、術野を温めた滅菌生理食塩水で満たし、吸気させるときに気泡が発生しないか調べる。

術後管理

術後は気胸による呼吸困難がないか患者を監視する。症例をそれぞれ評価し、胸腔穿刺が必要なのか、自然に空気が吸収されるのかを見極める。

食道炎の治療（制酸薬、H_2受容体遮断薬、メトクロプラミド）は、少なくとも4週間は継続する必要があり、誤嚥性肺炎がある場合は同様にその治療を継続する必要がある。

> 一部の患者では術後も吐出が続く場合があるが、これは食道炎がまだ治癒していないためである。

食事は低脂肪で軽く潰したものを与え、患者に食道拡張がある場合は餌の器を高い位置に置き、少量を頻回ずつ与える。

合併症

最もよくある合併症は食道狭窄であり、嚥下障害および逆流が生じる。可能性のある原因は二次的瘢痕狭窄で、十分治療されていない食道炎、食道裂孔を過剰に縮小したことによる医原性ミス、あるいは食道全層を貫通したことによる局所感染に起因する（図21）。これらの合併症を防ぐため、食道のガイドとして大口径の胃チューブを使用すること、および、縫合する際には粘膜を貫通しないことが推奨される。

> 食道裂孔が適切に目視できていない場合および、細心の注意を払って縫合が行われていない場合に合併症が発生する。これにより問題の再発あるいは食道の絞扼が生じやすくする。

予後

内科療法に対する反応が良い患者では、予後良好で外科的介入は必要ない。しかし、臨床症状が続いている動物では手術をしないと胃の逆流と重度の瘢痕狭窄による食道炎が進行する恐れがある。

前述の術式と予防措置による外科的介入を行った患者では、良好な予後が期待できる。

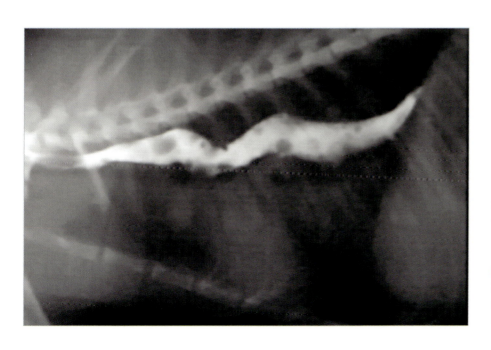

図21　裂孔の狭窄による二次的な食道拡張。これは裂孔の縮小が過剰であったことによる医原性の合併症である。

症例1／傍食道裂孔ヘルニアおよび胃食道重積

José Rodríguez, Amaya de Torre,
Carolina Serrano, Rocío Fernández

発生		■	■		
技術的難易度	■	■	■	■	

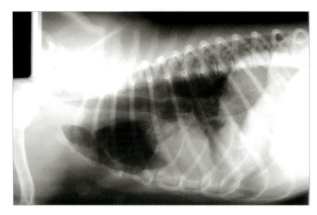

図1　X線像で、食道拡張、胸部内側領域でのエアーブロンコグラム、および胸水が認められる。

"Ping"は11カ月齢の雄のシャー・ペイで、以下の症状のために獣医師のもとへ連れてこられた。

- これまでずっと時々嘔吐していた（飼い主にとっては正常なことであった）。
- ここ3週間嘔吐が頻繁になってきていたが、犬が餌を食べていたため飼い主は獣医師のところへ連れて行かなかった。犬が餌を食べなくなり、嘔吐物が暗赤色を呈してきたため急を要する事態となった。
- 39.5℃の発熱、粘膜はやや蒼白、リンパ節は正常であり、軽度の脱水と右側胸部での肺音の減少が認められた。
- 血液検査では、顕著な好中球増加を伴う白血球増加（$21.01 \times 10^3/\mu L$ [5.50〜16.90]）、血小板の中等度増加（$553 \times 10^3/\mu L$ [175〜500]）、リン濃度の中等度上昇（7.1mg/dL [2.9〜6.6]）およびカリウム濃度の低下（3.1mmol/L [3.7〜5.8]）が認められた。

初期治療は静脈内輸液、抗生物質（アモキシシリンとクラブラン酸の合剤＋エンロフロキサシン）およびシメチジン投与を基本に行った（表1）。

胸部X線像では、胸水、食道拡張、エアーブロンコグラムおよび横隔膜に隣接する胸部尾側領域におけるX線不透過性亢進が明らかとなった（図1、2）。

内視鏡検査では、重大な食道病変および胃食道重積が認められた。

初期治療のシメチジンをオメプラゾールに変更し、スクラルファートおよびメトクロプラミドを追加した（表1）。

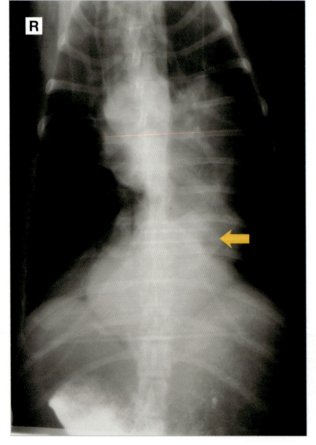

図2　腹背像では左尾側胸部内にX線不透過領域を認め、それは食道裂孔の突出した領域と一致する。

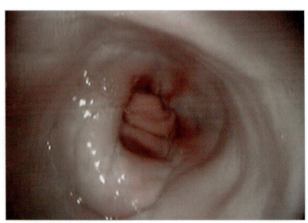

図3　食道内視鏡検査では、食道、とくに下部の食道胃接合部で重大な病変が認められた。

表1

この症例で使用された薬剤の推奨投与量	
シメチジン	5～10mg/kg/8h
アモキシシリンとクラブラン酸の合剤	12.5mg/kg/12h
エンロフロキサシン	2.5～5mg/kg/12h
オメプラゾール	0.7～1.5mg/kg/24h
スクラルファート	30mg/kg/8h
メトクロプラミド	0.5mg/kg/8h

3日後に患者の状態は安定し、食道裂孔の外科的再建に向けて準備を行った。

正中で開腹し、横隔膜左側領域に到達した。食道裂孔を同定し（図4）、胸腔内にある腹部臓器を牽引した（図5）。

逸脱した臓器を移動させると、食道裂孔の大きさが明らかとなった（図6）。

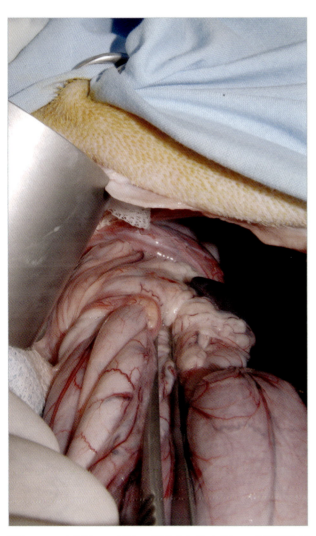

図4　この症例はこの写真で認められるように、食道裂孔が非常に大きく、胃の一部、脾臓および大網がヘルニアを形成していた。

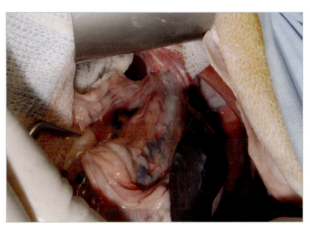

図5　逸脱した臓器を慎重に牽引して腹腔内に戻した。胃頭側の静脈内うっ血に注目せよ。

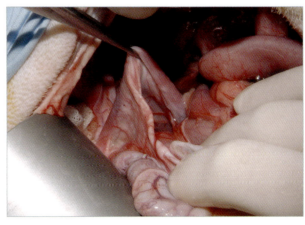

図6　この写真では、食道裂孔の大きさが巨大であることがわかる。食道裂孔を通って胃、脾臓および大網がヘルニアを形成していた。

次の操作で腹側食道と横隔膜をつなぐ靭帯を切断した（図7）。

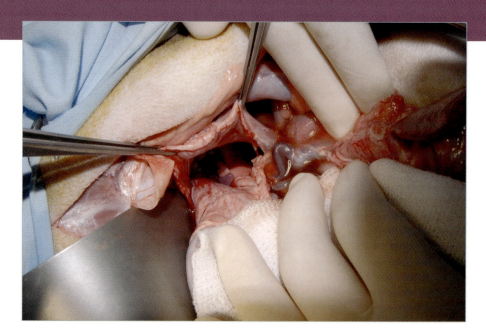

図7　食道を正しい解剖学的位置に戻すため、横隔食道靭帯を切断する必要がある。

食道を裂孔背側で解剖学的に正常な位置に戻した後（図8）、前述したように裂孔を縮小する（図9、10）。

横隔食道靭帯を切断すると気胸となる。この時点から先は、補助換気が必要である。

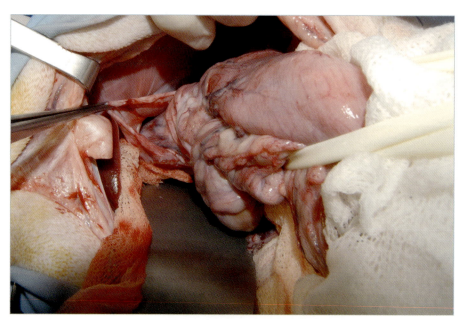

図8　この領域を縫合する前に、食道の輪郭を明瞭にし、裂孔が過剰に狭窄しないように胃チューブを設置する。

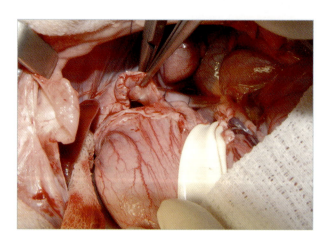

図9　食道と横隔膜間を強固に固定する縫合が必要であり、そのためには両方の組織を十分に含んで縫合する必要がある。

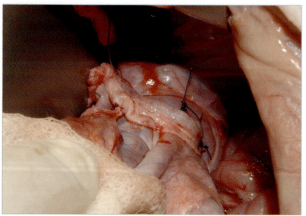

図10　食道の縫合は決して粘膜を貫通してはならない。縫合には外膜および粘膜下組織のみが含まれるようにする。この写真は裂孔縮小および食道固定術が完成したところである。

食道粘膜に病変があることを考慮に入れて、餌と水が食道を通過しないよう胃に栄養チューブを設置した（図11）。

さらに、胸水が貯留していないか確認し気胸の状態を改善しやすくするために、胸腔ドレインを設置した（図12）。

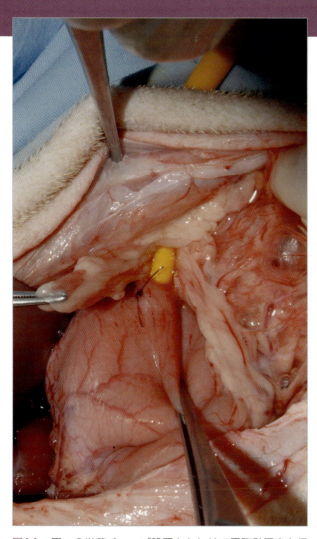

図11　胃への栄養チューブ設置とあわせて胃腹壁固定を行った。この写真では、大網の一部を胃を腹壁に固定した周囲に設置する方法を示している。このテクニックは、胃の腹壁への癒着を促進し腹腔内への胃内容物の漏出を避けるために行う。

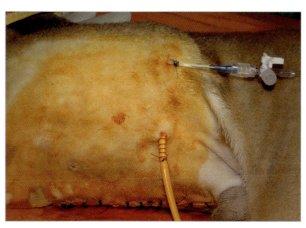

図12　手術の最終像。胸腔ドレインおよび胃の栄養チューブを示している。

術後管理

術後早期は、2時間おきに胸膜腔内容物を吸引した。手術から12時間後には空気は全く抜去されず、翌日にはドレインを抜去した（図13）。

抗生物質投与は5日間、メトクロプラミドおよびオメプラゾール投与は2週間続けた。

液体の栄養回復食を胃瘻チューブから6日間投与した。7日目には犬は経口で摂食を始めた。

4日後からは飼い主が自宅で治療を続け、正常に回復していった。手術から9日後に抜糸し、その4日後には胃瘻チューブを抜去した。

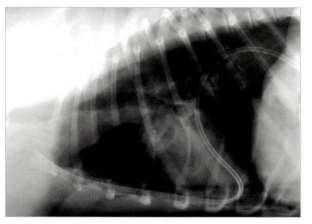

図13　2時間おきに胸膜腔を吸引した。手術から12時間後に気胸は消失した。翌日、何も排出されなかったのでドレインを抜去した。

胸壁 概要

José Rodríguez

| 発生 | ■■□□ |

胸壁の損傷は呼吸に影響を及ぼすので、あらゆる外科的整復を始める前に動物の状態を安定化させる必要がある。術後は、十分な機能的回復が認められるまで注意深いモニタが必要である。

空気や胸水は、胸腔穿刺やドレナージによってできる限り早急に除去する（図1）。

胸郭の外傷は、小動物の臨床では比較的よく見られる。主に交通事故、猫の"高所落下症候群"、他の動物の攻撃による創傷や咬傷により認められる（図2）。

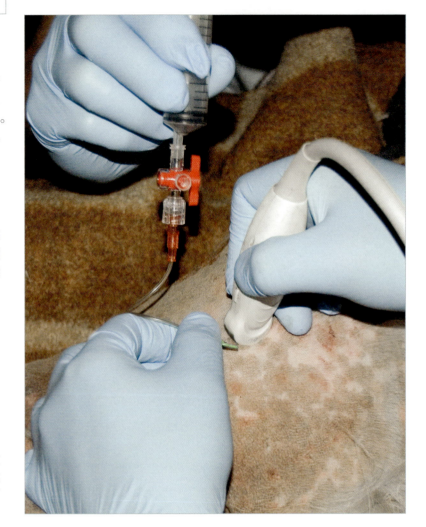

図1 胸腔内病変がないか調べるために超音波検査を行う。他の犬に攻撃されたこの動物では、胸腔からの抜気を補助する目的で超音波検査を行っている。

胸部外傷後は、以下のような異常がないか確認するために動物を慎重に検査する。
- 動揺胸郭（フレイルチェスト）
- 気胸
- 血胸
- 肺挫傷あるいは肺裂傷
- 横隔膜破裂

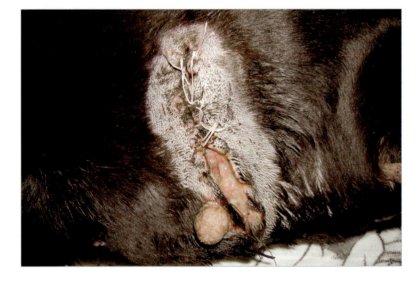

図2 この症例は、胸部損傷の評価のために紹介された。野生の熊に襲われ、皮膚の創傷が一時的に閉鎖されている。

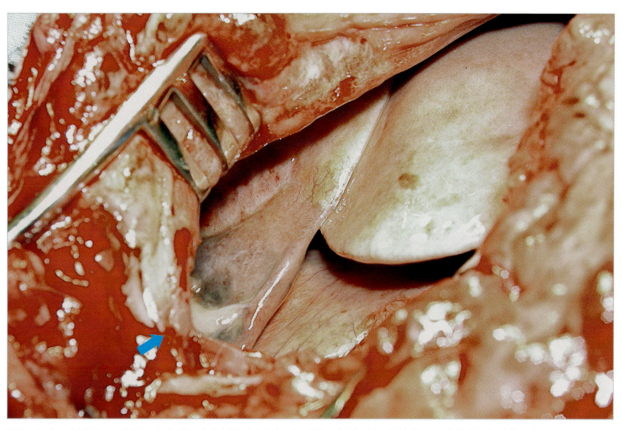

図3　図2の症例は、左側肺尖の実質に病変が認められた（矢印）。本例では、罹患肺の部分的肺葉切除術を行った。

咬傷には特別に注意を払う。被害動物が攻撃した動物に振り回されたときは、外側の皮膚損傷がわずかなように見えても、内側に重篤病変が存在する可能性があるためである。

　胸壁に穿孔性病変がある動物では、損傷の評価のために外科的処置を行う。感染を予防するために、失活した組織は切除する。空気の漏れがないか確認するために肺を精査し、胸腔内に生理食塩水をフラッシュして、吸引する（図3）。

「開胸術」の項を参照 348ページ

　胸壁の非穿孔性外傷は複数の肋骨骨折の原因となり、いわゆる動揺胸郭（フレイルチェスト）を引き起こすことがある。

　胸壁の腫瘍は、解剖学的構造のいずれかに由来する。最も多い腫瘍は軟骨肉腫、骨肉腫、線維肉腫、肥満細胞腫であるが、血管周皮腫や悪性神経鞘腫も報告されている。これらの症例では、飼い主が胸壁の著しい腫脹に気づいた場合や、腫瘍や二次的な胸水による胸腔内病変のために生じた呼吸器症状を示した場合に獣医師のもとに連れて来られる。

　胸壁は層状構造という特徴があり、皮膚や皮下組織に存在する腫瘍の切除は胸壁の完全性に影響を及ぼさない。しかし、肋骨やその周囲組織の腫瘍を十分に安全なマージンで切除するための唯一の方法は、胸郭の一部を切除することである。

　2、3本以下の肋骨の切除の場合、近くの筋肉や軟部組織を用いて胸郭を閉鎖することは難しくない。大きな欠損では、ポリプロピレンメッシュや大網の一部を用いる必要がある。6本以上の肋骨の切除は勧められない。

「動揺胸郭（フレイルチェスト）」の項を参照 84ページ

閉胸の際に最大限の安定性が得られるように、ポリプロピレンメッシュはピンと張って、ある程度のテンションをかけて縫合する。

動揺胸郭（フレイルチェスト）

Rodolfo Bruhl Day, Pablo Meyer,
María Elena Martínez

発生	■■□□
技術的難易度	■■□□

一般的考察

動揺胸郭は複数の隣接した肋骨が1カ所以上で骨折した場合に起こり、胸壁に自由運動する領域が生じる。

肋骨骨折は鈍的外傷によって生じるが、四肢の骨折と同時に発生した場合は診断されないこともある。

> 外傷の患者の25％で肋骨骨折が生じている。肋骨骨折と診断された場合には、胸腔内の損傷を考慮する必要がある。

複数の外傷がある犬や猫、例えば犬の喧嘩のときにも、このような骨折が見られることがある。

患者が呼吸すると、損傷を受けた肋骨の領域が胸壁とは反対方向に動く。これにより肺の正常な拡張と収縮が妨げられ、換気不全が生じる。

肋骨骨折では、発咳、呼吸困難、チアノーゼ、呼吸時の疼痛、胸壁の変形、皮下気腫、気胸などの臨床症状が1つ以上認められることが多い。

骨折は触診時に疼痛反応を引き起こし、皮下組織内への突出や胸壁の陥凹として認められる。

肋骨の多発骨折は3本以上の隣接した肋骨で起こることが多く、動揺胸郭となるため外科的処置が必要となる。呼吸時の奇異運動により骨折部が肺実質を穿孔する可能性があるため、固定する必要がある。奇異呼吸の程度や随伴して生じる肋骨の変位は、胸腔内圧と肋間筋により生まれる力のバランスによって決まる（図説1）。

一般に、動揺胸郭の動物では緊急の外科的整復は必要ない。最初の固定処置を行うまで、損傷側を検査台側にして横にしておく。強い疼痛と動揺胸郭領域の肺挫傷により呼吸困難が生じることが多く、これが有害な影響を及ぼす。

肋骨骨折の外科的整復を行うためには、事前に多くの検討が必要である。

胸腔が開いたら、陽圧換気（調節呼吸）が必要となる。肺の損傷が重度な症例では、肋骨骨折の固定の前に試験開胸術を行い、肺病変の修復が困難な場合には部分的肺葉切除術を行う。

これらのことを考慮して、切皮は損傷した肋骨の上で行う。骨折部位を露出した後、骨折を整復し、縫合用ワイヤーや髄内ピンとしてキルシュネル鋼線を用いて固定する。

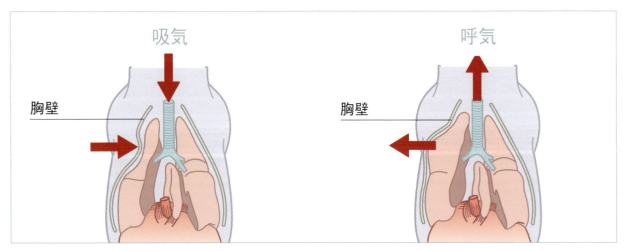

図説1　奇異呼吸。胸壁は、患者が息を吸うと引っ込み、息を吐くと外側に動く。

動揺胸郭は外固定器で肋骨を一列に保つことで安定化させ、十分な呼吸量を確保することもできる。同時に、肋骨の異常な運動を防ぐことである程度の疼痛のコントロールも可能となる。この外固定器は、肋骨の周囲に通した縫合糸を締結することで固定する。この方法を用いるときは、胸腔内の構造を損傷しないよう注意する。

開胸および胸腔内の精査が必要で、肺病変を修復しなければならない場合には、手術の最後に胸腔ドレインを設置する。ドレインの設置は、胸腔内の陰圧を回復させるためだけでも行う。

> 傍脊椎ブロック麻酔は6時間ごとに繰り返し行う。

本法は硬膜外麻酔と併用することもできる。胸腔内局所麻酔は神経ブロックほど効果的ではない。疼痛をコントロールできれば、動物の換気は改善する。

> 初期段階で患側を診察台側にして動物を寝かせる方がよいのかについては、獣医学的に検討されている。

「胸腔ドレイン」の項を参照 265ページ

現在動揺胸郭に対して推奨されているのは、早期の外科的整復ではなく肺挫傷の治療を優先することである。胸部の鈍的外傷による呼吸不全は、動揺胸郭ではなく主に疼痛と肺挫傷によって生じるからである。

肺の正常な拡張を妨げるので、胸部の包帯は逆効果となる。肋骨骨折整復の術後合併症はまれだが、開胸や肺損傷に関連する合併症は考慮に入れるべきであり、この場合長期の術後管理が必要となる。

症例

本症例では、胸壁を固定するために新しい方法を用いた。損傷した各々の肋骨を肋骨周囲縫合によって副子プレートに固定した。固定は速やかで、動物に対する操作を最小限にすることができた。

血液化学検査を含めた臨床検査の結果、わずかな左方移動を伴う白血球の軽度の増加以外は正常範囲内であった。

心電図検査では不整脈は認められず、パルスオキシメトリーの値も正常であった。

TFAST（超音波検査を用いた外傷に対する胸部の評価）、すなわち胸腔の異常に対する迅速な評価のための超音波検査では、"ステップ・サイン"[1]は認められなかった。

要約すると、動揺胸郭の診断基準は
- 外傷の病歴
- 奇異呼吸
- 2カ所以上の肋骨骨折を示すX線所見（図1）
- 呼吸困難／頻呼吸
- 皮下気腫

である。

患者は5歳齢の雄の雑種犬で、交通事故後に来院した。

犬は、呼吸時の疼痛と明らかな胸壁の変形を伴うショックと重度の呼吸困難を呈していた。触診で、受傷部周辺に皮下気腫が認められた。聴診で、肺挫傷によると考えられる気管支肺胞音の亢進が聴取された。

初期状態の安定化のために、通常の輸液療法や十分な酸素化以外に、骨折した肋骨の背尾側部の椎間孔付近をブピバカイン（1mg/kg）を用いて浸潤麻酔を行った。骨折による疼痛の緩和のために、前後両側の正常な肋骨にも浸潤麻酔を行った。

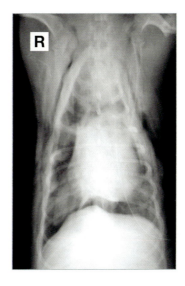

図1 隣接する肋骨間の分離と皮下気腫を示すX線背腹像

---

[1] ステップ・サインとは、呼吸時の肺と胸壁の間での異常な運動を指す。

術前管理

挫傷した肺は水分過剰や肺水腫となりやすいので、注意深くモニタしながら輸液療法を行う。手術は右側肋間開胸術で行った（図2）。

> これらの患者では、用手あるいは人工呼吸器によって厳密に呼吸を管理する。オピオイドは呼吸抑制を起こし、低換気を助長するので、全身的に使用すると臨床症状を悪化させる。

> 麻酔は開始時から正確にモニタする。このような患者は麻酔の危険性が高い。疼痛を軽減し、換気を改善するためには、ブピバカインを用いた患部の肋間神経ブロックも重要である。

次に、定法通り筋層を切開した。広背筋を挙上すると、深層に鈍性外傷による病変が確認された（図3）。

胸腔を開き、胸腔内に貯留する液体を吸引した（図4）。その後、他の病変の有無を確認し（図5）、肺に漏れがないか検査した。胸腔を温めた生理食塩水で満たし、漏れがないことを確認した後に吸引した。

肺に漏れがある場合には、細いモノフィラメントの針付縫合糸を用いて修復する。縫合が十分に行えない場合には、筋壁の小フラップをパッチとして病変の上に乗せ、縫合糸で固定する。

他の胸腔内病変や出血がないことを確認し、定法通り胸腔内を洗浄、吸引した。

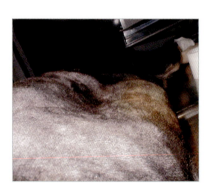

図2　奇異呼吸の際、胸壁は引っ込んでいる。右側試験開胸術を実施した。

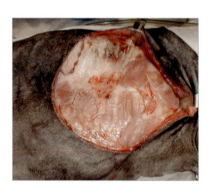

図3　右側開胸術によるアプローチ。筋層に存在する血腫に注意せよ。

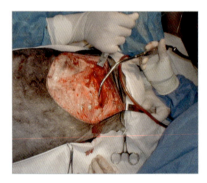

図4　検査の前に胸腔内の液体を吸引する。

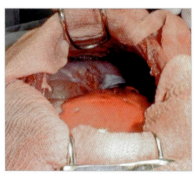

図5　胸腔内の検査。実際には、胸腔の内壁に病変が認められた。

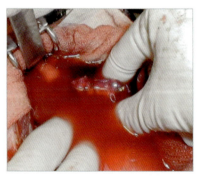

図6　肺の漏れの検査。肺を膨らませたときに泡が出なければ、肺実質が無傷であることを示す。

図7　胸腔の閉鎖。スプリントを固定するために結紮しないまま縫合糸を留置する。胸腔ドレンを設置する。

> 胸腔内を再び陰圧にするために、胸腔ドレインの設置が重要である。受傷した肋骨の肋間神経ブロックを患部の前後の領域で繰り返す。

> 他の方法として、骨折した肋骨に沿って置いた舌圧子を縫合糸で結紮する方法もある。
>
> 動揺胸郭の固定により、動物の換気状態は著しく改善した。

　最終的な閉鎖の前に、太い（0あるいは2-0）モノフィラメントのナイロン糸を皮膚と損傷した肋骨周囲を通して掛け、結紮しないままにしておく（図7）。近くの肺実質が誤って穿孔することがないように、縫合糸はできる限り肋骨に近い部位に掛ける。その後、縫合糸をスプリントプレートの穴に通し、スプリントの上で結紮する（図8）。胸腔の閉鎖は定法通り行った。

　結紮していない縫合糸をスプリントプレートに開けた穴に通し、閉胸の際に結紮する（図8〜10）。

　最後に、術部の保護のために包帯を巻く。皮膚の擦過傷を避けるためにアクリルプレートの側面の下にはパッドを当てる（図10、11）。

術後管理

　回復とモニタのために動物を集中治療室に入れた。臨床的、X線学的には気管支肺炎の徴候は認められなかったが、事故による皮膚病変の治療のために術前から開始していた抗生物質療法を7日間継続した。

　疼痛管理をより強力にするために、ブプレノルフィンに加えフェンタニルパッチを使用した。

　副腎皮質ステロイドによる治療については議論の余地がある。細菌排除能が低下することにより、肺挫傷と副腎皮質ステロイドの使用により肺炎が誘発されるというエビデンスがあるため、これらの症例では使用すべきではない。

　症例は回復期間に粘液膿性鼻汁、発咳、呼吸困難、嗜眠、食欲不振など肺炎の症状は示さなかった。

　治癒は順調で、骨化の進行をX線像で追跡した。スプリントプレートは3〜4週間留置した。十分な骨化を確認してから、肋骨周囲の縫合糸とスプリントを除去した。

　2〜4週間の運動制限を指示して、帰宅させた。

図8　スプリントプレート。肋骨周囲縫合の位置に合わせて一列に穴を開けた。プレートを通して皮膚の縫合糸と胸腔ドレインが認められる。

図9　縫合糸をスプリントプレートに通す。

図10　結紮予定の縫合糸を掛けたスプリントプレート

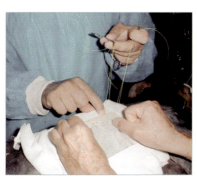

図11　手術の最後に、縫合糸を結紮し保護用の包帯を巻く。

> 肋骨を固定できる唯一の方法はスプリントプレートである。本法で感染症や他の合併症は確認されていない。

犬の胸部

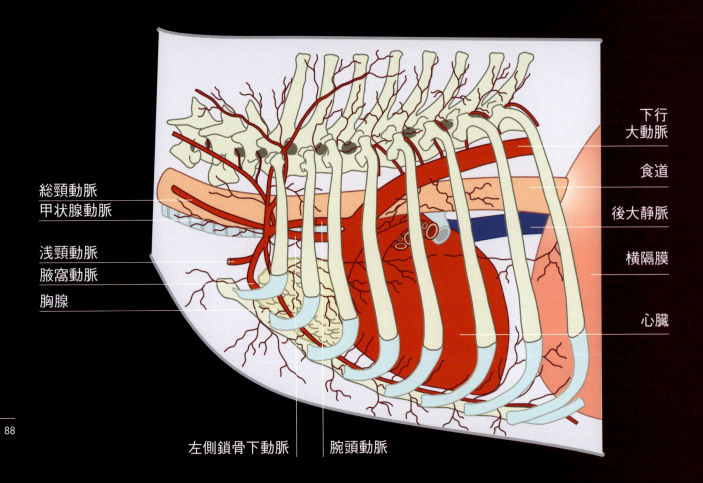

食道の解剖学的位置

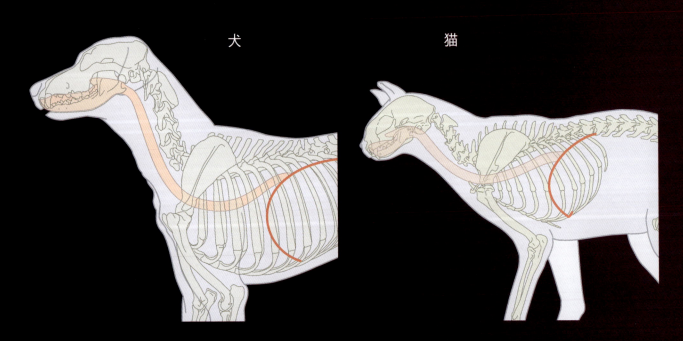

食道

食道の解剖
縦断面

外膜
筋層
粘膜層
粘膜下組織

横断面

外膜
筋層（縦走筋および輪状筋）
粘膜層
粘膜下組織

概要

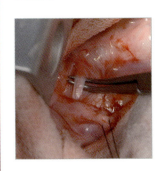
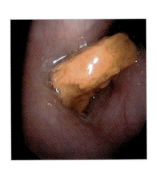

食道内異物
概要
症例1/ 尾側の胸部食道内異物　食道切開術
症例2/ 尾側の胸部食道内異物　胃切開術

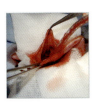

右大動脈弓遺残（PRAA）
症例1/ 右大動脈弓遺残（PRAA）

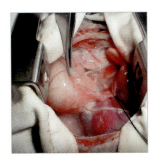
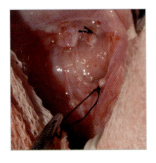

巨大食道症　概要
特発性巨大食道症　食道横隔膜噴門形成術
症例1/ 巨大食道症

胸部

概要

José Rodríguez, Amaya de Torre, Carolina Serrano, Rocío Fernández, Amaia Unzueta

発生

食道は、咽頭から胃に食物を送るという単一の機能をもつ管状の臓器である。

食道は異物、輪状咽頭アカラシア、食道狭窄、食道瘻、血管輪、食道裂孔ヘルニア、重積、巨大食道症、腫瘍など多くの疾患にかかりやすい。

食道には、診断や初期治療を行う際に考慮すべきいくつかの解剖生理学的特徴がある。

解剖生理的考察

食道は厳密な意味での食道動脈を欠いている。血液供給は甲状腺動脈、頸動脈、大動脈、左胃動脈の細い分枝から受けている。これらの血管が、粘膜下の血管網に灌流する壁内血管叢に血液を供給している。

頸部食道および胸部食道の一部には漿膜が存在しない。食道には、次の2種類の括約筋が存在する。輪状咽頭括約筋は輪状咽頭筋のレベルに存在し、消化管に空気が流入するのを防ぐ。胃食道括約筋あるいは噴門括約筋は横隔膜のレベルに存在し、胃食道逆流を制御している。

食道粘膜は胃液分泌に対する保護がなく、逆流により損傷を受けやすい。嚥下が蠕動波のトリガーとなる。蠕動波は食道全体に広がり、食塊を噴門括約筋に向かって進める役割を果たす。食塊の圧力と同時に生じる神経学的反応によって括約筋が開く。

食道は食物の通過によって、以下の部位以外では3倍の径まで拡張する。その部位は、胸腔入口（第一肋骨によって拡張が妨げられる）、心基部（周囲の胸腔内大血管と気管によって拡張が妨げられる）および横隔膜（噴門括約筋によって拡張が妨げられる）である。

「胸部X線検査」の項を参照 284ページ

臨床症状

食道疾患の最も多い臨床症状は吐出、すなわち胃に達する前に飲み込んだ食物が受動的に逆流することである（表1）。

> 吐出したものを吸引することによって肺炎が起こることが多い。

食道の通過障害を引き起こす最も多い原因は、以下の通りである。
- 食道閉塞
  - 内的：異物、食道病変（逆流性食道炎）による二次的な瘢痕
  - 外的：右大動脈弓遺残症
- 食道拡張症：巨大食道症
- 食道炎：食道裂孔ヘルニア

> 噴門括約筋の機能不全は胃食道逆流、食道炎および線維化による食道狭窄の危険性を増加させる。

診断

食道疾患の診断は、身体検査だけではなく他の検査、例えば内視鏡検査、単純X線検査、X線造影検査、超音波検査などによって行われる。

正常な食道はX線検査では確認できない。造影剤（図1～3）あるいは十分なX線濃度を示す異物が存在する場合にのみ認められる（図4、5）。

> 麻酔中の動物における食道内のガスの存在は正常であり、輪状咽頭括約筋の弛緩によって起こる。

表1

嘔吐と吐出を識別する方法	
嘔吐	吐出
不安、流涎、嚥下運動が先行する能動的プロセス。腹筋の能動的収縮、悪心、胃液の混じった食物の圧出がありpHは酸性。	腹部の動作がなく、あまり能動的プロセスではない。通常、摂取の直後に起こる。白色の"泡"（通常、濃い唾液）や未消化の食物を排出し、pHはアルカリ性。

食道／概要

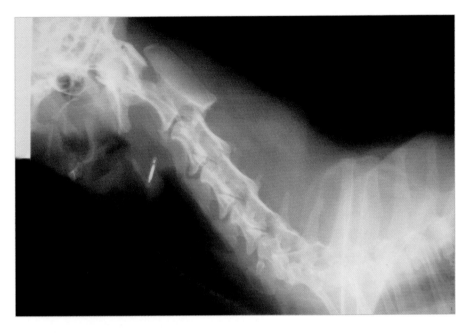

図1　気管の腹側変位を伴う頸部食道の拡張。本症例では、空気が陰性造影剤として作用している。この拡張の原因を検査する必要がある。

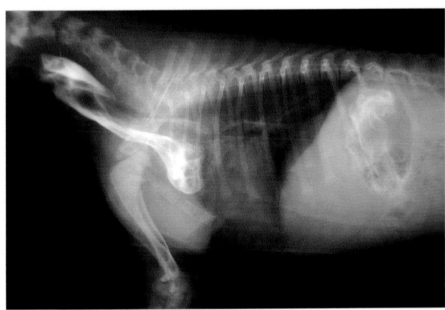

図2　頸部および頭側胸部の食道の拡張。心臓のレベルで造影剤が突然途切れている。これは、右大動脈弓遺残症が原因である。

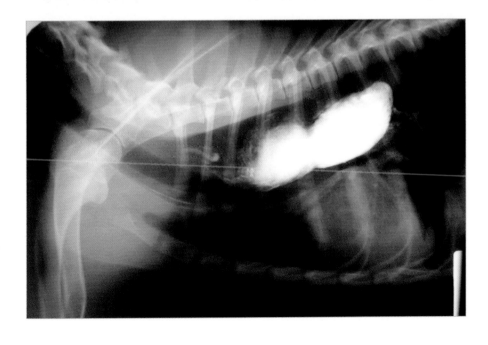

図3　陽性造影剤によって明らかとなった食道拡張。拡張による気管の腹側変位に注意せよ。このX線写真は特発性巨大食道症の症例のものである。

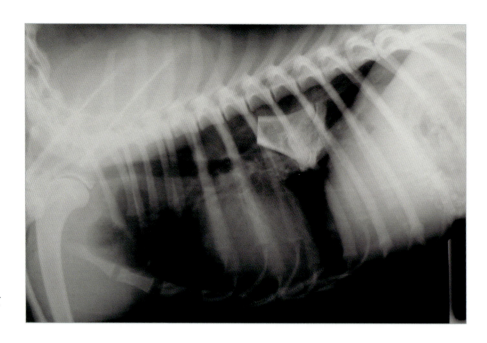

図4　噴門括約筋で止まっている食道尾側部のラムの骨

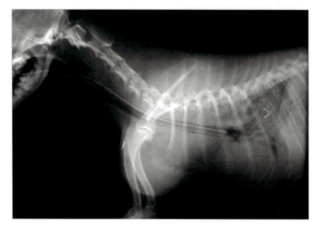

図5　前日に飲み込んだ釣り針を示している食道尾側部のX線不透過性異物

食道内視鏡は、食道疾患の診断と治療に有用な方法である（図6～8）。

> 内視鏡は非常に有用な方法であり、胸部手術を避けることができる。口から異物を除去することができる。食道穿孔の危険性のために口から除去ができない場合や危険性が高い場合には、胃の中に落とし込むこともできる。

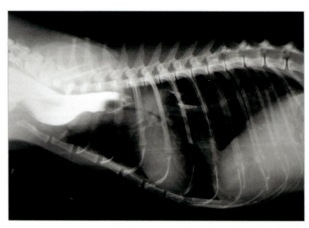 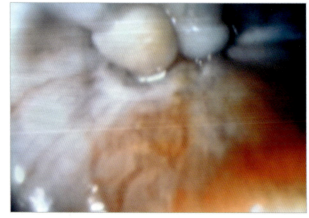

図6　食道腫瘍は小動物臨床ではまれである。内視鏡検査は吐出、流涎、嚥下困難の症例の鑑別診断に有用である。この症例は、扁平上皮癌の9歳齢の猫である。腫瘍によって生じた狭窄と閉塞前部の食道の拡張に注目のこと。

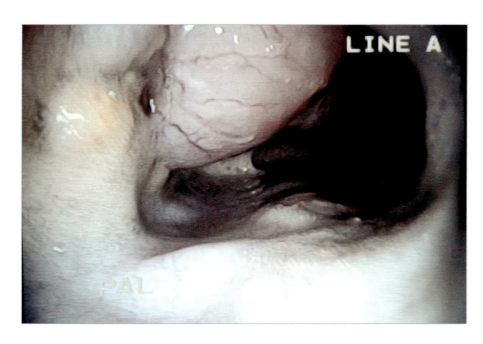

図7 平滑筋腫の症例の食道内視鏡検査。潰瘍化した場合には消化管出血を起こす良性腫瘍である。

図8 頸部食道遠位に刺さった異物の硬性内視鏡による摘出

内視鏡検査前

内視鏡検査の前に、動物の水和状態と電解質バランスを評価し、補正する。食道疾患の原因を診断し、病変部や周囲組織の損傷を正確に確認する必要がある。すべての食道疾患の症例において誤嚥性肺炎の可能性を考慮すべきである。

> * 食道に病変のある動物では、残存する食道内容物を睡眠中に吸引することによる肺炎に移行する可能性が非常に高い。

内科学的考察

必要性があり、可能な場合には必ず、これらの動物の誤嚥性肺炎、食道炎、脱水、低栄養の治療を行う。

胃食道逆流の危険性を減らし、胃内容物の排出を促進するために低脂肪食を与える。

食道炎がある場合には、固形物や液体の摂取は最低24〜48時間制限する。病変が重篤である場合には、胃瘻術によるチューブ栄養が推奨される。

シメチジン、ラニチジン、ファモチジンなどのH_2受容体遮断薬投与は胃の酸性度を抑え、胃の逆流による食道粘膜の損傷を軽くする（シメチジン：10mg/kg/6〜8h、ラニチジン：2mg/kg/12h、ファモチジン：0.5mg/kg/12〜24h）。

食道の病変部を保護するためにスクラルファートの懸濁液を用いることもできる（0.5〜1g、6〜8時間ごと）。

誤嚥性肺炎がある場合には、気管支拡張剤およびグラム陰性菌や嫌気性菌をターゲットとした抗生物質を用いて術前に治療を行う（表2）。

外科学的考察

内視鏡検査は手術室において全身麻酔下で行う。手術室では、内視鏡による処置がうまくいかなかった場合や合併症が起こった場合に備えて、開胸手術を行う準備をしておく（図9、10）。

表2

誤嚥性肺炎に対して推奨される抗生物質	
アンピシリン 22mg/kg/6〜8h	エンロフロキサシン 5〜10mg/kg/12h
クリンダマイシン 11mg/kg/12h	アミカマイシン 10mg/kg/8h
セファゾリン 11〜22mg/kg/6〜8h	スルファジアジンとトリメトプリムの合剤 15mg/kg/12h

「胸部手術の麻酔」の項を参照 → 258ページ

* 食道穿孔は内視鏡検査における重大な合併症である。これは、不適切な内視鏡の操作や食道壁に刺さった異物の除去の際に起こりうる。

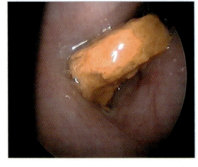
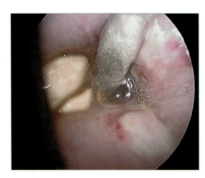
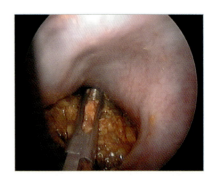

図9　食道内視鏡は、食道疾患の診断と治療の両方に有用である。これらの画像は、動物の体格に比べて大き過ぎる"トリーツ"による閉塞と口からの異物の摘出を示している。

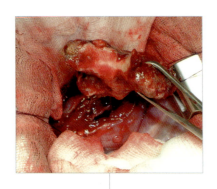
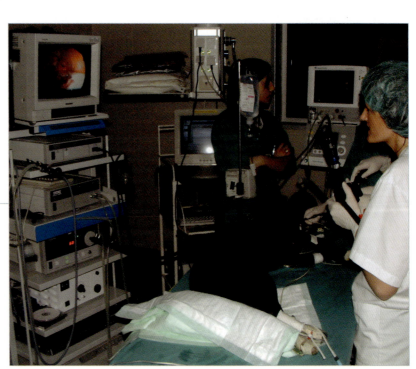

図10　この症例では、内視鏡によって異物を摘出することができず、左側開胸術を行わなければならなかった。

食道 / 概要

小さな創傷や食道穿孔は、3〜5日間の経口による摂食摂水を絶つことで治療する。その間は胃チューブあるいは非経口栄養法によって給餌や給水を行う。

食道破裂に継発する気胸のために呼吸困難を示す症例や、食道造影検査で食道からの水溶性造影剤の漏れが認められる症例では、手術が適応となる。

外科学的見地から、食道は血管系に対する損傷を避けるために注意深く扱う。漏れや消化管瘻を避けるために常に粘膜下組織を含めた正確な縫合を行う。

> **食道手術が成功するためには以下の点が重要である**
>
> - 食道と周囲組織を注意深く繊細に取り扱う
> - 術中汚染を最小限にする
> - 電気メスを適切かつ最小限用いる（バイポーラ凝固装置の使用が好ましい）
> - 縫合糸を注意深く選択し使用する（無傷性丸針付き合成モノフィラメント糸）
> - 粘膜下組織を含む組織を適切に並置させた縫合

> ＊ 食道切開術の主な合併症は、縫合部の離開による汚染である。注意深く手術を行う必要がある。

開胸術が必要な場合には、術野が狭いので胸腔にアプローチするための肋間を慎重に選択する（図11）。

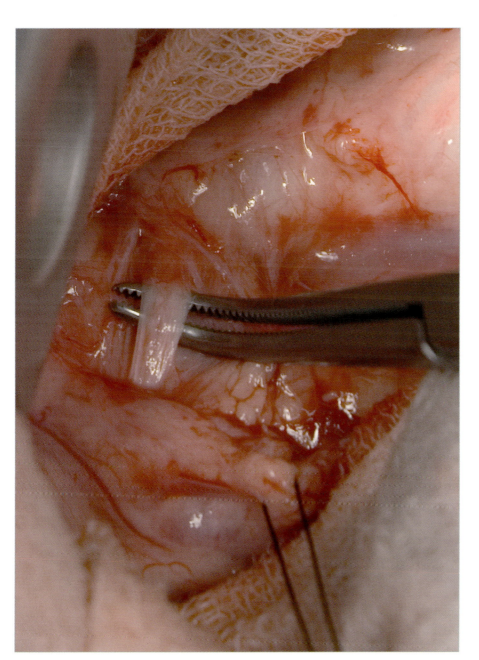

> 胸腔にアプローチするための肋間の選択を迷った場合には、最も尾側の肋間を選択する。肋骨弓は非常に簡単に前方に変位させることができるからである。

> 手術を行うのに術野が狭すぎる場合には、肋骨の切除を考慮する。

次章では、食道疾患で最もよく見られる臨床症状について記述する。

図11　右大動脈弓遺残症のために食道を背側に変位させている動脈管索の切断。この靱帯を切断するためには、第四肋間から胸腔にアプローチする。誤った肋間を選択すると、この手術を行うのがかなり困難になる。

食道内異物 概要

José Rodríguez Gómez, Rodolfo Bruhl Day,
Carolina Serrano, Amaya de Torre, Pablo Meyer,
María Elena Martínez, Rocío Fernández

食道内異物として最も多いのは骨であるが、他に釣り針、おもちゃ、チュアブルのおやつ、および食道の広がりが制限される箇所（胸郭入口、心基底部、食道裂孔）を通過できないサイズの食塊が異物となることもある（図1～3）。

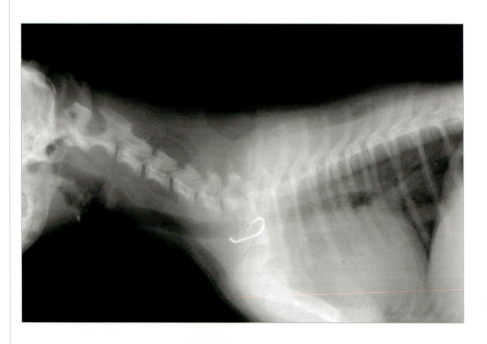

図1　胸郭入口を通過できない釣り針が見られる。

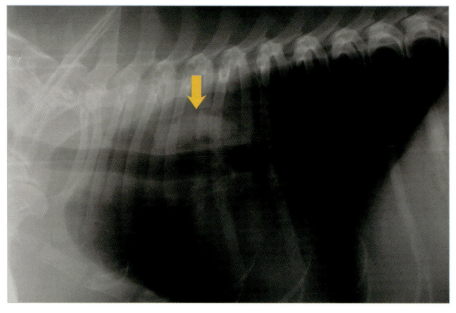

図2　心基底部に異物が見られる。

閉塞部を通過できなかった食べ物は食道の頭側部に停留し、吐出や食道拡張を引き起こし、これは動物が横になって眠っているときの誤嚥性肺炎の危険性を上昇させる。

また、食道内異物が停滞すると蠕動運動が刺激される。数日間この状況が続くと、蠕動波によって異物に接触している食道壁が壊死し、食道穿孔を起こす（図4、5）。

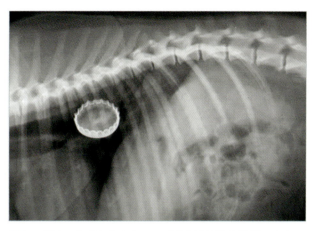

図3 ドリンクボトルのキャップが食道裂孔を通過できないでいる。

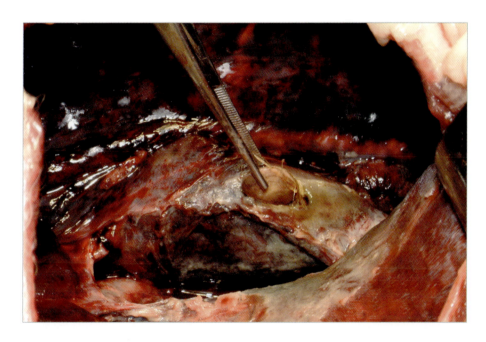

図4 異物が食道壁に持続的な圧力をかけたことによる食道壊死。二次的な敗血症を起こしたため、動物は術前に斃死した。

図5 尖った異物が食道壁を穿孔し、食道内容物と細菌が胸腔内に漏出した。

胸部

> ＊ 食道内異物の症例では、迅速に対応しないと誤嚥性肺炎と食道穿孔が生じる可能性がある。

食道穿孔によって胸膜炎、胸水貯留、気胸、呼吸器系の瘻孔、胸腔内血管の損傷による大出血など、重篤な病態が生じる可能性がある。

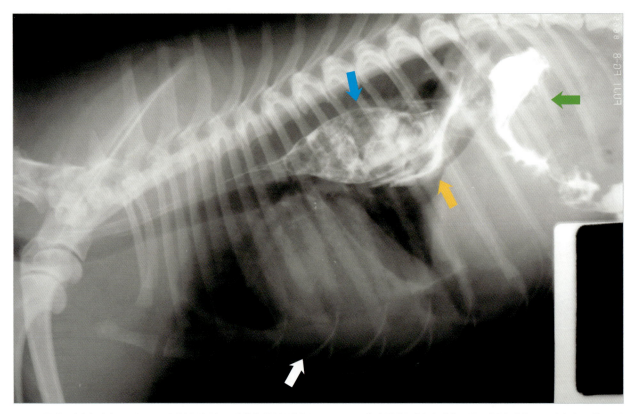

図6 異物（青矢印）によって食道と胸腔に重篤な問題が生じている。胸水貯留（白矢印）、胃（緑矢印）に到達する前に造影剤が胸腔内に漏出（黄矢印）していることに注目せよ。

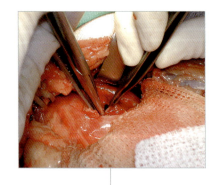
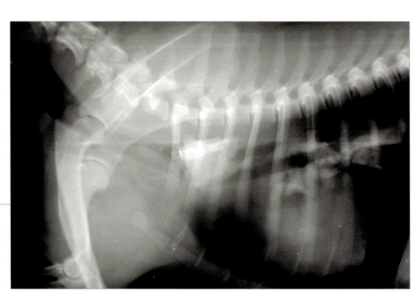

図7 心臓頭側のレベルで、異物による食道穿孔の結果生じた気胸が見られる。

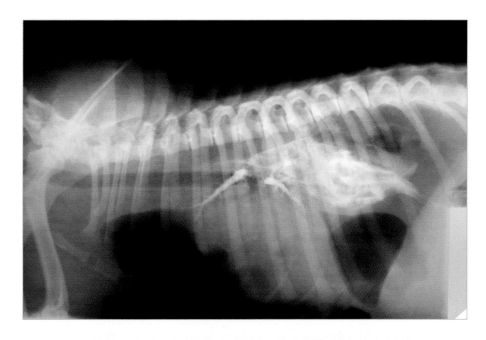

図8 数日間食道内に停留した異物による損傷で食道気管支瘻が生じている。造影剤が食道から気管支に直接流入している。

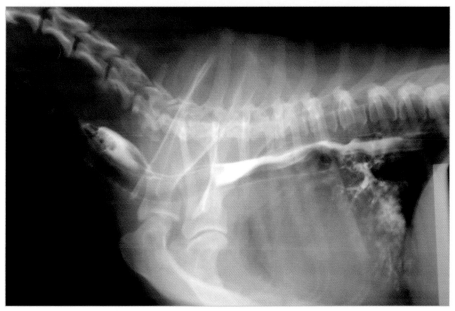

図9 食道内異物の摘出後、食道壁に異常が認められた。その程度を調べるために非イオン性ヨード造影剤を投与したところ、食道気管支瘻が見つかった。

　食道内異物の摘出は、まず内視鏡で試みるべきである。ただし異物の摘出、あるいは食道壁の損傷へ対応するために開胸手術が必要となる場合に備えて、内視鏡下での摘出を行うときでも十分に準備を整えたうえで手術室で実施すべきである（図10）。

> ＊ 数日間異物が食道内に停留すると、食道で炎症、うっ血、時には壁の壊死が生じるため、異物を口から取り出したり胃内に移動させると食道穿孔が生じる可能性がある。

> 高張のヨード系造影剤や硫酸バリウムは使用してはならない。

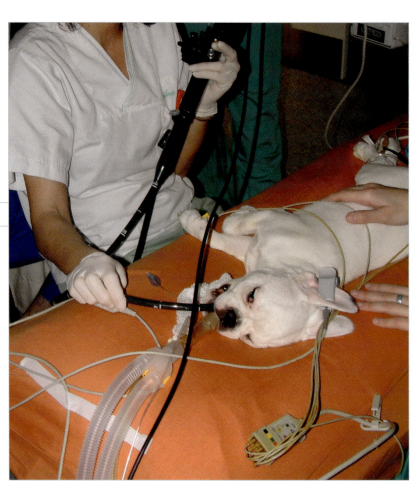

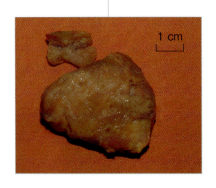

図10　この症例では手術を要することなく、内視鏡で異物（青矢印）を摘出できた。

> 食道は漿膜がなく血液供給が少ないため、他の消化管と比べて治癒が遅い。

食道の縫合には強度と安定性を増すために粘膜下層を含めるべきである。

食道手術の成否は、術者の慎重さと正確さによって決まる。

頸部食道へのアプローチ

　頸部食道へのアプローチは、動物を背臥位にして正中切開で行う。頸部の背側に巻いたタオルを入れると術野をより露出しやすくなる。

　皮膚と皮筋を切開して胸骨頭筋と胸骨舌骨筋を正中の縫線で分離し、気管へアプローチする。

　次に気管を動物の右側へ牽引し、食道と周囲の構造（後甲状腺動脈、反回喉頭神経、頸動脈、内頸静脈、迷走神経幹）を露出する。

　異物の摘出と食道の縫合を行ったら、生理食塩水を用いて縫合部のリークテストを行う。

　すべての構造を元の位置に戻し、3-0もしくは4-0の合成吸収糸で分離した筋肉を連続縫合する。皮膚は術者の好みで閉鎖する。

胸部食道へのアプローチ

胸部食道へは通常は左開胸アプローチを行う。心基底部に異物が存在するときのみ右開胸アプローチを行う。

吻側の胸部食道	第3か第4の左肋間アプローチ
動脈弓レベルの食道	第4か第5の右肋間アプローチ
尾側の胸部食道	第8か第9の左肋間アプローチ

「側方開胸術」の項を参照 353ページ

温めた生理食塩水に浸したガーゼで肺葉を保護してよけ、血管、迷走神経幹、横隔神経を傷つけないように注意しながら固定し、食道の切開部を決める（図11）。

胸部食道は慎重に扱う。支持縫合を使うことで食道を牽引しやすく、また露出しやすくし、さらに縫合しやすくすることで、術後の狭窄の危険性を減らす（図11）。

＊ 術中術後の出血を防ぐために確実な止血を行うことが不可欠である。これを怠ると手術が困難になり動物の回復にも影響が出てしまう。

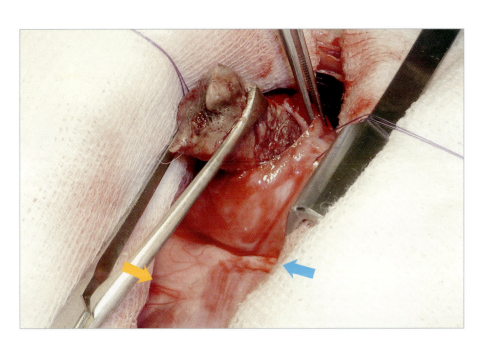

図11　横隔膜の手前に停留した異物摘出のために行った第8肋間からの開胸。開胸部の辺縁を湿らせたガーゼで保護し、フィノチェット型開創器で肋骨を押し広げる。迷走神経（青矢印）と横隔神経（黄矢印）の背側にある大動脈を同定する。食道を操作しやすくするために牽引縫合を掛ける。

食道切開の術式については次の章を参照

食道が治癒するまでの間、胃チューブを設置して食道内を食べ物が通過しない方が望ましいことがある。28〜30FRのフォーリーカテーテルを左傍肋骨切開によって胃に設置するとよい。

『上腹部』の「経腸栄養」の項を参照 328ページ

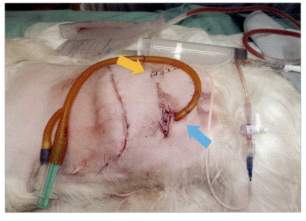

図12　食道裂孔部の異物摘出が終わった後の外観。胸腔内ドレイン（黄矢印）と胃チューブ（青矢印）に注目せよ。

症例1／尾側の胸部食道内異物　食道切開術

発生	■■□□□
技術的難易度	■■■□□

José Rodríguez, Amaya de Torre,
Carolina Serrano, Rocío Fernández

"Sul"は4歳齢、雄のピット・ブル・テリアである（図1）。前日に飼い主がゴミ箱の残飯と骨を食べる"Sul"を目撃し、その後すべての飲食物を吐出するようになった。

身体検査、臨床検査は正常であった。胸部X線検査で骨片と考えられる異物が横隔膜の頭側部に存在することが確認された（図2）。

それ以外の異物や消化管閉塞の所見は認められなかった。

動物のサイズと異物のサイズ、鋭利な断端を有する形状を考慮して、開胸による食道切開で異物の摘出を行うこととした。

尾側の胸部食道の異物であるため、第8肋間からの左開胸アプローチを行った（図3）。

> 食道にアプローチする前に、良好な術野を得る。

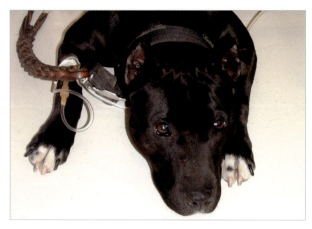

図1　手術室に入る前の鎮静状態の"Sul"

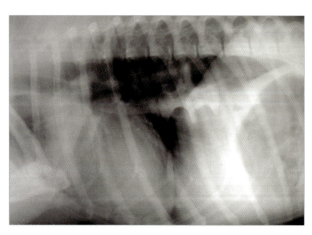

図2　胸部X線側方像で噴門括約筋の頭側に停留する骨のような異物が確認された。

図3　第8肋間から胸腔内尾側部にアプローチした。生理食塩水を浸したガーゼを用いて肺葉を頭側に変位させ、良好な術野を得ることが不可欠である。

食道/食道内異物

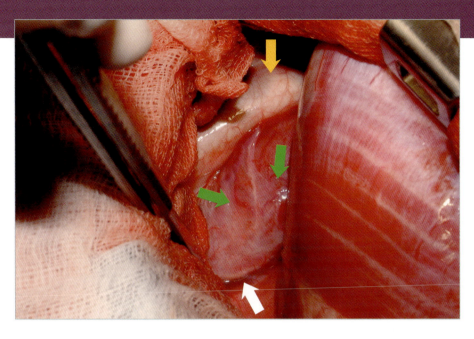

「側方開胸術」の項を参照 ➡ 353ページ

　この周辺には食道血管が位置しているのでこれを焼灼し、大動脈と左迷走神経を同定して安全な場所へ避ける必要がある（図4）。

図4 この周辺で確認すべき構造。大動脈（黄矢印）、食道血管（緑矢印）、迷走神経（白矢印）

　術野での過度の出血を防ぐために、食道切開する予定の部位の血管分枝は前もって止血しておく（図5）。

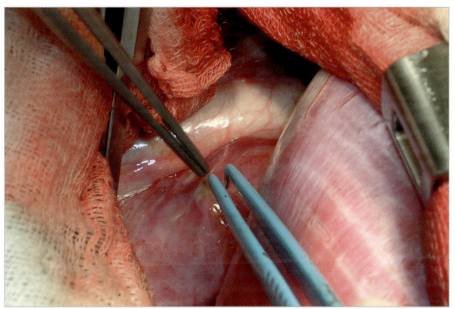

図5 熱による組織侵襲を最小限にするため、食道血管の予防的止血にはバイポーラを用いる。

　次に消化管内容物による胸腔汚染の危険性を減らすために、食道を切開する予定の部位の辺縁に牽引縫合を掛け、両脇にガーゼを当てておく（図6）。

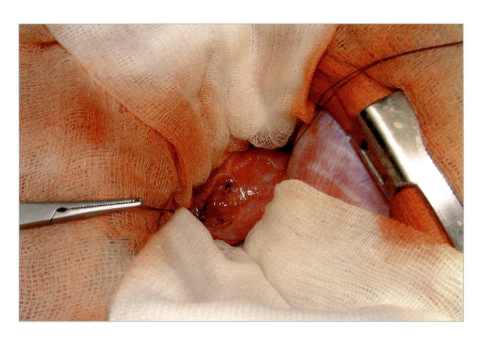

図6 食道内容物の漏出と術中感染を防ぐために、食道切開する予定の辺縁に牽引縫合糸を掛け、温めた生理食塩水を浸したガーゼで周囲を覆う。

胸部

まずメスを用いて食道を切開する。直ちに切開部に吸引器を挿入し液体成分を吸引する（図7、8）。

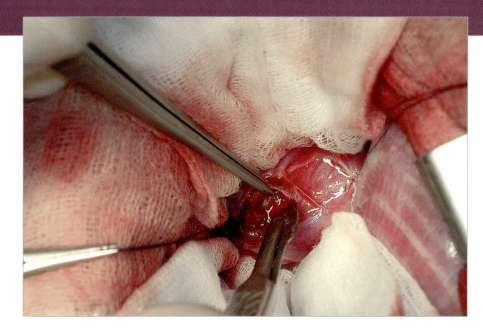

図7　術野の視野を確保するために前もって表層の血管を止血しておいてから、メスで食道を切開する。

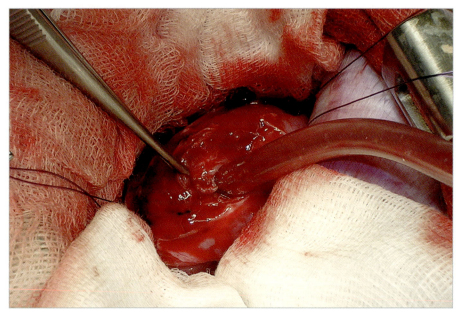

図8　食道内容を吸引し感染の危険性を減少させる。

 穿刺切開を行い粘膜が粘膜下層から分離しないように注意する。

食道を過剰に損傷しないよう注意しながら、異物が摘出可能な長さまで鋏で切開部を広げる（図9）。

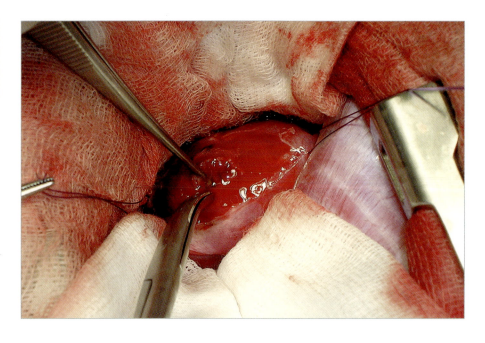

図9　異物を摘出できる程度の長さまで、鋏で丁寧に食道切開部を広げる。食道壁の粘膜下血管叢から出血していることに注目せよ。

食道／食道内異物

異物を摘出する前に食道内腔の血液などの液体成分を吸引し、術野を良好にする（図10）。

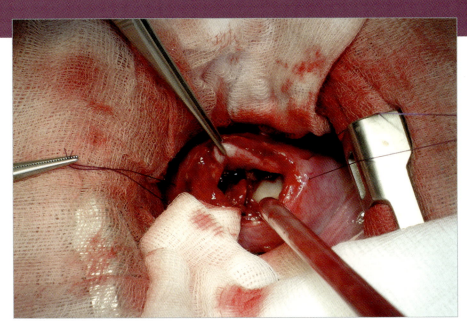

図10　食道切開部から異物が視認できる。周囲をよく吸引して視野を確保し、食道内容物の漏出による感染の危険性を下げる。

次にアリス鉗子で異物を慎重に摘出する（図11）。この異物は粘膜に突き刺さって張り付いていた。

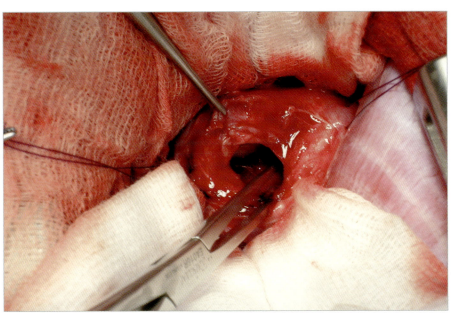

図11　異物を摘出する前に、異物を刺さった食道から分離した。食道壁の損傷を悪化させないように、この操作は丁寧に行わねばならない。

慎重に異物を移動させ、食道壁が裂けない程度でかつ異物を摘出するのに最小限のサイズになるまで切開部を広げていく（図12〜15）。

*異物が食道に強固にへばりついているときは引っ張ってはならない。アリス鉗子で周囲の食道内腔を広げ粘膜から異物を剥離する。

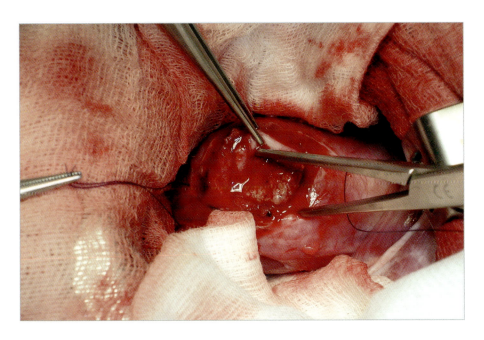

図12　異物はゆっくり慎重に引っ張ったり回転させたりするなど、損傷が最小限ですむよう最善の方法を考えながら摘出する。

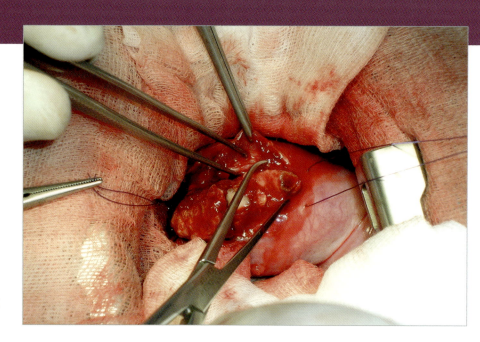

図13　慎重かつ丁寧に食道から異物を分離する。

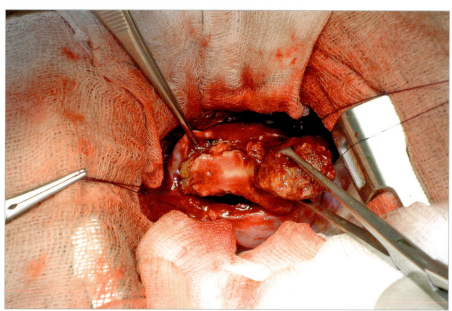

図14　異物を丁寧に露出し、小刻みに前後運動させて慎重に摘出する。

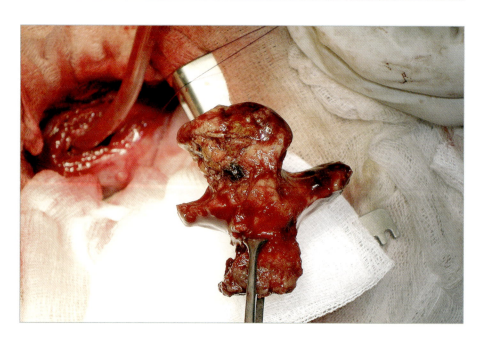

図15　食道を閉塞していた異物の摘出時。術野の感染の危険性を減らすために食道内腔を吸引している。

食道／食道内異物

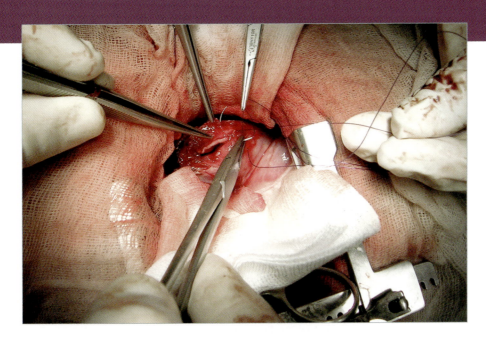

次に合成吸収性モノフィラメント糸を用いた食道全層の単純結節縫合で、食道切開部を縫合する（図16、17）。

図16　食道壁の全層を通るように切開部を結節縫合する。

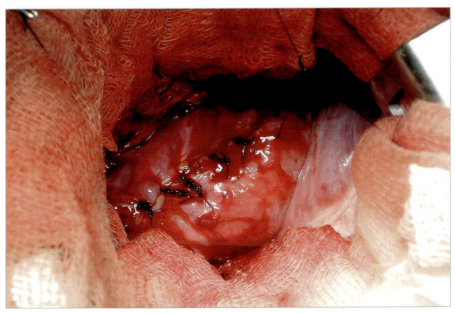

図17　内容物が漏れないように、適切な間隔で慎重に縫合する。

縫合部の密閉性の確認のために、食道内腔に生理食塩水を注入し、漏れがないことを確かめる（図18）。

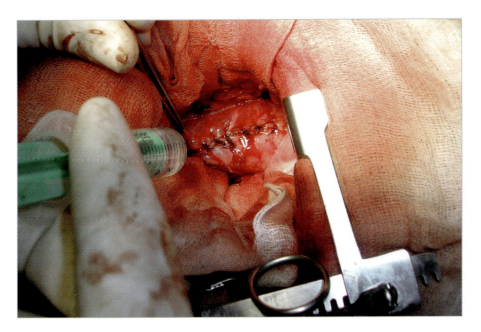

図18　一定の圧をかけながら生理食塩水を食道内腔に注入し、縫合線から漏出が生じないことを確認する。

汚染物を除去するために胸腔の尾側部を温めた生理食塩水で繰り返し洗浄、吸引する（図19）。

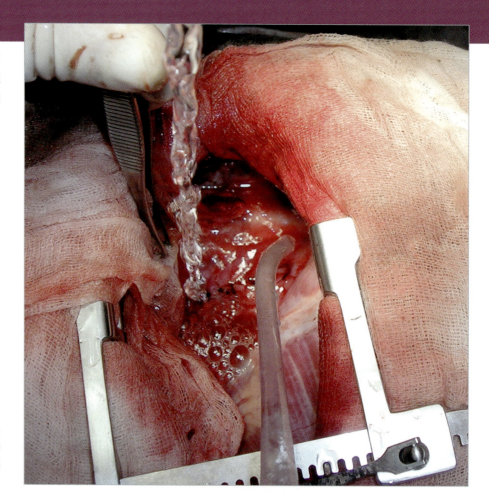

図19　食道を分離していたガーゼを取り除き、二次感染を起こさないように周囲を洗浄、吸引する。

最後に肺をもとの位置に戻した後で他の章の記述通りに開胸部を閉鎖し、胸腔ドレインを設置して胸腔内を陰圧に保つ（図20、21）。

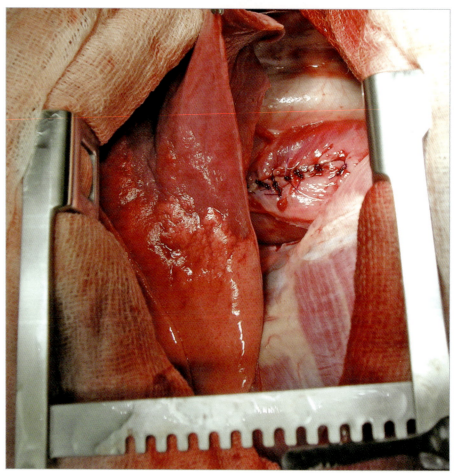

図20　すべてのガーゼを取り除き肺をもとの位置に戻す。

食道／食道内異物

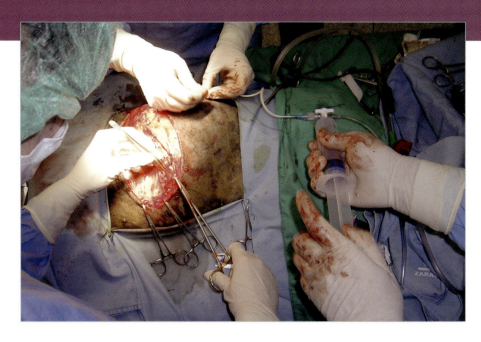

図21　開胸部を層縫合で閉鎖し密閉性を確認する。胸腔ドレインを設置して気胸を防ぐ。

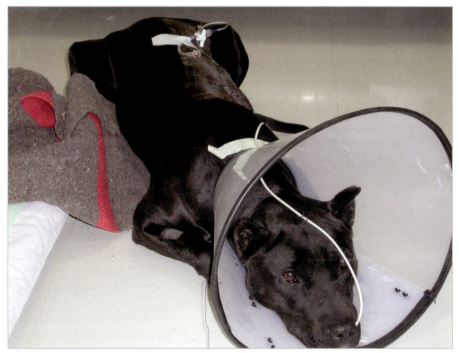

図22　ICUに収容した"Sul"。鼻に酸素チューブを設置している。

術後管理

麻酔から覚醒後、動物をICUに入れ、胸腔内容液とガスを吸引した（図22）。

> 呼吸機能の迅速かつ効果的な回復のために、術後の疼痛コントロールはたいへん重要である。

術後12時間でガスと液体はほとんど抜去できなくなったが、胸腔ドレインは翌日まで設置しておいた。36時間後には気胸の恐れもなくなり流動食を食べさせ始めた。この時点で胸腔ドレインを抜去した。48時間後からは、少量頻回に分けて軟らかいフードを食べさせ始めた。

薬物療法や食事療法を継続して動物は退院となった。1カ月後のチェックでは食道にかかわる臨床徴候は全く検出されなかった。

症例2／尾側の胸部食道内異物　胃切開術

José Rodríguez, Amaya de Torre,
Carolina Serrano, Rocío Fernández

症例は8歳齢、雄のヨークシャー・テリアで（図1）、尾側食道の異物を主訴に他院から紹介されてきた（図2）。

問診で、症例は普段から人間の食べ残しと手作り食を食べているとのことであった。食後に落ち着きがなくなり、流涎と頻回の嚥下運動が認められるようになった。水分の摂取は可能だったが、食べた物をすぐに吐出してしまった。

症例は呼吸困難と腹囲膨満のために来院した。さらに、消化と興奮のために重度の胃拡張を呈していた（図2）。重度の胃拡張により循環障害が生じる可能性があり、これを避けるために、多孔性でやや硬いカテーテルで胃を穿刺した（図3）。

動物を安定化させた後、食道鏡検査を行い異物の摘出を試みた。

異物が平滑で脆かったために食道鏡下で異物を把持、摘出することはできなかった。

図1　術後、回復しつつある症例

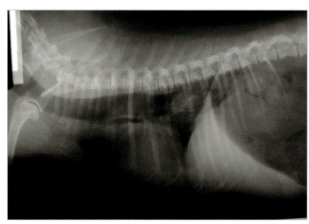

図2　このＸ線像は尾側食道にある異物の位置を示している。閉塞部より頭側の食道と胃が呑気によって拡張していることに注目せよ。

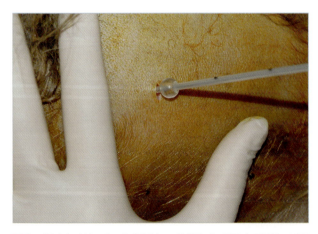

図3　胃内にドレインを留置し、貯留したガスを吸引して胃拡張を抑制した。

異物の性状を考慮して、異物を胃内まで尾側に押すこととした。しかし噴門括約筋による抵抗が強く、食道を誤って損傷させることを防ぐためにこの方法は中止した。

残された方法は開胸による食道切開か開腹による胃切開である。

そこで本症例では、噴門を介して尾側食道にアプローチするために胃切開を行い、胃内から異物摘出を試みることとした（図4～7）。

> 尾側食道の異物摘出のためのアプローチ法として胃切開が適応となるのは、異物の表面が平滑で盲目的に摘出しても組織損傷の恐れがないと考えられるときに限られる。

食道／食道内異物

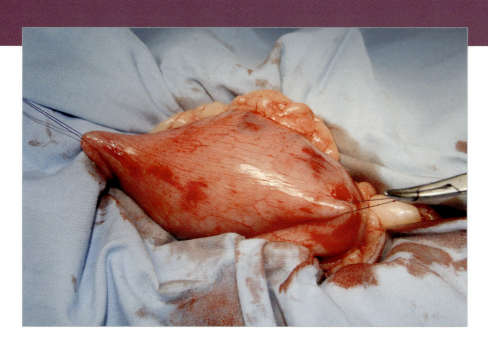

臍前部を開腹して胃を開口部に移動させ、無菌ドレープをもう1セット使い胃を腹腔から分離した。2本の支持糸を胃体部の中央に掛け、胃内容物が漏出しないようにした（図4）。

図4　胃体部の一部を体外へ出しドレープで囲んで腹腔が汚染しないようにした。次に2本の支持糸を掛け、胃切開部周辺を持ち上げた。

胃体部の血管が疎な部分を選び胃切開を行った。内容物を吸引し、操作中に胃分泌物が漏出する危険性を減らした（図5）。

『上腹部』の「胃切開術」の項を参照　160ページ

図5　切開部の両脇をガーゼで保護し、胃体部の血管が疎な部分を切開した。腹腔を汚染しないように内容物を吸引した。

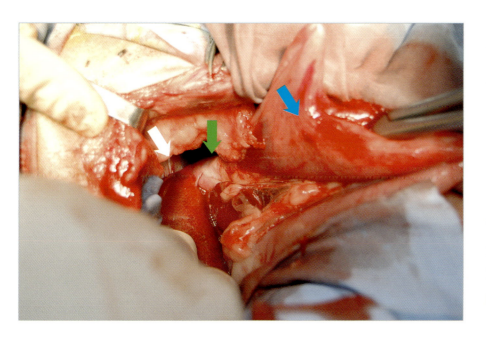

次に長めの鉗子を腹部食道内に挿入した。この操作は食道損傷を避けるため、直接目視しながら行った（図6）。

図6　長い鉗子を胃切開部から腹部食道の中へ進めていった。鉗子を異物の方向へ向けるためにこの操作は直接目視下で進めた。横隔膜（白矢印）、腹部食道（緑矢印）、胃（青矢印）

噴門括約筋を通して鉗子で異物を把持し、食道鏡で確認しながら丁寧に胃内へ動かし摘出した（図7、8）。

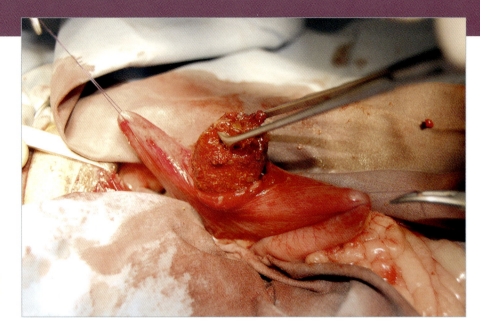

図7　内視鏡下で異物を噴門から丁寧に胃内へ誘導し、胃切開部から摘出した。

図8　食道閉塞の原因となったソーセージの一部

胃切開部を定法通りに二層縫合し、閉腹前に周囲を洗浄、吸引した。
動物はすぐに回復し、24時間後には流動食を食べ始め、翌日には退院となった。

右大動脈弓遺残（PRAA）

発生	■■□
技術的難易度	■■□

José Rodríguez Gómez, Rodolfo Bruhl Day,
Amaya de Torre, María Elena Martínez,
Carolina Serrano, Pablo Meyer, Rocío Fernández

　右大動脈弓遺残は、外部からの圧迫により食道を閉塞させ、閉塞部より頭側の巨大食道の原因となる奇形である。

> この疾患は遺伝病の可能性があり、複数の同腹子が罹患することがある。

概要

　胚発生期に形成される6対の動脈弓のうち、初めの2対（第一、第二）は初期に退縮し、3対目は内頸動脈となって残存する（図1）。左第四動脈弓は大動脈に、右第四大動脈弓は右鎖骨下動脈となる。
　第五の左右動脈弓は退縮する。
　左第六動脈弓は肺動脈幹や大動脈と連結する動脈管となり、動脈管は生後に動脈管索へと変化する。

　正常な胚発生では、食道の左側で大動脈弓、動脈管、肺動脈が発生する（図1）。
　本章で述べる奇形は、大動脈が左ではなく右第四動脈弓から発生することで生じる。
　動脈管索が大動脈と肺動脈幹の間で食道を絞扼する帯を形成する（図2）。この領域では、左右の異常な鎖骨下動脈、二重大動脈弓、右動脈管索遺残、左前大静脈遺残など数種類の血管異常が報告されている。

> PRAA症例の44％で、左前大静脈遺残や左半奇静脈など、同じように食道を圧迫する他の血管異常も認められる（図3）。

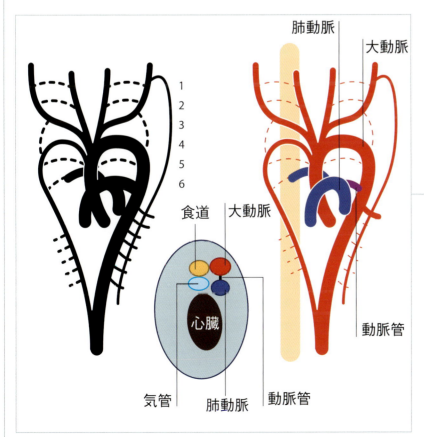

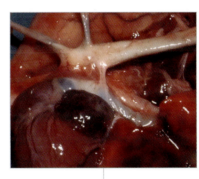

図1　大動脈弓の正常な胚発生。大動脈は左第四動脈弓から発し、肺動脈幹は左第六動脈弓から発する。両者は胎子期に動脈管を介して合流し、動脈管は生後に動脈管索となる。

胸部

> 右大動脈弓遺残は犬においては4番目に多い血管異常である。最も多いのは動脈管開存症であり、肺動脈弁狭窄、大動脈弁狭窄が続く。

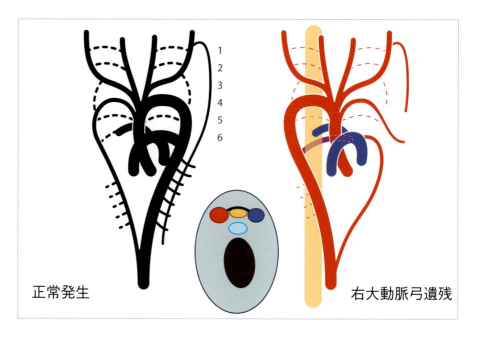

図2 右第四動脈弓から発生する異常な大動脈の図解。このような症例では、動脈管が食道の背側を絞扼し、拡張を妨げて部分的な閉塞が生じる。

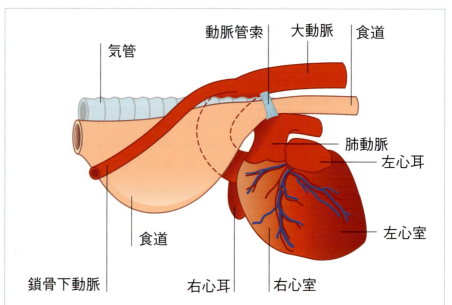

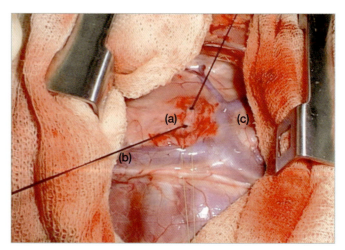

図3 PRAA（a）症例の術中所見。左前大静脈遺残（b）、左半奇静脈（c）といったPRAA以外の血管異常も認められる。

臨床徴候

PRAAでは食道の壁外性の閉塞が生じ、食道の心臓頭側部にあたる部分が拡張する。離乳前は無症候性であるが、固形物を食べるようになると吐出が始まる。

> PRAA症例で必ず起こる症状は、4〜8週齢で見られる食後の未消化固形物の吐出である。

動物は食欲旺盛であり、土、硬貨、灰のような物でさえ口に入れたり舐めたりしたくて仕方ない状態（異嗜）になりやすい。

吐出は食後すぐに見られることも数時間遅れて見られることもある。遅れて吐出した場合には、発酵によって強い悪臭を放つ吐物を生じる。この場合は嘔吐と誤認しやすく、また潰瘍性食道炎の原因となることがある。

食道閉塞の程度によっては栄養不良や悪液質になり、同腹子と比べて小柄になる。

心音は正常であるが、誤嚥性肺炎のある症例では、気管支のラッセル音が聴取されることがある。これは珍しいことではなく、呼吸困難、発咳、発熱を伴う。

> ＊ 最大の合併症は誤嚥性肺炎である。

診断

診断は動物の週齢、病歴、臨床徴候、身体検査、X線検査、食道鏡検査によって行う。

> 鑑別診断として、特発性巨大食道症や重症筋無力症があげられる。

通常X線検査では、食道内のガス、液体、食物残渣の貯留や、気管の腹側変位を伴った前縦隔のX線不透過性亢進が確認できる（図4）。

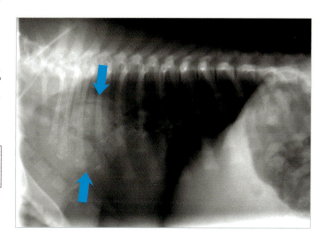

図4 前胸部のX線不透過性亢進と気管の腹側変位が認められる（矢印）。

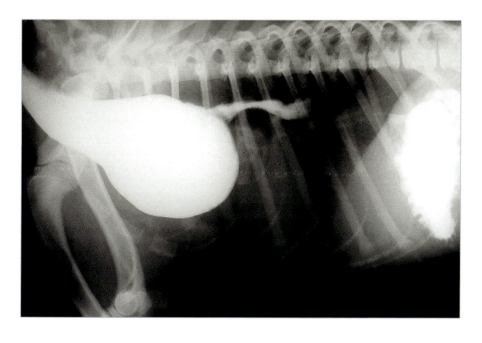

ここまでの診断を確認するために食道造影検査を実施すると、第4肋間レベルの心基底部で食道が突然狭窄し、その頭側が拡張していることが確認された。一方で狭窄部より尾側の食道は正常に見えることが判明した（図5〜7）。

図5 造影X線検査で、心臓より頭側で食道が拡張しており、この部位で胃への造影剤の流れが突然妨げられている。

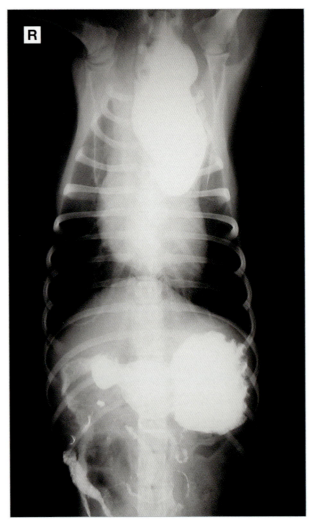

図6 食道背側をまたぐ動脈管索による食道狭窄。食道の拡張と食べ物の通過障害を引き起こしている。

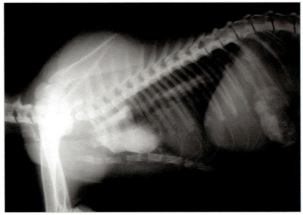

図7 PRAAのために、心臓より頭側の食道に造影剤の貯留が見られた猫の症例

治療

肺炎を繰り返して前胸部食道の拡張が進行するために、薬物療法や食事療法はうまくいかない。

食道の拡張と運動性は徐々に悪化するため、できるだけ早く手術する必要がある。

外科的に動脈管索の結紮と切断を行う必要がある。

> ※ 慢性の食道拡張により、食道壁の神経節細胞数の減少による正常な運動性の喪失が不可逆的となる。

> 多くの症例で術前に治療が必要なレベルの誤嚥性肺炎が生じている。

手術を数カ月齢のうちに行ったときの回復度は、87〜92％の症例で"良好"か少なくとも"満足できる"結果となる。たとえ食道の機能が完全に正常ではなかったとしても、吐出は減り体調は着実に改善する。少数の例では再発性で治療不可能な肺炎や吐出が生じることがある。PRAAの手術アプローチは、左第4肋間からの開胸で行う（図8）。

この手術の目的は動脈管索の分離、結紮、切断と、食道周囲に形成され狭窄の原因となっている線維組織のバンドを分離し引き伸ばすことである（図9〜16）。

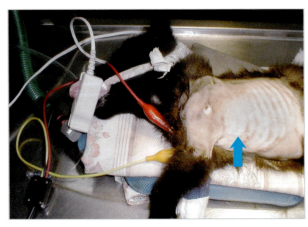

図8 手術準備の様子。アプローチは左第4肋間から行う（矢印）。

> 動脈管索による狭窄は食道壁周囲の線維組織を伴う。

食道 / 右大動脈弓遺残

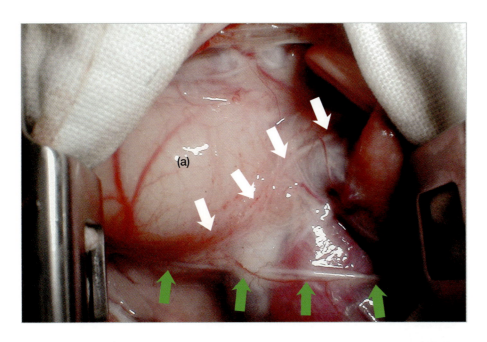

開胸部に外科用ドレープとフィノチェット開創器を設置する。術野を良好にするために肺葉を尾側に押しやる（図9）。

図9　左第4肋間から開胸する。切開部の辺縁を生理食塩水で濡らしたガーゼで保護し、フィノチェット開創器を設置する。心臓左側頭側における食道拡張（a）、横隔神経（緑矢印）、迷走神経（白矢印）に注目せよ。

縦隔胸膜を切開したら迷走神経を同定し、糸か臍帯テープ（血管ループ）を用いて牽引する（図10）。

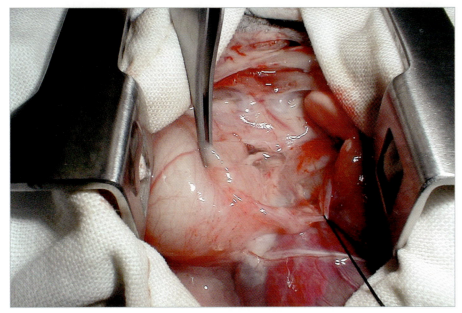

図10　迷走神経を術中に損傷しないように同定しておく。この症例では迷走神経に2-0の絹糸を掛けて常に確認できるようにしておいた。

背側に動脈管索があり、縦隔脂肪によって覆われている。同定が難しい場合は周囲を触るとわかりやすい。位置がはっきりしたら湾曲ハルステッド・モスキート鉗子で鈍的に分離する（図11）。

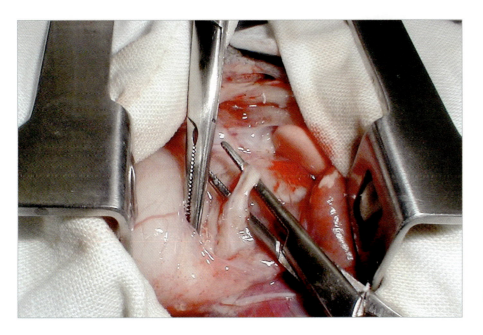

図11　周囲組織から動脈管索を鈍的に分離する。

動脈管索は牽引してはいけない。慎重に分離してから0〜3-0の絹糸で2カ所結紮する（図12、13）。

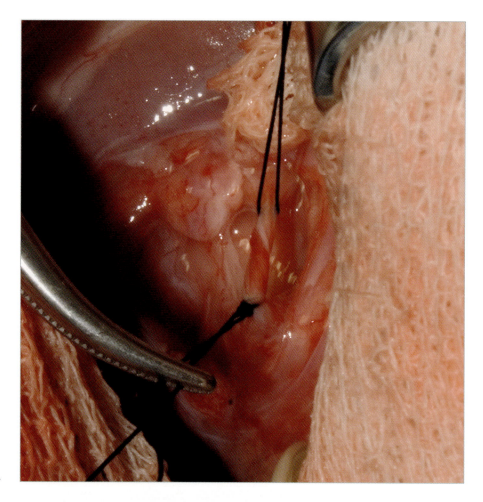

図12　二次的な出血の危険性を避けるために、非吸収性マルチフィラメント糸で動脈管索を2カ所結紮する。著者は0〜3-0の絹糸を動物のサイズによって使い分けている。

> 胸腔内の血管結紮には、摩擦係数が高く結び目がよく締まるため絹糸がよい選択となる。

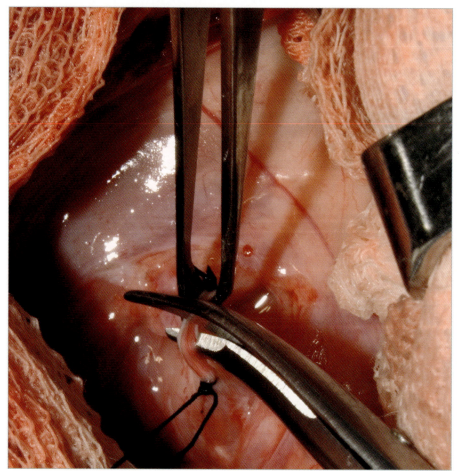

図13　再び吻合し問題が再発することを防ぐために、動脈管索はただ切断するのではなく数mm切除する。

食道／右大動脈弓遺残

食道周囲の線維化が生じないように、食道壁を穿孔しないよう注意しながら、動脈管索の一部と（図13）、食道を取り囲んでいる線維束を切除する（図14）。

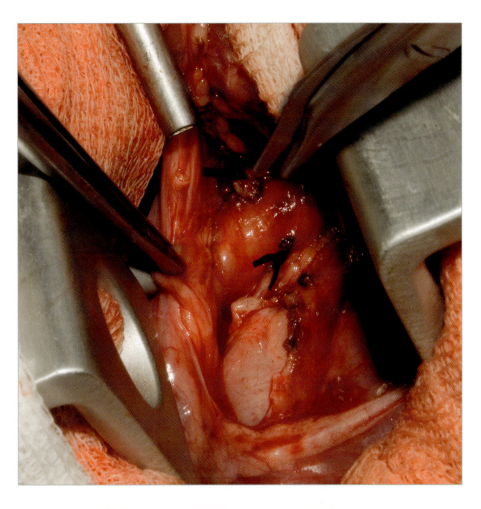

図14　食道周辺の組織を動脈管索に伴う線維組織から慎重に分離する。食道の血管を傷つけないよう最大限の注意を払う。

フォーリーカテーテルを口から挿入し、狭窄部の数カ所でバルーンを膨らませ、食道の拡張を促す（図15、16）。

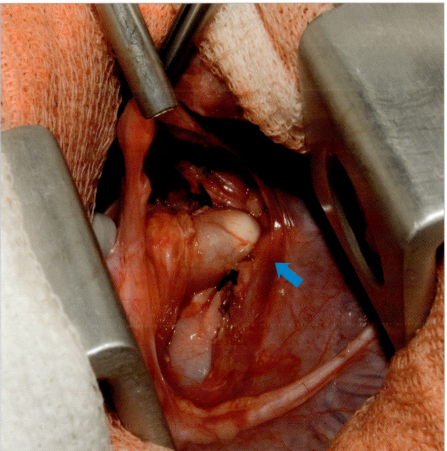

図15　食道内腔を広げるためフォーリーカテーテルを口から挿入し（矢印はカテーテルの先端を示している）、生理食塩水でバルーンを膨らませて食道を拡張させる。

動脈管索を結紮後に切除し、食道周囲の線維組織を慎重に分離したら、フォーリーカテーテルを挿入して狭窄部を拡張する。

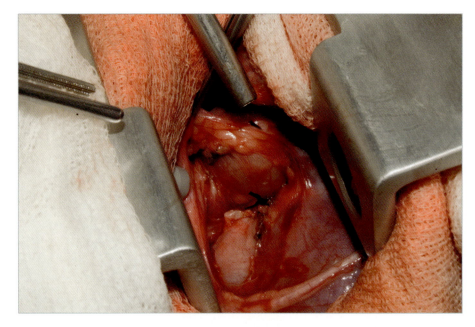

図16　狭窄部でのバルーンによる拡張は、拡張時に周囲組織の抵抗がほとんどなくなるまで数回繰り返す。

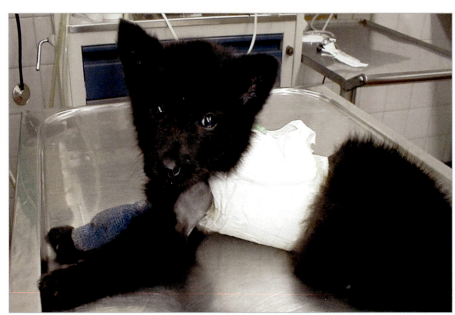

図17　術後の動物。胸部のバンデージをきつく巻いて呼吸を妨げることのないように注意する。

胸腔を閉創する前に出血がないことを確認する。胸腔ドレインは胸腔を陰圧に保つために必要である。

術後管理

動物は入院させ十分な監視下に置き、気胸からの回復や開胸に伴う疼痛の程度を評価する（図17）。

術後合併症がなければ胸腔ドレインは術後24時間で抜去し、48〜72時間で退院させる。

まだ食道拡張が残っているはずなので、食べ物の食道の通過を容易にするために食事は少量頻回に分け、前肢を持ち上げた状態で軟らかいフードを与えるようにするとよい。

多くの症例は満足のいく回復を示し、数カ月の間に正常に食べられるようになり、吐出もほとんどなくなる。

症例1／右大動脈弓遺残（PRAA）

発生	■ ■ ■ □ □
技術的難易度	■ ■ ■ □ □

José Rodríguez, Amaya de Torre,
Carolina Serrano, Rocío Fernández

4カ月齢、雄の雑種犬が12日間にわたって頻回に吐出しているとのことで外科に紹介された。

動物は削痩しており、被毛粗剛で腹囲が膨満していた。頸部では含気し弛緩した食道が触知された。直腸温は39℃、心拍数は140bpm、呼吸数は50bpm、心音は正常だった。

血液検査では以下の変化が認められた。
- ヘマトクリット値：0.367（0.37～0.55）
- MCV：55.5fl（62～74fl）
- 白血球増加症：17×10^9/L（$6～15 \times 10^9$/L）
- 低蛋白血症：31g/L（36～52g/L）
- 低アルブミン血症：7.0g/L（23～38g/L）

頸部および胸部X線像で、食道拡張と偶然確認された2つのガンペレット、心基底部で造影剤の流れが突然妨げられる様子が観察された（図1、2）。

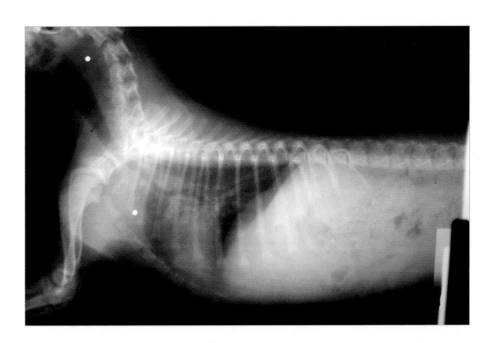

図1　X線側方像で気管の腹側変位、心臓頭側でのガス貯留を伴う食道拡張、2つのペレットが確認された。

病歴、身体検査、X線検査から血管輪異常と診断された。

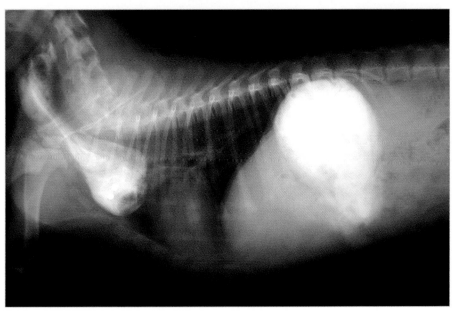

図2　食道造影で頸部食道と胸部食道頭側部での拡張が確認された。造影剤の流れは心臓の部分で突然妨げられている。この検査所見からは、右第四動脈弓遺残と考えられた。

手術による修復

　肺炎治療と動物の安定化を図った後、左第4肋間から開胸した。生理食塩水に浸したガーゼを用いて左側の肺葉を尾腹側に牽引して動かないようにし、術野を確保した（図3）。

　次にあげる事項が観察された。

　食道吻側部の拡張（図3青矢印）、動脈管索と閉塞を引き起こしている食道周囲の線維組織（図3黒矢印）、食道背側の大動脈（図3緑矢印）、迷走神経（図3黄矢印）。

> この手術に含まれる構造は、必ずしもこの症例のように容易に見ることができるわけではない。それぞれの構造は縦隔脂肪に隠されてしまうことが多い。

　動脈管索を同定し慎重に分離した（図4）。3-0の絹糸で2カ所結紮し、その間を切断した（図5）。

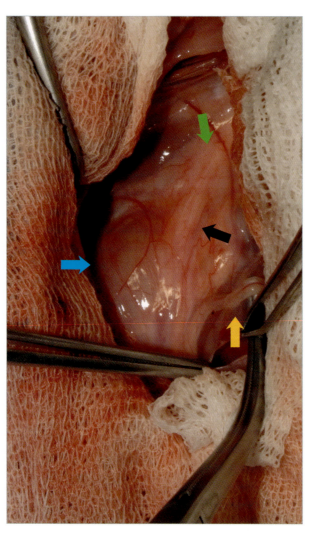

図3　肺葉を尾側へ牽引した後、拡張した食道（青矢印）、動脈管索（黒矢印）、大動脈（緑矢印）、迷走神経（黄矢印）を露出する。

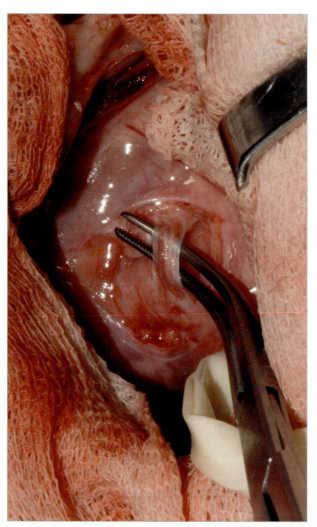

図4　縦隔胸膜を切開し、隣接する構造を損傷しないように注意しながら動脈管索を分離する。

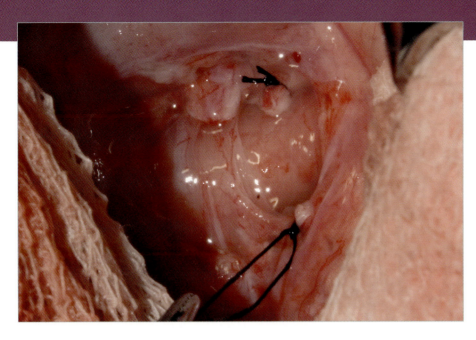

図5 2カ所の結紮の間で動脈管索を切断した。この症例では3-0の絹糸を用いた。

手術の最後に食道を周囲の線維組織から分離し、フォーリーカテーテルのバルーンで拡張した（図6）。

開胸部は定法通りに閉鎖した。気胸を解消させ再び胸腔内を陰圧にするために、肺を膨らませた。胸腔ドレインは留置しなかった。

術後管理

輸液は5％デキストロース溶液（2ml/kg/h）で術後6時間維持した。抗生物質としてベンジルペニシリンプロカインを20,000U/kg、筋肉内投与で5日間用いた。

術後12時間の時点で前肢を持ち上げた姿勢で軟らかいフードを食べさせ始めた。その後4時間ごとに食事を与えたが吐出は見られなかった。

3日後に退院し、薬物療法と食事療法を続けた。

2カ月後の検診では、通常の姿勢で水でふやかしたドライフードを食べるようになっており、吐出はなくなっていた。食道造影検査では術前と比べて食道拡張が減少していた。

> 食道の機能回復の可能性を高めるためにもできるだけ早く手術を行う方がよい。

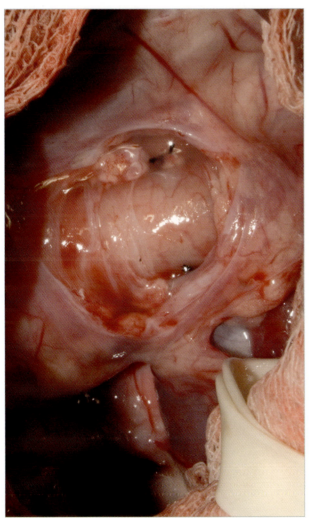

図6 食道狭窄部の拡張のために、線維組織から食道を分離した後で口から挿入したフォーリーカテーテルのバルーンを膨らませた。

巨大食道症　概要

Patricio Torres Guzmán, José Rodríguez Gómez

概要

嚥下の瞬間、孤束核の神経細胞に神経インパルスが発生し、これに伴い声門が閉じて上部食道の筋肉が弛緩し、"第一の"蠕動性収縮が生じて食塊が食道へ送られる。食塊によって食道が拡張すると、"第二の"蠕動性収縮の波が生じ、食塊が胃食道括約筋方向へ送られる。

胃食道あるいは噴門括約筋は、解剖学的な括約筋というよりはむしろ機能的な括約筋である。この高い圧を有する括約筋の主な目的は、胃から食道への逆流を防ぐことであるが、これは、食道粘膜が胃の分泌液に対する防御機能がないためである。括約筋の調節は主に迷走神経によるが、その緊張度は、ガストリンなどのホルモン、胃のpH、食事の種類（脂肪によって緊張が減少し、蛋白質によって増加する）、アセプロマジンなどある種の薬剤による影響を受ける。

食道拡張は、通常食道の一部で生じる狭窄によって、閉塞部位より頭側に食べ物が停滞・蓄積することによって生じる。一方、食道全長にわたる筋肉の異常によっても食道は拡張し、本章ではこの病態について述べる。

巨大食道症は、下部食道へ食塊を輸送するための筋肉の収縮不全を伴う食道の重度拡張である。

いかなる型の巨大食道症であっても、食道内腔に食べ物や液体、あるいは空気などが貯留し、このことが食道拡張をさらに悪化させる。食塊が停滞すると、栄養分が発酵することによって食道壁に炎症が生じ（食道炎）、食道拡張と局所的な循環障害（虚血）をさらに悪化させる。

慢性的な拡張と炎症が持続すると、粘膜下組織と筋層の神経叢が圧迫されることによって脱神経が進行していくという悪循環に陥る。このように、影響を受けた食道の傷害が進行すると、嚥下刺激に対する運動神経の反射がほとんどあるいは完全に消失し、蠕動性収縮の振幅が減衰するか、あるいは食道が完全に麻痺する。

臨床症状

> 巨大食道症の動物では、遠位食道への食塊通過に障害があるため頻繁に吐出する。

巨大食道症の"基本的な"臨床症状は吐出である。

通常動物の栄養状態は悪く、先天性の病型ではさらに悪液質となる。呼吸器系に重度の感染がない動物では、過剰な食欲を示し、しばしば吐出した食事をすぐに食べてしまう（図1）。

巨大食道症の60％の症例は、誤嚥性肺炎を併発しており、発熱、元気消失、発咳、粘液膿性の鼻汁などの症状が認められる（図2）。

図1　巨大食道症の動物では、体重減少や脱水、子犬であれば発育遅延といった症状が一般的で、写真のように呼吸器系の感染を伴う動物は、無気力ないし重度の抑うつ状態を呈する。

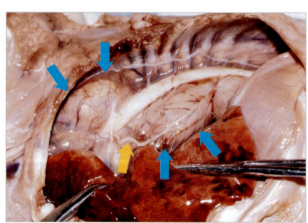

図2　巨大食道症の動物では、誤嚥性肺炎が頻繁に認められる。この剖検写真では、食道全域の拡張が認められる（青矢印）。黄色の矢印は迷走神経を示しており、肺の実質全域に肺炎の病巣が広がっている。

頸部あるいは胸部領域で、膨張性・水泡性の音が聴取されることがある。この音は吸気に同調しており、拡張した食道に空気と液体が貯留することによって生じる。

> 吐出を嘔吐と間違えてはならない。

診断

既往歴、現症についての徹底的な問診と詳細な身体検査を行い、吐出と嘔吐を明確に区別することによって仮診断する。確定診断はX線検査による。

胸部単純X線検査では、食道内腔に空気と食事が貯留し、食道が膨張して隣接する器官を圧排する像が認められる（図3）。造影X線検査は、食道拡張の程度と範囲を可視化するために行われる（図4）。

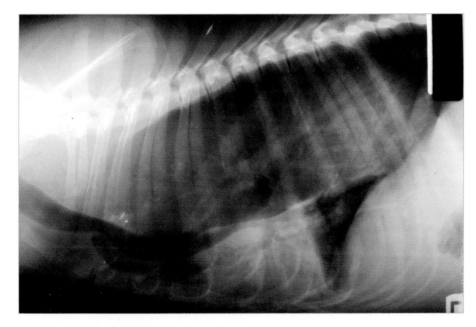

図3 重度に進行した成犬の巨大食道症。このX線像では、著明な食道拡張だけでなく、気管と心臓が腹側に圧排され、重度の気管支肺炎も認められる。

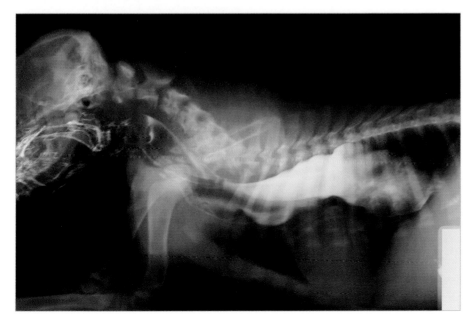

図4 X線不透過性の造影剤を用いることによって、食道の輪郭をより明瞭に描出することが可能で、拡張の程度だけではなく、拡張の範囲も可視化できる。この症例は、子犬の先天性巨大食道症である。

胸部

　誤診がないよう、造影X線像では食道全長に適切に造影剤が行きわたっていなければならない（図5）。そのため、バリウム投与後動物の前肢を持って起立させておくとよい。

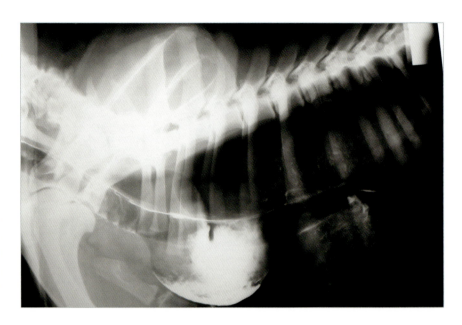

図5　心臓前部に重度の食道拡張が認められる症例では、造影剤がこの領域にとどまりやすく、下部食道へ流れない。この症例のX線像は、右大動脈弓遺残によって頭側食道が拡張した像にきわめて類似している。

先天性巨大食道症

　先天性巨大食道症の原因は不明で、人のアカラジアと混同すべきでない。犬では、胃食道括約筋の緊張が正常であるにもかかわらず、嚥下刺激に続く食道の収縮運動の振幅が減衰するか、あるいは完全に消失する。これは食道の不全麻痺あるいは完全な麻痺を意味している。

　中枢神経系において、食道の運動神経を調節する中枢である孤束核と疑核が未発達であるという仮説が考えられている。子犬のなかには生後6カ月齢が経つと食道の機能が正常化する例があるという事実は、この仮説を支持している。一方で、食道壁筋層にある神経叢の低形成あるいは変性が原因であるという仮説も立てられている。

> 先天性巨大食道症の病因は不明である。

内科療法・食事管理

　これらの治療法は、年齢とともに自然に改善する動物がいるという知見に基づく。

　食事療法は、半流動食を1日6〜8回に分けて給餌し、給餌後15〜20分程度、動物を起立した状態にしておく（図6）。

　ベタネコールやネオスチグミンなどの副交感神経刺激薬を投与することよって、食道の収縮運動の振幅が増加し、症状がある程度改善するかもしれない。

　誤嚥性肺炎の治療のために、広域スペクトラムの抗生物質を投与する。

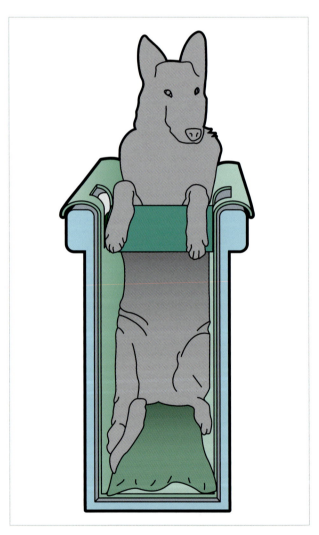

図6A　先天性巨大食道症の動物では、動物を立たせたままの状態で給餌しなければならない。ベイリーチェアーは、食べ物が下部食道へ流れる間、動物を立たせたままの状態に保っておくのに適した装具である。

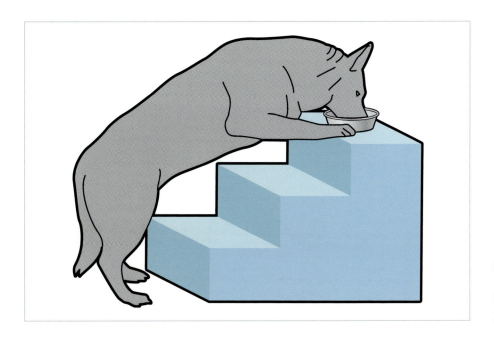

図6B 図に示されているように、動物の前躯を高くした状態で食事を与えることで、食道が空になりやすくなる。

外科療法

人の食道アカラジアで行われるヘラーの食道筋層切開術変法は、獣医学領域においては良好な成績が得られていない。これは、術後に胃から食道への逆流が持続し、消化酵素による食道炎が頻繁に生じるからである。

Torresが報告した食道横隔膜噴門形成術は、動物の先天性巨大食道症において最も良好な成績が得られている。

後天性巨大食道症

食道疾患の既往歴がない成犬における後天性巨大食道症の原因についても、若齢犬と同様によくわかっていない。重度のストレス（交通事故、頭部の外傷など）を受けた後に突然発症する。

また、全身性疾患に続発することもある（表1）。犬で最も多く認められる疾患は、重症筋無力症である。重症筋無力症は、神経筋接合部のアセチルコリン受容体が重度に破壊されることによってその数が減少し、筋肉の収縮が生じなくなる疾患である。

> ✳ 巨大食道症で認められる主な合併症は、誤嚥性肺炎である。

重症筋無力症の典型的な症状は巨大食道症であり、およそ75％の症例で気管支炎や慢性肺炎が認められる。

表1

巨大食道症を呈する一般的な全身性疾患	
重症筋無力症	
免疫異常	播種性紅斑性狼瘡 多発性筋炎 多発性神経炎
変性性神経症	
ホルモン異常	副腎皮質機能低下症 甲状腺機能低下症
栄養性疾患	チアミン欠乏
慢性重金属中毒	鉛 タリウム
中枢神経疾患	頭蓋脳外傷 ジステンパー 頸椎不安定症 頸髄の多発性神経根炎

治療

重症筋無力症では、まず基礎疾患に対する治療を行う。次に、前述した給餌法によって食道の異常に対する治療を行い、呼吸器疾患が生じないように管理する。

胸部

特発性巨大食道症　食道横隔膜噴門形成

発生					
技術的難易度					

Patricio Torres Guzmán,
José Rodríguez Gómez

食道横隔膜噴門形成術*の目的は、食塊が食道から胃内へ流れやすくすることである。きわめて重要な点は、本手技は食道の運動機能を正常化するわけではなく、術後も綿密な食事管理が必要なことを飼い主に理解してもらうことである。

術前管理

呼吸器症状を伴っている場合は、少なくとも術前3日間は広域スペクトラムの抗生物質による治療を行う。

高栄養の軟らかい食事を1日数回に分けて少量ずつ給餌し、食事が胃に流れて食道内が空になるように、給餌後数分間は動物を立たせたままにしておく。

麻酔前に吐出する危険性を最小限にするため、術前24時間は絶食とする。

術式

全身麻酔下で人工呼吸で管理しながら動物を右横臥位に保定し、左第8肋間から肋間切開による開胸を行う（図

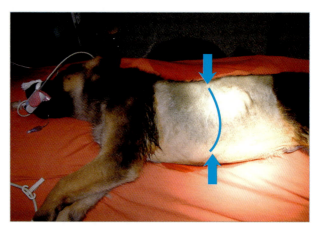

図1　遠位食道には左第8肋間から到達できる。

1）。横隔膜の肺葉をよけ、食道腹側の縦隔胸膜を切開し、食道を分離する。血管用テープ（血管ループ）あるいはペンローズドレインを食道周囲に掛けることで、食道を傷つけずに食道を動かすことができる（図2）。

図2　非侵襲的に食道を分離し、食道壁を傷つけないようにペンローズドレインを食道周囲に留置する。
その他確認すべき構造は、食道裂孔（青矢印）、迷走神経（白矢印）、横隔神経（黄矢印）である。

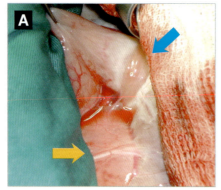
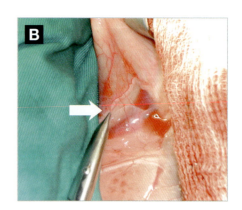

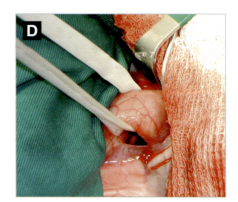

* Dr. Torresによるこの手技の詳細については、以下のウェブサイトに掲載してある。
http://www.scielo.cl/scielo.php?script=sci_arttext&pid=S0301-732X2000000100016

食道／巨大食道症

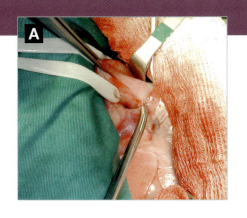
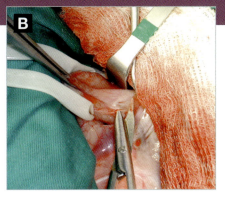

食道を分離し操作する際は、食道の背側と腹側を走行する迷走神経の分枝を傷つけないように注意する。

次に、横隔膜食道靱帯の左半分を切開し、食道壁との付着部を分離する（図3）。

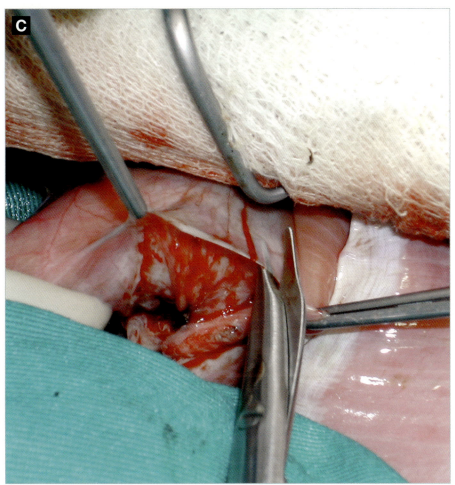

図3 食道から横隔膜へ伸びる靱帯を切開し、付着部をすべて分離する。

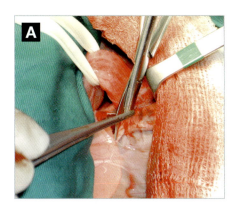
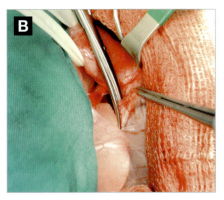

食道裂孔の背側と腹側の境に2〜3cmの切開を加え（図4）、横隔膜膜性部を半円状に切除する。その後、切除端同士を縫合する（図5、6）。

図4 写真は、食道裂孔の腹側を切開しているところで、この部位が横隔膜の一部を切除する際の開始点となる。

胸部

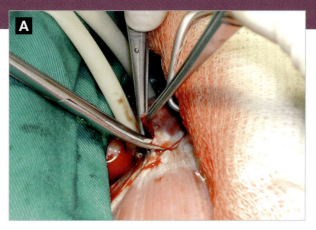
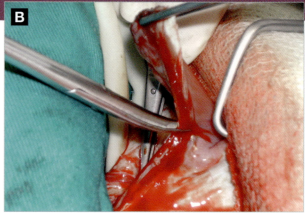

図5　横隔膜膜性部の一部を半円状に切除する。

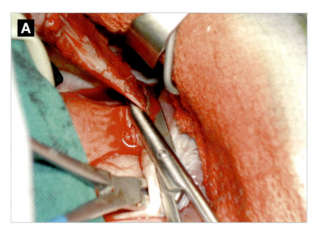
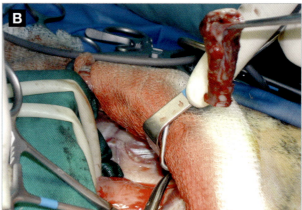

図6　写真は、横隔膜の一部の切除と、食道裂孔背側の放射状の切開を示している。

> 新たな裂孔を作成するために切除する横隔膜の範囲は、噴門近くの食道左側壁に軽度の緊張がかかる程度で十分である。

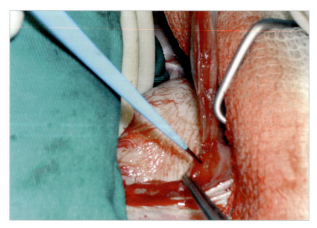

横隔膜を切除する際に横隔膜の血管を切断することになるが、術後の合併症を防ぐために、確実に止血することが重要である（図7）。

図7　横隔膜の血管をバイポーラで凝固することによって、予防的に止血する。横隔膜を切除する際は、術後の合併症を防ぐために、筋間の血管も凝固止血を行う。

食道/巨大食道症

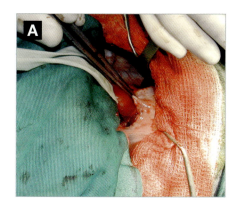
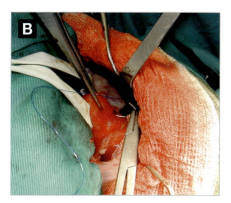

図8　横隔膜に作成した半円状欠損をマットレス縫合で閉鎖する。
A：マットレス縫合の配置　B：完成図

次に、新たに作成した横隔膜の断端を食道壁に縫合するが、食道粘膜に縫合糸を掛けないように粘膜下組織を含めて縫合する。2-0の非吸収性モノフィラメント糸を用い、水平マットレス縫合で縫合する（図8〜11）。

> 胃食道接合部で横隔膜を縫合する。

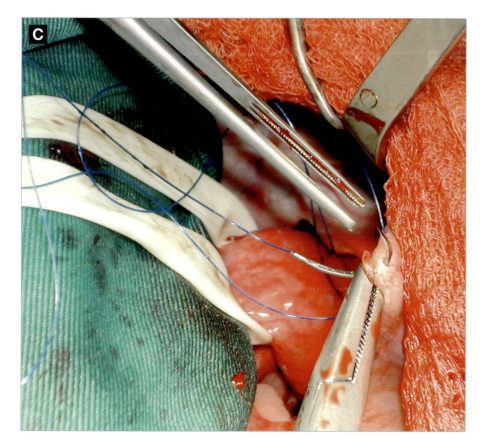

図9　横隔膜を正常な位置に戻す際、ある程度の緊張が掛かるように注意する。縫合は、最初に横隔膜の欠損部位の中央を食道に固定する。2-0の合成非吸収性モノフィラメント糸を用い、水平あるいは垂直マットレス縫合で縫合する。

胸部

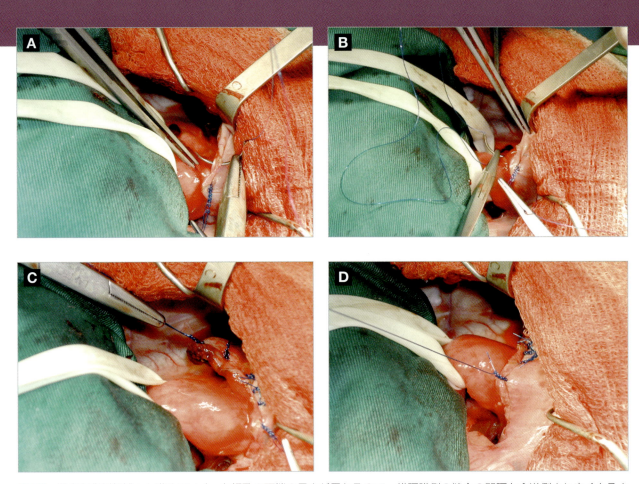

図10 縫合を背側領域へと進めていく。欠損孔の両端の長さが異なるので、横隔膜側の縫合の間隔を食道側より広くとるように縫合する。このようにして、外側の断端を内側の断端に並置していく。

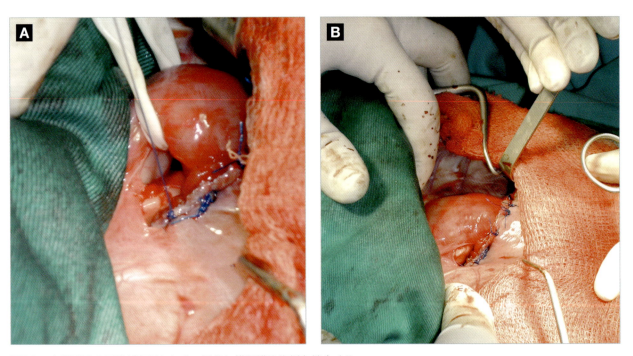

図11 食道裂孔の再建が完了したら、最後に横隔膜の腹側を縫合する。

食道／巨大食道症

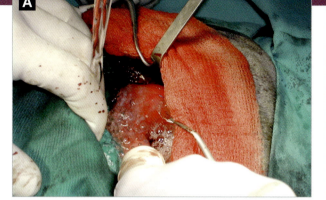 

図12 胸腔を温めた生理食塩水で満たし、腹腔を圧迫して再建した部位から空気の漏れがないことを確認する。

> ＊ 腹側領域の縫合糸は、腹側に走行する横隔膜神経を刺激しないように可能な限り短めに切断する。さもないと、慢性的なしゃっくりの原因となることがある。

縫合部の漏れを確認するために、胸腔を温めた滅菌生理食塩水で満たし、腹腔を圧迫して横隔膜から空気が漏れないか確認する（図12）。この操作は、胸腔を洗浄・吸引し、術中の汚染を除去する目的としても行われる。

肋間切開を閉創し、外科医の好みによる標準的な手技で胸腔ドレインを設置し、本術式は完了である。

本手技の目的

本手技の目的は、呼吸運動を利用して、吸気時に胃食道括約筋を開かせることで胃内への食塊通過を容易にすることである（図13〜15）。

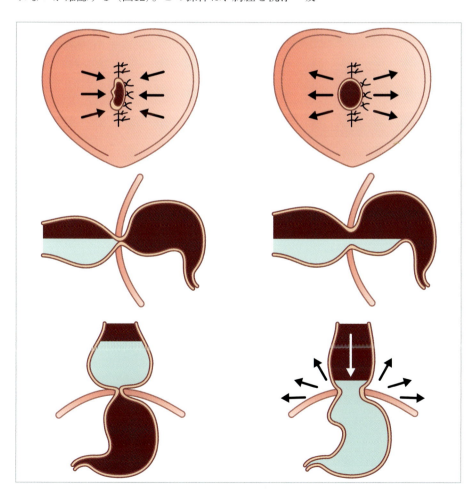

図13 図は、本手技の原理を示している。呼気時は、横隔膜が弛緩して食道裂孔が閉じるが、吸気時は、横隔膜が緊張し噴門とともに食道裂孔が開くので、胃内への食塊通過が容易になる。

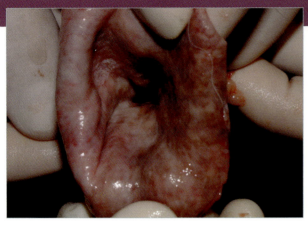
図14 吸気時は、横隔膜が食道の左側を牽引し、噴門が開く。

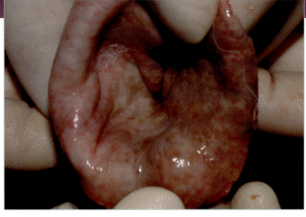
図15 写真は、呼気時の食道裂孔における遠位食道の位置を示している。噴門が閉じて、胃 – 食道の逆流を防いでいる。

術後管理

術後管理は、あらゆる胸部外科手術後の管理と同様である。通常、24時間後に胸腔ドレンを抜去する。

経口給餌は24時間後に開始し、高栄養の半流動食を1日数回に分けて給餌する。給餌の際は、器を高い位置に保持したまま給餌するか、あるいは動物を立たせた状態で給餌し、これを約1週間継続する（図16）。

術後1週間が経過したら、より固形の食事を徐々に給餌する。頻回の給餌、少量の食事、立たせた状態での給餌を継続する。

さらに時間が経過したら、給餌回数を減らし食事量を増やしてもよいが、必ず高い位置から1日数回の給餌を行う。

逆流性食道炎の危険性を減らすために、オメプラゾールを1日1回投与する。

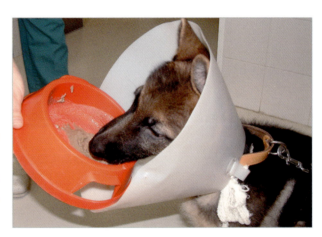
図16 術後最初の数日間は、重力によって食事が食道を通過しやすくなるように、高い位置から流動食を給餌する。

経過

巨大食道症がそれほど重度でなければ、多くの症例の予後は良好である。したがって、手術は可能な限り早期に行うべきである。本手技は、食道の機能障害を解決するものではないが、胃内への食塊通過を容易にすることによって通過を改善させる。

食道が空の状態になることで栄養状態が改善するため、子犬では臨床的な改善が望める。食道の通過が改善すると、食道内腔圧が低下し、食塊の発酵によって生じる食道炎が減少するため、食道の機能的回復も期待できる。食道筋層および粘膜下神経叢の傷害の程度は、これら2つの要因（食道内腔圧と食道炎）による。

子犬における臨床的な改善は、食道拡張の縮小程度とは関連がない。

> 長期にわたりケアが可能だった症例では、胃から食道への逆流を示唆する臨床所見やX線所見が見られていない。

> 過度に伸展してしまった食道壁の筋線維は、ほとんどもとに戻らないか、あるいは完全に不可逆的である。

症例1／巨大食道症

José Rodríguez Gómez, Patricio Torres Guzmán, Amaya de Torre

発生 ■■■□□

"Pepito"は、4ヵ月齢、雄のジャーマン・シェパードの子犬である。出生時は、同腹犬の中で最も大きかったにもかかわらず、現在では他の同腹犬よりもかなり小さく、さらにここ数週間は頻繁に"嘔吐する"とのことで来院した（図1）。

臨床経過によると、問題は離乳した後から生じていた。固形の食事を食べた際、吐き気を催すことなく食事を吐出していた。また、吐いた食事を再び食べていた。液状のものは問題なく、吐出は見られなかった。

"Pepito"は、歩行しながら突然立ち止まり、頭部を低くして吐出していた。時折"白い泡状のもの"も吐出していた。

> 臨床経過から嘔吐と吐出を鑑別することができる。

身体検査上、特筆すべき異常所見は認められなかった。尿および糞便検査所見は正常であり、血液検査では、好中球数増多症（16.2×10^9/L（3.0〜12.0））による白血球数の増加（22×10^9/L（5.5〜16.9））のみが認められた。

X線検査では、食道全域の拡張と、肺の中葉領域に中等度の気管支炎が認められた（図2〜4）。

図1 初診時の"Pepito"

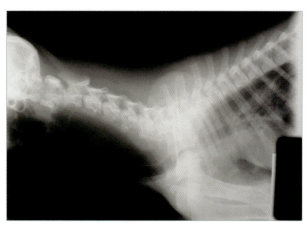

図2 食道拡張と頸部気管の腹側への変位に注目せよ。

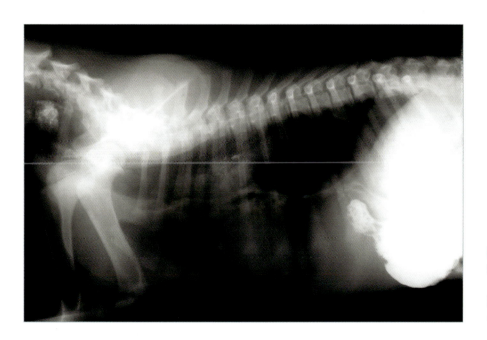

図3 バリウムによる造影X線像では、食道が全長にわたって拡張していた。造影剤が速やかに胃内へ流れていることに注目せよ。

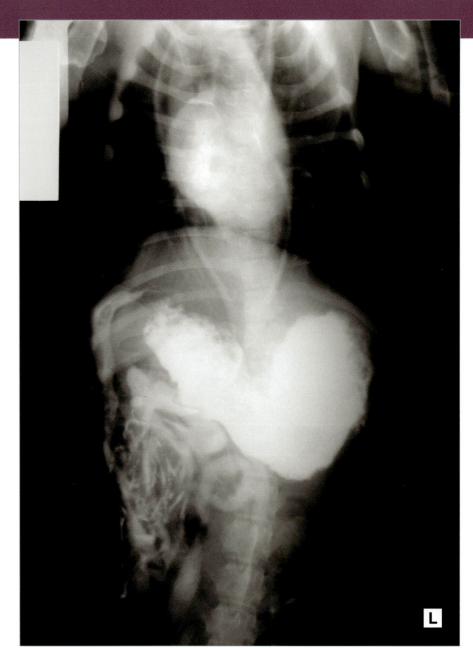

図4 X線腹背像では、食道が両側に拡張しているのがわかる。術式に関係する解剖学的構造の一つである胃食道接合部も確認できる。

肺の感染を治療した後、前項で述べた食道横隔膜噴門形成術を行った（図5～11）。

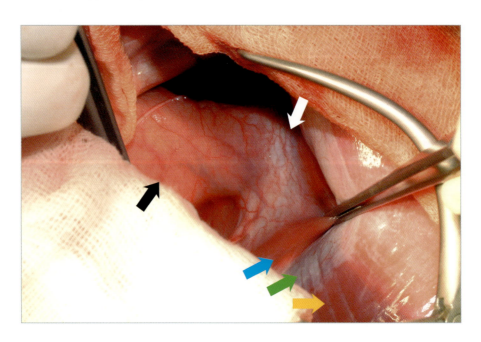

図5 左第8肋間より開胸した際の食道裂孔の写真。拡張した食道（黒矢印）。横隔膜食道靭帯（白矢印）。食道裂孔の筋部（青矢印）。横隔膜の腱部（緑矢印）。横隔膜辺縁の筋部（黄矢印）。

食道 / 巨大食道症

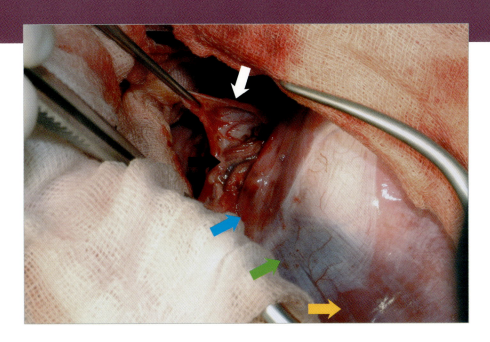

図6 横隔膜食道靭帯（白矢印）を離断すると食道を動かせるようになり、胃や血管（黒矢印）を確認することができた。次に、食道裂孔の筋部（青矢印）と横隔膜腱部（緑矢印）の広範囲を切除する。横隔膜辺縁の筋部（黄矢印）。

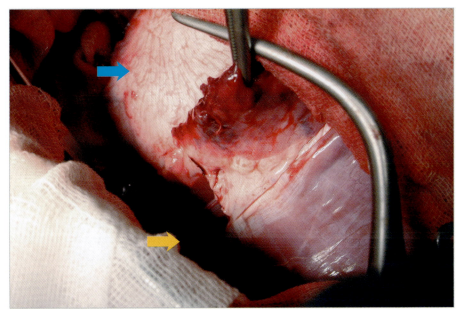

図7 横隔膜の腹側と背側（黄矢印）を放射状に切開することによって食道裂孔がさらに拡がり、胃が裂孔を通して脱出してきた（青矢印）。次に、食道裂孔左側の筋部と、横隔膜腱部を半円状に切除した。出血は、バイポーラで凝固した。

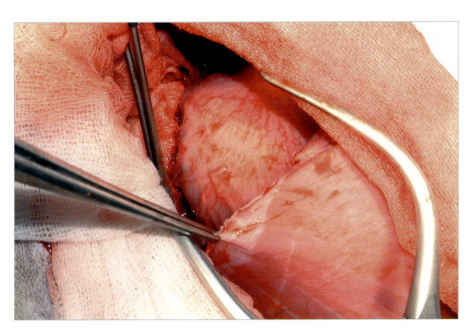

図8 切除後の横隔膜の最終的な外観。この症例では、胃が空気で膨張していたために食道が見づらくなっていた。この問題を解決するために、麻酔医が胃にチューブを挿入し、内容物の吸引を行った。

胸部

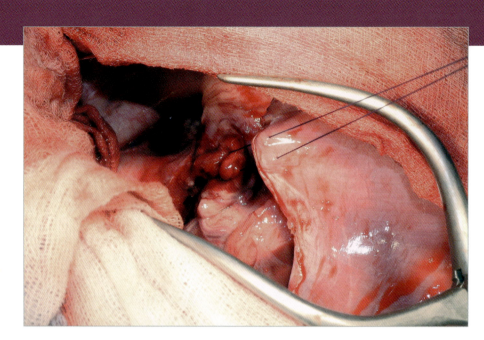

図9 2-0の合成非吸収性モノフィラメント糸を用い、胃食道接合部に横隔膜欠損部を水平マットレス縫合で縫合した。

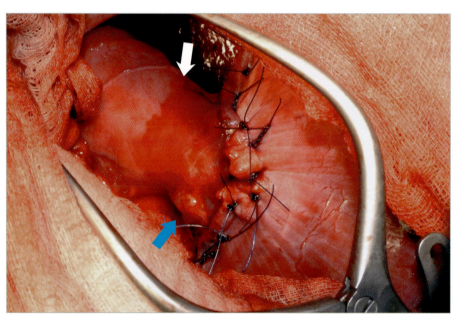

図10 再建した横隔膜欠損部の最終的な外観。腹部食道が胸腔に位置し（青矢印）、横隔膜は噴門部に縫合されている。白矢印は、以前の食道横隔膜接合部を示している。

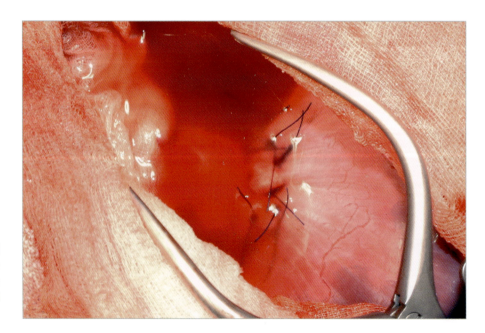

図11 尾側胸腔に温めた滅菌生理食塩水を注ぎ、腹腔を圧迫した際に気泡が漏れないことを確認することで縫合部の漏れをチェックする。

食道／巨大食道症

術後

"Pepito"は順調に回復した。24時間後には胸腔ドレインを抜去し、回復用の流動食を1日数回の頻度で少量ずつ給餌し始めた。また、食事の食道通過を容易にするため、常に器を高い位置に置いて食事を与えた（図12）。

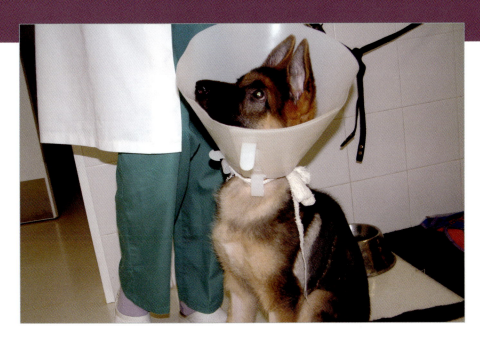

図12　術後2日目、"Pepito"が食事を待っている写真

その後の経過も順調で、術後3日目に退院し、前述した給餌法を継続した。

6カ月後、"Pepito"は検診のため来院した。この間、吐出はたまに見られる程度で、常に動き回り神経質といった様子であった。呼吸器系の問題が生じたことはなく、順調に成長していた（図13）。

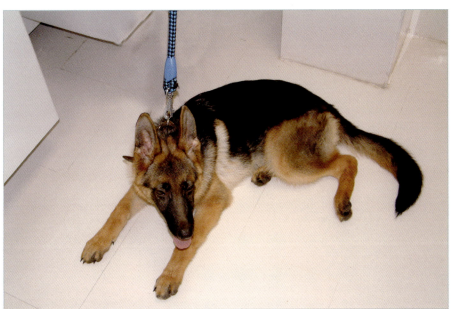

図13　術後6カ月で"Pepito"はほぼ完全に回復し、食事内容以外は正常な生活を送っていた。

X線像では、術前のものと比較すると食道拡張が多少改善していた（図3、14）。
"Pepito"は、水でふやかして軟らかくしたドライフードを1日3回に分けて与えられている。また食事の器は、前肢を高い位置に保定できる台の上に置いている。

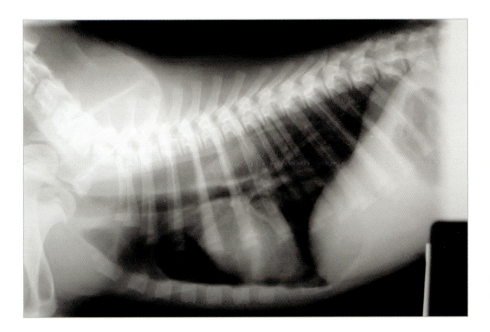

図14　術後6カ月のX線像。食道は依然拡張しているが、術前ほどではなかった。

犬の胸郭

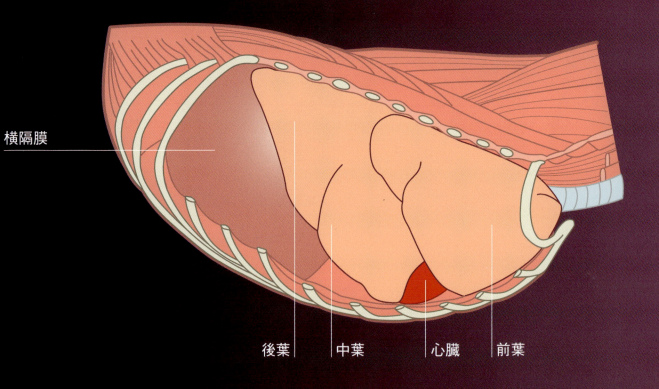

右肺／横隔膜／後葉／中葉／心臓／前葉

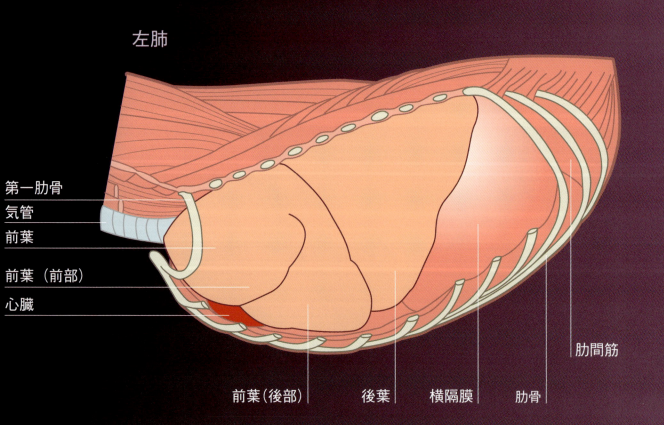

左肺／第一肋骨／気管／前葉／前葉（前部）／心臓／前葉（後部）／後葉／横隔膜／肋骨／肋間筋

肺の解剖

背側面

左／右
- 気管
- 前葉
- 気管分岐部
- 前葉
- 中葉
- 副葉
- 後葉
- 後葉

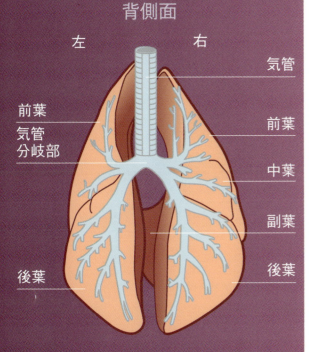

腹側面

右／左
- 気管
- 前葉
- 肺静脈
- 中葉
- 後葉
- 前葉（前部）
- 肺動脈
- 前葉（後部）
- 副葉
- 後葉

肺

概要

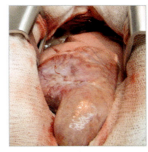 

肺腫瘍

症例1／肥大性骨症（マリー病）

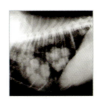  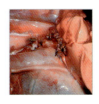

肺膿瘍

後縦隔の被覆膿胞

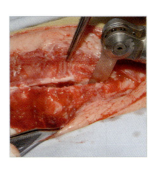 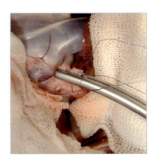

肺葉捻転

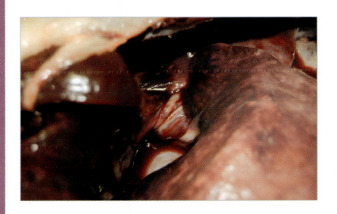

概要

José Rodríguez, Amaya de Torre,
Carolina Serrano, Rocío Fernández

| 発生 | |

臨床解剖学と生理学

左肺は前葉（前部と後部に分かれる）と後または横隔葉から構成されている。右肺は左肺より大きく、前、中、後および副葉から構成されている。右中葉の気管支は気管からまっすぐに伸びている。

> 異物吸引が最も生じやすいのは右中葉である。

肺動脈は気管支の背側を走行し、肺静脈は腹側を走行する。

壁側および臓側胸膜は後葉（横隔膜葉）で合わさり肺靱帯を形成している。これらの肺葉の切除を容易にするためにはこれを切断する必要がある。

休息時には、吸気は主に横隔膜の収縮により行われ、呼気は肺の弾力性反動による受動的な動きにより行われる。活動時には、吸気は肋骨を頭側に引っ張る吸息筋によって増強され、これにより吸気量が増加する。呼息筋のグループは呼気を受動的に促す。

肺の手術中、血液中の酸素濃度を維持するために、手動あるいは機械による人工呼吸が必要である。

手術中に肺を傷つけないよう、術者と話し合いながら人工呼吸を行う。

> 人工呼吸の圧力が不適切だと、深刻な影響が生じ肺損傷を伴う圧外傷が引き起こされることがある。

「胸部手術の麻酔」の項を参照 ➡ 258ページ

肺疾患の診断的アプローチ

胸部X線検査

> ※ 患者を扱ったり診断的サンプルを採取するのは、状態が安定してから行う。

呼吸器症状を呈する大部分の患者では、胸部X線検査が適応になる。異物、腫瘍などの気道の異常、肺炎などの原発性肺疾患、または気胸などの胸腔スペースの変化などの異常が描写できる（図1〜3）。

「肺のX線検査」の項を参照 ➡ 288ページ

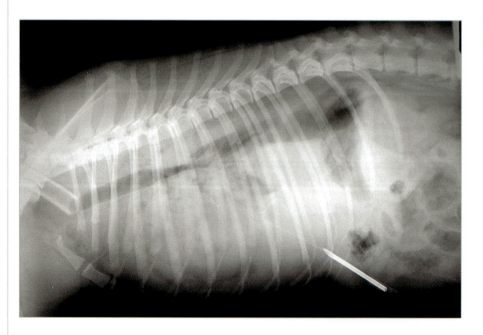

図1　肺挫傷と二次的な血胸。貯留した血液を抜くために穿刺した針が写っている。

肺／概要

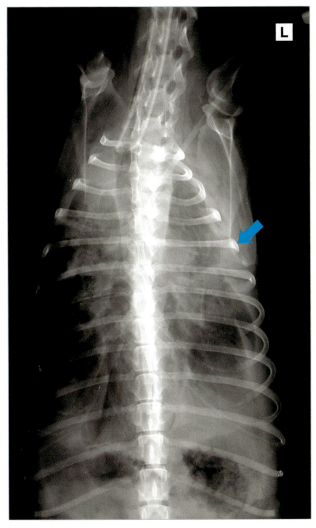

図2　肺挫傷のX線像。左側が重度である。血液が貯留し、肺が胸膜と大きく離れていることに注目せよ（矢印）。

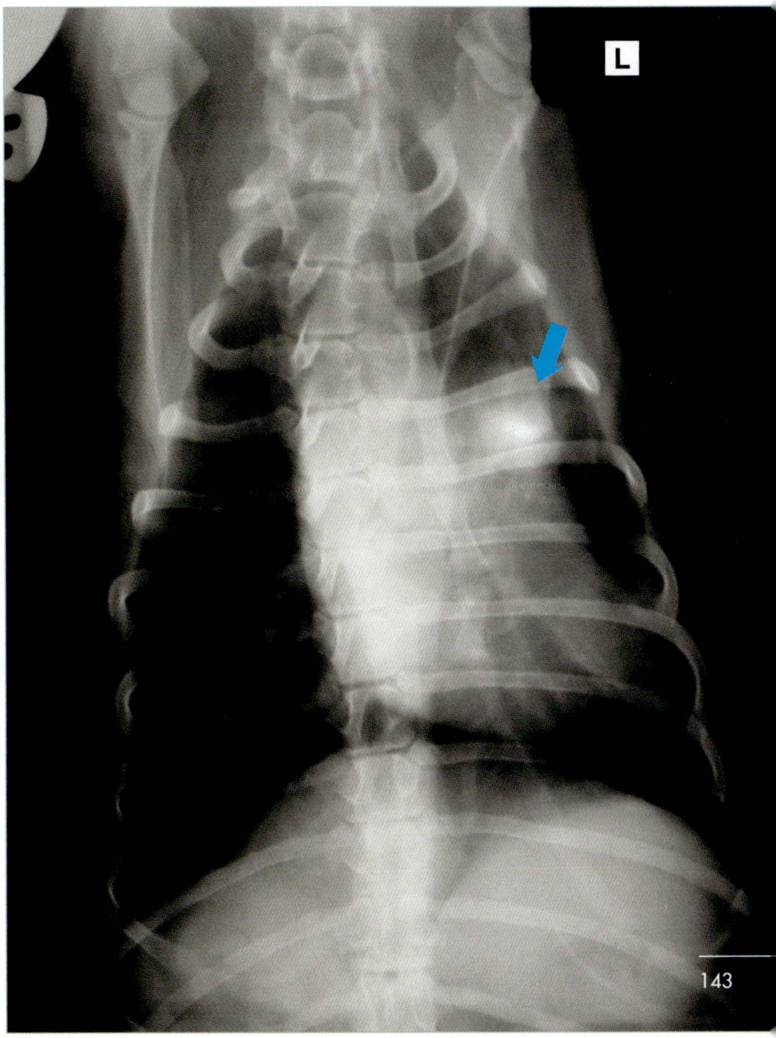

図3　左葉前部の腫瘍（矢印）。健康診断で偶然見つかった。

経胸壁超音波検査

　超音波検査は、とくに胸水、肺硬化あるいは腫瘍のある患者の胸腔内構造を診断するのに重要であり、サンプルを採取し生検を行うのに非常に有用である。

気管および気管支肺胞洗浄

　経気管、気管内および気管支肺胞洗浄は、肺炎、炎症性疾患あるいは腫瘍の患者の診断に有用なことがある。

「胸腔内の細胞診断」の項を参照 310ページ

胸部

開胸術と胸腔鏡

浸襲の少ない方法では正確な診断がつかない場合、診断的かつ治療を目的として試験的開胸術を行うことがある。片側の病変の場合は側方切開、胸腔内全体の場合は胸骨切開でアプローチする（図4）。

切開手術の代わりとしての胸腔鏡は、低侵襲で痛みが少なく、患者の回復時間も短い（図5）。

肺の外傷

肺の外傷は次のように分類される。

- 非貫通性外傷、例えば交通事故や高所落下（図1、2）
- 肋骨骨折、銃傷、刺し傷や咬傷などによる貫通性外傷（p11「概要」の図13）

「側方開胸術」の項を参照 → 353ページ
「正中開胸術」の項を参照 → 361ページ

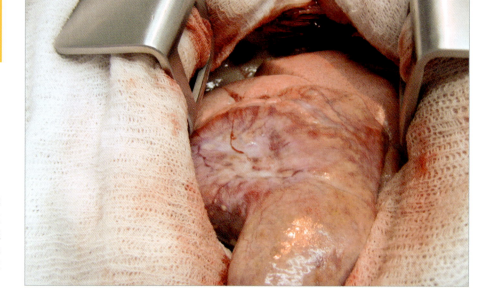

図4　この患者は肺腫瘍があると診断された。側方切開により肺葉切除を行い、病理組織検査に提出した。写真はRodolfo Bruhl-Day氏のご厚意による。

「胸腔鏡」の項を参照 → 340ページ

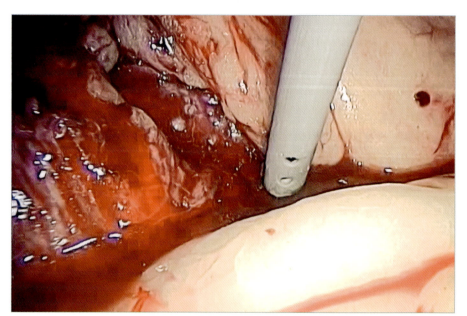

図5　胸腔鏡画像。出血部位を探すため、血液を吸引している。

これらの病変は気胸、血胸および横隔膜破裂などの原因となることがある。しかし、大部分の例では外傷による軽微な気胸は自然に閉鎖し、胸腔内の空気は数時間で吸収される（図6）。

> 胸部外傷を受けた動物で、手術が必要になることはほとんどない。

患者が呼吸器疾患の症状を呈しており（努力性呼吸、呼吸回数の増加）、改善が見られなければ、必要に応じて胸腔穿刺を行うか、胸腔ドレインを設置する。

胸腔ドレイン設置から2、3日しても気胸あるいは血胸が改善しないか、胸腔内出血が多い場合、すなわち2ml/kg/h以上の出血が3〜4時間続く場合、開胸術が適応となる（図7）。

外傷を受けた肺病変を手術する際、胸腔内を温かい生理食塩水で満たし、肺を膨らませたときに空気の漏れる場所（泡）を確認する。

肺の裂傷は4-0または5-0のモノフィラメントの吸収糸と無外傷性丸針を用い、連続あるいは単結節縫合で閉鎖する。挫傷した肺が脆く縫合時に裂ける場合には、部分または完全肺葉切除を行う必要がある。

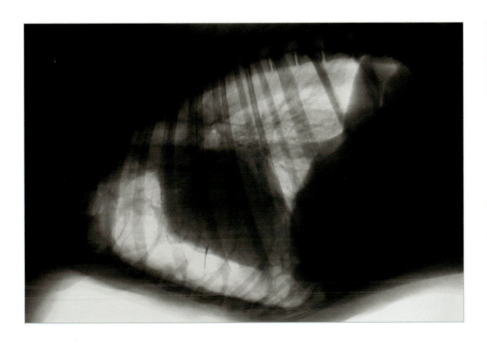

> TA縫合ステープラーは肺の手術にとても有用である。

図6　外傷性気胸が見つかった場合には患者を入院させ、数時間は注意して経過をモニタする必要がある。デジタルX線装置による画像では、従来のX線ではわからなかった細部まで見ることができる。

「肺葉切除術」の項を参照 → 156ページ

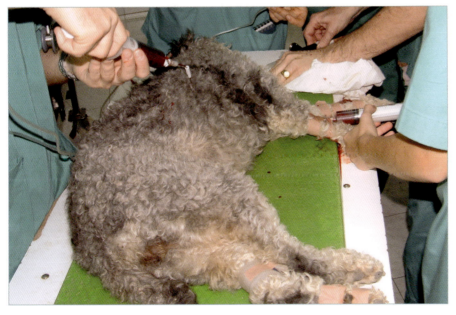

図7　この犬は交通事故に遭い、顕著な血胸で重度の呼吸困難を呈して来院した。血胸のコントロールができなかったため、試験的開胸術を行うこととした。

胸部

肺腫瘍

José Rodríguez, Amaya de Torre, Carolina Serrano, Rocío Fernández

| 発生 | ■■□□ |

小動物臨床においては原発性腫瘍はまれだが、他臓器からの転移性腫瘍は一般的である。

> 原発性肺腫瘍の発生率は全腫瘍中、犬では1％以下、猫では0.4％以下である。

これら腫瘍の多くは老齢動物に発症し、通常悪性である。肺腫瘍のなかでは腺癌が最もよく見られる。

原発性腫瘍は胸腔内では通常リンパ節、肺実質、心臓および胸膜へ転移する（図1）。肝臓、腎臓、脾臓および骨などの遠隔臓器・組織にも転移する。猫では原発性肺腫瘍が指に転移することがあり、肺指症候群（digital-pulmonary syndrome）と呼ばれている。

臨床症状

> 腫瘍が小さい場合（直径3～4cmまで）、患者は無症候性である。

臨床症状はきわめて非特異的である。

最も一般的な症状は数週間～数カ月にわたる空咳である。この症状は食欲不振、体重減少、呼吸困難、運動不耐性や特発性気胸と併せて生じることがある。肥大性骨症が進行した場合や、骨転移が発生した場合には跛行することもある。

丁寧に聴診して、気道への浸潤あるいは肺硬化と胸水による肺音の増加あるいは減少している領域を特定する。

診断

肺実質の不透過性亢進を示す胸部単純X線像を基に診断を下す。これらの腫瘍は局所的に浸潤、増殖するため、通常、広い範囲を侵す。最も一般的なX線所見は境界明瞭な結節あるいは孤立性腫瘤である（図2）。

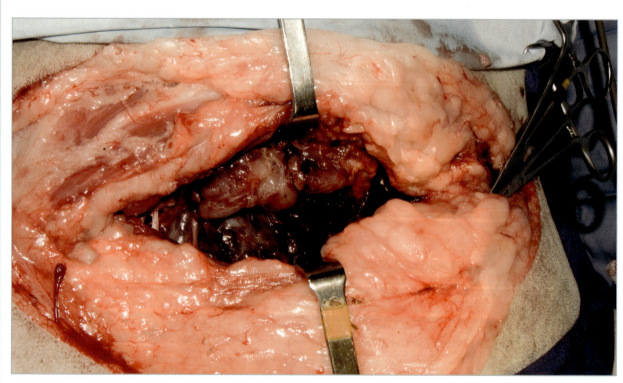

図1　摘出を計画した原発性腫瘍患者の術中写真。しかし、開胸後、胸膜への播種性転位が認められたため摘出を中止し閉胸した。この犬は3カ月間生存した。

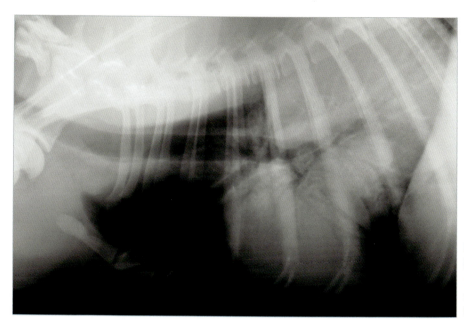

図2 この胸部X線像では肺野尾側のデンシティーが増加している。この症例では、他の肺葉や領域リンパ節への転移は認められなかった。

> X線検査では腹背、左および右側方像を撮影する。

> 肺腫瘍は主に横隔膜付近の肺葉、とくに右側に発生する。

「胸部X線検査」の項を参照 284ページ

このX線像の主な鑑別診断は膿瘍、真菌性あるいは好酸球性肉芽腫である。

他臓器からの転移性腫瘍は通常小さく、原発性腫瘍よりもさらに境界明瞭で肺の末梢あるいは中央部に発生することが多い（図3）。

肺転移しやすい腫瘍を下記にあげる。
- 乳腺癌
- 血管肉腫
- 骨肉腫
- 移行上皮癌
- 扁平上皮癌
- 甲状腺癌
- 口腔あるいは指の黒色腫

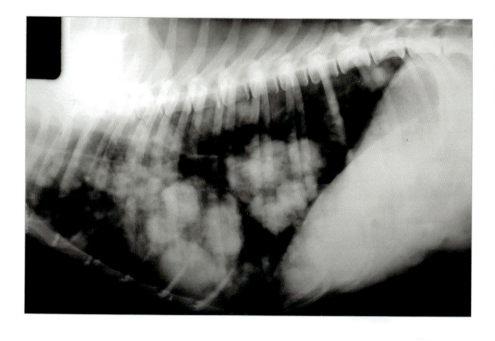

> 肺腫瘍が疑われた場合、右および左側方像と腹背方向の3方向から胸部X線写真を撮影する。

図3 乳腺癌の患者で見られた肺の中心および辺縁への転移

> 大部分の症例では、X線所見により原発性肺腫瘍の仮診断が可能である。

> 針吸引あるいは生検等の術前検査の診断的価値を評価した原発性肺腫瘍の犬67頭の回顧的研究では、その診断価値が低いと結論付けられている[1]。

X線検査で肺に孤立性腫瘍が認められた場合、確定診断は病理組織検査によって得られることと、腫瘍の摘出によって患者の生活の質が改善することから、術前に追加検査を実施する必要はない。

治療

試験開胸術によって原発性肺腫瘍を特定した後、可能であれば罹患した肺葉を切除する（図4、5）。肺腫瘍が辺縁に位置している場合は部分肺葉切除を行う。

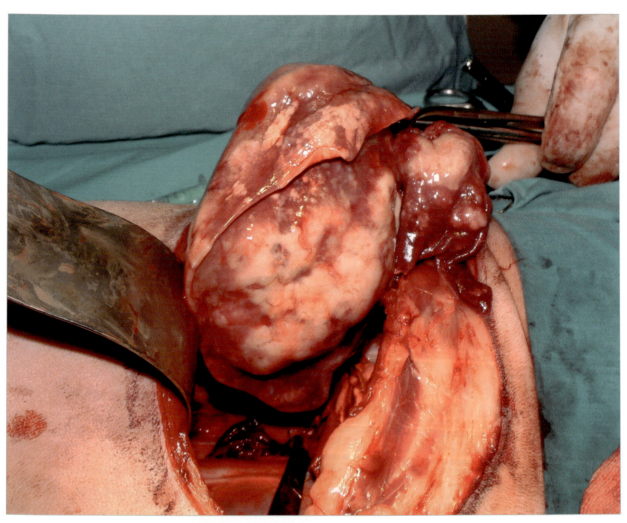

図4　後葉と副葉の切除が行われている患者。病理組織検査結果は原発性の肺腺癌であった。

[1] MCNIEL E.A., OGILVIE G.K., POWERS B.E., HUTCHISON J.M., WITHROW S.J., Evaluation of prognostic factors for dogs with primary lung tumors: 67 cases (1985-1992). *J Am Vet Med Assoc.* December 1997;211(11):1422-1427.

孤立性肺腫瘍と診断され、患者の一般状態が良好であれば、原発巣の場合は常に外科的切除が推奨される。

表1

グレードと腫瘍の分化度により分類した原発性肺腫瘍患者の平均生存期間[*]

犬	高分化型	790日
	低分化型	251日
猫	高分化型	698日
	低分化型	75日

[*] McNiel E. A., Ogilvie G. K., Powers B. E., Hutchison H. M., Salman M. D., Withrow S. J. Evaluation of prognostic factor for dogs with primary lung tumors: 67 cases (1985-1992). *J Am Vet Med Assoc*. December 1997;211(11):1422-1427.

> 転移性腫瘍あるいは胸膜への浸潤がある症例では手術は勧められない。

術後、組織サンプルは病理組織学的および微生物学的検査に供する。

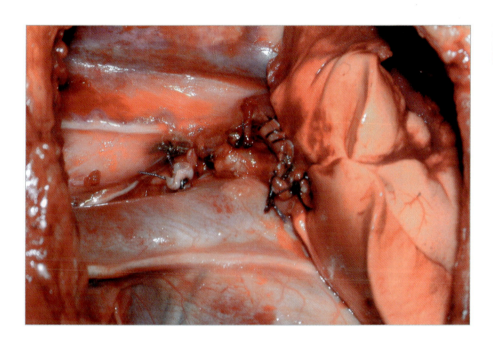

「肺葉切除術」の項を参照 → 156ページ

図5　この写真は血管を結紮し気管支を閉鎖した後の肺門部を示している。止血と気管支の縫合は完璧に行う。

術後管理

術後は呼吸困難と疼痛をコントロールするため集中治療室で管理する。

肺葉切除後の主な合併症は気胸、血胸、感染症、不整脈およびDICである。

肺葉切除術は老齢動物でも比較的安全な手術で、術後経過は良好であるが、原発性腫瘍は通常悪性であるため、原発腫瘍の再発あるいは転移によって患者は死亡する。

高分化型腺癌でリンパ節転移あるいは胸膜浸潤のない小型腫瘍を摘出した患者で最も良好な予後が得られる。このような症例は術後1年以上生存する。

症例1／肥大性骨症（マリー病）

発生	■	■			
技術的難易度	■	■	■		

Rodolfo Bruhl Day, Pablo Meyer, María Elena Martínez

　二次性肥大性骨症（マリー病）は犬や他の動物種（猫、牛および人）でしばしば報告のある胸部病変に関連した二次的な骨病変による臨床症状を伴う症候群である。骨病変は骨表面の反応を伴う全身性両側性の骨炎である（図1）。

　この炎症により骨膜の増殖と骨内膜性骨吸収が生じる。四肢遠位に最もよく認められる。この疾患は通常痛みを伴う。

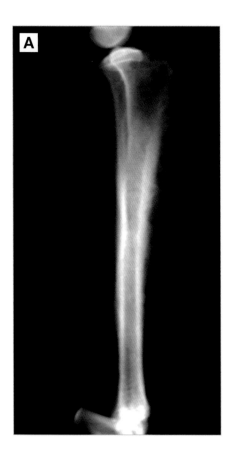
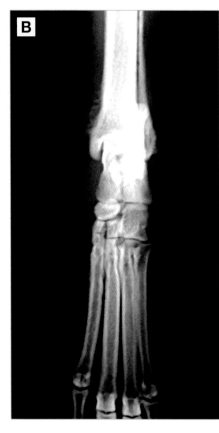

図1　これらの像では肥大性骨症は骨表面の炎症性病変であることがわかる。
A：骨膜病変を伴う後肢（脛骨）のX線像
B：主に長骨に認められた骨膜病変を伴う後肢のX線像

　原発性病変は一般に腫瘍のことが多く、主に胸腔内に認められる。しかし、この症候群は非腫瘍性胸腔内疾患（肺膿瘍、気胸等）や胸腔外腫瘍（肝臓、膀胱および子宮等）に伴うこともある。
　病因は不明だが、四肢の血流を増加させるような循環障害や末梢血流を増加させる神経反射に関連するとの仮説が立てられている。血流が増加しても血液の酸素化は不十分で、毛細血管床をバイパスして動静脈シャントを通過していく。

　このような血流は受動性の局所うっ血をもたらし、組織の酸素化が低下するため骨膜を含めた結合組織の増殖を刺激する。

> 手術の経験からすると、原発性の肺病変の切除、肺葉切除や肋骨切除により骨病変が急速に退縮する。

症例報告

これは来院2年前に切除した乳腺癌の孤立性転移による二次性肥大性骨症の症例である。まれな症例のため紹介する。

患者は9歳齢、未避妊のシベリアン・ハスキーである。跛行と四肢の炎症を主訴に来院した。

血球検査および血液化学検査はすべて正常であった。胸部X線検査では縦隔頭側に位置する単一の腫瘤が認められた。他の腫瘍性転移は除外された（図2）。

患者の生命が危険にさらされていたため、飼い主に手術を提案した。

 このような患者の手術直後の合併症を防ぐためには出血のコントロールを優先すべきである。

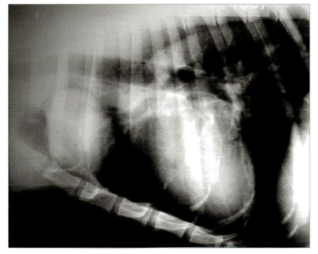
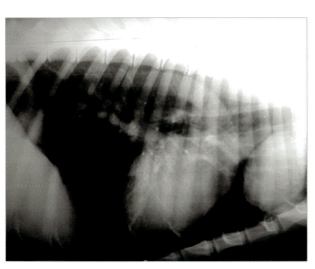
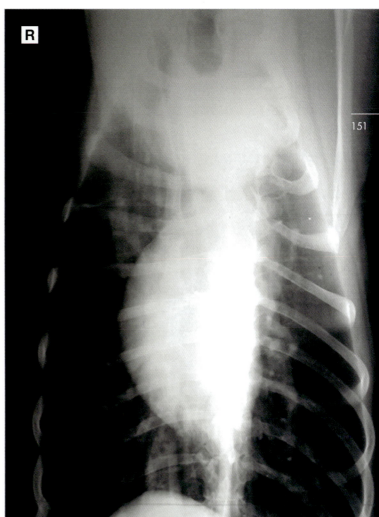

図2　腫瘍性腫瘤を調べた一連のX線像。胸部頭側の腫瘤に注目。他の方向から撮影した写真からも別の肺野への転移は認められなかった。

胸部

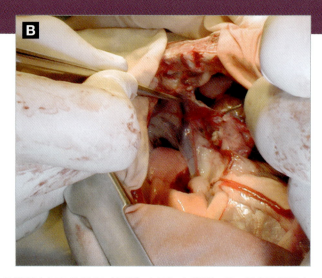

図3 血管の傷害を防ぐため注意深い切開が必要となる。A：心臓前方にある腫瘍（矢印）を示した術野。B：腫瘍の切除を始めている。

胸腔内臓器がよく見えるようにアプローチするため、広範囲な胸骨正中切開によって手術を開始した（図3）。

> 胸骨分節を切断する際には出血をコントロールするためボーンワックスを使用する。

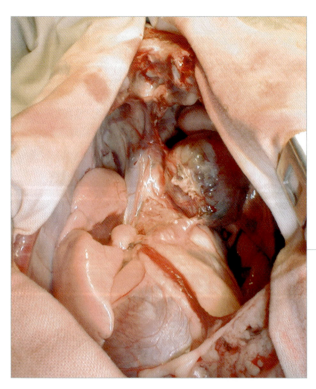

図4 術野および解剖学的な構造を明瞭に保つため、注意深い止血が必要となる。可能な限り傷つけないよう取り扱う。

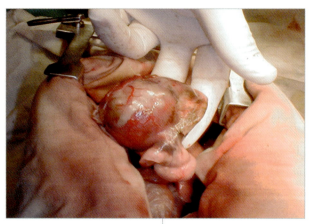

「正中開胸術」の項を参照 361ページ

腫瘍を露出したら、組織の癒着を剥離し、血管新生領域からの出血をコントロールするため、鈍性あるいは鋭性に分離する（図4）。

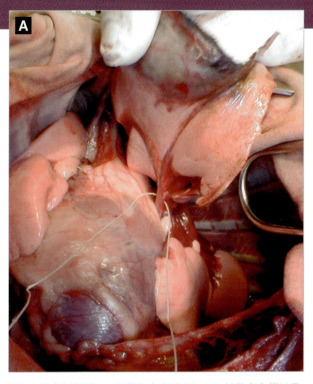
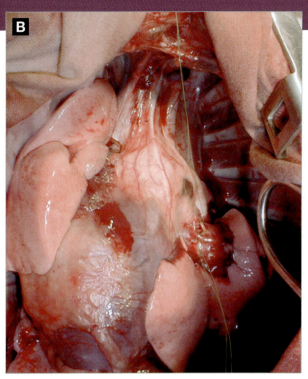

図5 腫瘍を牽引し、肺葉を十分露出して、結紮糸を掛ける。A：離断する前に結紮糸を掛ける。B：肺葉切除後。出血はない。

左肺前葉を定法通り切除した。

肺葉の血管と気管支周囲を結紮するときには、摩擦係数が高く結紮部分がより安定するマルチフィラメント縫合糸を使用することが推奨される（図5）。血管結紮の代替として血管クリップを使用してもよい。

自由縁を補強するため連続縫合を行った後、気管支のサイズが許せばモノフィラメント糸を用いて水平マットレス縫合を軟骨に行う。

TA-50外科用ステープラーも使用できる。

すべての処置が終了したら、閉胸前に出血の有無と気管支の密閉性を確認する（図6、7）。

> すべての術式が終了したら、閉胸前に、温めた生理食塩水を胸腔内に満たし、結紮した気管支から空気が漏れていないか確認する（図6、7）。

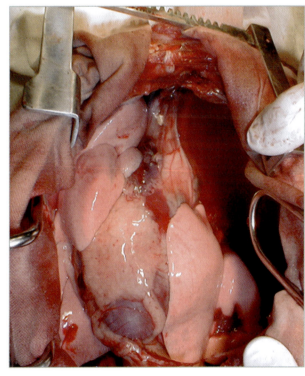

図6 胸腔を微温の滅菌生理食塩水で満たし、強制吸気中に気泡が見られないか確認する。

術式終了後、胸腔チューブを設置し胸骨をモノフィラメントワイヤーで閉じる。皮下組織は吸収性モノフィラメント糸で、皮膚は非吸収糸でそれぞれ縫合する。

胸腔チューブはチャイニーズフィンガートラップ縫合で皮膚に留め、最初に気胸を吸引した後、ハイムリック弁を設置した（図7）。

腫瘍（図8）は確定診断のため病理組織検査を行った。

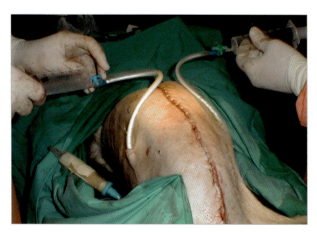

図7　胸腔チューブ。患者の右側に胸腔チューブに接続するハイムリック弁が見える。

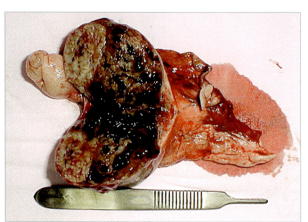

図8　摘出した腫瘤の横断面と肉眼像

術後管理

患者は手術から良好に覚醒し、その後集中治療室に入室した。術前から開始ししていた抗生物質は7日間継続投与した。疼痛管理はブトルファノールとトラマドールで実施した。

病理組織診断は乳腺癌の孤立性肺転移であった。腫瘍科は術後の化学療法を提案したが飼い主は同意しなかった。

術創は問題なく治癒し、外科的治療は14日間で終了した。骨症状も次第に消失し、疼痛も緩和した。

術後7カ月でマリー病の症状が再発した。胸部X線検査を再度実施したところ新たな転移病変が認められた。飼い主はさらなる治療には同意しなかった。

コメント

このような症例は職業的にも倫理的にも難しい症例である。こういった症例にはどのように対処したらよいか？

このような重大な症例では、引き金が早く引かれてしまうことが多い。安楽死は獣医領域で行える最終手段である。そのため、安楽死はきわめて厳しい症例にのみ適用すべきであり、決して気軽に実施してはいけない。

本症例は孤立性腫瘍であり、飼い主が自分のペットにもう少し何かしてやりたい、と望んでいたことや腫瘍を摘出することで症状を緩和できるとわかっていたため手術を勧めた。

数カ月患者が生存し、延命できた期間に飼い主が動物と楽しむ機会が得られるような生活の質の向上を目的とした。

肺膿瘍

José Rodríguez, Amaya de Torre, Carolina Serrano, Rocío Fernández

| 発生 | ■■□□ |

肺膿瘍の最も一般的な原因の一つは、植物、とくに草の実などの吸引である。

概要

肺膿瘍の患者では以下のさまざまな症状を示す。
- 発咳
- 呼吸促迫
- 喀血
- 嗜眠
- 発熱

X線検査による診断は、ガスと液体の境界面を伴う肺腫瘤の特徴に基いて行う。しかし、この肺膿瘍に特徴的なサインが常に認められるわけではない（図1、2）。

血液検査と尿検査を実施する。

病変部の超音波ガイド下針吸引は診断に有用である。

治療法は罹患している肺葉の切除である。

サンプルは病理組織検査および微生物検査を行い、適切な抗生物質治療を開始する。

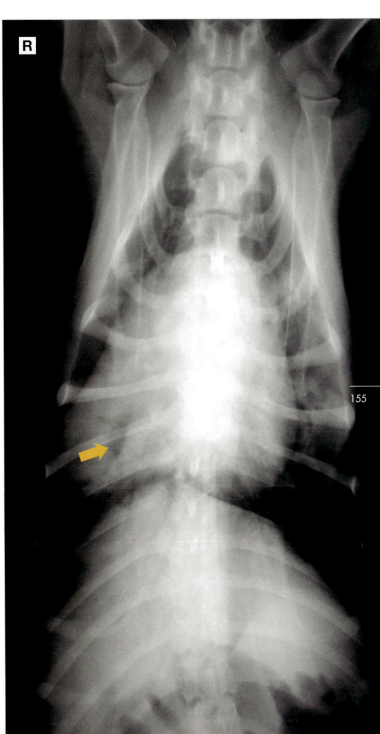

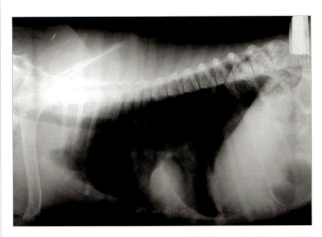

図1　胸部腹側正中部においてX線不透過性が亢進した領域がX線側方像にて認められる。

図2　この患者のX線腹背像では内部にガスを伴う（矢印）右肺葉中央部の肺硬化が認められる。

胸部

手術法
肺葉切除術

技術的難易度
■■■□

胸腔へは罹患側の側方開胸術か胸骨正中切開術でアプローチする（図3）。

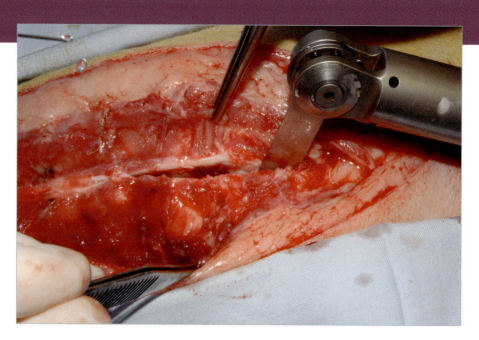

図3 胸骨正中切開術は罹患した肺葉を摘出するだけではなく、肺の完全な探査も行える。

「開胸術」の項を参照 348ページ

開胸した術創辺縁は生理食塩水で湿らせたガーゼで保護し、罹患した肺葉を特定した後自在開創器で固定する（図4）。

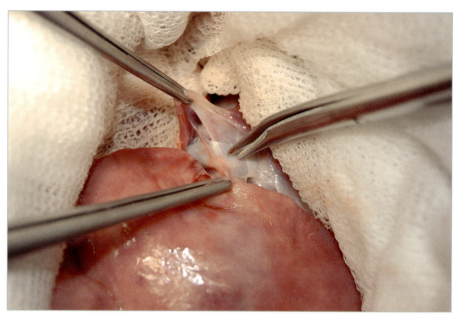

図4 この症例は、右第5肋間で開胸した。硬化しているように見える罹患肺葉を特定後、他の構造物から剥離して肺門で切離した。

手術の次のステップでは、罹患した肺の肺門部を見つけ、その血管と気管支の位置を確認する。

肺葉に入る動脈枝は注意して分離する（図5）。肺動脈は非吸収糸を用いて2カ所結紮する。近位の結紮糸は脱落防止のため動脈壁を貫通させる。

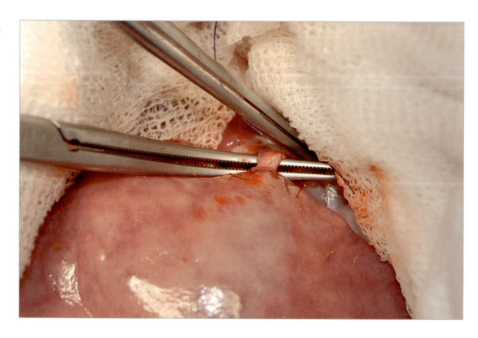

図5 初めに肺動脈を特定して、傷つけないように分離する。

肺/肺膿瘍

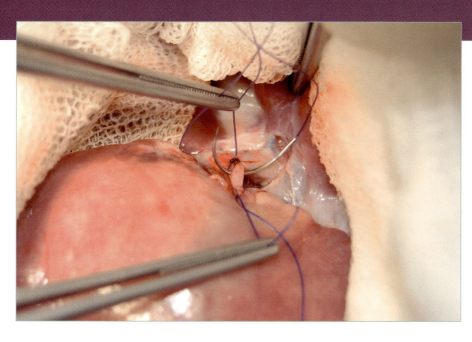

図6 3-0あるいは4-0の非吸収性モノフィラメント糸で単純結紮した後、血管内圧による結紮のずれを防ぐため貫通結紮を行う。

その後、肺静脈を分離、結紮するため、肺葉を反転させる（図7、8）。この症例は、これらの血管の圧が低かったので貫通結紮は必要なかった。
　気管支を注意深く分離し湾曲した鉗子でクランプ、切断後、完全に密閉するため2種類の縫合法で閉鎖する。近位部は裂開を防ぐため、気管支の全層を含め、軟骨輪を貫通するように水平マットレス縫合を行う。2つ目は単純連続縫合を気管支断端に行う（図9～12）。

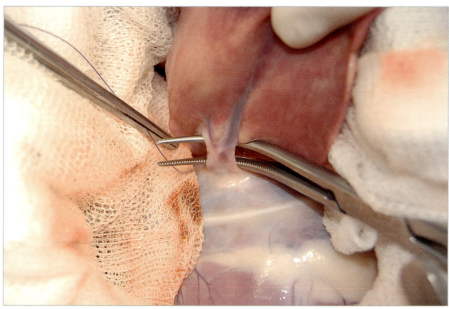

図7 この写真では肺静脈を分離し、肺門部に結紮糸を掛けている。

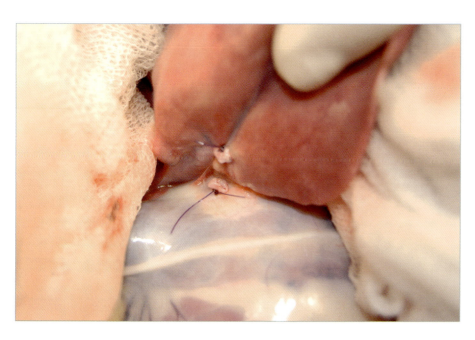

図8 組織の裂開と結紮糸の脱落を防ぐため、近位の結紮部分から可能な限り離して血管を切断する。

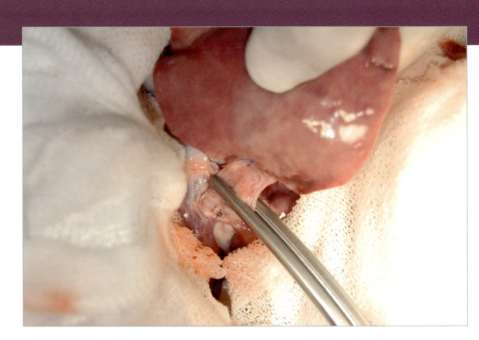

図9 気管支を分離後、無傷性の鉗子でクランプし、鉗子の3〜4mm遠位で切断する。

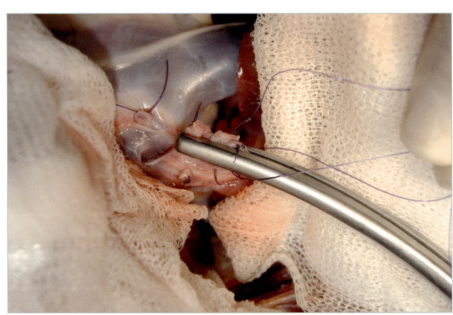

図10 気管支の密閉性を適切かつ確実にするため、近位に2つ目の縫合を行う。軟骨壁を含めた気管支全体を貫通させるように水平マットレス縫合を行う。

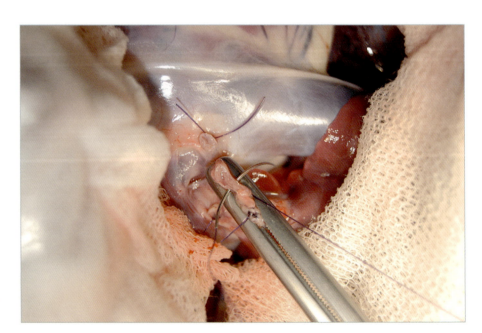

図11 気管支断端を閉鎖するため、図に示すように単純連続縫合を行う。

気管支縫合の密閉性を確実にするため、胸腔を温めた滅菌生理食塩水で満たし、患者の吸気時に気泡がないか確認する（図13）。

図12　気管支縫合の最終的な外観

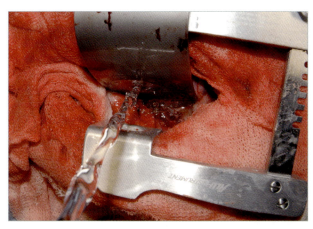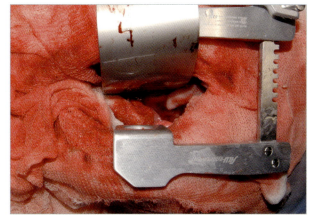

図13　体温と同じ生理食塩水で胸腔を満たし、補助吸気中に気管支縫合部からの気泡の有無を確認する。

胸腔ドレインを設置して手術を完了する。これは胸腔内を陰圧に戻すためだけではなく、術後気胸や血胸がないかチェックするためにも行う。

患者には集中治療を行い、術後2, 3日は回復の程度をモニタする（図14）。検査結果に基づいて抗生物質治療を行う。

図14　起こりうるすべての術後合併症を検出し治療するために、患者の経過を注意深くモニタする。

胸部

後縦隔の被覆膿胞

| 発生 | ■ ■ □ □ □ |
| 技術的難易度 | ■ ■ ■ ■ □ |

Rodolfo Bruhl Day, Pablo Meyer, María Elena Martínez

　このタイプの膿瘍、とくに後縦隔での発生はまれである。解剖学的位置が特殊なため、診断時の精密検査や鑑別診断時に見落としがちである。

> 縦隔には気管、食道、大血管（後大静脈、前大静脈、大動脈）、心臓、リンパ節および迷走神経や横隔神経などの自律神経が含まれる。

　症例は2歳齢、未去勢の雑種犬で、6カ月にわたる非特異的な咳と運動不耐を主訴に来院した。

　患者は、臨床症状が進行する前、年間を通じて郊外に住んでいた。胸部X線撮影と細胞診のために超音波ガイド下での細針吸引を実施した。
　X線像では右胸腔半分に肺腫瘍の可能性が示され（図1、2）、細胞診では炎症が示唆された。

　より詳細なX線画像診断を行うため、MRI検査を実施した（図3）（後縦隔の腫瘤は横隔膜と接して、わずかに右側に位置していた）。気管支鏡検査では有用な情報は得られなかった。
　細胞診と培養検査のためさらにサンプルを採取した。気管支肺胞洗浄液の細胞診では浮腫を伴う膿瘍の可能性が示唆された。腫瘍細胞は認められなかった。洗浄液からはエンロフロキサシンに感受性のある *Enterobacter spp.* が検出された。
　術前の血球検査で軽度の好中球増多症、化学検査でトランスアミナーゼの軽度上昇が認められた。
　飼い主に試験開胸術を勧めた。

> どのような胸部外科手術においても、X線検査やCT検査は膿瘍の正確な位置の特定、周辺組織との関連性を評価し、アプローチ法を決定するうえで有用であるため必ず実施する。

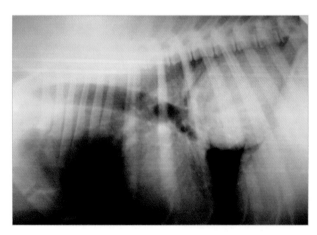

図1　X線右側方像。頭背側方向へ気管を変位させている胸部尾側の腫瘤に注目せよ。

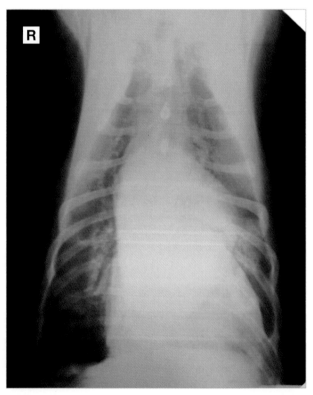

図2　前述した後縦隔を占有する胸部右尾側の腫瘤を示すX線腹背像

肺／肺膿瘍

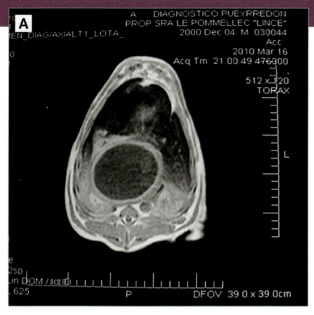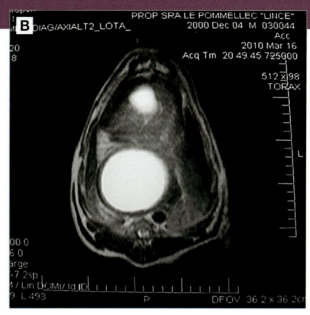

図3 胸部右半分まで拡大した縦隔尾側の腫瘤を示したMR画像の詳細。A：T1WIの画像。B：T2WIの画像

術前管理

手術前にエンロフロキサシンによる抗生物質治療を1週間実施した。患者には発咳も認められたため、対症療法を実施した。

試験開胸術の概要について飼い主に説明した。

> とくに肺を扱う際に起こりうる血行動態の変化をコントロールするため、このような患者の麻酔では注意深くモニタする。

手術

手術は、必要であれば右後葉の気管支へアプローチするために、また右胸腔の残りの部分の良好な視野を確保するために右第5肋間から開胸することから開始した。

次に、2セット目の手術用ドレープを術創辺縁にかけ、フィノチェット開胸器で胸壁を開いて胸腔内を検査できるようにした（図4）。

「側方開胸術」の項を参照 → 353ページ

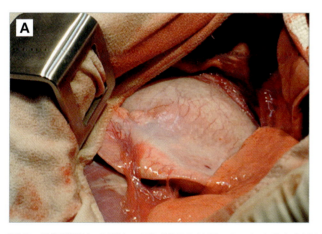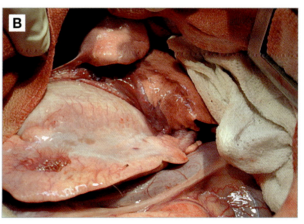

図4 横隔膜葉との関連で見た腫瘤の外観。A：右中葉を側方に移動させたところ。6時方向で胸膜が心膜へ癒着している。B：癒着をはがしたところ。副肺葉は腹側に位置し、腫瘤によって隠れていた。

胸部

> ※ 辺縁のドレープが胸壁に貼り付かないよう湿らせておくことが重要である。ドレープが皮膚や皮下組織表面で乾燥してしまうと、ドレープを外す際に表面の微小血餅が壊れてしまう。そうすると再度出血が始まり不必要な失血の原因となる。

右側の胸腔全体を探査した後、罹患していない肺葉を頭側へ移動させ、湿らせて丸めた圧迫ガーゼ（第3のドレープ）で動かないようにする。肺を変位させる前に、虚脱している間内部に残る空気を酸素と混和するため肺を数回膨らませる。

胸膜との脆弱な癒着により著明な血管新生と多数の出血点が認められた。これらは電気メスで止血した（図5）。

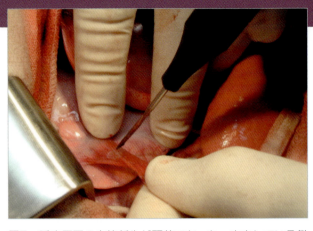

図5　腫瘍周囲の血管新生が顕著であった。出血している微小血管は電気メスで止血した。

> ※ このような患者では止血を優先し、術野を不明瞭にしないようにするだけでなく、患者の生命が危険にさらされることがないようにする。

腫瘍を剥離しやすくするため、後大静脈の周りに臍帯テープを掛けることにした（図6）。血管を傷つけることなく十分に牽引するために湿らせた臍帯テープを使用した。これにより、後大静脈を容易に対側へ移動させることが可能となり腫瘍の剥離や摘出がやりやすくなった。

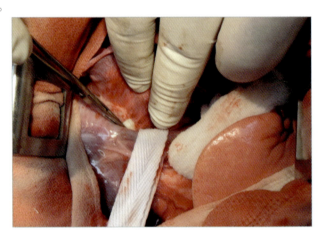

図6　後大静脈周囲に臍帯テープを掛けることにより安全に操作できるようになる。

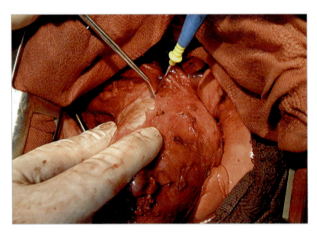

図7　横隔膜への癒着は電気メスで剥離した。

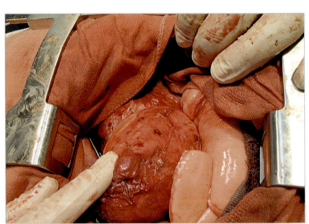

図8　横隔膜から完全に分離できるまで手術器具や電気メスを用いて腫瘍を剥離する。

後大静脈を移動させたときに毎回血管の部分的な虚脱が生じた。この血管虚脱によって発生するあらゆる血行動態の変化に対応するため、麻酔医と良好なコミュニケーションをとることが非常に大切である。

横隔膜と著しい癒着があり、腹腔へ穿孔しないように注意深い分離が必要であった（図7、8）。発生してしまった場合は、横隔膜破裂のときと同様に断端を縫合する。腫瘤の肺葉との癒着は手指で鈍性に剥離した。鈍性剥離を行いやすいよう術者の指にガーゼを巻いて補助すると、肺実質から腫瘤の被膜が徐々に剥がれた（図9）。

最後は癒着が強く、肺実質を重度に傷害することなく腫瘤を鈍性に剥離できなかった。腫瘤を完全に切除するため、この組織の上部をクランプすることにした（図10）。

次に肺の血管と気道を結紮して、腫瘤に接している肺実質を切断した（図11、12）。切断後、組織からの出血の有無を確認した。

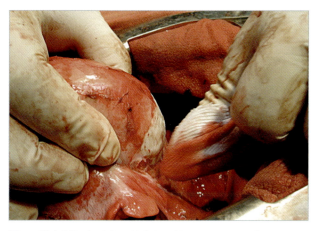

図9　肺実質から腫瘤の被膜を分離するための手指による鈍性剥離

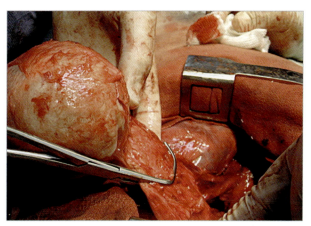

図10　肺実質から腫瘤を分離するため、肺組織の一部を血管鉗子でクランプした。

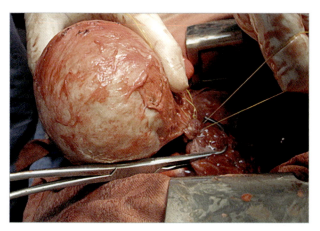

図11　腫瘤摘出前に肺実質を結紮している。

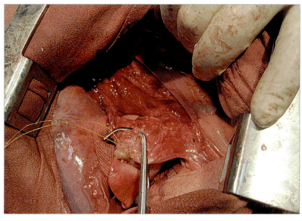

図12　腫瘤切除後、術野からの出血の有無を確認している。

胸部

気胸等の合併症を防ぐため"浸水試験あるいは空気漏れ試験"を行い、肺実質を結紮した部分からの空気漏出がないかチェックを行った。

空気漏れ試験で非常に小さな気泡が多数認められた。そのため吸収性モノフィラメント糸を用いて問題のある肺実質に単純連続縫合を行った（図13）。

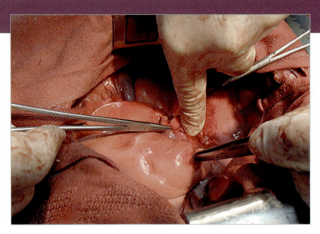

図13　腫瘍切除による肺の小さな断端は吸収糸で連続縫合して閉鎖する。

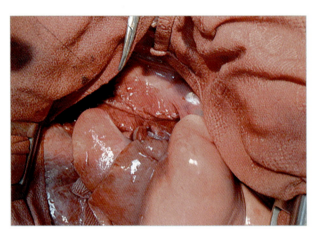

図14　空気漏出のチェックを再度行った後、手術用ドレープを取り除き閉胸した。

空気漏れ試験を繰り返して、漏れのないことを確認した。3番目の手術用ドレープを外し、虚脱した肺葉をゆっくりと再び膨らませて閉胸前に術野を確認した（図14）。

> 術野後方にガーゼとくに一塊になったもの（巻いたガーゼ）が隠れていないか、毎回確認しなければならない。

胸腔内圧を陰圧に戻し、手術直後に液体を除去するため、閉胸前に胸腔チューブを設置した（図15、16）。胸腔は定法にて閉胸した。

最後に培養および感受性検査のために滅菌した針で腫瘤内容物のサンプルを採取した。

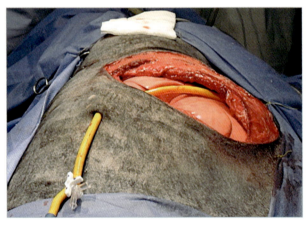
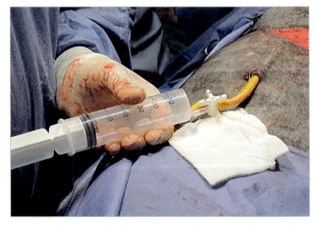

図15と16　肋間開胸器と術創部分の手術用ドレープを取り除き、胸腔ドレインを設置した。

術後管理

獣医師の管理の下でバイタルをモニタするため、患者を集中治療室に入院させた。胸腔内圧を適切な陰圧に戻すために胸腔内から抜気した。必要があれば持続性吸引ポンプを装着する。

患者は手術から良好に回復し、循環器および呼吸器に関係する合併症は発症しなかった。術前から開始した抗生物質は培養および感受性検査の結果が判明するまで投与を継続した。血液検査は患者の経過により、また必要に応じて繰り返し実施した。続けて2回の吸引時に空気の貯留がなく、かつ液体産生量が2ml/kg/day 以下だったため胸腔チューブは術後24時間で抜去した。

膿瘍の培養検査結果は気管支肺胞洗浄液から分離されたのと同じ細菌、*Enterobacter* spp. が検出され、同じ抗生物質、エンロフロキサシンに対して感受性があった。ここまでの検査結果から、下部気道感染症による膿瘍形成が疑われたため、術後の抗生物質投与は10日間継続することとした。

治癒は良好で外科治療は2週間後に終了した。

術後3カ月経過しても患者は安定していた。

病理組織検査

- 異物性肉芽腫を伴う偽囊胞性病変。慢性肺炎
- 囊胞性病変の特徴は気管支原性囊胞とは異なる。

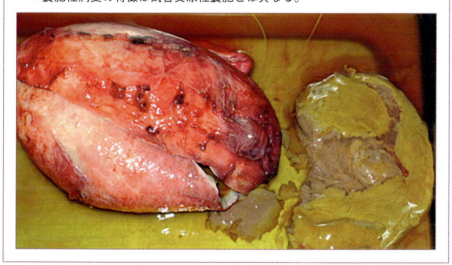

図17 病理医による診断と症例が来院する前に一定期間郊外で過ごしていたことを加えると、大元の原因はノギの迷入によるのではないかと推察された。

胸部

肺葉捻転

José Rodríguez, Jordi Cairó, Amaya de Torre

発生 ■■□□□

病因

肺葉捻転は肺葉が肺門部で捻れた場合に発生し、気管支や血管の虚脱を引き起こす。これは樽状胸郭の犬や大型犬で発生するまれな疾患である。

肺の移動性が高まり、肺葉捻転が発生しやすくなる状況は次にあげる通りである。
- 胸水
- 気胸
- 術中操作
- 胸部外傷
- 肺炎
- 突発性特発性捻転

> ※ 外傷、胸部外科手術あるいは肺疾患後の肺の部分虚脱によって、罹患した肺葉は捻転しやすくなる。

臨床症状と身体検査

肺葉捻転の動物の臨床症状は非特異的である。すなわち、呼吸困難、発咳、喀血、呼吸速迫、食欲不振および体重減少である。

身体検査で最もよく認められる異常所見は心音と肺音が聴取できなくなることである。

胸部X線検査では気管支の位置異常と内腔の盲端化、胸水（症例の33％は乳び胸）とその領域のX線不透過性亢進が認められる（図1、2）。

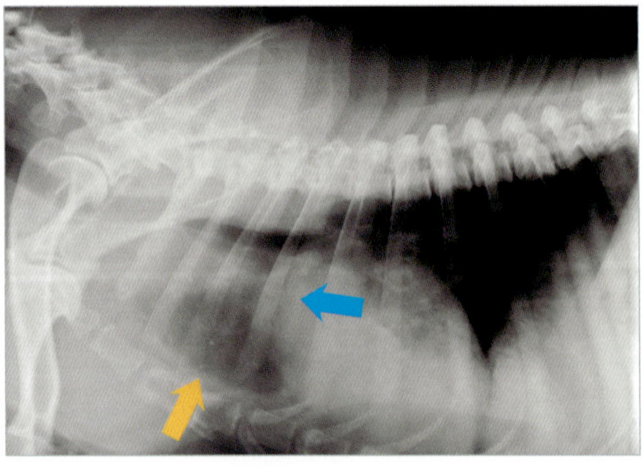

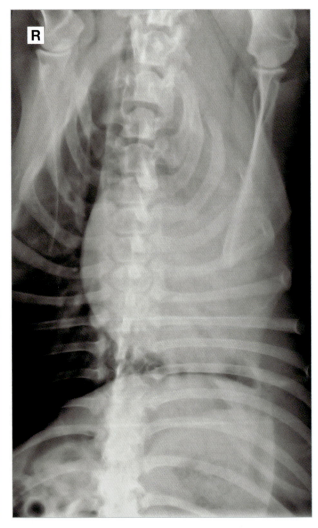

図1　異常な気管支の位置、内腔の盲端部分（青矢印）および気管支肺胞パターン（黄矢印）は肺葉捻転で認められるX線検査所見である。

図2　患者の腹背像では静脈うっ滞による胸部左側の胸水と中央部のX線不透過性の亢進が認められる。胸水と肺硬化所見から肺葉捻転が疑われる。

肺／肺葉捻転

> 肺葉捻転では非常に典型的なX線所見が認められる。

類似したX線画像所見を示すため、除外しなければならない疾患は以下にあげる通りである。
- 肺炎
- 挫傷
- 腫瘍
- 無気肺
- 血胸
- 肺塞栓

右中葉と左右前葉が最も罹患しやすい。

「胸部X線検査」の項を参照 284ページ

本疾患では胸水分析によって特異的な情報は得られない。肉眼的には乳び、出血性あるいは漿液性を示す。

治療

技術的難易度 ■■■□

必要であれば胸水ドレナージ、酸素療法および広域の抗生物質投与を含めた初期治療で患者の安定化を図る。

「胸腔穿刺」の項を参照 277ページ

治療法は開胸して罹患した肺葉の切除を選択する（図3）。

> 捻転した肺葉はうっ血および虚血により脆くなっているため捻転を解除せずに摘出する。

※ 罹患した肺葉を正常な位置に戻してはならない。戻してしまうと回復を困難にするエンドトキシンと血管作用物質が全身循環中に放出される。

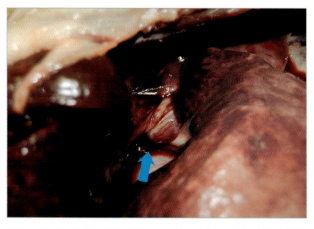

図3 時計回りに血管（青矢印）が捻れている左前葉肺門部の写真。この写真は治療を行わなかった患者の剖検時に撮影した。

「肺葉切除術」の項を参照 156ページ

予後は通常良好だが、他の治療を必要とする持続性乳び胸のような術後合併症が認められる場合もある。

「乳び胸 治療」の項を参照 33ページ

摘出した肺葉は、原発性腫瘍を除外するために病理組織検査と培養および感受性検査のための微生物検査を実施する。

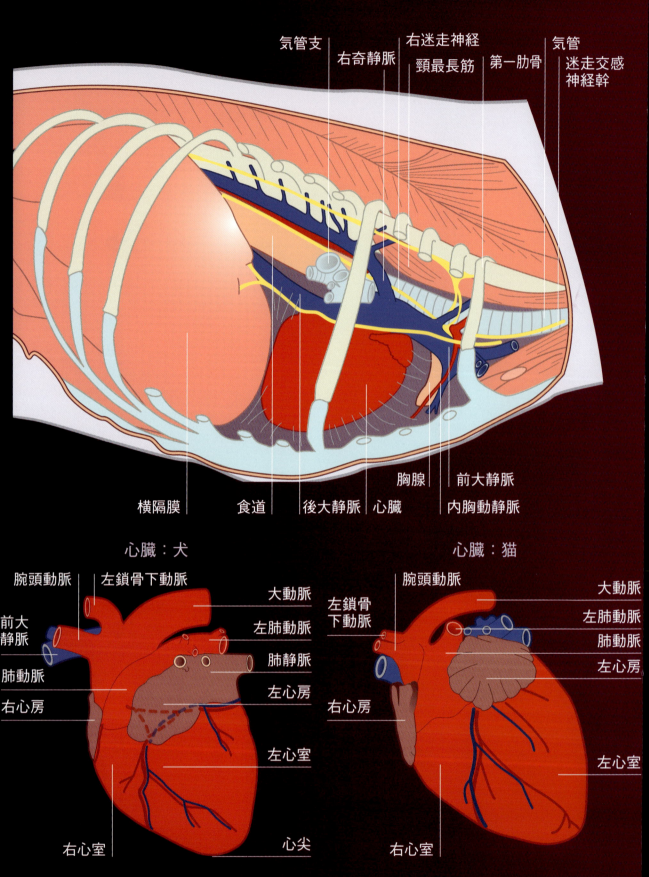

心臓血管系

概要

動脈管開存症（PDA） 概要
PDA 標準的外科手術
症例1/ 術中のPDA裂開
症例2/ 血管ステイプラーを用いた閉鎖
症例3/Amplatzer Canine Duct Occluder(ACDO)を用いたPDA閉塞法

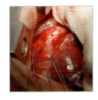  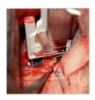

肺動脈狭窄症 概要
肺動脈弁狭窄症の治療
　バルーン弁形成術
肺動脈弁狭窄症の治療
　Transannulaパッチ（開胸下パッチグラフト術）

大血管流入遮断テクニック

心タンポナーデ

心臓腫瘍 概要

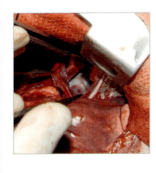 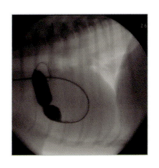

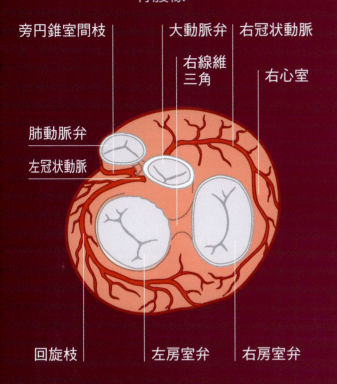

心臓の血管および弁 背腹像／心室 縦断面

胸部

概要

José Rodríguez, Amaya de Torre,
Carolina Serrano, Rocío Fernández

| 発生 | ■■■□ |

　心臓血管外科は、常に動いている臓器が対象であるうえ、失敗すれば悲劇的な結果となるため、獣医外科の中で非常に難度の高い分野である。

　心臓血管外科に成功するには、心臓の解剖学や生理学に関する専門的知識と、診断方法や手術手技の熟練が必要である。

　近年、小動物臨床において麻酔学や集中治療分野は劇的に進歩し、先天性もしくは後天性の心疾患における外科手術の成功率が高くなっている。

　心臓や大血管に生じる先天性もしくは後天性疾患の代表例を以下に示す。

- 先天性疾患（図1）
  - 血管輪などの発生異常、右大動脈弓遺残（113、121ページ参照）。
  - 動脈管開存症
  - 肺動脈狭窄症
  - 筋性、線維筋性膜による右心房分割（右三心房心）
  - 心室中隔欠損
  - ファロー四徴症

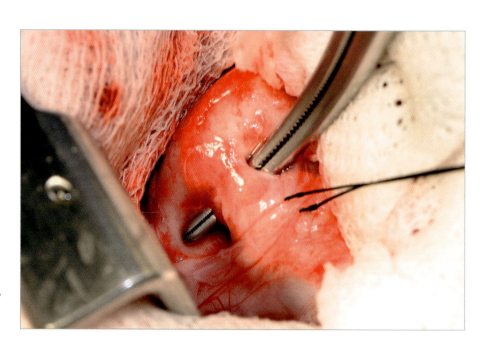

図1　4カ月齢の子犬に認められた動脈管開存症（PDA）。結紮前に動脈管を分離したところを示す。

- 後天性疾患（図2）
  - 心タンポナーデ
  - 重度徐脈
  - 腫瘍
  - 心膜や大血管に浸潤した縦隔腫瘍

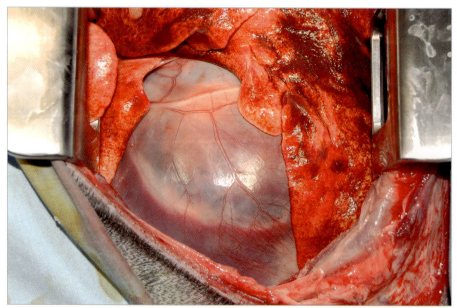

図2　特発性心膜血腫による心タンポナーデ。心膜穿刺により減圧後、心膜切除を行った。

一般的に考慮すべき点

心臓外科を必要とする患者は通常、循環器機能不全（心不全、肺水腫、不整脈など）をある程度もっているため、手術前に診断し内科的に治療する必要がある。

心臓血管外科を行う際には特殊な器具（表1）を要し、血管の部分閉鎖や完全閉鎖（図3、4）などの手術手技や予期せぬ出血を最長5分間止めるなどの特殊な技術に習熟していなければならない。

「胸部外科に必要な器具と備品」 13ページ

> 心臓血管外科は他の臓器の外科と似ているが、組織の取り扱い、慎重な止血、結紮の確実性などがより重要となる。

> 心臓血管外科においては、結紮の速度と確実性がきわめて重要である。器械結びよりも手結びのほうが早く確実である。

> 結紮の確実性を高めるため、初めの結紮は引き結びになるように同方向で行う。そして結紮を完了する前の数回を小間結びにして、ゆるまないようにする。

表1

	心臓血管外科に推奨される消耗品や器具 （他の手術手技にも使用するものは除く）
縫合糸	材質（3-0～6-0） ■ ポリプロピレン、モノフィラメント ■ 絹糸、マルチフィラメント 針 ■ 丸針 ■ テーパーカット ■ 手術によっては、両端針を要する
器具	■ ドベイキー剥離鉗子 ■ メッツェンバウム剪刀（反） ■ ポッツ剪刀（45°） ■ 持針器（サイズの異なるものを数種） ■ 剥離鉗子（反、サイズや角度の異なる数種） ■ 血管鉗子（直、反、サテンスキー）

> 心臓血管外科では、縫合が早い連続縫合を用いることが多い。最も安全な閉鎖には、連続水平マットレス縫合と単純連続縫合を組み合わせる。

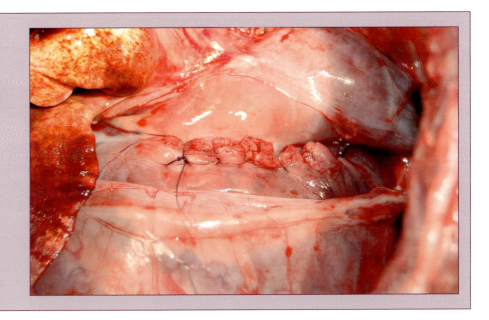

胸部

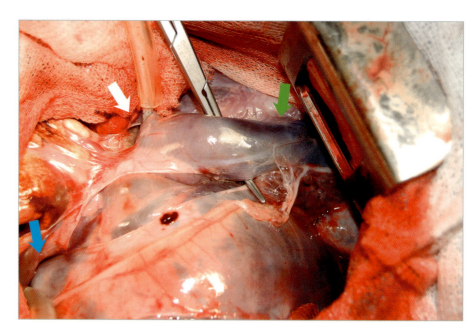

図3 後大静脈（青矢印）奇静脈（白矢印）、前大静脈（緑矢印）にルンメル駆血帯を掛けて流入路を遮断し、右心房へアプローチする。

「大血管流入遮断テクニック」の項を参照 ➡ 209ページ

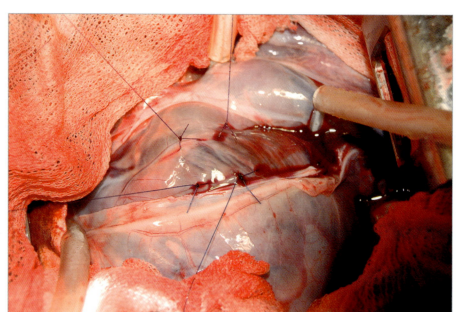

図4 右心房に数糸の支持糸を掛け、ルンメル駆血帯を閉めて右心房を切開する。

　患者を低体温にすれば、心虚血可能時間を5分間以上に延長することができる。しかし体温が低ければ低いほど、徐脈や心収縮力の低下、不整脈などの合併症の危険性が高くなる。

術後管理

　患者の体温は手術が終わり次第、できるだけ早く復温することが重要だが、これは徐々に行わなければならない。体温が急速に変化すると心調律、心収縮力、組織代謝などに変調をきたす。したがって回復期には常時監視が必要である。

　温水ブランケットを敷くこと（図5）や、温水パックを後肢や体幹に接触させること（図6）、注意しながら温風を当てること（図7）などが体温管理に有用である。

心臓血管系 / 概要

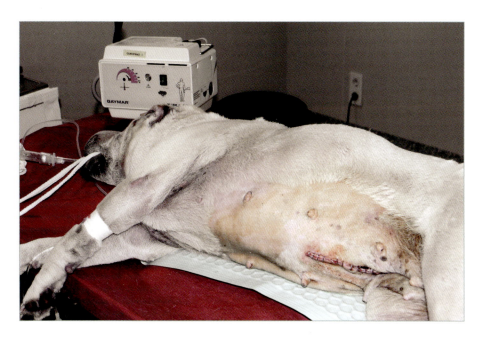

図5 体温低下を避けるため、閉鎖回路で温水を循環させるブランケットを用いる。

図6 また、温水バッグを用いることもあるし、その代替として、検査用の手袋に温水を満たし、この図のように使用することもできる。

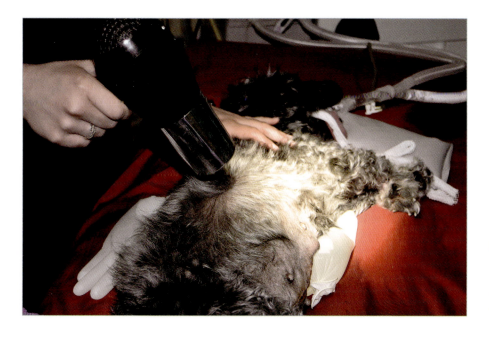

図7 ヘアドライヤーの温風を利用して回復期の患者の体温を上げる。皮膚の熱傷を避けるため、熱源が一カ所に集中しないようにする。

> ※ 電気毛布や、赤外線ランプは皮膚熱傷の原因となるため使用しない。

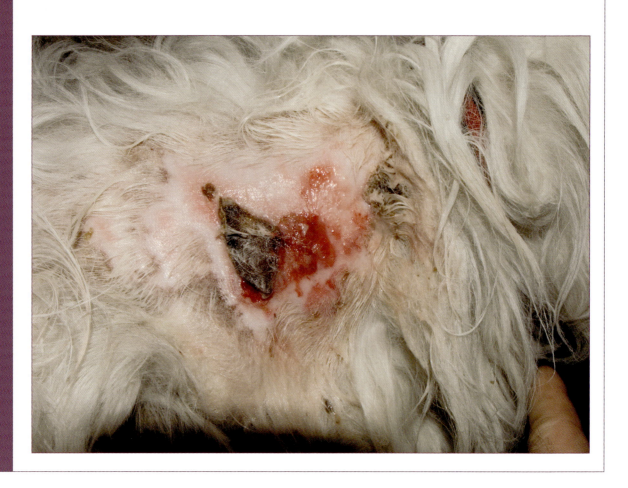

術後12時間は、心臓の操作や水腫、交感神経刺激や再灌流などにより不整脈を呈する可能性があるため心電図を監視する。

> 心室性不整脈にはリドカイン（1mg/kg IV）を2回ボーラス投与し、40μg/kg/min で持続投与する。

耳にパルスオキシメーターを設置して組織酸素化能を監視する。救急管理の患者では、動脈血ガス検査を行う。動脈カテーテルは手術時に足背動脈や前脛骨動脈に設置する。

大部分の患者は、鼻チューブからの酸素吸入（0.5～2L/min）で適切な酸素化レベルを維持できる。

患者は、術後2週間は安静とし、その後徐々に日常生活に復帰させる。

3～6カ月後、心電図と超音波検査で治療結果を評価する。

次の章では、遭遇する可能性が最も高い心臓血管疾患とその治療方法について解説する。
- 動脈管開存症
- 肺動脈狭窄症
- 心タンポナーデ
- 心臓腫瘍

動脈管開存症（PDA） 概要

José Rodríguez, Amaya de Torre,
Carolina Serrano, Rocío Fernández

発生

動脈管開存症（PDA）は先天性心疾患の25～30％を占める、最も一般的な心臓奇形である。胎子期に下行大動脈と肺動脈をつなぐ動脈管が閉鎖せずに残ったものである（図1）。

胎子期には、動脈管は肺動脈から下行大動脈へつながっている。血液は（虚脱した）肺を迂回して大動脈に流れ（右から左へ）、臍動脈を介して胎盤で酸素化される。生後、肺が拡張し、血管抵抗が減弱すると、動脈管を通る血流は逆転する（左から右へ）。そして動脈管の壁が収縮し、生後72時間で完全閉鎖する。

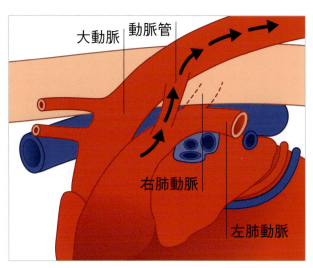

図1　胎子期の動脈管の模式図。動脈管は主肺動脈と大動脈をつないでいる。

動脈管が閉鎖する機序は？
動脈管は、輪状平滑筋が酸素分圧の上昇に反応して収縮することで閉鎖する。
時に閉鎖不全が起こることがあるのはなぜか
正常よりも筋線維量が少なく、弾性繊維が多いからである。

動脈管が閉鎖しないと、大動脈から肺動脈への左から右への短絡が持続し、結果として心臓の容量負荷が増大し典型的な連続性の"機械様"雑音が生じる。

臨床症状

発生率は雄よりも雌の方が高い。

動脈管の直径、その血流量、経過の長さによって臨床症状はさまざまであり、以下の通りである。
- 成長遅延（同腹子と比較して）
- 運動不耐性
- 発咳
- 食欲不振
- 体重減少

PDA 症例の多くは、12カ月齢になる前に重度の心不全徴候を示す。

しかし、心不全徴候を示さず、健診時や他疾患の検査時に偶発的に見つかることもある。こうした症例では、PDA のサイズが小さく、血行動態の変化はそれほど大きくない。

PDA の病態生理

PDA は左心の容量過負荷を引き起こすため、長期的には以下のような変調や傷害を引き起こす。
- 進行性の左心室拡張および肥大
- 僧帽弁の伸展と二次的な逆流
- うっ血性左心不全
- 肺水腫
- 過度な拡張による心房細動
- 大動脈や肺動脈の拡張と壁の脆弱化

やがて左心不全は PDA を通る血流を右から左へ逆流させる。その結果、肺動脈の酸素化されていない血液が大動脈の酸素化された血液に混ざり、チアノーゼが生じる。
聴診では機械様雑音が消失して拡張期雑音となるが、大動脈圧と肺動脈圧が平衡になったときには、聴診で検出できないことがある。

胸部

> 無治療のPDA症例の大部分は、1歳齢を迎える前に心不全が進行して死亡する。

診断

胸部X線検査では、左心房と左心室の拡大、肺血管の拡張、そして腹背像において大動脈の突出が確認できる（図2、3）。

図2　側方像。心陰影の拡大、気管支に並走する肺動脈枝の拡張（矢印）、そして肺門部における肺水腫が認められることに注目せよ。

| 「側方開胸術」の項を参照 | ➡ 353ページ |
| 「正中開胸術」の項を参照 | ➡ 361ページ |

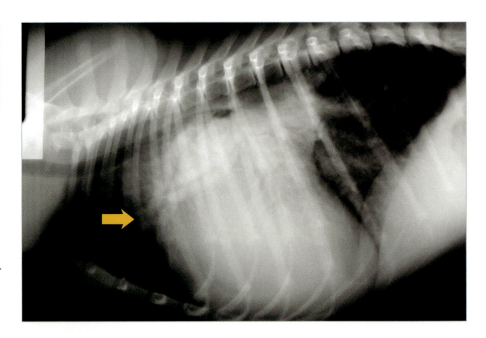

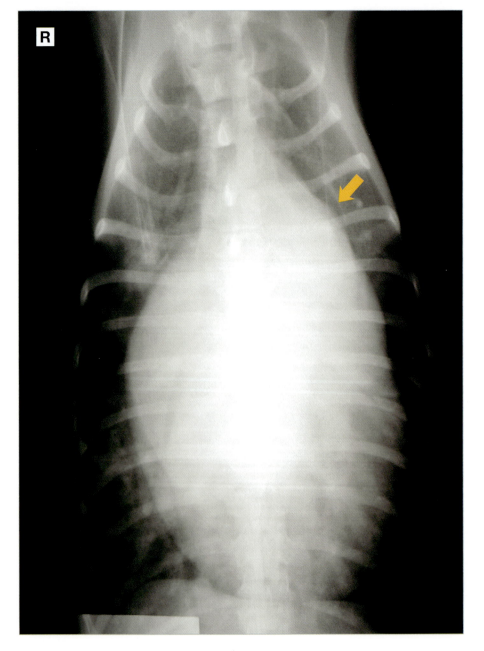

図3　腹背像では、心臓頭側の大動脈の拡張、突出が認められる（矢印）。

心臓血管系 / 動脈管開存症（PDA）

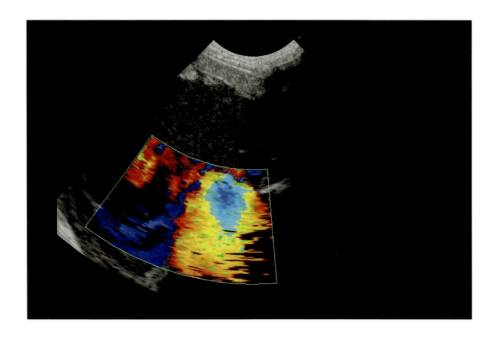

超音波検査で左室の拡張および肥大、肺動脈の拡張、大動脈流出速度の増大、さらにドプラ画像で肺動脈内の乱流が認められれば診断可能である（図4）。

図4　カラードプラ画像で肺動脈内の乱流が認められた。

心電図検査では、第2誘導においてR波の増高（＞2.5mV）やP波の延長が認められることがあるが、必発ではない。

治療

一般的に、診断後は可能な限り速やかに、標準的手術法もしくは低侵襲手術法によってPDAを閉鎖することが推奨される。

外科手技の選択肢

低侵襲手術法

■胸腔鏡と血管クリップによるPDA閉鎖
■透視装置ガイド下低侵襲外科手術、いわゆるインターベンショナル・ラジオロジー（図5）では、PDAにカテーテルを挿入した後に自己拡張性閉塞器（Amplatzer）を設置する。

「Amplatzer Canine Duct Occluder（ACDO）を用いたPDA閉塞法」の項を参照 ➡ 193ページ

PDAの右から左への短絡を生じている症例では、手術は禁忌である。これらの症例でのPDA閉鎖は、致死的な肺高血圧症を引き起こす。

> 術後生存期間の中央値は、14年である。手術をしない場合は9年である。

うっ血性心不全を発症している症例では、術前に利尿薬（フロセミド2〜4 mg/kg/6h）、ジゴキシン（0.005〜0.011mg/kg/12h）、血管拡張薬（エナラプリル0.1〜0.3mg/kg/12h）などを用いて治療すべきである。

 低血圧を招くような過度な利尿、血管拡張は避ける。

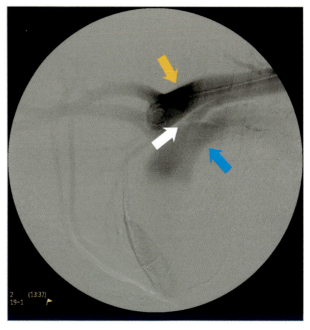

図5　PDAの閉鎖前に行った動脈造影で、大動脈（黄矢印）、肺動脈（青矢印）、そして動脈管（白矢印）が確認できる。

この手技は低侵襲であり、医原性の損傷を最小限にでき、術後の患者の回復も順調で早い。しかし、特殊な装置と経験を積んだ専門医が必要であり、(7kg以下の)小型犬では手技が難しい。

「Amplatzer Canine Duct Occluder（ACDO）を用いたPDA閉塞法」の項を参照 193ページ

標準的手術法

PDAの一般的な手術方法は、非吸収性マルチフィラメントの縫合糸による結紮である。PDAへのアプローチは第4肋間開胸を行う。

迷走神経が動脈管を横切って走行するため、動脈管を見つける目印となる（図6）。

PDAを見つけたら、後述する方法によってPDAを分離し結紮する。

PDAを閉鎖する過程で、ブランハム反射が起こることがある。これは、大動脈血流の急激な増加によって生じる重度の徐脈を特徴とする。

> PDAの急激な閉塞は、左心房の機械受容器[1]を刺激し、迷走神経反射を誘発する。

成績と術後合併症

PDAの閉鎖を6カ月齢以下で行えば、大部分の症例で症状は完治する。これらの症例では僧帽弁閉鎖不全や心不全徴候は可逆的である。

> 僧帽弁閉鎖不全や、心不全徴候のある患者では周術期にアンギオテンシンⅡ受容体阻害剤の投与を検討する。

経験を積んだ術者が行えば、術中合併症による死亡は少ない（0～2％）

最も重大な術中合併症は、PDAや右肺動脈の裂開である。2歳齢以上の症例では危険性が高まる。

右側後方での裂開は、小さければ同部位の圧迫止血により良好に制御できる。しかし分離を続けると出血はより大きくなり、失血量が増加する。もし大出血を起こした場合には、PDAと大動脈、肺動脈のクランプを行い（流出路閉塞法）、出血に対して対策を取らねばならない。選択肢は以下のとおりである。
- 剥離面を変更し、ヘンダーソン-ジャクソン法を用いる。
- PDAを直接、十分な縫い代を取って連続縫合する。
- PDAをクランプの間で切断し、それぞれの断端を縫合する。

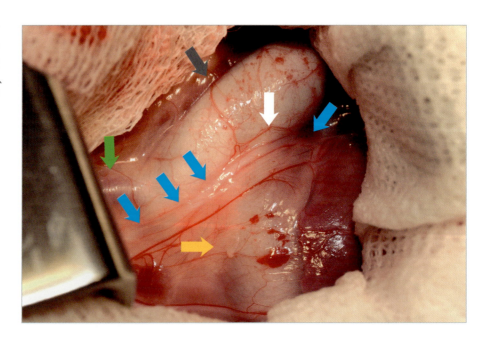

図6 心基底部の写真。以下の構造が確認できる。左鎖骨下動脈（緑矢印）、下行大動脈（灰矢印）、肺動脈（黄矢印）、迷走神経（青矢印）、動脈管（白矢印）

---

[1] 機械受容器は物理的な圧迫や歪みに反応する感覚器である。

PDA　標準的外科手術

José Rodríguez, Amaya de Torre,
Carolina Serrano, Rocío Fernández

発生				
技術的難易度				

患者を右横臥位に保定して第4肋間から開胸し、心基底部へアプローチする。

左肺前葉を尾側へ牽引し、湿らせたタオルで固定することで、横隔神経、迷走神経、大動脈、肺動脈、および動脈管（PDA）が確認しやすくなる（図1）。

左迷走神経は、必ずPDAの直上を走行する。初めにこの神経を慎重に剥離し、縫合糸や血管テープなどで確保し、過って傷害しないように常に確認する（図2）。また、反回喉頭神経は、PDAの尾側に沿って走行しているので、同様に注意する（図2、白矢印）。

「側方開胸術」の項を参照 ➡ 353ページ

> 左反回喉頭神経はPDAに沿って反回し、頭側へ向かう。この神経は確認できることが多いが（図2）、確認できない場合は、この部位の剥離の際は十分に気をつける必要がある。

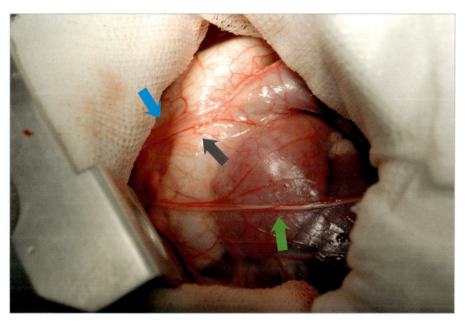

図1　心基底部の画像。迷走神経（青矢印）、大動脈と肺動脈の間の動脈管（灰矢印）、横隔神経

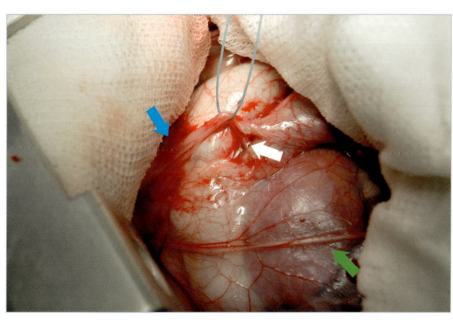

図2　迷走神経を分離し、術中常に確認して損傷しないように注意する。迷走神経（青矢印）、左反回喉頭神経（白矢印）、左横隔神経（緑矢印）

続いてPDAの前後を剥離し、非吸収性マルチフィラメント糸2本を、動脈管周囲に通す（図3〜5）。

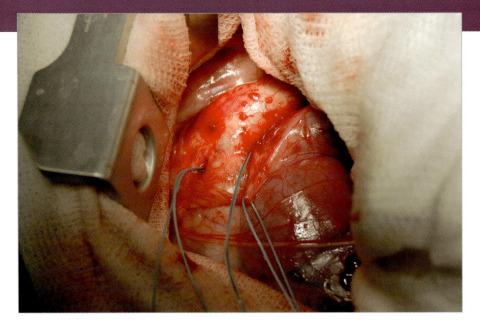

図3　迷走神経を腹側へ牽引し、PDAを分離する。非吸収性マルチフィラメント糸2本を、動脈管周囲に通す。

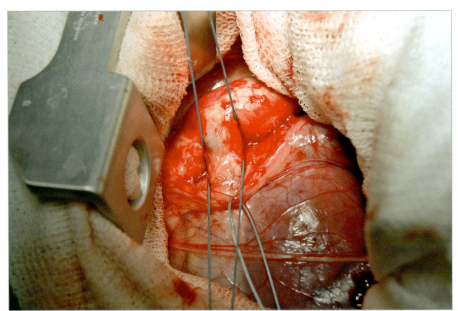

図4　2本の縫合糸は常に離して確保し、PDAの右側で交差しないように気をつけ、なるべく遠ざけておく。

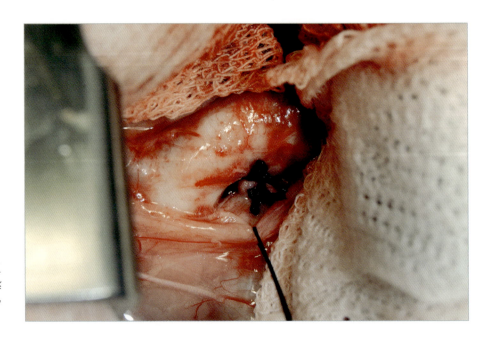

図5　動脈管を結紮したところ。先に大動脈側の糸を結紮し、2糸目はできる限り離して縫合する。

なかにはPDAが短く、1糸しか掛けられない症例もいる。この症例の血管は非常にもろく、執刀医は非常に慎重に扱う必要があった。

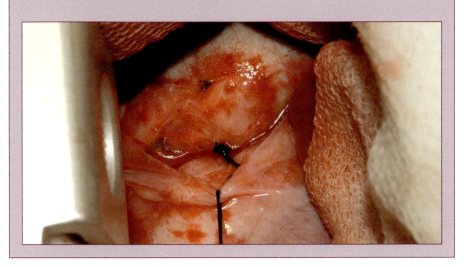

> ※ 縫合がブランハム反射を誘発した場合には、縫合糸をいったんゆるめ、よりゆっくりと再結紮する必要がある。その代替として、縫合する前に無傷性鉗子を用いてクランプしてもよい。

PDAに縫合糸を掛ける際には、以下のいずれかの方法が使われる。双方に長所短所があるので、執刀医はそれらをよく理解しておく必要がある。

直接法（円周結紮）

心膜腔を開かずにPDAの頭側で大動脈と肺動脈の間を剥離する。PDAの尾側は大動脈と左肺動脈の間を分離する（図6、7）。

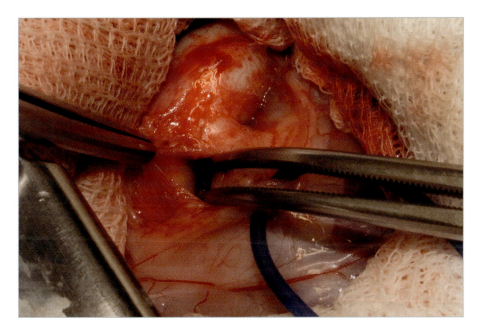

図6 PDAの頭側を直角鉗子を用いて剥離する。この場所からは鉗子を尾側へ45°以上傾けながら、動脈管頭側を剥離する。

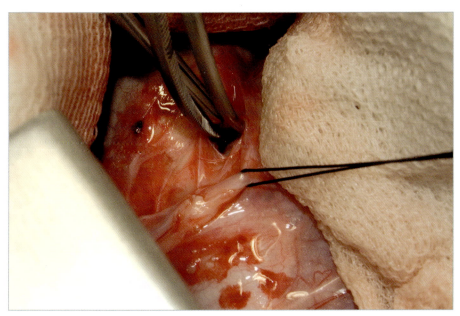

図7 PDAと肺動脈を慎重に剥離する。とくにPDAの尾側を走行する左反回喉頭神経や右肺動脈（図では見えない）を傷害しないようにする。

> PDA の縫合および閉鎖を確実にするため、動脈管周囲の線維性組織は可能な限り剥離する。

曲鉗子を用い、PDA の尾側から頭側に向かって頭側で指で触知でき視認できるようになるまで慎重に時間をかけて剥離する（図8）。PDA や大動脈、肺動脈の裂傷を避けるため、剥離は鉗子を2～3mm 以上開かないように操作しながら行う。

> PDA の右側の血管壁は、脆弱で容易に裂開しうるが、盲目的に剥離しなければならないため、その剥離はとくに慎重に行わなければならない。

続いて縫合糸を鉗子で掴み PDA の裏を通す。マルチフィラメントがのこぎりのように血管を引き裂かないよう、この操作はゆっくり行う（図3、4）。

> ＊ マルチフィラメントの"のこぎり効果"を避けるため、縫合糸は生理食塩水で湿らせるか、血餅に含浸させる。

鉗子が組織中をスムーズに通過しない場合は、隔膜でクランプされている。力を掛けたり引っ張ったりせず、鉗子が滑るように動くようになるまで何度も細かく鈍性剥離する。

2本目の縫合糸も同様に行う。またこの代替案として縫合糸をループにして通し、その後ループをカットして2本にすることもできる（図4）。

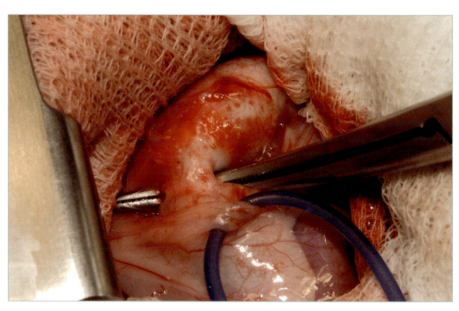

図8　PDA の内側を鉗子を尾側から頭側に、ゆっくり慎重に剥離する。この操作は血管壁を裂かないように細心の注意を払う。

> 2本の縫合糸は、PDA の裏で交差しないように別々に保持しなければならない。

大動脈に近い糸はゆっくり慎重に確実に結紮する。そして肺動脈側の糸を結紮する（図9）。

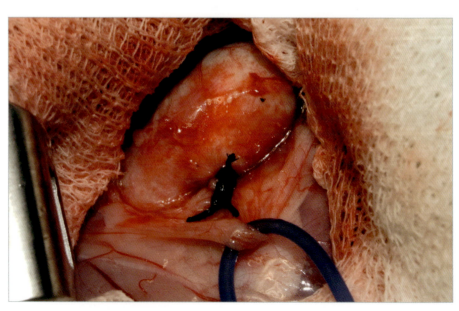

図9　PDA を0号絹糸を用いて2糸結紮し閉鎖した。

心臓血管系／動脈管開存症（PDA）

ジャクソン・ヘンダーソン法

　直接法の代替法であり、動脈管や肺動脈分岐部などの裂開の原因となるPDA内側の盲目的剥離を避けるために開発された。

> 術中出血は、6〜10％の症例で起こる。

　背側胸膜を切開し、大動脈に沿って、左鎖骨下動脈から第一肋間動脈まで剥離する。もし後者が確認できなければ、大動脈弓から尾側へ剥離を進めれば見つかることがある（図10）。

> ＊ 大動脈背側の剥離では、すぐ内側を走行する胸管を損傷しないように十分気をつける必要がある。

　大動脈の内側は、用手もしくは鈍性器具を用いて、細心の注意を払って正確に剥離しなければならない。

> ＊ 縦隔組織は確実な結紮を妨げる。これを挟まずに縫合糸を通すためには、大動脈内側の慎重な剥離が不可欠である。

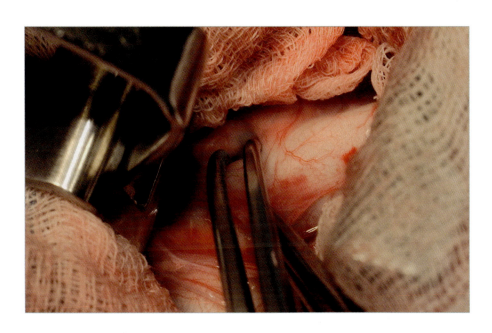

図10　大動脈の頭背側の剥離。鎖骨下動脈と第一肋間動脈の間を剥離する。

　続いて、PDAの頭側と尾側を慎重に剥離する。直角鉗子を動脈管の頭側から大動脈の背側へ通す。縫合糸をループにして断端を鉗子ではさみ慎重に引き抜く（図11、12）。

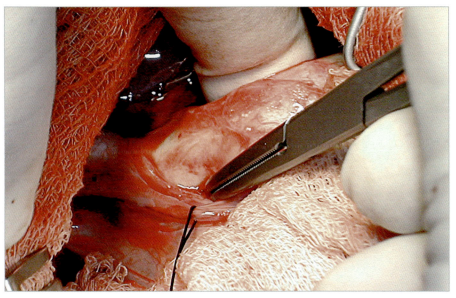

図11　大動脈内側の用手による鈍性剥離がうまくいくと、この図のように直接触りながら直角鉗子を大動脈の腹側をくぐらせ、右背側へ通すことが容易になる。

胸部

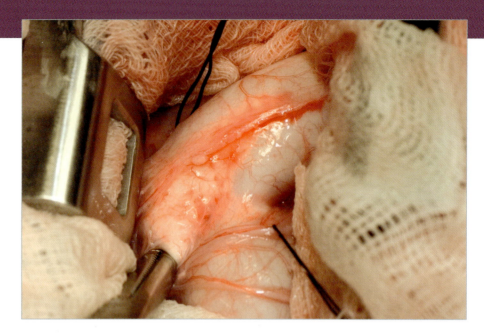

図12 縫合糸を二重のループにして把持し、大動脈周囲を慎重に通す。無理に引っ張り縫合糸と血管に摩擦を起こさせないようにする。

同様の手技をPDAの尾側にも行い（図13）、ループを切断すると2本の糸となる。

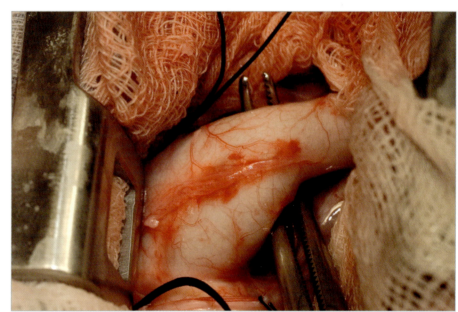

図13 直角鉗子をPDA尾側から大動脈背側に向かって挿入し、残りの糸を通す。

2本の縫合糸を動脈管内側で交差しないように保持する（図14）。

> 縫合糸を牽引するときは慎重に行う。大動脈の背内側からPDAの内側へ移動させる。

図14 縫合糸がそれぞれ独立し、交差していないことがきわめて重要である。動脈管の閉鎖は可能な限り確実に完全に行う。またこの手技では、反回喉頭神経（矢印）を損傷しないことが重要である。

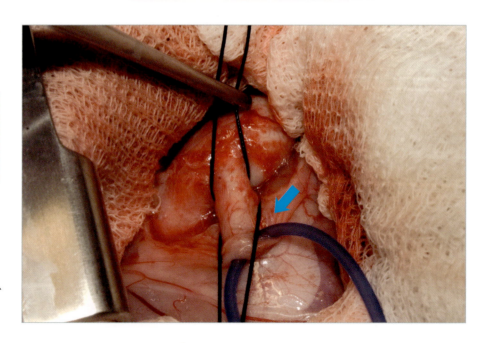

心臓血管系／動脈管開存症（PDA）

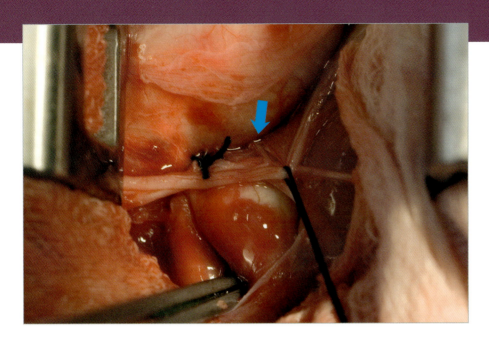

結紮をきつく行う。通常、大動脈に近い糸を初めに結紮し、2本の糸は可能な限り距離をとって結紮する（図15）。

図15 結紮終了時の写真。写真では2つの結紮の間にはほとんど間隙がなくきわめて近いが、可能な限り距離をとるべきである。矢印は反回喉頭神経を示す。

結紮後、大血管やPDAに肉眼的に異常がないかを確認し、触診して乱流のスリルがないことを確かめる。

外科医はこれら両方の手技に慣れておくべきであり、症例ごとに適切に選択する。

閉鎖が不完全だと、動脈管の血流が残存することになるが、臨床的意義は低い。

外科医が習熟しており、剥離を慎重に行い、組織の操作を丁寧に行うことで術中の合併症は減少する。

※ 大型犬の成犬では、小型犬や若齢犬と比べて、大血管の弾性が低下しPDAがより脆弱であることが多いため、細心の注意が必要である。

手術後に1～2％の症例でPDAの再疎通が起こる。このリスクは、結紮が困難な場合や外科医が未熟な場合に高くなる。

定法に従い閉胸する。胸腔ドレーンは、失血、胸水や気胸などの外科的な合併症がなければ必ずしも入れなくてもよい。入れたドレーンは、問題なければ12～24時間後に抜去する。

表1

二つの手術法で生じうる合併症[1]		
	従来法（直接法）	ジャクソン・ヘンダーソン法
術中出血	++	++
胸管の裂開、続発性乳び胸	−	++
反回喉頭神経の医原性損傷による発声障害	+	+
PDA血流の残存	++	+++[2]

[1] 外科医の経験が増加すると合併症は減少する。
[2] これは結紮に縦隔組織を多く挟んでしまった場合や結紮不全による。

手術成績

若齢犬では、心臓の大きさは術後3カ月で正常に戻る。肺血管は7日で正常の大きさになるが、血管壁の弛緩は不可逆的であるため拡張した動脈瘤は消失しない。

術中の合併症がなければ、予後は非常に良い。患者は心不全から完全に回復する。

症例1／術中のPDA裂開

José Rodríguez, Amaya de Torre,
Carolina Serrano, Rocío Fernández

技術的難易度 ■■■■■

PDA剥離中の動脈管裂開は多くはないが、外科医は、この合併症を常に想定し、生じた場合の対処法も知っておかなければならない（図1）。

この章では、PDAと診断された6カ月齢、雌のマルチーズ、"Betty"の手術を取り上げる。この症例の手術中、動脈管が裂開して大量に出血した。

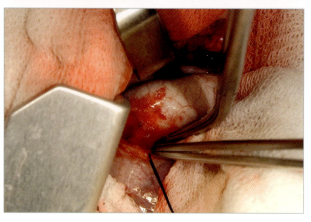

図1　本文のようにPDAの尾側を剥離した。慎重に行っても術中に動脈管の壁を損傷する可能性がある。

もし出血が少量である場合は、3〜5分間ガーゼによる圧迫止血を行うことで制御できる。通常、再出血することはなく、さらなる合併症なく手術を終えることができる。しかし、PDAの操作、剥離により裂開が悪化することがある。

PDAの内側を剥離する際は、右肺動脈を避けるために鉗子を動脈管に向かって盲目的に操作するため、血管損傷はこの場所で起こることが一般的である。右肺動脈を損傷しないことはきわめて重要である。また出血を生じた場合、執刀医は冷静になることに努め、決断力をもって対処しなければならない。

> これらの手術に際しては、術中出血に迅速に対応できるように血管外科の準備をしておくべきである。
> - ドベイキー無傷性鉗子
> - ブルドッグ血管鉗子
> - サテンスキー小児用血管鉗子
> - 吸引器
> - 血液や代用血液

> PDAの剥離は頭側から行う。このほうが、出血の合併症がより単純になる。
>
> 執刀医はこの部位の解剖をよくイメージし、手術のどの段階なのか、裂開する可能性のある部位はどこなのか、意識すべきである。

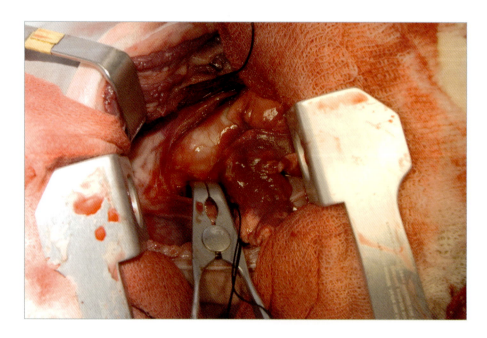

出血時には何よりもまず、PDAを左手の親指と人差指を用いて圧迫し制御を試みる。このときPDAの頭側尾側の剥離が完了しているとやりやすい。

次に、術野の血液を吸引し、用手による止血を血管鉗子に置き換えてから気を静め正確な操作に移行する（図2）。

図2　血液を吸引した後、ブルドッグ鉗子でPDAを把持し、術野をガーゼで拭いて視界をよくする。

出血が収まったら、PDAの頭側端が視認できるようにブルドッグ鉗子を掛け直す。正確に結紮し縫合するためには必須の作業である（図3）。

> もし鉗子が大動脈に垂直に掛かっていると、動脈管内側を結紮するのが困難になる。

この症例では、術野の尾側にブルドッグ鉗子があり、PDAを尾側から剥離していくことが困難であったため、ジャクソン・ヘンダーソン法で縫合糸を設置した（図3）。次に第一糸を血管鉗子の上から、肺動脈に近い場所に結紮した（図4）。動脈管の緊張を減らし、正確に結紮するためにブルドッグ鉗子を開く必要があったが、抜かないように開き、その間に堅く結紮した（図5）。

「ジャクソン・ヘンダーソン法」の項を参照 ← 183ページ

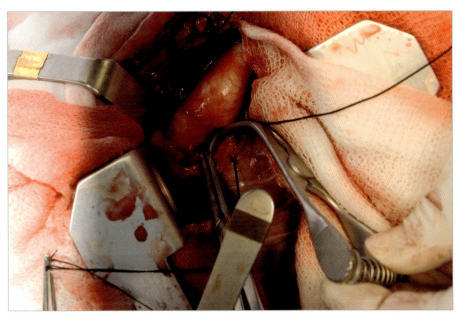

図3 ブルドッグ鉗子を大動脈と平行になるように挟み直すと、PDAを閉鎖する結紮糸を通しやすくなる。

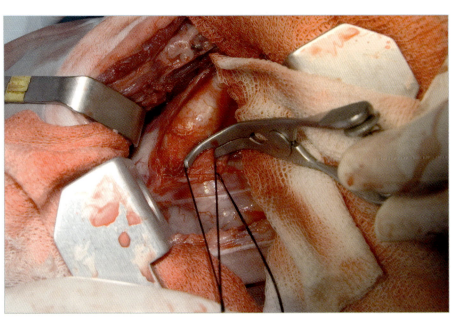

図4 PDA閉鎖の第1糸目。この症例では、近位の大動脈側を結紮する際に邪魔にならないように、第1糸目を肺動脈に接してかけている。

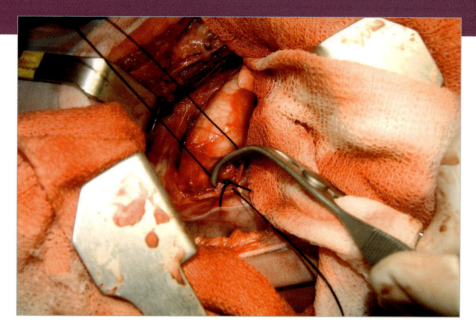

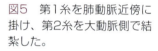
結紮を正確にきつく行うために血管鉗子をゆるめる。これにより血管を緊張させることなく閉鎖できる。

図5　第1糸を肺動脈近傍に掛け、第2糸を大動脈側で結紮した。

　第2糸は、血管鉗子を結紮と同時にゆるめる。これで最小限の出血で安全にPDAを閉鎖できる（図5、6）。

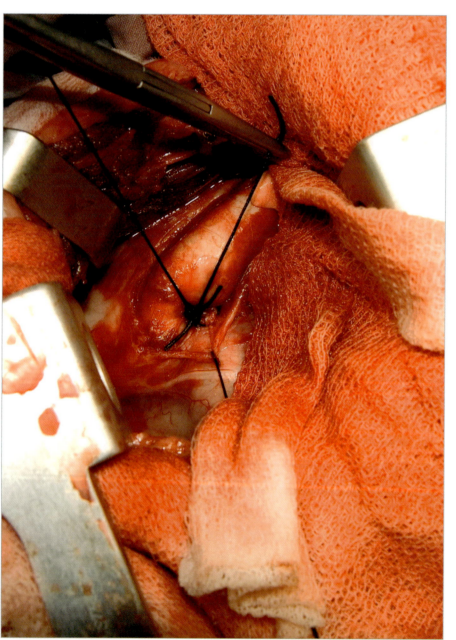

図6　第2糸を掛け、血管鉗子を引き抜たところ。これで血管処理は終了である。

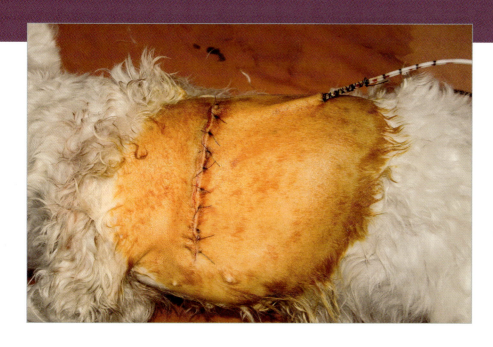

定法に従って閉胸するが、PDAの術後は、二次性の出血や医原性の乳び胸、気胸などの合併症を監視するために胸腔ドレインを設置する。

「チューブとドレインの固定」の項を参照 279ページ

図7 手術終了時の外観。胸腔ドレインを設置し、閉胸した。

手術に伴う合併症がなければ（この症例では合併症はなかった）、症例は問題なく回復し、術後管理はこの種の手術の一般的なものになる。

ドレインから残存する空気を抜去したり、医原性の出血の有無を確かめる。

術後、ドレインの位置が頻繁に変わるため、吸引は動物を左横臥にして行う。また、X線によっても合併症の有無は確かめることができる（図8）。

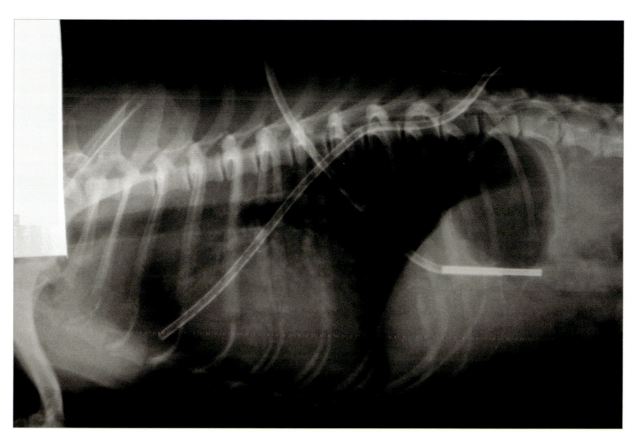

図8 術後24時間でのX線像で、症例の回復や、胸腔内の残存空気、胸水がないことを確認する。

症例2／血管ステイプラーを用いた閉鎖

José Rodríguez, Amaya de Torre,
Carolina Serrano, Rocío Fernández

技術的難易度 ■■■□

　縫合法の中長期的な合併症の一つに再疎通がある。これは、動脈管が短く幅があり、2糸の縫合を十分に離すことができないと起こりやすくなる。

　この合併症を避けるため、外科医のなかにはPDAを切断し、別々に縫合することを推奨する者もいる。しかし、術野は深く十分に操作できないため、その手術法は、術中術後の合併症の危険性が高い。

　この章では、PDAの二重結紮に替わる方法を紹介する。とくに動脈管が短く幅広い場合、血管が脆弱な場合に適応できる方法である。この症例では、血管ステイプラーを使用した（図1）。

> 血管壁の脆弱性を示唆する血管拡張がある場合や、縫合糸では十分に結紮できない場合には、血管ステイプラーは魅力的なオプションである。

　この手術法でもPDAを閉鎖する術式は同じである。左第四肋間を開胸し、前述のとおり術野を確保する。

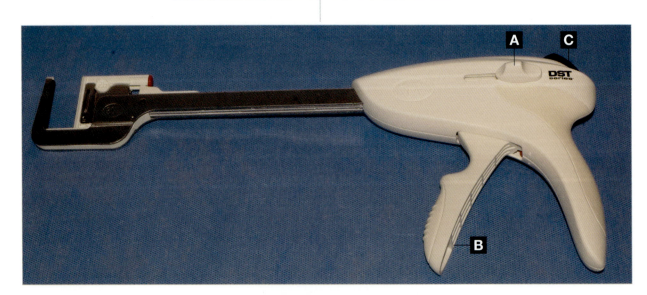

図1　血管ステイプラー。ボタン（A）を押して組織の脱落防止のための制御棒を押し出す（1）。トリガー（B）を握って、ステイプラーのカートリッジで組織を挟み込む（2）握るときに抵抗を感じ始めたらより力をかけて握りステイプルを打ち出す。自動縫合が完了したらボタン（C）を押して、器械を引き抜く。

幅広で短いPDAを的確に結紮することは難しく、再疎通の危険性はその他のPDAよりも高い。動脈管内の乱流による血管拡張や患者の年齢により血管の脆弱性が高まる。これらの理由から、血管ステイプラーによる閉鎖を選択した。

続いてPDAの内側の剥離を行い、その後の手術手技における操作を最小限にするため支持糸を掛ける（図2）。

慎重に支持糸を引っ張り、PDAの内側にステイプラーのアンビルを通す。ステイプラーは抵抗ないようスムーズに進める（図3）。

> ステイプラーをゆっくり通し、もし抵抗を感じる場合には押し込まず、いったん引き抜き、再び通す。必要あれば剥離の範囲を拡大する。

ステイプラーは血管に垂直に設置し、（挟んだ組織がステイプラーを発射したときに抜け落ちないように）外側のリテイニングピンを押し出す（図1、4）。

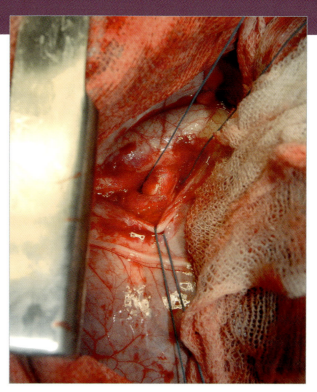

図2　慎重にPDAを剥離し、安全に操作するために支持糸を通す。

「リニアTAステイプラーによる自動縫合」を参照 18ページ

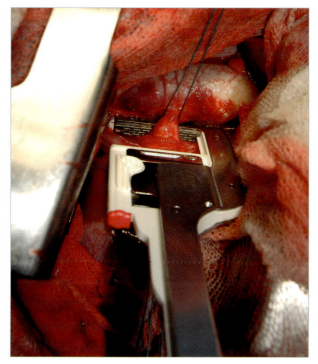

図3　動脈管の内側にステイプラーを通すときは、抵抗や障害があってはならない。

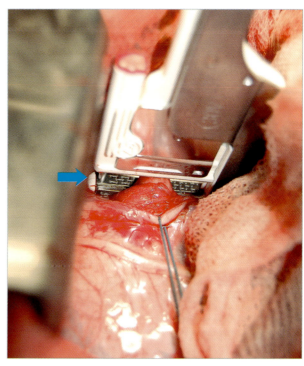

図4　適切な位置にステイプラーを設置するには、ステイプラーを血管に対して垂直にし、リテイニングピンをセットする。これにより組織や血管がステイプラーが外に脱落するのを防止できる。

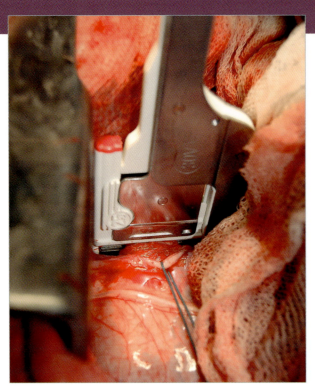

図5 ステイプラーの引き金は2段階になっている。1段階目では、カートリッジが組織を規定である1mm厚まで挟み込む。2段階目で、ステイプラーは組織を貫通し、血管内腔を完全に閉塞する。血管ステイプラーでは3列のステイプルが発射される。

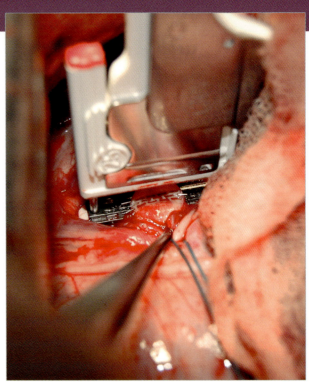

図6 ステイプラーのロックを解除し、カートリッジを引いて縫合を評価する。

リテイニングピンをセットしたら、カートリッジを血管に接するまで前進させ、ステイプルを発射する。ステイプルはアンビル上で閉じるので、PDAは完全に閉塞する（図5）。

次にロック解除ボタンを押し（図1C）、カートリッジを引き（図6）、リテイニングピン（図1A）を元の位置に戻してから、ステイプラーを外す（図7）。

この手術法では、動脈管への血流を阻害しないようにステイプルが配置される。そのため動脈管の虚血や壊死、ひいては再疎通を起こす血流遮断を避けることができるため、PDAの閉鎖は完全で安全であり、再疎通の可能性は小さい。

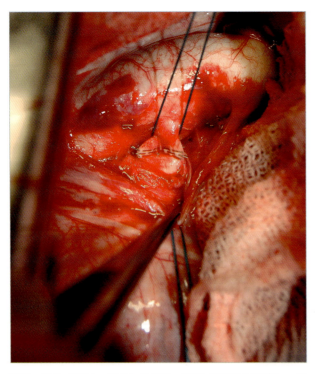

図7 ステイプラーを外した後に、PDAが完全に閉塞し、出血がないことが確認できる。

血管ステイプラーを用いたPDA閉鎖術では、再疎通の可能性を最小限に抑え、縫合に伴う血管裂開を避けられるため、安全で信頼できる方法である。

症例3／Amplatzer Canine Duct Occluder(ACDO)を用いたPDA閉塞法

技術的難易度

Pedro P. Esteve

総論

　PDA内の血流方向は、体循環と肺循環の相対的圧較差によって決まる。通常、体循環の圧は肺循環の圧よりも高いために血流は左から右へ向いている。

　この圧較差により、PDAの直径は肺動脈側よりも大動脈側でより広くなるのが一般的である。

臨床症状

- 特徴的所見：左腋窩頭側の聴診で、連続性雑音やスリルを聴取できる。
- 雌に好発：すべての犬種に言えるわけではないが、雌雄比は3：1である。
- 診断時の年齢：心雑音の聴取にかかっている。通常、かなり若齢で心雑音が聴取される。
- 右左短絡のPDA：拡張期雑音が聴取されるか、雑音が聴取されない。
- 臨床症状：生後数週間から数カ月は無症状である。その後、肺水腫やそれに伴う咳や呼吸困難などうっ血性左心不全の症状を徐々に呈するようになる。右左短絡へ逆転したPDAでは、下行大動脈に静脈血が混じるため、膣や包皮など下半身の粘膜にチアノーゼが認められる。腕頭動脈には静脈血が混じらないため、上半身の粘膜はピンク色である。後躯の虚弱や多血症が認められる。

診断

　心電図検査や胸部X線検査（図1）からPDAを疑うことはできるが、確定診断と病期の判定は、ドプラ超音波検査が用いられている。超音波検査は、併発しやすい奇形の鑑別診断にも有用である。

　さらにPDAの形態を評価することが重要である。血管造影検査や経食道超音波検査（TEE）によって詳細な情報が得られる。

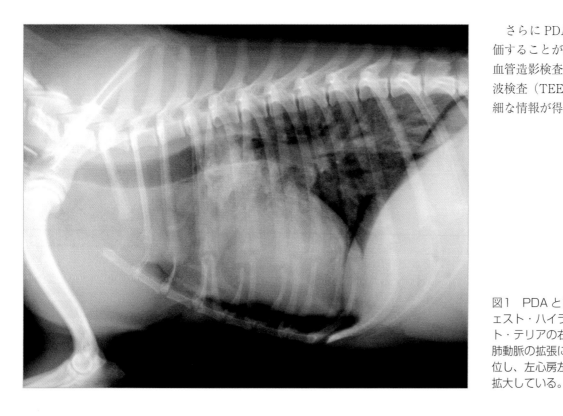

図1　PDAと診断されたウェスト・ハイランド・ホワイト・テリアの右側方X線像。肺動脈の拡張により気管が変位し、左心房左心室の陰影が拡大している。

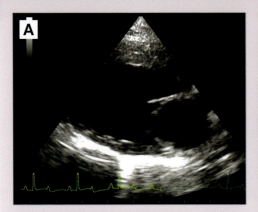 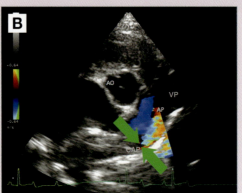

図2A　右側傍胸骨長軸断面において、容量過負荷により拡張（遠心性肥大）した左心室が認められる。

図2B　右側傍胸骨短軸断面において、右室流出路から肺動脈（PA）のカラードプラ画像：PDAから肺動脈へ向かう上行性の異常血流が確認できる。

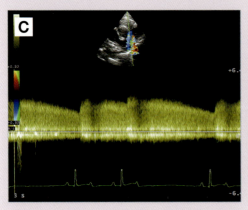 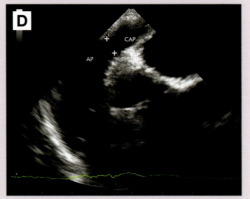

図2C　右側傍胸骨短軸断面の連続波ドプラ画像において、肺動脈内に左右短絡のPDAに典型的な連続性血流が認められる。

図2D　経食道超音波検査（TEE）により、肺動脈に流入する動脈管の直径を計測する。

超音波検査

確定診断のためには、一連のドプラエコー検査で以下の点を確認する。

- 容量過負荷による、左心房、左心室の拡大および下行大動脈、肺動脈の拡大。PDAはさまざまな断面で見ることができるが、最もはっきり確認できるのは、左側心基底部短軸断面である。
- ドプラ画像における、肺動脈内の連続性血流。断層像にカラードプラ画像を同時に重ねることができる装置を用いると、PDAの場所を特定しやすくなる。
- 右左短絡のPDA：超音波検査における右心室肥大と肺動脈拡張および肺高血圧による呼吸不全が特徴的である。

マイクロバブル（例えば撹拌した生理食塩水など）による造影超音波検査：腹部大動脈を超音波検査で描出しながら造影剤を橈側皮静脈から注入する。右左短絡のPDAがあれば、腹部大動脈が造影される。

> 経胸壁もしくは経食道超音波検査で大事なことは、動脈管の直径測定と形態評価である。

> 近年、PDA血管描出法として経胸壁超音波検査と経食道超音波検査を比較した論文が発表された。犬のPDAにおいては、経食道超音波検査のほうが正確な形態評価ができる。

M モード

症例の重症度によるが、犬の大型の PDA では、左室拡張末期径の拡大、左室短縮率の低下などの収縮機能不全が認められることがある。

このような場合、動脈管閉鎖に成功しても心不全が持続したり、一過性の悪化が見られることが多い。

ドプラ検査

- カラードプラ画像：肺動脈において、動脈管の肺動脈開口部からトランスデューサーに向かうジェット乱流が観察される。
- 連続波ドプラ画像：肺動脈内に連続した拡張期逆流が認められ、逆流は約5m/s に達する。これは大動脈と肺動脈の圧格差である100mmHgに一致する。

病態が進行すると、左心室と僧帽弁弁輪の拡大により、軽度から中程度の僧帽弁逆流が認められる。

左室流出路における流速は、容量過負荷により2m/sを超えることがあるが、これを大動脈弁下狭窄と誤診してはならない。

- Qp：Qs 比。肺循環血流と体循環血流の流量比は正常では1である。比率の上昇は左右短絡を示す。
  - Qp：Qs＜1.5：肺動脈圧は正常で、大動脈－肺動脈圧較差が中程度に上昇した小さな PDA
  - Qp：Qs＝1.5～2：左心室の容量過負荷が生じている中型の PDA
  - Qp：Qs＞2：重度の容量過負荷が左心室に生じ、肺高血圧と大動脈肺動脈圧較差が高い大型の PDA

治療の選択肢

- 左右短絡の PDA：以下のいずれかの方法で PDA を閉鎖することが推奨される。
  - 透視下最小侵襲手術。コイルや Amplatzer Canine Duct Occuluder などが報告されている。Amplatzer をカテーテルにより設置する方法が最も安全である。
  - 従来の外科手術

> Amplatzer による閉鎖は、体重2～3kg を下回る犬では、大腿動脈径がカテーテルよりも小さく適応できない。また、動脈管の形状がタイプⅢ（チューブ状で狭窄部がない）であると、犬のサイズにかかわらず、不適応である。

- 右左短絡の逆転した PDA：外科的に閉鎖すると肺高血圧が悪化し致死的であるため、手術は禁忌である。
- 多血症（＞70％）がある場合は、点滴しながら瀉血を行う。
- 肺高血圧症に対しては、シルデナフィルを使用する。

術式

技術的難易度

「画像ガイド下低侵襲手術」の項を参照 → 334ページ

この方法では、PDA膨大部の直径を正確に計測し、適切なサイズの Amplatzer Canine Duct Occluder (ACDO) を選択するために、経食道超音波検査（TEE）が必須である。TEEによる形態評価により、装置装着のイメージが向上し、X線照射時間を短縮できる。

> PDA閉鎖にはコイルなどの他の方法もあるが、コイルは脱落して肺動脈塞栓を起こす危険性がある。ACDOは PDAの計測とサイズを適切に選択すれば脱落する危険性が少ない。

> ＊ 積極的な予防的抗生物質投与が重要であり、感染リスクを抑えるために手術1時間前に開始する。

この手術は動脈内治療であり、大腿動脈が使われる。

他の血管内治療と同様に、まずイントロデューサー・シースを設置する。動脈管膨大部のサイズやデリバリーカテーテルのサイズに合わせた正しいサイズのシースを使用することが重要である。もしシースが小さすぎた場合には、合併症を回避するため術中に挿入し直す必要が生じる。

続いて、エクスチェンジ・ワイヤーと造影用カテーテル（ピッグテイルやマルチパーパス・カテーテル）を挿入し、大動脈まで進める。とくに大型犬では、血管造影用のポンプが使用できるとよい。これがないと、造影剤がすぐに血液希釈されてしまい、PDAの形態が適切に評価できない（図3）。

動脈管膨大部の形態と直径を経食道超音波検査（TEE）により評価する。計測した直径に従ってACDOデバイスのウェスト・サイズを決定する（図4）。

> 一般的には、動脈管膨大部直径の1.2〜1.5倍幅のデバイスを使用する。

血管造影後、造影用カテーテルを抜去し、デリバリー・カテーテルを挿入する。カテーテルはPDAを通過し肺動脈まで進める。

カテーテルを設置後、ACDOデバイスをデリバリー・ワイヤーに接続し、肺動脈まで送る（図5A）。続いて1つ目のディスクを展開する。透視装置やTEEをガイドに、デバイスを引き戻し、動脈管の縁に掛ける（図5B）。1つ目のディスクの場所が定まったらデバイスの残りを展開する。これによりデバイスは肺動脈との境界と動脈管内にまたがって挿入される（図5C）。

動画をガイドにすることで、デバイスが適切な場所にあるかどうかを評価することが可能である。デバイスの位置が不適切であれば、デリバリーカテーテルにデバイスを戻して再設置させることができる。

設置場所が確定したら、デバイスをカテーテルから外す。デリバリーカテーテルを反時計回りに回転させると、デバイスはカテーテルから外れる（図5D）。外してしまうと、カテーテル内に収納することはできなくなる。

TEEを行い、PDAに特徴的な血流が消失し、選択した場所に展開したデバイスを確認する（図6）。

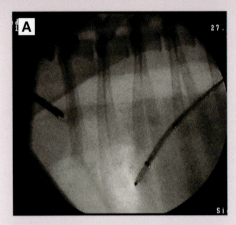

図5A （Amplatzerデバイスを収納した）デリバリーカテーテルをPDAを通して肺動脈に誘導する。

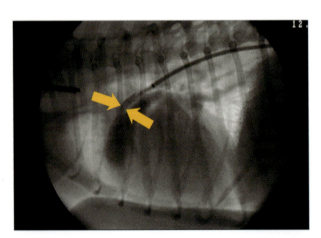

図3 PDA（黄矢印）の大動脈境界部の血管造影画像。動脈管の直径と形態、肺動脈を観察する。

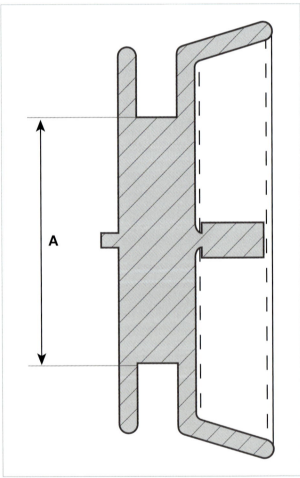

図4 ACDOデバイスの模式図。直径（A）を動脈管の直径に合わせたデバイスを選択する（ACDO device. Infiniti Medical LLC, Malibu, Ca, USA）

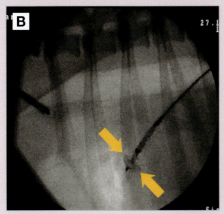
図5B 遠位のディスク（矢印）を展開した。その後、抵抗を感じるところまでカテーテルを引き戻す。これはディスクが動脈管の縁にかかったことを示す。

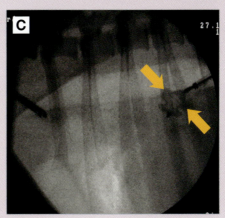
図5C 近位のディスク（矢印）を展開すると、PDAにぴったりと収まる。

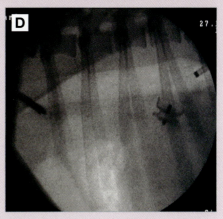
図5D デバイスをワイヤーから外す。デバイスがはずれ、PDA内に固定されるまでAmplazterのワイヤーを回す。その後、デリバリーカテーテルをイントロデューサーを通して引き抜く。

　最終的にデリバリーワイヤーとカテーテルはイントロデューサーを通して引き抜く。さらにイントロデューサーを抜き、血管を執刀医の好みの方法で閉鎖する。

> キーポイントとなるのは、適正な直径のACDOを選ぶことであり、経食道超音波検査もしくは血管造影検査に基いて選択する。

術後管理と経過

　術後管理は通常単純である。カテーテルを挿入した血管のアクセスポイントを観察し、後に抜糸する。内科療法については、術前から心不全徴候を呈していた症例では、容量過負荷に対する投薬が必要なことがある。

AmplatzerデバイスによるPDA閉鎖術の合併症

　術中の合併症がいくつかある。最も多い合併症は、動脈管閉塞に伴う迷走神経原性代償性の徐脈である。他には、とくに容量過負荷や心不全徴候のある動物では、肺水腫があげられる。この場合はフロセミドの静脈内投与が必要である。

　全体的には、高い成功率と安全性と有し、従来の開胸する手術の合併症を解消できる手術法である。

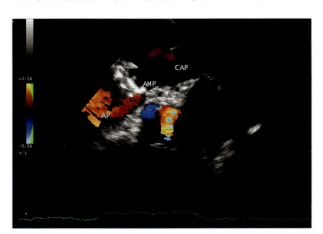
図6 PDA内のAmplatzerデバイスの経食道超音波検査。カラードプラ画像では、動脈管を通る血流の残存は認められない。PA：肺動脈、AMP：Amplatzer、PDA：動脈管

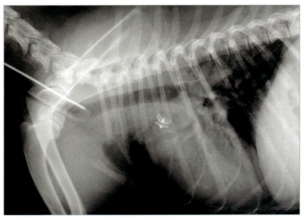
図7 再診時のX線検査において、Amplatzerデバイスが適切な位置に展開されていることが確認された。

胸部

肺動脈狭窄症 概要

Pedro P. Esteve, Carolina Serrano, Rocío Fernández, Alicia Laborda

発生

　肺動脈弁は右心室の流出路に位置し、流出路と肺動脈を隔てている。心収縮期に開き右心室から肺の動脈循環へ血液を送り出す役割を担っている。

　肺動脈弁または肺動脈の狭窄は、犬の一般的な先天性疾患であり右室流出路の狭窄を引き起こす。

狭窄形態は
- 弁下部（肺動脈弁よりも下部）
- 弁上部（肺動脈弁よりも上部）
- 弁性　最も多い形態であり2タイプに分類される
  - タイプAでは、弁尖が部分的に癒合することで弁尖が十分に開かずに起こる狭窄。肺動脈弁の低形成や軽度な弁尖肥厚も認められる。
  - タイプBでは、重度な弁尖肥厚と肺動脈弁の低形成により起こる狭窄であり、肺動脈弁輪部の低形成も合併している（流出路狭窄）。

> 肺動脈狭窄症は、右室流出路の先天性心奇形であり、通常は弁のレベルで生じる。

これら2つが混合したタイプも起きる可能性がある。罹患した弁尖は動きが制限され、右室流出路の径が狭くなる。

　肺動脈狭窄症はドプラ心エコー図検査により測定した圧較差と最大肺動脈血流速度により、軽度、中等度、重度に分けられる。

　中等度、さらに重度肺動脈狭窄症ではとくに、右心室の自由壁・中隔壁・漏斗部が顕著に肥大することで、肺動脈の狭窄とともに流出路での動的な狭窄も生じることになる。

　好発犬種は、テリア種、イングリッシュ・ブルドッグ、フレンチ・ブルドッグ、ボクサー、サモエド、チワワ、ミニチュア・シュナウザー、ラブラドール、チャウチャウ、ニューファンドランド、バセット・ハウンド、コッカー・スパニエル、ピンシャーである。猫でも本疾患は起こりうるが、非常にまれである。

病態生理

　肺動脈弁の狭窄により、心拍出量を維持するために右心室の収縮期の仕事量が増加する。

　時間の経過とともに右心室の心筋肥大による肺動脈弁通過時の圧較差が増大する。病態進行により観察されるその他の所見としては収縮期における中隔壁の左心室側への平坦化、三尖弁異形成、心拍出量低下であり、最終的にはうっ血性右心不全に陥る。

臨床症状

　臨床症状は、無症状から運動不耐、疲れやすい、失神、突然死まで多様である。重度肺動脈狭窄の症例では、右心不全徴候や腹水貯留が認められることもある（図1）。

> 臨床症状は、一般に1歳前後で発現するとされており、心拍出量低下に伴う運動不耐性や失神が最も多い。

　聴診では、左側心基底部において最大となる荒い収縮期駆出性雑音が特徴的であり、心音図では漸増－漸減型として認められる。症例の中には、弁の閉鎖不全による拡張期性雑音が認められることもある。重度肺動脈狭窄の症例では心電図にも顕著な変化が認められ、心臓電気軸の右軸変位や異常に深いS波などが検出される（図2）。

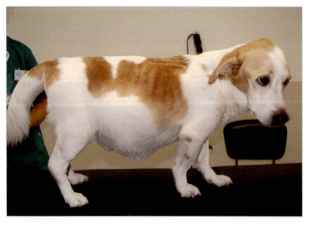

図1　肺動脈の狭窄に続発した右心不全の患者における顕著な腹水貯留

心臓血管系 / 肺動脈狭窄症

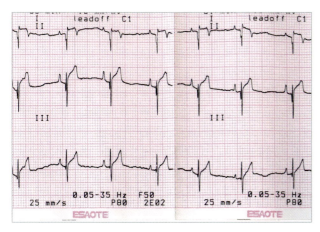

重症例では、胸部X線検査にて明らかな心拡大と狭窄後部拡張が認められる。確定診断に最も適した検査法は、ドプラ心エコー図検査であり（図3～6）、測定した圧較差に基づいて狭窄の程度の重症度評価が可能である。

- 軽度：50mmHg 未満
- 中等度：50～80mmHg
- 重度：80mmHg 超

> 超音波検査は他に心奇形が合併していないかを同時に確認することが可能である。

図2　犬の肺動脈狭窄症の心電図　Ⅰ、Ⅱ、Ⅲ誘導におけるS波は右心室肥大を示すことに注目せよ。
画像は Cardiosonic のご厚意による

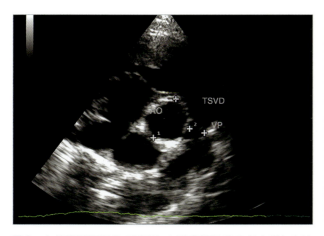

図3　右傍胸骨短軸像で描出した肺動脈狭窄症および右室流出路と肺動脈弁の評価
画像は Cardiosonic のご厚意による

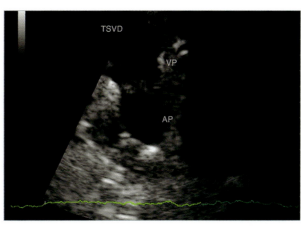

図4　右室流出路の描出に最適な左頭側方向像。辺縁が肥厚したドーム型の肺動脈弁に注目せよ。
画像は Cardiosonic のご厚意による

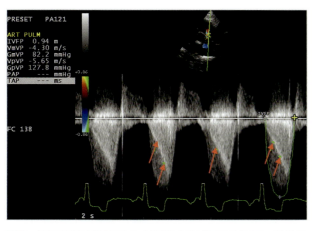

図5　重度肺動脈狭窄の犬の連続波ドプラにおいて、通常の狭窄血流を示す曲線に、赤矢印で示した動的狭窄曲線（ナイフ型）が重複して認められる
画像は Cardiosonic のご厚意による

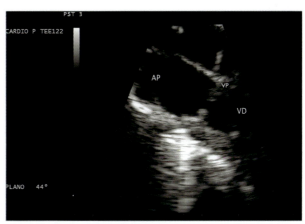

図6　バルーン弁口拡大術を実施する前の経食道心エコー図検査で得られた重度の狭窄を伴った肺動脈弁像
画像は Cardiosonic のご厚意による

VP：肺動脈弁　　VD：右心室
AP：肺動脈　　　AO：大動脈

胸部

心エコー図検査における重要な所見は
- 右心室の求心性肥大
- 肺動脈弁領域の狭小化
- 肺動脈の狭窄後部拡張
  - 右心室圧が左心室の圧よりも高くなることで起きる心室中隔の平坦化（中隔壁の奇異性運動）
  - 右心室や中隔の心筋高エコー領域は、虚血や線維化と関連している。
  - Ao/Ap比は肺動脈弁輪径と大動脈弁輪径を測定して比較するもので肺動脈の低形成の有無の評価に用いられる。この値が1.2〜1.5以下であると肺動脈弁低形成が示唆され、また肺動脈弁狭窄症を2つのタイプに分けるのに役立つ。
  - ドプラ評価
- カラードプラ検査は、狭窄部を通過した血液により生じる乱流の迅速診断に有用である。
- 最大血流速度
- 動的狭窄の確認
- 肺動脈弁閉鎖不全症の確認
- 他に先天性心奇形が合併してないかどうかを評価
- 三尖弁逆流の合併がないかどうかを評価

「低侵襲手術」の項を参照 332ページ

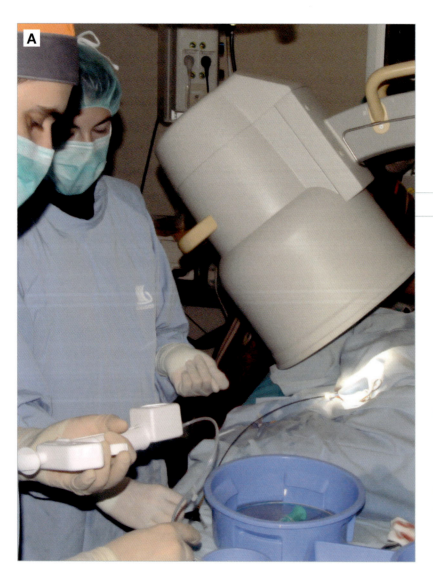

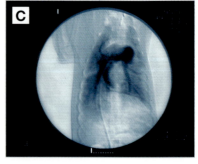

図7　重度肺動脈狭窄症のフレンチ・ブルドッグにおけるバルーン弁口拡大術の手術写真
A：肺動脈弁口部に位置したバルーンを拡張させる準備
B：バルーンカテーテル
C：肺動脈を評価する血管造影
　　この画像では右室漏斗部や肺動脈弁の径を正確に評価することはできない。

治療アプローチ

軽度〜中等度症例で無症状の場合には治療を必要としない。右心室肥大がある程度認められる患者では、心筋の酸素要求量を減らすためにβブロッカー（アテノロール）を使用したり、心臓の拍出の負荷を減らすために利尿剤を使用する必要がある。

重症例ではβブロッカーの利用が推奨される（アテノロール0.5〜1.0mg/kg PO bid、低用量で開始して徐々に目標投与量まで漸増）。

さらに症例のなかには、心臓の収縮力や酸素化の改善を目的として、カルシウムチャネルブロッカーの使用が推奨される例もある。

これらの症例ではすべて、頻脈や心筋酸素消費量の増加を防ぐために、激しい運動あるいは中等度の運動であっても制限する必要がある。

狭窄が重度な例では無症状の患者においても、バルーンカテーテルを使用した血管内拡張バルーン弁口拡大術が治療の選択肢となる（図7）。

著者の中には圧較差60mmHgを超える場合に、本治療を推奨する人もいる。

低侵襲外科治療に反応しない症例では、開胸下での外科的介入により右心室流出路の改善を必要とする場合もある（図8）。

> イングリッシュ・ブルドッグやボクサーの弁下部狭窄では、冠動脈の奇形を除外しておく必要がある。これは拡張時に破裂する危険性があるため外科治療の除外基準となっているためである。

「肺動脈狭窄症の治療 Transannularパッチ」の項を参照 → 204ページ

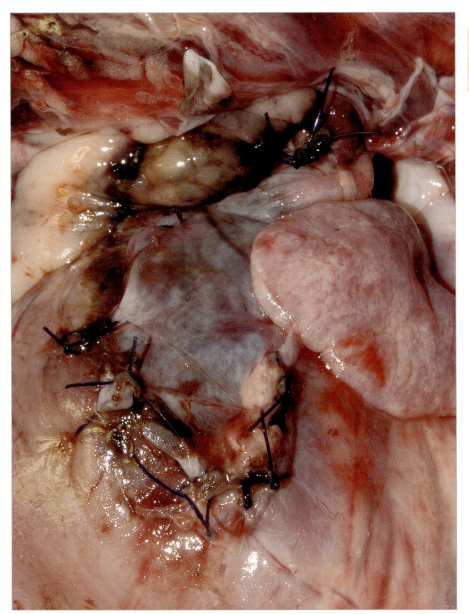

図8 右心室から肺動脈への流出路を改善するための狭窄弁を通さないtransannularパッチ。
死亡後の写真

肺動脈弁狭窄症の治療　バルーン弁形成術

技術的難易度

Pedro P. Esteve

手術に必要な機器

カテーテル治療に必要な手技は、心臓血管でのカテーテル操作がリアルタイムで観察できるよう透視下で行う必要がある。

同時に経食道心エコー図検査を併用することで、肺動脈弁輪径、弁の動き、拡張後の血流の評価に役立つ。

感染を予防するために、術前（手術約1時間前）から積極的に抗生物質治療を行うことが重要である。

「画像ガイド下低侵襲手術」の項を参照　→ 334ページ

手術手技

手術は、頸静脈または大腿静脈を経由し静脈内で行う。現在著者が用いている方法は、セルジンガー法や静脈切開法であり、終了時にはマイクロサージェリーや血管クリップにより静脈の閉鎖を行っている。

最初に、手術中に使用するさまざまなカテーテルを挿入するための経路として役立つシースイントロデューサーを設置する。イントロデューサーは適切な径のものを選択することが重要である。シースイントロデューサーの径がバルーンカテーテルの径より小さいと、カテーテル治療の途中で交換する必要が出てくるなどさまざまな問題が起こる可能性があるからである。

次に、ガイドワイヤーと血管造影カテーテル（ピッグテイルまたはマルチパーパス）を、三尖弁を通過して右心室まで挿入する。

血管造影はヨード造影剤を用い、肺動脈弁輪径の測定と観察を目的として行う。この造影と経胸壁または経食道心エコー図検査で得られたデータから、適切な拡張バルーンサイズを選択する（図1）。

血管造影実施後、ガイドワイヤーを肺動脈弁を通して主肺動脈まで進める。ガイドワイヤーを固定してバルーンカテーテルを拡張部位まで誘導する（図2）。

拡張用に繋いだシリンジに希釈した造影剤を満たしておき、弁口部のバルーンを膨らます際に注入する。この方法により弁口部は拡張し流出路径が拡大する。

バルーン弁形成術は、3〜5分間隔で2〜3回繰り返す。バルーンは最大拡張状態を5秒間持続させる。バルーン拡張開始時には明らかに目視できるくびれがあるが、徐々にくびれがなくなり最適な拡張が達成されたことがわかる（図3、4）。

インターベンション中は、不整脈の有無を注意深く観察し、患者のカプノグラムや動脈血圧をチェックすることが重要である。

拡張術が完了したら、ガイドワイヤーを抜きバルーンカテーテルの血管造影用チャネルから血管造影を行い、十分な拡張ができているかを確認する。

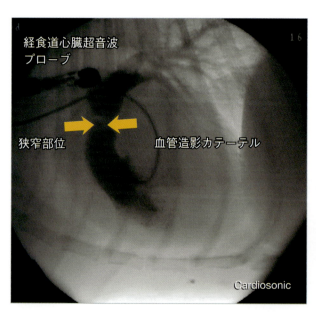

図1　ヨード造影剤による右室流出路の血管造影検査

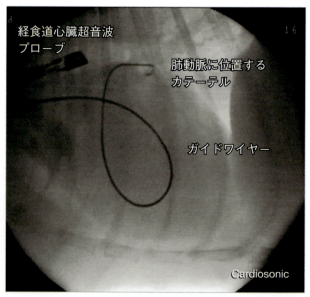

図2　肺動脈弁を通過し肺動脈に位置する先端Jのガイドワイヤー像

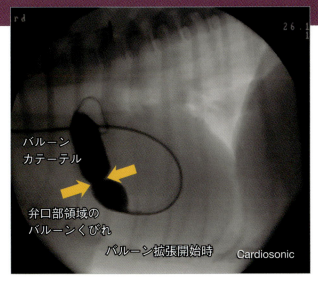
図3 肺動脈弁の狭窄部位であるくびれを示したバルーン拡張開始時の像

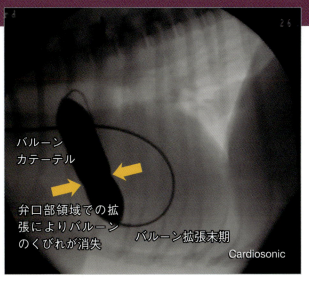
図4 バルーン拡張終了時の像。バルーンが最大径まで拡張し、初期のくびれが完全に消失しているのが最適な拡張の証拠であることを示している。

　拡張後、バルーンカテーテルはイントロデューサーから取り出す前に完全にしぼませ引き抜く。血管確保を行った部位の閉鎖は結紮・血管縫合などいくつかの選択肢がある。

　タイプAの狭窄の場合、バルーン径は一般に肺動脈弁輪径の1.2〜1.5倍のサイズを選択する。一方でタイプBの狭窄の場合には、弁輪径の1.1〜1.2倍のサイズを選択する。

　イングリッシュ・ブルドッグやボクサーの肺動脈弁下部狭窄では、まず冠動脈奇形の存在を除外する必要がある。これはこの奇形があるとバルーン拡張時に破裂する危険性があり適応外となるため、あるいは適切なバルーンサイズを決定するためである。

> 重要なのは最適なバルーンサイズを選択すること：狭窄のタイプと心エコー図検査や血管造影検査で得られたデータから決定する

術後管理と経過観察

　術後管理は比較的単純であり血管確保を行った部位の術創ケアと抜糸のみである。

　内科治療に関しては、大部分の症例で次のドプラ心エコー図検査までの間、アテノロールを継続し、心拍数と合併する動的狭窄をコントロールする。

バルーン弁形成術の合併症

　術中に、多くの合併症が起こる可能性がある。最も一般的なのは心室起源の不整脈であり、心室性期外収縮が単発あるいは連発して、時には心室頻拍として生じるが、一般にすぐに消失するか内科的治療によく反応する。ごくまれに、心室細動が起こることがあり、回復しなければ患者は死に至る。これらの不整脈はカテーテルと心室筋の接触や造影剤への反応の結果生じる。症例の中には、一時的に右脚ブロックが起こり数分で消失する例もある。

　心室破裂や心筋損傷はこの手術ではほとんど見られないが、イングリッシュ・ブルドッグやボクサーでは冠動脈奇形の存在に起因して、致死的となる症例も報告されている。

　一般に、タイプAの狭窄では顕著な血行動態の改善が、タイプBの狭窄では中等度の改善が認められる非常に安全性の高い手技であるので、本疾患においてはこの手術を選択すべきである。

肺動脈狭窄症の治療 Transannular パッチ（開胸下パッチグラフト術）

技術的難易度

José Rodríguez Gómez, Amaya de Torre,
Carolina Serrano, Rocío Fernández

　Transannular パッチ法は、重度な肺動脈狭窄症の患者でとくに顕著な漏斗部肥大が疑われる症例、非常に弾力性に富む肺動脈弁狭窄の症例、低侵襲手術により改善が見られなかった症例で適用となる。

　この手術では血液流入遮断法、32〜34℃の中程度低体温法を用いて心臓を虚血状態にして行う必要がある。

「大血管流入遮断テクニック」の項を参照　→ 209ページ

術式

　肺動脈弁へは左第5肋間開胸でアプローチする。

　手術の最初のステップは、迷走神経と横隔神経を確認することである（図1）。前および後縦隔を切開して前大静脈、後大静脈、奇静脈を剥離しルンメルターニケットを絞めないで掛けておく。

「側方開胸術」の項を参照　→ 353ページ

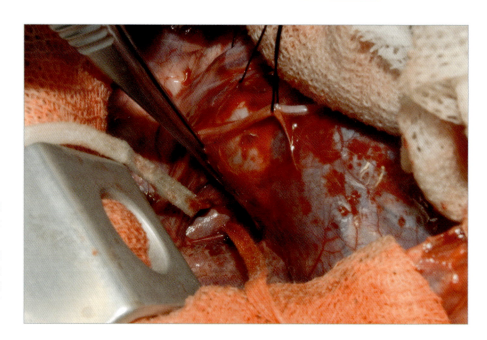

図1　左第5肋間開胸で、横隔神経と反回神経を確保したところ。
次に後大静脈と奇静脈を分離し、Transannular パッチ法の手術中に心臓への血流を遮断するターニケットを掛けておく。

　心膜を長方形に約3×7cmで切開して生食で濡らした綿棒で脇においておく（図2）。

> 心膜グラフトは扱いやすく縫合しやすくするために、グルタールアルデヒド溶液に少なくとも10分間浸しておくこともできる。使用する直前に生理食塩水ですすぐ。

図2　心膜グラフトは大きめの長方形で作成しておき、後で計画したバイパスに合うようにトリミングする。

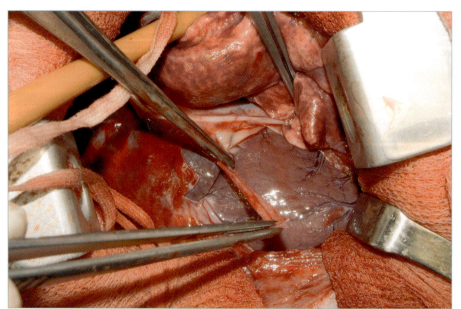

心臓血管系／肺動脈狭窄症

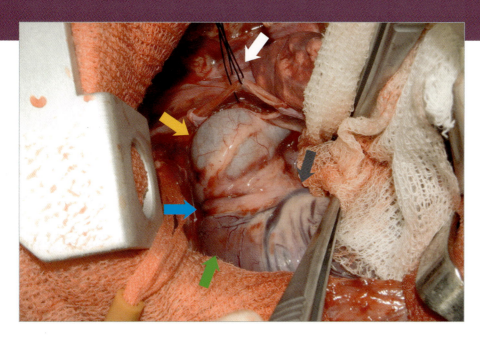

次に、この外科手技に含まれる解剖学的構造を確認する（図3）。単一冠動脈奇形の可能性がないか注意深く確認する。もしあれば、肺動脈切開術を実施する。

図3　手術領域の解剖学的構造を確認する。迷走神経と横隔神経（白矢印）、狭窄後部拡張を伴った総肺動脈幹（黄矢印）、肺動脈弁（青矢印）、左冠動脈心室間枝（灰矢印）、右心室の動脈円錐（緑矢印）

右室流出路領域上の、心筋の2分の1層を切開する（図4）。

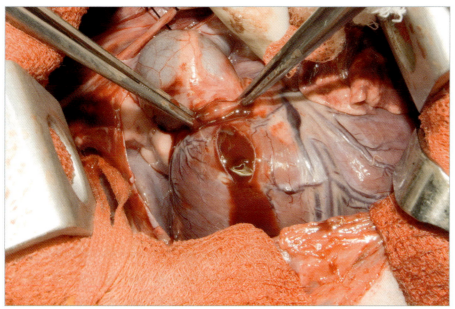

図4　漏斗部に相対する部位の心筋の2分の1層切開を肺動脈弁部から始める。

| もし小さな冠血管を切断する必要がある場合は、4-0の非吸収性モノフィラメント糸を用いて心筋と一括して血管結紮を行う。

出血が顕著でなくても、良好な術野を維持・確保するために術野の持続吸引を行う必要がある。助手は術者の視野を妨げないよう、吸引器の先端を術野の適切な位置に置いておく。

パッチの心膜表面側が内側を向いていることを確認しておく。この面が血液に接している必要がある。

次に心膜パッチを心室切開部と肺動脈幹頭側に縫合する。

無傷性丸針付きの4-0ポリプロピレン縫合糸を用いた2つの連続縫合で縫合する。両方ともにパッチの腹側から開始する。最初の縫合で、直前に切開した心室筋から2～3mm離して、心筋と心膜フラップの左側を縫合する（図5、6）。

胸部

> 縫合は心膜パッチと心筋両方の組織を十分に含んで行い、縫合不全を防ぎ確実に止血できるようにする（図5）。

図5 この写真は心膜パッチと心筋の左側の連続縫合を開始したところである。縫合をこの部分から始める理由は、最もアプローチしにくく視野も悪いためである。

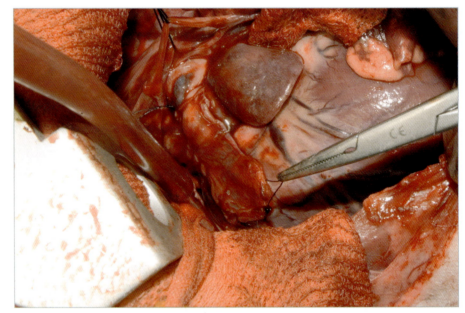

図6 最初の縫合は肺動脈幹の頭内側で、肺動脈弁の約2〜3cm下で終了する。

次に2つ目の連続縫合を行う。ただしこの縫合では縫合部位をゆるめておき、肺動脈に到達できるようにパッチを開けた状態（青矢印）にしておく（図7）。

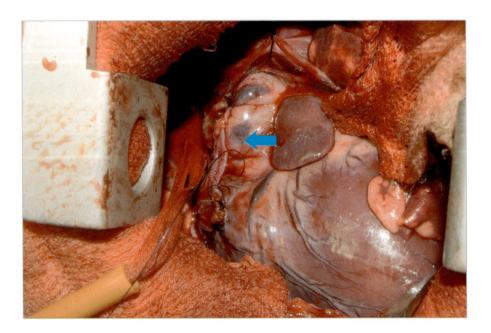

図7 2つ目の縫合は、1つ目の縫合の開始部と終了部の近くから開始する。このとき縫合糸は締めずに、ゆるめたループ状態にしておく。

> この縫合法により心筋切開後迅速に閉じることができ心虚血時間を最小限に減らすことができる。

* 心膜パッチを縫合するときに、左冠動脈の心室間枝を損傷しないことが重要である。冠動脈の損傷は、急性心筋梗塞や出血、重度な不整脈を引き起こす可能性がある。

すべての準備が整ったら、ターニケットを締め虚血を開始する。

パッチの開口部からNo.11のメス刃で肺動脈を切開する。メイヨー剪刀を挿入し弁輪部から心室方向へ切開を広げる。

* 事前に掛けた縫合糸を切らないよう注意する。

メッツェンバウム剪刀を用いて、肥厚した弁尖を部分的に切除する。

2つ目の縫合を締めた後、結紮する前に後大静脈のターニケットからゆるめて心臓から空気を追い出し空気塞栓を防ぐ。続いて他の2つのターニケットも開放する。

> 流入遮断時間が4～5分を超えないようにしなければならない。

虚血の影響を最小限にし流入遮断時間を延ばすために、動物は30～34℃の低体温を保たなければならない。

心臓に血流が戻ると、パッチ縫合部から出血が見られるのが正常である。落ち着いてパッチと縫合部が引っ張られ、心臓に適合するのを待つ（図8、10）。止血を促すために縫合部に局所的にコラーゲンやセルロースなどの止血製剤が適用できるように準備しておく（図9）。数分後に止血製剤を除去し縫合部に出血がないか確認する（図10）。

「大血管流入遮断テクニック」の項を参照 209ページ

外科医は、出血が持続する部位に、同じ素材で単純縫合ができるよう準備しておく。

もし流入遮断時間が短ければ、心臓は問題なく回復するであろう。しかしなかには、心拍出量を確保するために直接心臓マッサージを行ったり、内科的にコントロールできない不整脈に対して、除細動を行う必要がある場合もある。

* 低体温は、心筋収縮力の低下、徐脈、心室性不整脈の危険性の増大など心臓に好ましくない影響を与える可能性がある。

縫合部からの出血がないことを確認できたら、心拍出量が維持できているかを確認して、胸腔ドレインを挿入して定法通り閉胸する。

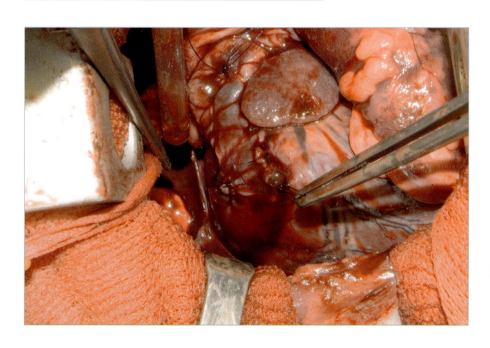

図8　流入遮断終了後、血流が右心室から心膜パッチを介して肺動脈に流れ始めているところ

胸部

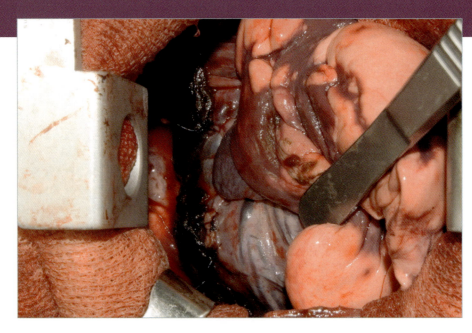

図9 縫合部からの出血は圧迫とコラーゲンなどの局所止血製剤によりコントロールされている。

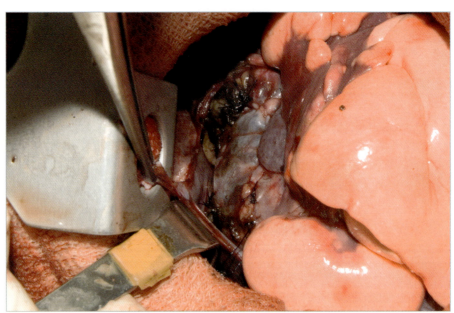

図10 数分以内に縫合部の隙間はなくなりフラップと心筋が適合するようになる。

術後管理

あらゆる方法（温めた生理食塩水の静脈点滴、保温ブランケットや湯たんぽ、室温の上昇）を用いて火傷に注意しながら、患者の体温を正常に戻すことが重要である。

患者は術後48時間は持続的にモニタする必要があり、あらゆる不整脈や低換気や発作などによる低酸素性の脳損傷徴候を見つけ出さなければならない。

予後

この手技は、重度の肺動脈狭窄症の治療に有効である。しかしながら、経験のある外科医が実施しても術中の死亡率は高く（15〜20％）、術直後のコントロールできない不整脈や換気不全による死亡率も高い。

この手術を行った患者では明らかに肺動脈弁閉鎖不全が起こるが、三尖弁が正常に機能していればその影響は少ない。

術後数時間は、患者が麻酔から覚醒し血圧が正常化することにより術後の出血が起きる可能性がある。このため、定期的な胸腔ドレインのチェックと動脈血圧のモニタを行う必要がある。

長期予後が得られる可能性は60％である。

大血管流入遮断テクニック / 静脈還流の完全遮断

技術的難易度

José Rodríguez, Amaya de Torre,
Carolina Serrano, Rocío Fernández

　大血管流入遮断術は開心術のときに用いるテクニックであり、心臓に流入する血液を遮断することで出血を防ぎながら心内腔にアプローチする方法である。虚血時間は4分を超えてはならないが、軽度低体温（体温30～34℃）に維持することで6分まで延長することが可能になる。

> 循環停止は4分を超えてはいけない。

　本法は、肺動脈狭窄症、右側三心房心、右心房腫瘍の手術に適用される。また巨大腫瘍の切除や動脈管開存症の剥離（この場合には、完全な血管流入遮断術を行うのはより簡単であろう[1]）など他の手術時における重度な術中出血のコントロールにも使用される。

　心臓への血液流入を遮断するために、前・後大静脈と奇静脈を血管クランプやルンメルターニケットを用いてクランプする（図1）。

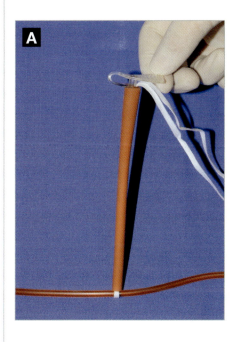

> ルンメルターニケットは、綿テープ、6～10cmのゴムチューブ、血管鉗子で作ることができる。

図1　ルンメルターニケット
A：市販モデル
B：自家製版
両方とも綿テープで血管を遮断しゴムチューブで留める。

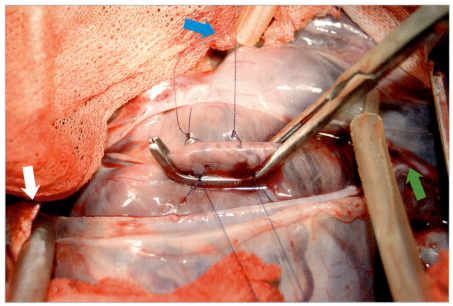

> ルンメルターニケットは、安全性が高く、狭い術野でもほとんどスペースを必要としないので、この手法では非常に有効である（図2）。

図2　この症例は右心房に到達することが必要である。心臓への血液流入を妨ぐため、3つのルンメルターニケットを、後大静脈（白矢印）、奇静脈（青矢印）、前大静脈（緑矢印）に掛けている。

---

[1] 大血管完全流入遮断術は大動脈と肺動脈の流出路を2つの血管クランプで遮断することで実施する。

胸部

手術のタイプにより右または左肋間開胸で行う。重要な解剖学的構造を確認しておく（図3）。

図3　左肋間開胸術では、以下の構造が確認される。大動脈（赤矢印）、迷走神経（白矢印）、総肺動脈幹（青矢印）、横隔神経（灰矢印）、左心房（黒矢印）、左心室（緑矢印）、右心室（黄矢印）

「側方開胸術」の項を参照 → 353ページ

頭側で前大静脈を剥離し、ルンメルターニケットを血管に通しておく（図4、5）。ルンメルターニケットを使用するときには、下記の注意事項を考慮しておくこと。

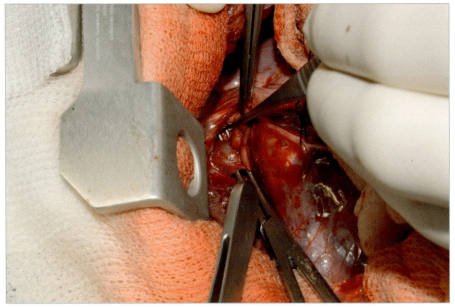

図4　前大静脈の鈍性剥離では、血管の背側を走行する神経に細心の注意を払う。

 ルンメルターニケットは、血管表面を動くときにノコギリ様効果が生じる可能性がある。これを防ぐために、使用前に必ず生理食塩水に浸し濡らしておく。

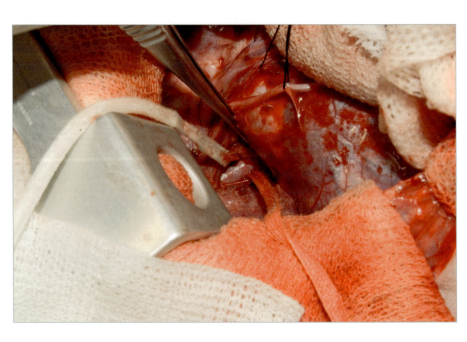

図5　ルンメルターニケットのテープを、静脈壁を損傷しないよう注意して掛けているところ

心臓血管系/大血管流入遮断テクニック

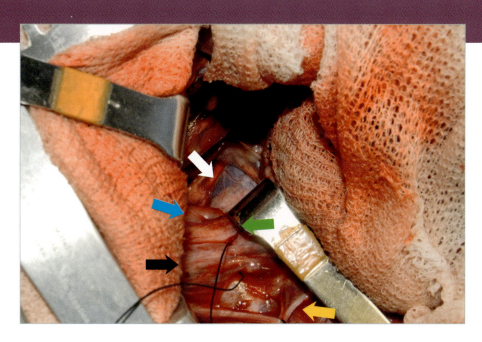

背側領域で食道と大動脈を剥離し、腹側に牽引すると奇静脈が確認できる（図6）。静脈の鈍性剥離後に血管テープを掛けておく（図7）。

図6　食道（青矢印）と大動脈（緑矢印）の背側領域を剥離すると、奇静脈（白矢印）が確認できる。他に確認できる構造は、迷走神経（黒矢印）と左横隔神経（黄矢印）である。

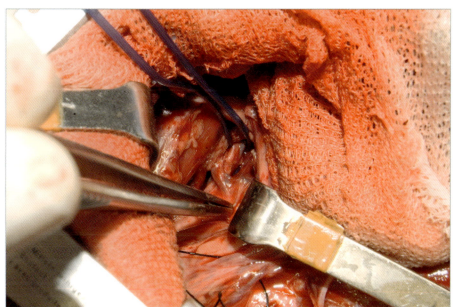

図7　奇静脈を剥離後、ターニケットの締結テープを掛ける。ここではシリコン性の血管テープを使用している。

最後に心臓尾側領域にアプローチして後大静脈を確認して剥離し、ターニケットを掛けておく（図8〜10）。

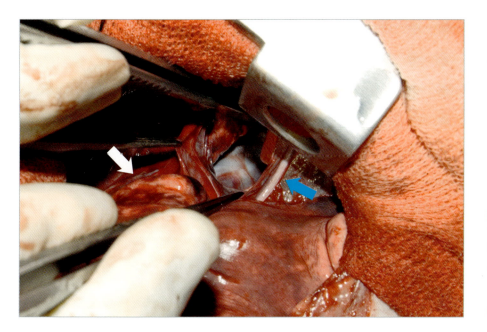

図8　後大静脈にアプローチするために縦隔を切開しなければならないが、この写真に見えるように背側の迷走神経（白矢印）や腹側の横隔神経（青矢印）を損傷しないようにする。

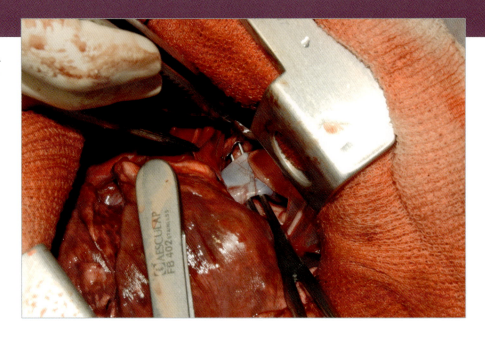

図9 直角鉗子を使うことで、より深い組織での血管周囲の剥離が容易になる。この写真は、ターニケットで確保する前に後大静脈を剥離している様子である。

血管は損傷を防ぐために、テープは常にゆるめ、定期的に生理食塩水をかけて濡らしておく。この症例の場合には、低体温を保つために温かい生理食塩水は使用しなかった。

図10 準備ができた後大静脈に掛けたルンメルターニケット

ターニケットは、テープを締めながら血管が完全に遮断されるまでゴムチューブを血管方向に滑らせて閉鎖する。続いてテープが不用意に外れないようチューブ内に固定する。

血管は以下の順番で遮断していく
1. 奇静脈
2. 前大静脈
3. 後大静脈

心臓手術終了後にターニケットを開放する順番は以下の通りである。
1. 後大静脈
2. 前大静脈
3. 奇静脈

ターニケットを外すときには、テープをゴムチューブから外し、血管と反対側に滑らせ血管周囲のテープを確認する。テープは静脈に近くで切断する。

これらの血管内での流入遮断中の血栓形成は臨床的には報告されていない。したがって患者をヘパリン化する必要はない。

 ルンメルターニケットを外す際に、テープが血管周囲を滑るときにノコギリで切るような効果が生じる可能性がある。血管損傷を防ぐために、血管近くでテープを切断する。

心臓血管系 / 大血管流入遮断テクニック

ルンメルターニケット確保手技の確認事項	
	ルンメルターニケットは以下の部品で構成されている。 ■ 血管テープ ■ ゴム性の遮断チューブ ■ 糸通しフック

テープは生理食塩水で湿らせておき、血管のノコギリ効果を防ぐようにする。	
テープは、引っ張らずに剥離鉗子を用いて血管に慎重に通す。	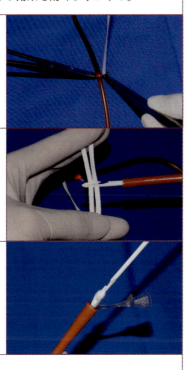
糸通しフックはゴムチューブの中に通しておき、テープの端を引っ掛けてゴムチューブの中にテープを通す。もし2本一緒に引っ張り通せなければ、1本ずつ通していく。	
テープの端に糸通しフック引っ掛け、チューブ内を誘導する。	
ターニケットは準備完了	
血管を遮断するために、血管テープを牽引しながらゴムチューブを血管方向に滑らせる。	
テープは、チューブキャップを閉じるまたは動脈鉗子でテープをクランプして、チューブに固定する（p209図1）。	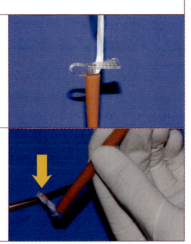
血管遮断が終了したら、テープを解放し、ゴムチューブを引き抜く。テープを外すときには、できるだけ血管の近くで切断する。	

> ターニケットは定期的に水をかけて遮断した血管を損傷しないようにする。

> ターニケットを外すときには、テープは血管の近くで切断する。テープと血管の間に起きる摩擦を最小限にする必要がある。

心タンポナーデ

José Rodríguez, Víctor Ara. Jesús Calvo, Amaya de Torre, Carolina Serrano, Rocío Fernández, Cristina Gracia

発生 ■■□□

概要

　滲出液や出血のために心膜腔内圧が上昇することにより、いわゆる心タンポナーデが発生し、それにより心拍出量の減少、右室不全（心コンプライアンスの減少、拡張期充満量の減少、拍出量の低下）が起こる。これは頻脈により代償されるが、それはさらなる心拍出量の低下や、不整脈、冠動脈の血流減少を引き起こすことがある。

　心タンポナーデは主に以下によって引き起こされる。
- 心基底部腫瘍
- 右心房の血管肉腫
- 特発性心囊滲出液

臨床徴候

　これらの症例における臨床徴候は、主に上述の心不全に継発するものである。主な臨床徴候は以下のとおり。
- 頻脈
- 心臓のマッフル音
- 動脈拍動の減弱
- 頸静脈圧の上昇
- 毛細血管再充満時間（CRT）の延長
- 肝腫
- 腹水（中程度から高濃度の蛋白を含有）

診断

　診断は臨床徴候と胸部X線検査に基づく。胸部X線像では心陰影が大きく円形である（図1）。
　超音波検査では心囊滲出液を確認することができ、心膜腔内圧を減少させるために心膜穿刺を行う際にも非常に有用である（図2）。
　心囊内の細針吸引生検はタンポナーデの原因を調べるうえで助けになる。漿液性滲出液は腫瘍や炎症によるものと考えられ、出血性滲出液は右心房の血管肉腫や特発性の心膜腔内出血を示す。

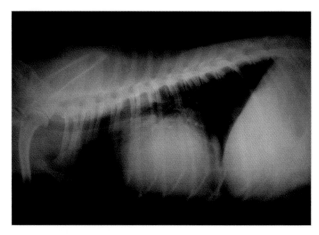

図1　5歳齢の特発性心囊水貯留のボクサーにおけるX線側方像

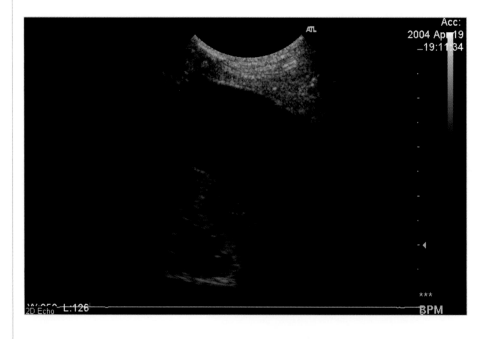

図2　右心房血管肉腫の症例で見られた心囊水貯留

手術手技、心囊減圧術

心囊穿刺

技術的難易度

心囊から経皮的に注射針やカテーテルで排液することは容易である。冠動脈を避けるために右側から、超音波ガイド下で第5肋間から行うのが最もよい（図3）。

心囊の内容液を抜去すると、心拍、動脈圧、末梢循環が急速に改善する。

> 緊急時には右側からであれば盲目的な心膜腔穿刺を行ってもよい。

心膜切除術

技術的難易度

心膜切除術は体液や血液が蓄積しないようにし、右心系不全や心拍出量の低下を避けるために行う。

現在は、横隔神経の下から心膜を切除する心膜亜全摘術が行われる。この手技は開胸下でも胸腔鏡手術下でも行うことができる。

開胸心膜切除術

側方開胸術は、右心房を評価する場合は右側の、心基底部を評価する場合は左側の第5肋間から行う（図4）。

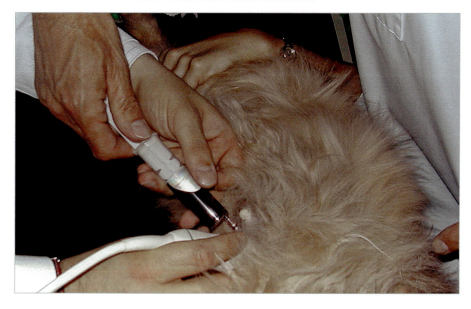

図3 右心房の血管肉腫の症例に対し、超音波ガイド下の穿刺で心囊内に充満した血液を抜去しているところ。

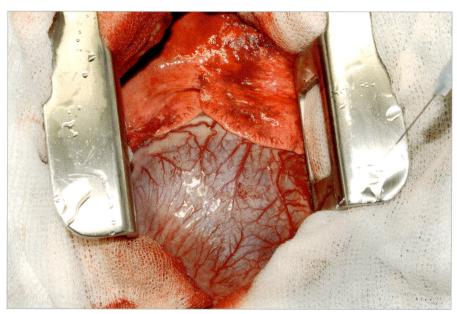

図4 左第5肋間からの側方開胸後の術野の準備状態

胸部

心膜は膨張し、肥厚していることが多い。横隔神経の腹側に小切開を加え、そこから心嚢内の内容液を吸引する（図5、6）。

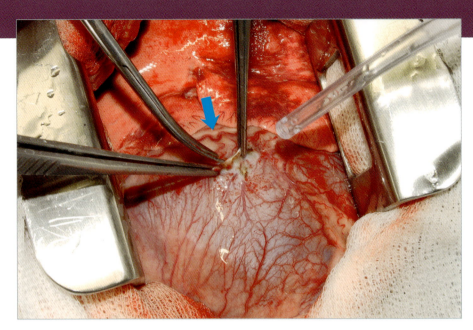

図5　横隔神経の腹側の心膜に切開を行う（矢印）。この症例ではバイポーラで電気凝固を行い、予防的な止血を行っている。

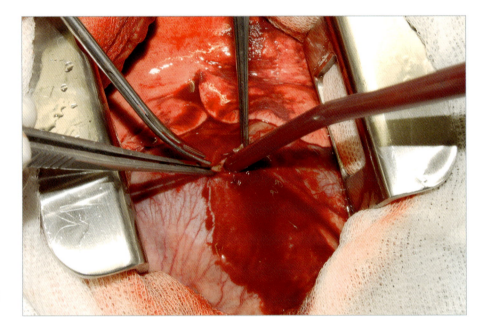

図6　切開を加えたらすぐに心嚢内から液体を吸引する。

血行動態の変化が生じる可能性があるため、切開をする前に麻酔師に注意を促しておく必要がある。

その後この切開を、電気焼灼もしくはバイポーラによる電気凝固と鋏を用いて、頭側および尾側へ広げる（図7、8）。

図7　心膜は横隔神経の下から切開を行い、頭尾側方向にそれぞれ拡大する。

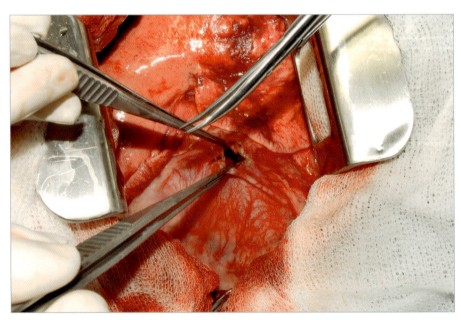

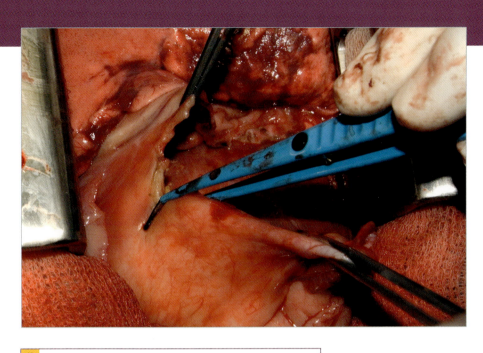

図8 心膜の血管を確実に止血するために、切開する前にバイポーラによる電気凝固を行っておく。この症例では心膜が肥厚していることに注目せよ。

 モノポーラ電気焼灼を用いる場合は、先端を心筋から十分に遠ざけ、木製の舌圧子を用いることが好ましい。

反対側の心膜の切除は、助手が心臓を慎重に持ち上げて補助しながら行う。この処置の間、反対側の横隔神経を傷害しないように注意を払い、また心臓や血行動態の変化が起こりうることを十分に念頭においておく。

もし麻酔師が何らかの心臓の変化を発見したら、術者は操作を止め動物が安定するまで待たなければならない。

心膜を挙上し、肺葉や胸腺を押し下げることで、約60～70％の心膜表面が切除できる（図9～11）。

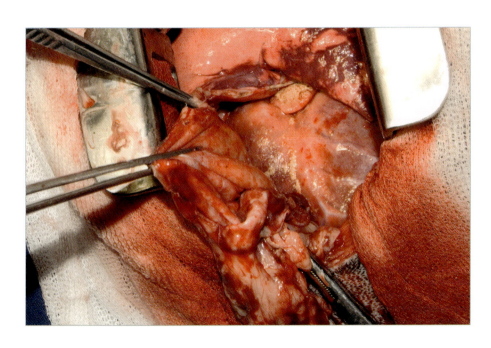

図9 心膜を尾側に切開し、切開を左右に広げた後は、図に示すように頭側へ牽引することで容易に切除できる。

胸部

> この手技の途中で、いくつかの血管を意図せず切断してしまうことがあるが、これはこれらの血管が縦隔の脂肪に隠れて視認することが難しいためである。そのため十分な予防的止血が重要である。

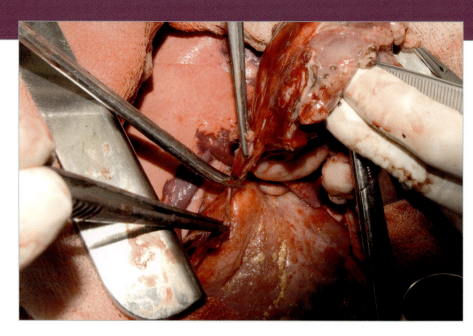

図10　図は心膜切除後の外観を示す。

> 出血部位を視認したり同定したりすることが困難な場合は、手術用ガーゼや圧縮ガーゼを何枚か置き、穏やかに圧迫する。血液が固まるまで数分待つ。

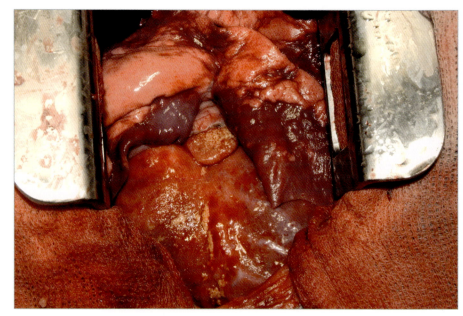

図11　心膜切除後。この手技により心膜表面の60％以上が切除された。

　その後、胸腔内を温めた生理食塩水で洗浄、吸引を行う（図12）。
　胸腔ドレインを留置し、定法に従って閉胸する。これらの症例では胸腔内滲出液が貯留することが多いので、術後3～4日は血様の排液が見られる。

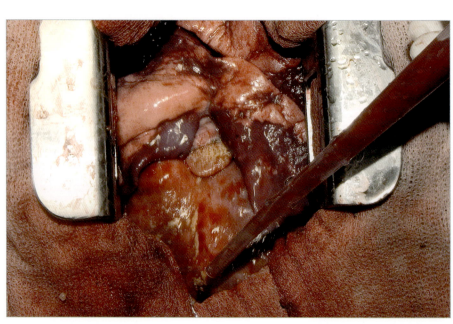

図12　胸腔内を洗浄後、吸引している様子。血液成分が少ないことで縦隔の止血ができていることが確認される。

心臓血管系 / 心臓腫瘍

心臓腫瘍 概要

José Rodríguez, Roberto Bussadori, Rodolfo Bruhl Day, Pablo Meyer, María Elena Martínez, Amaya de Torre, Silvia Maria Repetto

　伴侶動物における心臓腫瘍の発生率は低く、全動物の0.2％である[1]。大部分が悪性であり主に7〜10歳齢で見られる。去勢雄あるいはとくに避妊雌でよく見られる。

　心臓の腫瘍は原発性のものと続発性のものがある。右心房や右心耳の血管肉腫（HSA）が最も多く（全症例の70％）、次いでいわゆる心基部腫瘍があげられるが、これは右心房以外の大動脈や肺動脈の流出路に位置するためこのように呼称される。

> 右心房の血管肉腫が心臓腫瘍として最も多く、心基底部の非クロム親和性傍神経節腫がこれに続く。脾臓の血管肉腫の転移である可能性も念頭に置くべきである。

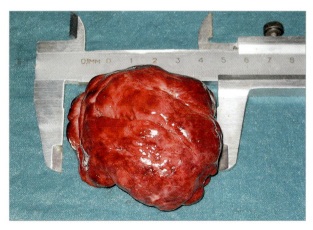

図1　心房中隔に位置していた非クロム親和性傍神経節腫。大静脈を閉鎖して摘出した。

　非クロム親和性傍神経節腫（図1）は心基底部の腫瘍であり、大動脈体（全症例の80％）や頸部の頸動脈小体（20％）から発生する。血管肉腫の好発犬種はジャーマン・シェパードとゴールデン・レトリーバー、次いでコッカー・スパニエルやドーベルマンがあげられる。非クロム親和性傍神経節腫の好発犬種はボクサー、ボストン・テリア、イングリッシュ・ブルドッグである。これらは異所性甲状腺および副甲状腺腫瘍にも当てはまる。

　心膜の腫瘍で最も多いものは中皮腫である。この腫瘍は心膜全域に広がる複数の結節性病変として認められ、しばしば胸腔内にも播種する。

> 純血短頭種において非クロム親和性傍神経節腫の発生率が高いのは、これらの犬に見られる慢性的な低酸素状態が影響しているのかもしれない。

臨床徴候

　心臓腫瘍の動物は無症状のこともあり、胸腔の検査において偶発的に胸部腫瘤として発見されることがある。一方、腫瘍の発生部位によっては呼吸困難、発咳、失神、うっ血性心不全を常に示すこともある。

　最も一般的な臨床徴候は、心囊水とそれに続発する心タンポナーデ、低血圧、末梢の脈圧の減弱、心音の減弱、可視粘膜の蒼白、腹水や虚脱である（図2）。

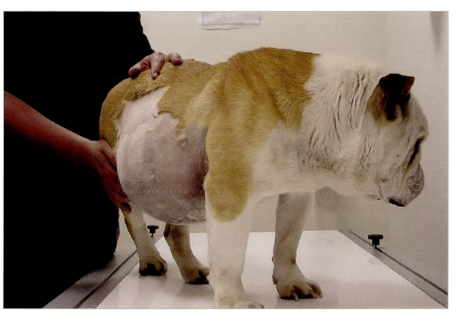

図2　心基底部の腫瘍によって著明な腹水貯留を認めた症例

[1] Ware, W.A. and Hopper, D.L. Cardiac tumors in dogs: 1982-1995. J. Vet. Intern. Med. 1995. Nº 34: 519-523.

胸水が生じない腫瘍では、うっ血性心不全や腫瘍の圧迫による静脈還流量の減少の結果として心拍出量の減少が見られることがある（図3）。

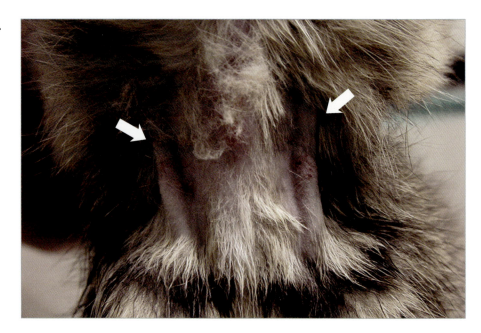

図3　腫瘍が胸部の大血管を圧迫することにより静脈還流量が減少し、それにより頸静脈が怒張しているところ。

診断

身体検査所見は、腫瘍の種類やその位置によって異なる。心臓の聴診では、腫瘍が血流を阻害することにより心雑音が聴取されることがある。

> 心臓の聴診は全く正常な場合も心嚢水がある場合には、心音が減弱している場合もある。

非クロム親和性傍神経節腫の症例に対するX線検査では、胸水あるいは心嚢水、肺水腫、腫瘍塊が見られる（図4）。

このような例では超音波検査も有用である。

最もよく見られる所見は心嚢水である（図5）。また超音波検査によって、腫瘍が右心房に位置しているのか心基底部に位置しているのか評価することができる（図6）。

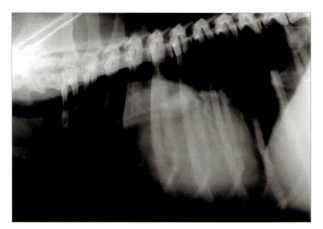

図4　心基底部腫瘍による気管の背側への変位

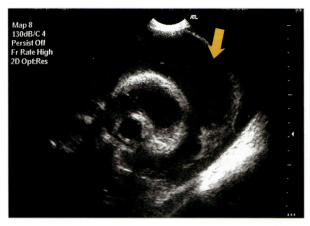

図5　心タンポナーデの原因となっている心嚢水（矢印）を示す超音波像

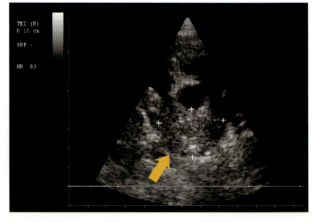

図6　大動脈と肺動脈の間に位置する心基底部の非クロム親和性傍神経節腫

心臓血管系 / 心臓腫瘍

> 右心耳の腫瘤では血管肉腫を疑い、超音波検査で脾臓の評価を行うべきである。

近年、CT検査の導入により正確な腫瘍の位置や広がり、胸腔内の大血管や縦隔の評価が可能になっている（図7）。

> 心嚢水の症例の約30〜40%が血管肉腫によるものである。

> 超音波検査により腫瘍の大きさ、位置、広がりや、それらが浸潤性か有茎状かといった情報が得られる。これらの情報は外科手術を計画するうえで重要である。

心電図（ECG）は正常であることがある。心嚢水がある症例では、QRS波の増大と減弱が交互に見られることがある（電気的交互脈）。

血液検査や心嚢水の細胞診では心臓腫瘍に特異的な所見は認められない。

> 心嚢水は腫瘍に続発する心不全や血管への圧迫によるものであるため、心膜穿刺は心嚢水の鑑別診断に有用ではない。

治療

頸静脈の怒張、腹水や胸水が認められるような重度の心タンポナーデの症例では、症例を安定化させるために右第5肋間の肋軟骨結合部の位置から心膜穿刺を行うべきである。

> 延長チューブと三方活栓を用いることで心膜腔から容易に安全に吸引することができる。

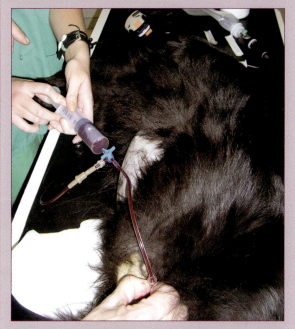

超音波ガイド下の吸引で心嚢から排液することで心機能が改善し、症例を安定化させることができる。

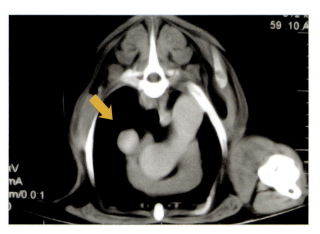 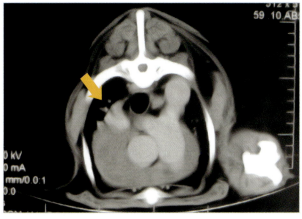

図7　胸部CT検査において心基底部に円形の腫瘤（矢印）が認められ、これは右心房の血管肉腫と考えられた。

* このような症例では、利尿剤の使用は低血圧を引き起こし心血管虚脱を引き起こすことがあるため禁忌である。

胸腔内へのアプローチは正中切開による開胸術（図8）か、心嚢水のある症例では腫瘍の摘出と心膜切除術を行う（図10）ために第4肋間からアプローチする（図9）。

症例のなかにはコルチコステロイドの投与により炎症が抑制され、心嚢水が減少する例がある。

木製の舌圧子により心外膜を保護しながら、心膜を電気焼灼で切開する。

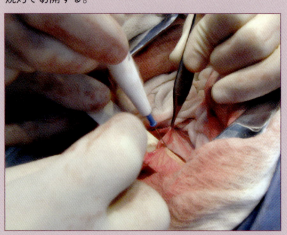

「心タンポナーデ」の項を参照 ← 214ページ

心臓腫瘍の症例では、手術を行わない場合の単独治療として、あるいは外科手術後の補助療法として化学療法が用いられることがある。

血管肉腫に対する薬物治療としてドキソルビシン、シクロホスファミド、ビンクリスチンが用いられることがある。

心膜切除により胸腔内の広範な吸収表面に液体を拡散させ急性のタンポナーデを回避できる。血管肉腫の症例の生存期間は、無治療では60日である。心膜切除はQOLを改善し、腫瘤が切除できた場合には生存期間は120日に延長する。これにドキソルビシンによる術後化学療法を併用すると平均生存期間は150〜180日に達する。

大部分の症例で心膜切除術は適用、可能であれば心膜血腫や腫瘍による圧迫に継発する臨床徴候を改善させるために腫瘍の摘出を考慮する。開胸手術は心臓を直接操作することで不整脈、低血圧、出血、低酸素が起こりうるので、麻酔師は十分に準備を行う必要がある。術後の良好な疼痛管理もまた必要である。

このような処置の成否は手術中の麻酔モニタリングにかかっている。

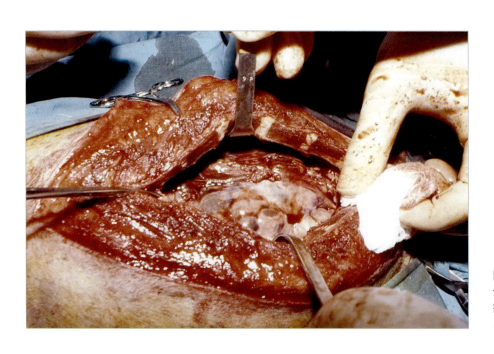

図8　巨大な非クロム親和性傍神経節腫を摘出するために、症例に胸骨正中切開を行ったところ。

心臓血管系／心臓腫瘍

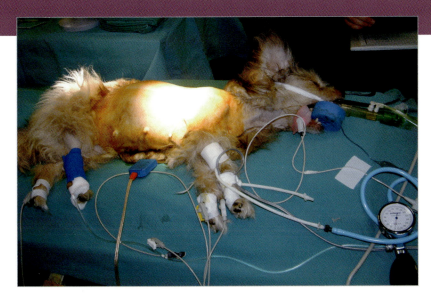

図9　症例に麻酔をかけモニタリングを行い、第4肋間からの開胸術の準備をしているところ。心膜切除術と血管肉腫の摘出を行う。

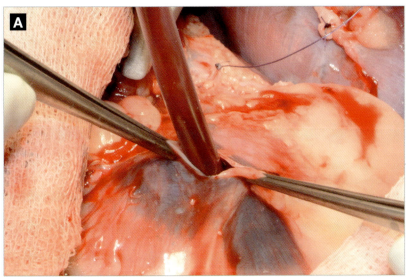
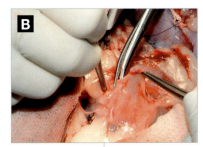

図10　血管肉腫に継発した心タンポナーデを解消するために、横隔神経下心膜切除術を行っているところ。
A：心膜への切開と心嚢水の吸引
B：心膜切除を開始しているところ

非クロム親和性傍神経節腫を切除できない場合は、心膜部分切除術を行う。

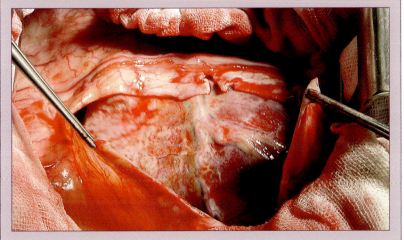

　非クロム親和性傍神経節腫は鈍性剥離により大血管や心耳から分離する。このような場合には無数の血管からの出血をコントロールするためにバイポーラによる電気凝固を用いる。

「心膜切除術」の項を参照	215ページ
「心タンポナーデ」の項を参照	214ページ

胸部

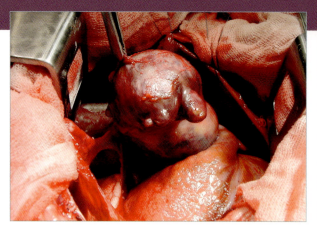

図11　右心房の血管肉腫

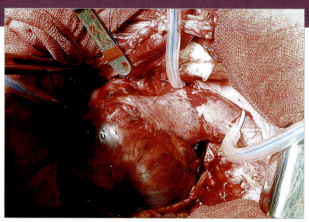

図12　心臓への静脈血の流入を遮断するために、奇静脈と前および後大静脈のまわりにルンメル止血帯を設置しているところ。

血管肉腫の場合、腫瘍は右心房あるいは右心耳の一部とともに切除可能である（図11）。

腫瘍がよく被包されている場合は心臓が拍動している状態で、腫瘍が浸潤性の場合にはルンメル止血帯を用いて大静脈からの流入を遮断した後に、右心房の切除が可能となる（図12）。

限局性の血管肉腫の場合には心耳をクランプし、腫瘍を切除する。次いで心耳の全層を掛ける水平マットレス縫合と、切開縁への単純連続縫合にて欠損部を縫合する（図13）。これらの縫合には丸針付の非吸収性モノフィラメント糸を用いる。

腫瘍の切除や摘出が不可能である場合には、同部位の血流を遮断するために血管バイパスを行うこともある（図14）。

「大血管流入遮断テクニック」の項を参照 209ページ

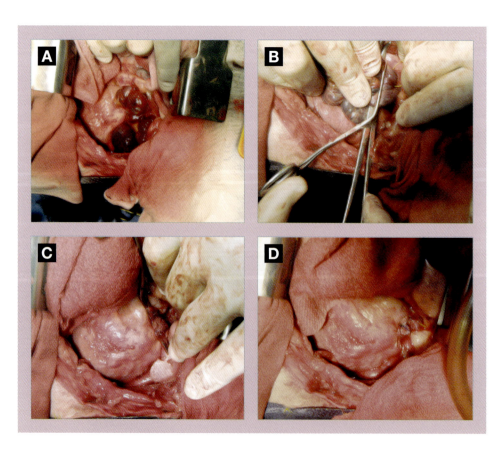

図13　心耳の血管肉腫の切除
A：右心耳と右心房の一部に発生した腫瘍。湿らせたガーゼにより肺葉を牽引している。
B：2本のドベイキー鉗子を設置しているところ。
C：腫瘍の切除後、心房は連続水平マットレス縫合で閉鎖した。
D：心房（心耳）の切開部表面に施した2層目の単純連続縫合の外観

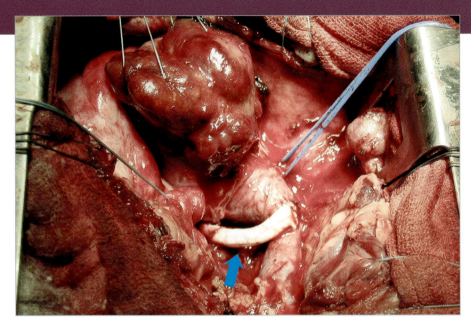

図14 グレン手術
この症例では、腫瘍のある右側を通過することなく前大静脈から肺動脈へ血流を送る永久バイパスを作成した。矢印は大静脈と肺動脈の間に設置された人工補綴物を示す。

すべての症例で標本を病理組織検査に提出する。病理医の判断に基づき、適切な治療を開始する。

術後管理

手術直後から72時間後まで、出血や不整脈がないか症例をモニタリングする。全身性および局所鎮痛で疼痛も管理する必要がある。
- メサドン（0.4mg/kg　IM）
- フェンタニルあるいはMLK（モルヒネ、リドカイン、ケタミン）の持続投与（CRI）
- フェンタニル・パッチ
- ブピバカイン（2mg/kg　胸膜腔内あるいは肋間またはその両方）
- NSAIDs（危険性を考慮）

> ＊ 心臓を操作するため不整脈は心臓手術では頻繁に見られる。

予後は要注意で、腫瘍の悪性度による。外科手術は心タンポナーデに対する緩和的解決法として適用される。

> 血管肉腫の症例に対する外科的治療の目的は、タンポナーデの軽減によりQOLを改善すること、腫瘍の摘出と術後の補助化学療法を行うことができる場合には生存期間を延長することである。

心基底部腫瘍の犬25頭の研究では内科的に治療された症例の生存期間中央値は129日であった一方で、心膜切除を受けた症例では661日まで延長した[2]。

右心房の血管肉腫の犬23例についての別の研究では、手術と化学療法の併用による生存期間中央値は164日であった。腫瘍の外科的摘出単独の症例では生存期間は46日であった[3]。

Dr. Bussadoriはいくつかの症例を報告している。
- 血管肉腫のジャーマン・シェパードの避妊雌では外科的摘出と化学療法で生存期間は455日であった。
- 心内非クロム親和性傍神経節腫の8歳齢のロットワイラーの外科的摘出後の生存期間は300日であった。

---

[2] Erin, D. Vicari, D.E. Brown, D.C. Holt, D.E. Brockman, D.J. Survival times of and prognostic indicators for dogs with heart base masses: 25 cases (1986-1999), *JAVMA*, August 15 2001. Vol. 219 (4): 285-287.
[3] Weisse, C., Soares, N., Beal, M.W., Steffey, M.A., Drobatz, K.J., Henry, C.J. Survival times in dogs with right atrial hemangiosarcoma treated by means of surgical resection with or without adjuvant chemotherapy: 23 cases (1986-2000), *JAVMA*, February 2005, Vol. 226 (4): 575-579.

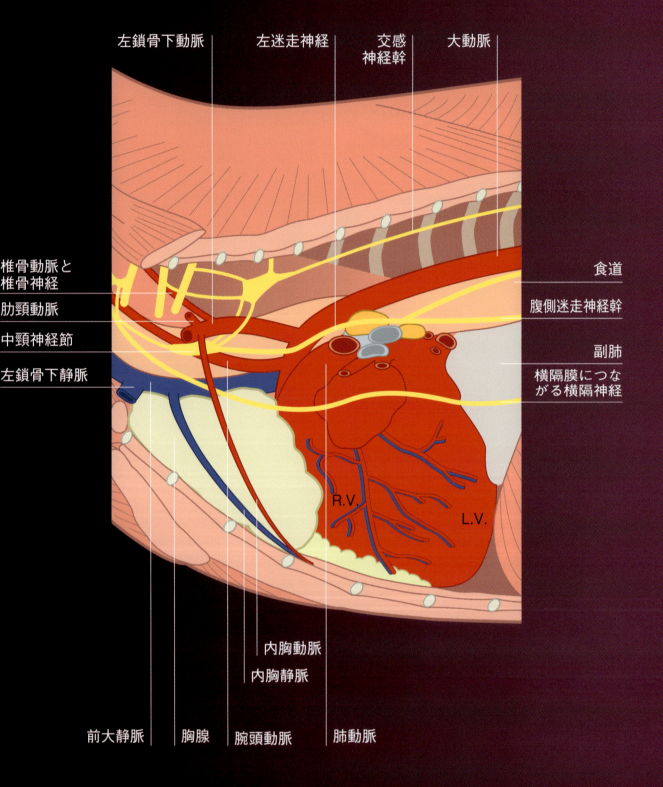

前縦隔

胸腺の解剖と血管供給

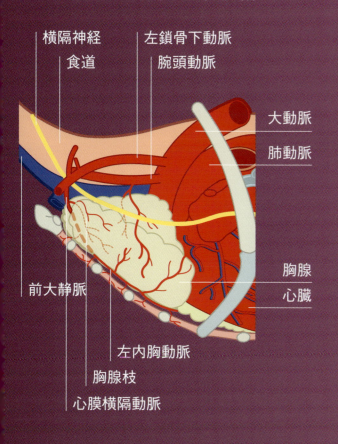

前縦隔　概要

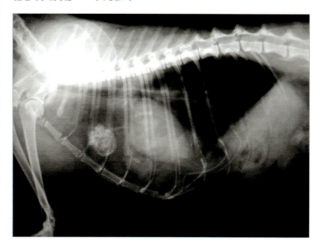

猫の胸腺腫

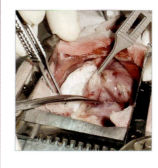
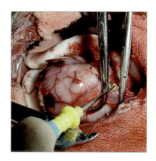

前縦隔内の腫瘍

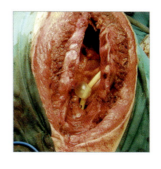
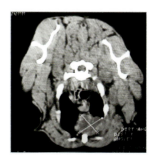

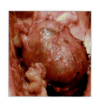

胸部

前縦隔 概要

José Rodríguez Gómez, Amaya de Torre,
Carolina Serrano, Rocío Fernández

発生	■	■	□	□	□
技術的難易度	■	■	■	■	□

　縦隔内の腫瘤性病変は通常腫瘍であるが、膿瘍、肉芽腫、食道異物や横隔膜のヘルニアや裂開であることもある（図1）。

　小動物の縦隔に発生する腫瘍で最も多いものは、胸腺リンパ腫と胸腺腫（図2）であるが、非クロム親和性傍神経節細胞腫やその他の異所性腫瘍などの他の腫瘍も考慮すべきである。

臨床症状

　臨床症状は通常、周辺組織への浸潤や圧迫の程度に左右される。発咳、呼吸困難、嚥下障害、吐出、喉頭麻痺、ホルネル症候群などがあげられる。

> 喉頭麻痺と診断された場合は、縦隔の腫瘤を除外するために胸部X線検査を行うべきである。

　また胸水、気胸、乳び胸や血胸、あるいは巨大食道症や高カルシウム血症などの腫瘍随伴症候群もあげられる。

> 高カルシウム血症ではリンパ腫が、巨大食道症では胸腺腫が疑われる。

診断

　診断は、胸部X線検査、超音波検査、胸水や生検材料の検査に基づく。

 重要な脈管構造を傷害してしまう危険があるため生検は超音波ガイド下で行う。

　リンパ腫の確定診断は細針吸引生検による細胞診あるいは経胸壁針生検による組織検査で行うことができる。もしこれらの手技で診断に至らない場合は、試験開胸によって直接生検を行う。

「縦隔」の項を参照 ➡ 315ページ

治療

　治療は試験開胸による。通常これらの腫瘍は大きいため胸骨切開によってアプローチする。非浸潤性の腫瘍の摘出は容易かもしれないが、腫瘍周辺の神経や血管を傷害しないように注意深く剥離すべきである。

 浸潤性の腫瘍の摘出は推奨されない。重要な構造までしばしば侵されている。

予後

　予後は、局所浸潤の度合いと肺転移の有無による。腫瘍随伴症候群が見られる場合は、予後は要注意である。

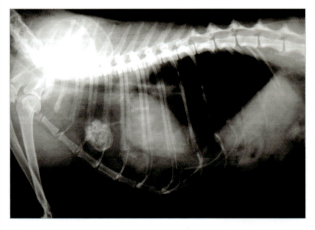

図1　この症例では、心臓の頭側に見られた腫瘤性病変は横隔膜破裂により胸腔内へ変位したミイラ変性した胎子であった。

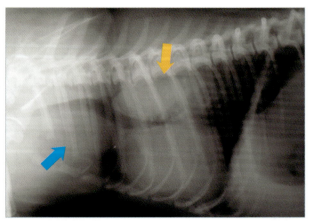

図2　リンパ腫の症例のX線像。前縦隔リンパ節（青矢印）と気管気管支リンパ節（黄矢印）が大きく腫大している。肥満細胞腫や悪性線維性組織球腫などの他の多中心性腫瘍も考慮すべきである。

猫の胸腺腫

Rodolfo Bruhl Day, Pablo Meyer, María Elena Martínez

発生					
技術的難易度					

胸腺腫は猫ではまれな腫瘍であるが、浸潤性と非浸潤性に分類される。50〜60％の症例の腫瘍は非浸潤性であり、これらの腫瘍はよく被包されている。一方、浸潤性腫瘍は前大静脈や胸壁、心膜など周辺構造に浸潤し摘出が困難である。これらの腫瘍は胸腺上皮から発生し成熟リンパ球とさまざまな関係を示す。成熟リンパ球が主体のこともあるが悪性な構成成分は上皮である。リンパ球成分は、上皮成分よりも容易に脱落しやすい。そのため胸腺種と前縦隔リンパ腫を鑑別することが困難な場合がある。

この腫瘍は成猫で見られる。一般に雄猫における発生の危険性は雌猫の2.5倍である。文献的には、胸腺腫は重症筋無力症、高カルシウム血症、再生不良性貧血などの腫瘍随伴症候群を併発することがあると報告されている。

症例は5歳齢のアメリカン・ショートヘアの避妊雌。呼吸困難、運動不耐性、体重減少の病歴と臨床徴候を示し、胸部X線検査のために受診した。X線像から前縦隔にある腫瘤が明らかとなった（図1、2）。

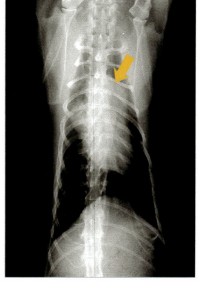

図2 腹背像。腫瘤は前縦隔内に見られる。

> 超音波ガイド下針吸引生検は、腫瘤が胸壁に接していて大血管から離れている場合により安全に行うことができる。

麻酔前の血液検査はすべて正常であった。他の多くの腫瘍と同様、術前処置の一つとして超音波ガイド下の針生検を行った。この検査が行えるかどうかは腫瘍の位置による。

細胞診の結果は胸腺腫を示唆するものであった。猫の前縦隔に見られる腫瘤性病変の鑑別診断のなかで、最も多いのはリンパ腫である。

術前管理

最初の切開を加える時点で間質液中濃度が十分となるように、麻酔導入時に静脈内へ予防的な抗生物質投与を行った。

麻酔方法は定法に従って行い、用手ないし機械的に換気を行った。

> このような症例の麻酔中のモニタリングに関しては、術中、術後の疼痛管理と心臓領域を操作することにより起こりうる不整脈にとくに注意を払う必要がある。

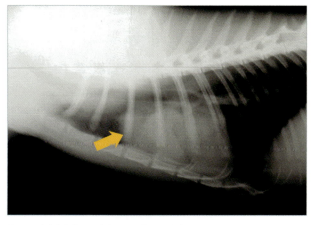

図1 右側方像。腫瘍は心臓の頭側に位置する。

術式

胸腔内へアプローチし、良好な視野を確保するために、まず広範な胸骨正中切開を行う（図3）。

「胸部手術の麻酔」の項を参照 ➡ 258ページ

図3　開胸したところ。可能な限り胸骨柄の軟骨は正常な状態に保つ。腫瘍は一番右側に見られる（矢印）。

「正中開胸術」の項を参照 ➡ 361ページ

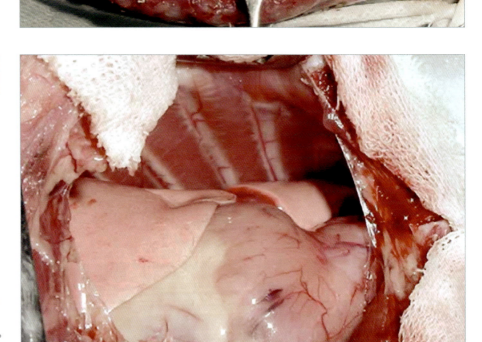

図4　肺を牽引する前に、動物が長期の無気肺に耐えられるように適切に換気しておく。右側が動物の頭側

精密な器具を用い、腫瘍を鈍性ないし鋭性に組織から分離する。モノポーラないしバイポーラを用いた電気凝固によって止血を行う（図5、6）。

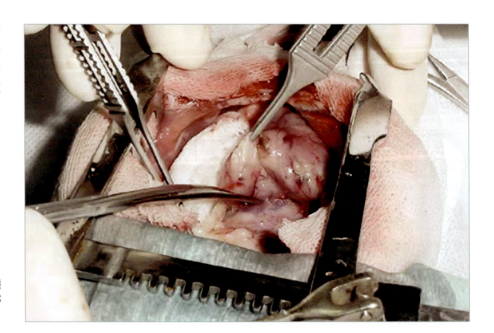

図5　精密な器具を用いて腫瘍を切除する。画像の上方が動物の頭側

前縦隔／猫の胸腺腫

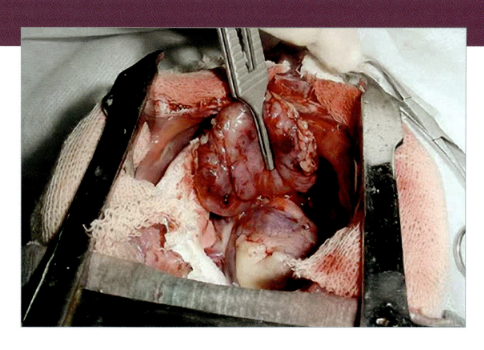

図6　尾頭方向から見た腫瘍切除の様子。左のピンセットの先端が腫瘍の被膜と心膜の癒着部位を示す。

被膜の結合組織と心膜領域の癒着は用手で剥離し、高周波電気メスで切除した（図7、8）。

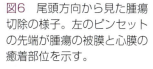

腫瘍を慎重に分離するために、生理食塩水で湿らせた滅菌ガーゼを用いてもよい。

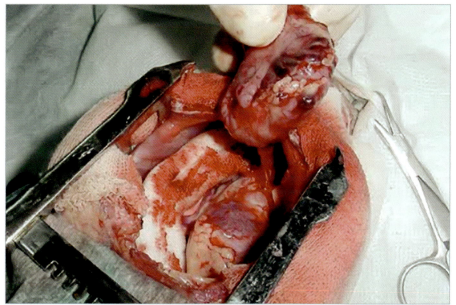

図7　癒着部位の切除と分離。右上方が動物の頭側

＊このような処置（図8）を行う場合、結合組織と心膜の間に木製の舌圧子を置いて心臓組織に電流が流れないようにする。

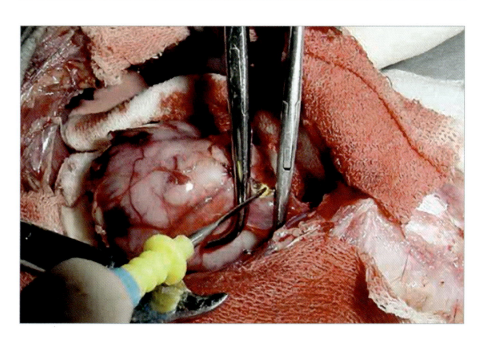

図8　結合組織と心膜の間を電気焼灼しているところ。右側が動物の頭側

腫瘍を摘出した後、手術部位に出血がないか確認し（図9）、胸腔ドレインを留置してから定法に従い切開した胸骨を閉鎖した（図10）。

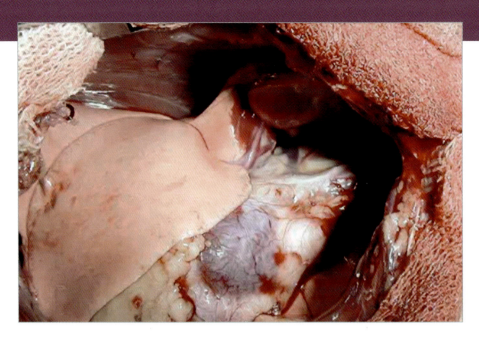

図9　腫瘍摘出後の術野。胸腔を閉鎖する前に、術野の止血が完了しているか確認する。右側が動物の頭側

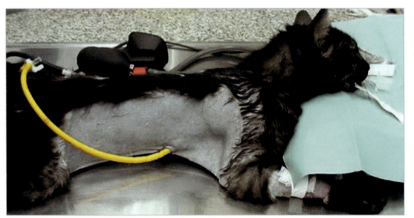

図10　手術直後の覚醒室での動物の様子。気管チューブ抜管前に胸腔ドレインから局所麻酔薬を投与した。

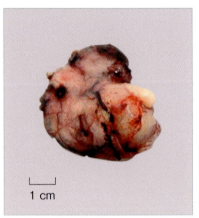

図11　摘出した腫瘍は確定診断のために病理組織検査に提出した。

> 動物が正常に呼吸を始める刺激となるように、過換気によって肺から二酸化炭素を出し切らないようにすることが重要である。

術後、動物は回復まで集中管理体制で入院とした。術後の管理で重要な点は、呼吸の合併症を避けるために胸腔内の吸引を行うことである。またエリザベスカラーを装着しておくことも重要である。

術後管理

動物は十分に回復し、循環器系や呼吸器系の変化は認められなかった。胸腔ドレインは術後24時間で抜去した。術後、抗生物質投与を5日間継続した。術創は予定通りに治癒し、術後2週間で完治と考えられた。

病理検査により胸腺腫との診断が確定した。腫瘍科と外科でこの症例を26カ月経過観察したが、動物の状態は良好である。

> 胸腺に発生する非浸潤性腫瘍は通常浸潤、再発、局所転移がないため、浸潤性腫瘍よりも予後は良好である。一般に外科的摘出が根治的であり、予後は良好で生存期間の中央値は2年である。

前縦隔内の腫瘍

Rodolfo Bruhl Day, Pablo Meyer,
María Elena Martínez

発生	■■			
技術的難易度	■■■			

　症例は9歳齢の雌のボクサーでショック症状と呼吸困難の臨床徴候を主訴に（ブエノスアイレス大学獣医学部）教育病院の救急外来に来院した。

　輸液療法と酸素吸入で動物を安定化した。次いで胸部単純X線検査を行ったところ、中等度の胸水が判明した。胸腔穿刺により血胸であることがわかり、緊急で血液検査を行った。ヘマトクリット値は22%で総蛋白量は40g/Lであり、輸血を行った。数時間後、動物は明らかに状態が安定し、48時間入院とした。血液検査所見は良化しさらなるX線検査を行った。胸水が再吸収され、胸腔内に腫瘤が描出された（図1、2）。

　前縦隔の腫瘍に対する治療方針決定のためにこの動物は外科を受診した。動物の一般状態は良好であり、急性の代償障害からは完全に回復していた。そのため動物は計画的な予定手術の対象とした。

　病歴からこの犬は2年前に腫瘤切除術を受けていることがわかり、そのときの診断は乳腺腫であった。

> 胸腔内の外科手術には胸腔内へのアプローチと閉鎖についての理解だけでなく麻酔管理についても十分に理解しておく必要がある。

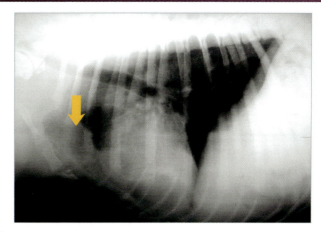

図1　X線側方像。前縦隔の腫瘤性病変を矢印で示す。

「正中開胸術」の項を参照　→ 361ページ

　胸腔内へのアプローチ法は、目的とする部位や臓器によってさまざまである。この症例では、両方の半胸郭に対し良好な視野が得られる胸骨切開を選択した。

　腫瘍の位置や局所での進展度を正確に評価し、二次的な併発疾患を除外するためにCT撮影を行った。CT撮影で確認された前縦隔の腫瘤は、右肺前葉を後方へ変位させていた。病変はやや不整な形をしており、計測の結果は42.6mm×39mmであった。残りの肺野や心血管陰影には異常は見られなかった（図3）。血液検査の結果は正常範囲内であった。術前の循環器の評価では新たな危険性はないと判断された。

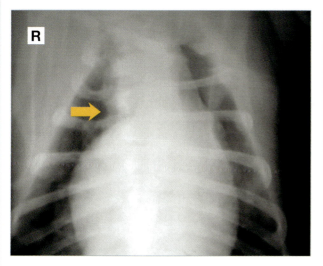

図2　X線腹背像。前縦隔部の厚みが増している（矢印）。

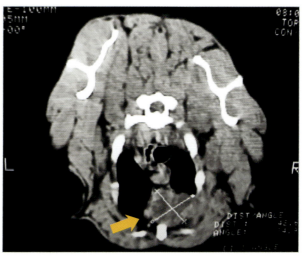

図3　CT検査により前縦隔内に腫瘤が認められた。

胸部

飼い主に対し、胸骨切開による胸腔内全域の探査的開胸術が必要であると説明した。鑑別診断としては胸骨リンパ節の腫大、さらに可能性は低いが胸腺腫、リンパ腫、異所性甲状腺癌などがあげられた。

術前管理

> 術中は用手ないし機械的換気が必要である。

動物に対し胸骨切開術の準備を行い、頸部尾側から上腹部までの広範な剃毛を行った。前投与にはオピオイドも使用した。麻酔はプロポフォールで導入し、イソフルランとフェンタニルで維持した。

術式

胸骨の全長にわたり皮膚切開を行い、皮下組織を切開し、胸筋を胸骨から分離した（図4）。止血には電気焼灼を用いた。

> 術野の視界を遮る術中出血を避けるため、良好な止血が重要である。

「正中開胸術」の項を参照 → 361ページ

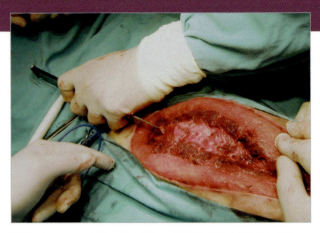
図5　ハンマーと骨ノミを用い、頭側から胸骨切開を行う。

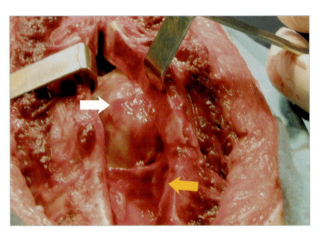
図6　写真は縦隔の腫瘤を示す（白矢印）。その前方に内胸動脈の起始部が見える（黄矢印）。

胸骨切開はハンマーと骨ノミを用いたが、腫瘤が第一胸骨の対側に位置していたため胸腔内を見ながらゆっくりと慎重に頭側から切開していった（図5）。このように慎重にアプローチすることで腫瘤を損傷させないようにすることができる。胸腔が開くと、腫瘤周囲の脈管構造や胸骨上の腫瘤自体が視認できた（図6）。切開創に2組目の手術用ドレープをかけ、フィノチェット肋骨用開創器を装着した（図7）。麻酔師は無気肺にする前に2回換気をする。ある程度無気肺にすることで術野の良好な視野を確保し、肺や心臓あるいは大血管に対する危険性がないように腫瘤を切除する助けとする。

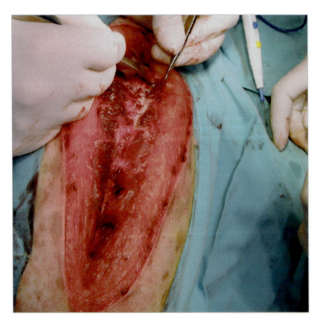
図4　骨膜起子を用いて胸筋を分離する。

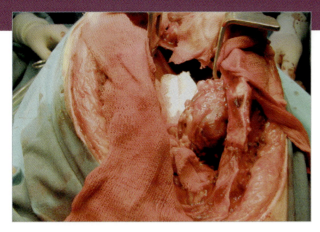

図7 腫瘤の左側は鈍性分離により切除した。後に、右側の内胸動脈は結紮した。

腫瘍の摘出は、付着部位が小さい胸骨左側から鈍性に分離して行った。腫瘍の頭側は内胸動脈から直接血液供給を受けており、これを分離、結紮後に切断した。頭側から尾側へと分離を続け、腫瘍を摘出した（図7、8）。

処置が終わり胸腔を閉じる前に胸腔ドレインを正しい位置に留置したことを確認した（図9）。

胸骨を閉鎖し（図10）、筋層は3-0モノフィラメントナイロン糸の単純結節縫合で、皮下組織は同じ素材の連続縫合で縫合した。最後に同じ3-0ナイロン糸で皮内をランニング縫合し、皮膚縫合は単純結節縫合で行った。

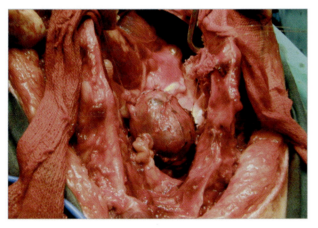

図8 胸壁との付着部から分離された腫瘤

術後管理

動物はICUで注意深く監視しながら入院となった。胸腔内へのブピバカインの投与を行い、鎮痛薬の点滴は24時間続けた。胸腔ドレインは48時間後に抜去した。動物は退院し、自宅でトラマドールを3日間、アンピシリンを7日間投与された。

治癒は良好であり、外科的治療は2週間後には完了し、循環器系や呼吸器系の問題は何も生じなかった。

病理組織検査の結果は、中等度グレードの癌腫であり、カルボプラチンによる術後化学療法のために腫瘍科を受診した。

手術は2009年8月に行われた。1年後の本稿執筆時において動物の状態は依然良好であり、非常によいQOLが保たれている。

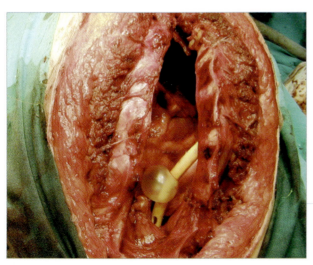

図9 胸腔ドレインの留置

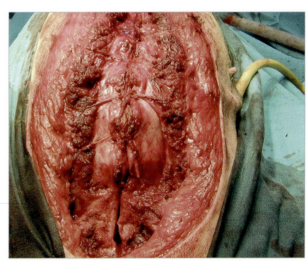

図10 胸骨の閉鎖

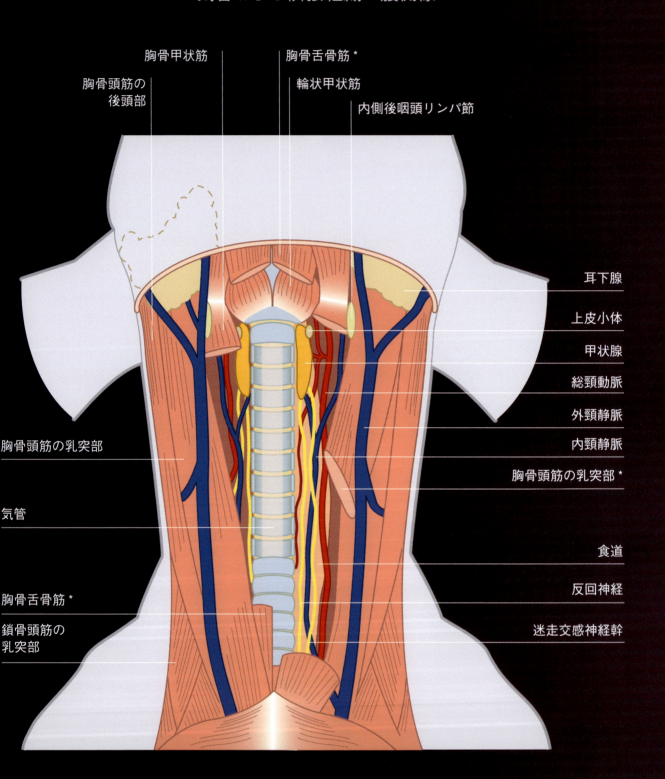

気管および隣接組織　腹側像

気管

気管　概要

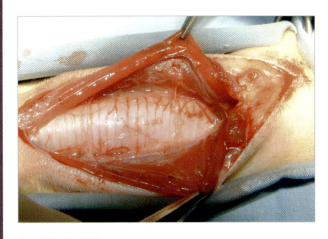

喉頭と気管の動脈と静脈の関係

背側像
右　左

- 甲状軟骨
- リンパ節
- 輪状軟骨
- 上皮小体
- 甲状腺
- 気管
- 食道
- 肋頸動脈
- 前大静脈

- 顎静脈
- 舌顔面静脈
- 甲状腺動脈の分枝
- 前甲状腺動脈
- 総頸動脈
- 内頸静脈
- 外頸静脈
- 後甲状腺静脈
- 鎖骨下静脈
- 後甲状腺動脈
- 腕頭動脈
- 鎖骨下動脈

気管虚脱

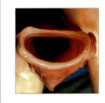 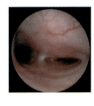 

気管虚脱　頸部管外気管形成術

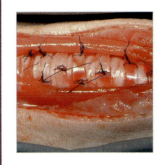 

気管虚脱　管内気管形成術

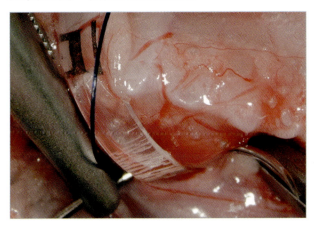

犬の気管の横断面

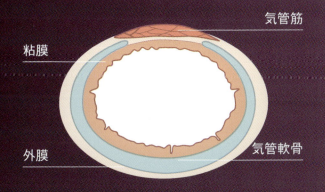

- 粘膜
- 外膜
- 気管筋
- 気管軟骨

胸部

気管　概要

José Rodríguez Gómez, Carolina Serrano, Rocío Fernández, Amaya de Torre

　気管はやや固い管腔構造になっており、喉頭と気管支を連絡している。その形状は35〜40個のC型をしたヒアリン軟骨によって維持されている。これらの軟骨は弾性のある輪状靱帯によって結合され、背側では背側気管膜（気管筋）（図1）に連結している。

　分節ごとの血液供給は前および後甲状腺動脈の小さな分枝からなされている（図2）。

　筋の収縮や気管腺からの分泌は、副交感神経（反回神経と迷走神経）によってもたらされ、交感神経（中頸神経節および交感神経幹）によって抑制される。

　気管粘膜は繊毛をもつ多列円柱上皮細胞と杯細胞からなり、これらは粘液の産生と、生成された粘液と吸入された微粒子を咽頭へ運び出す働きを担っている。

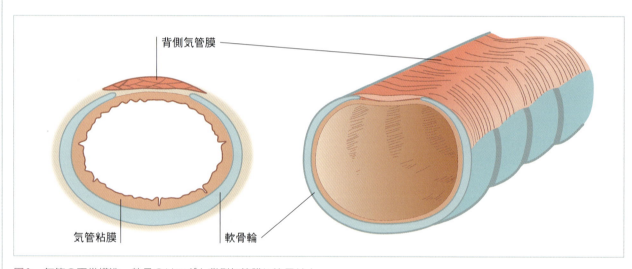

図1　気管の正常構造。軟骨のリングと背側気管膜に注目せよ。

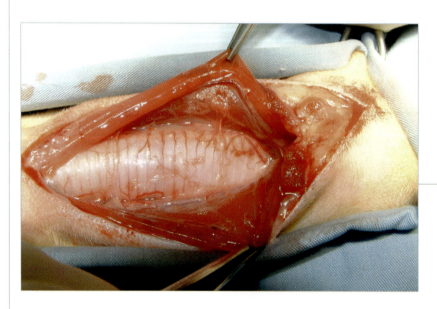

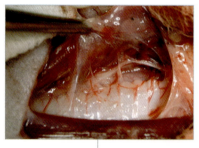

図2　手術中の気管の画像では、気管と並走する動脈より分岐する血管からの血液供給が認められる。

気管 / 概要

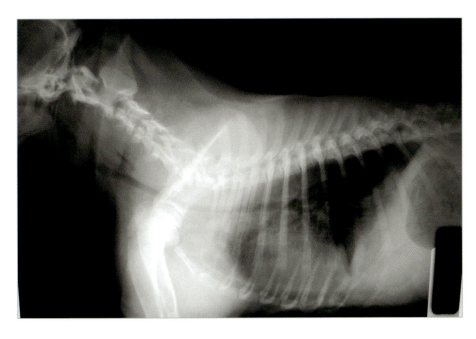

> 気管粘膜の障害によって粘液の産生が亢進する。

気管病変の診断はX線検査（図1、4）や内視鏡検査（図5、6）に基づいて行う。

図3　気管低形成のイングリッシュ・ブルドッグにおけるX線側方像

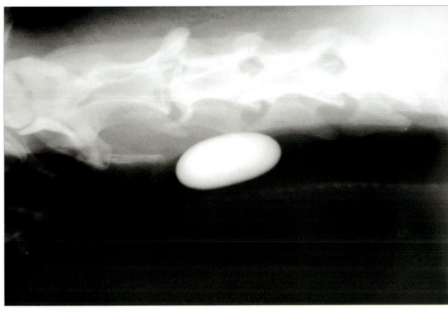

> ＊ 気管粘膜への持続的な障害が、上皮の変性と扁平上皮化生を引き起こし、内腔の狭窄につながることもある。

図4　遊んでいる最中に石を誤嚥してしまった犬の頸部X線像

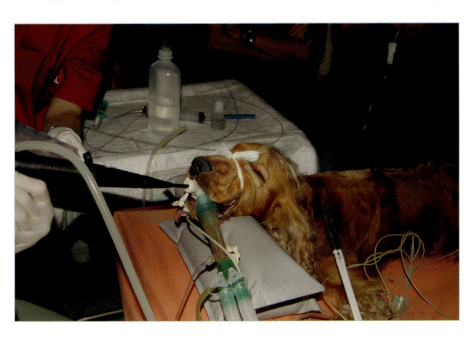

図5　異物を誤嚥した疑いのある患者の気管チューブから気管内視鏡を挿入する。

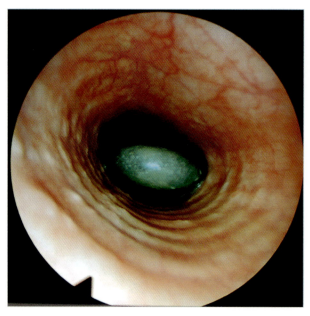

図6　飼い主が犬に投げた平滑な丸い石を誤嚥した患者の内視鏡像。チューブを介して除去し、気管切開は必要とならなかった。

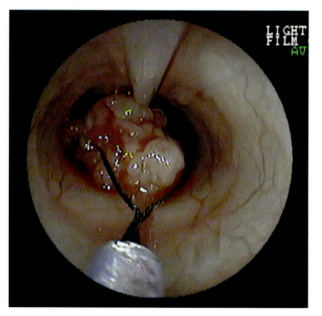

図7　著しい呼吸困難を呈した猫の気管内腔をほぼ完全に閉塞していた腫瘤を切除している写真
写真は Simone Monti のご厚意による。

気管手術の適応
- 気管虚脱
- 外傷
- 気管の部分狭窄
- 気管内の閉塞性腫瘤
- 呼吸器の広範にわたる閉塞

先に述べた手術の適応とは別に、獣医病院のすべてのスタッフは、上部気道に問題のある患者を安全に治療するために、とくに緊急時には気管切開術が実施できるように実践的知識をもっていなければならない（図8）。

図8　喉頭浮腫により重度の呼吸困難を呈する患者。一時的な気管切開術によって最初の問題は解消された。

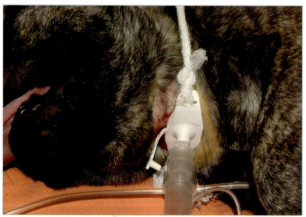

図9　上部気道に問題を生じている患者が来院したときのために、獣医師は気管切開チューブ設置の実践的知識を身につけておき、上手に処置できるようにしておくべきである。

気管虚脱

José Rodríguez Gómez, Carolina Serrano, Rocío Fernández, Amaya de Torre

発生	■■■■

　気管虚脱は、管腔構造を支持している軟骨の脆弱化によって続発する気道閉塞の一型であり、肺への空気の流入を妨げる。

　特発性の変性により、気管軟骨は剛性を失い、呼吸中の気管の形状を維持できなくなる。気管は腹背方向に虚脱する（図1）。

> 虚脱が頸部気管に起こると吸気中に問題が悪化するが、胸部気管の虚脱では呼気時に悪化する。

　この病気は主に小型種やトイ種、とくに5～9歳齢のヨークシャー・テリアで発生する。

　気管虚脱がある動物は、ガチョウの鳴き声に似た慢性の粗く乾いた咳、呼吸困難、チアノーゼや時に失神などに特徴づけられる呼吸障害を呈する。悪循環は咳、努力性の呼吸、そして胸腔内圧の上昇に始まり、さらなる気管粘膜の障害が生じる。慢性的な上皮の障害によって粘膜毛様体の浄化作用を低下させる炎症や上皮の剥離が生じるため、分泌物は蓄積し、これにより咳や気管虚脱はさらに悪化する。一度悪循環が生じると患者の病態は徐々に悪化する。

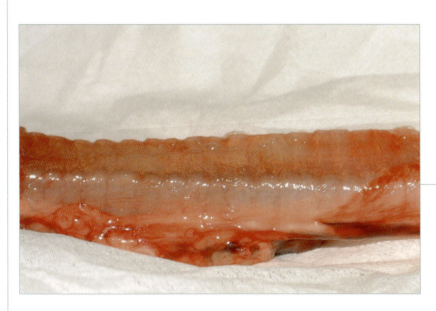

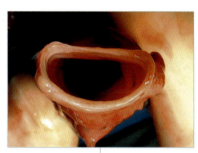

図1　気管虚脱では、ヒアリン軟骨が線維軟骨に置換される。気管のリングは剛性を失い背側が平坦化する。

臨床症状

　臨床症状は子犬で認められることもあるが、年齢とともに悪化する。
- 呼吸時の喘鳴音
- "ガチョウの鳴き声"音に特徴づけられる繰り返す咳
- 呼吸困難
- 運動不耐性
- 失神

考慮すべき臨床データ
- 患者の30％で喉頭麻痺や喉頭虚脱も併発する。
- 患者の50％近くが何らかの気管支虚脱の徴候を示す。
- 通常は気管全体に影響が及ぶが、大部分の症例では最も重度に障害された特定の部位が存在する。

表1　気管虚脱の4グレード

気管虚脱のグレードとそれぞれの解剖学的 – 機能的変化			
グレード	気管径の減少率	軟骨の形状	気管筋
I	25%	部分的にC型が保たれている	わずかに気管内腔に突出している
II	50%	広がり始めのU型	伸展し下垂する
III	57%	かなり広がったU型	かなり伸展しゆるむ
IV	>80%	完全に平坦化	リングの腹側側に接触する

診断

気管虚脱を示唆する症状がある場合には、診断を確定するためにさらなる検査を行うべきである。（吸気中および呼気中の）X線検査、X線透視検査、超音波検査、CT検査および気管気管支内視鏡検査を含めた画像診断のすべてがこれに利用できる。

> 気管支内視鏡検査とX線透視検査は気管虚脱の診断のための検査としては最も有用である。しかし、すべての獣医病院に必要とされる機器があるわけではない。

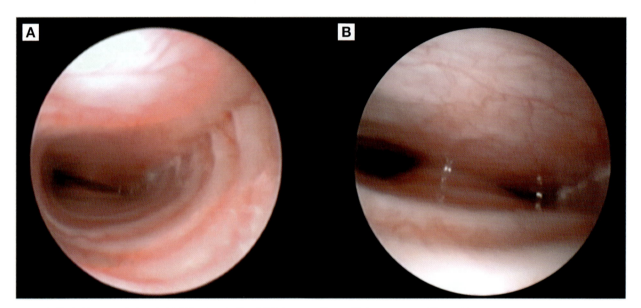

図2　気管虚脱の原因となる気管軟化症の患者の内視鏡。A：グレードⅡ〜Ⅲ、B：グレードⅣ

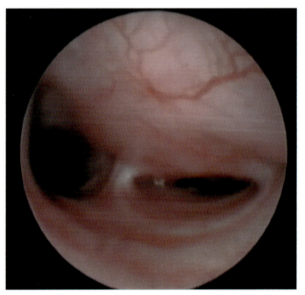

図3　この症例では、左の気管支の軟骨も障害されている（犬は腹臥位になっている）。

一般的なX線検査は、大部分の病院で実施可能で、正しく利用すれば有用な診断的検査法である。X線写真は頸部と胸部の変化が見えるように、吸気および呼気中に撮影する（図4）。気管虚脱の程度を精査するためには頸部尾側のスカイライン像を撮影することもある（図5〜6）。

> ※ X線側方像は、保定や手技が未熟だと頸部筋肉や食道が気管と重なり偽陽性や偽陰性の原因となることがある。

> 患者の頭と首は、まっすぐに保つようにし、伸展しすぎたり（気管が実際より細くなる）、ゆるみすぎたり（気管の背側への彎曲）しないようにする。

気管 / 気管虚脱

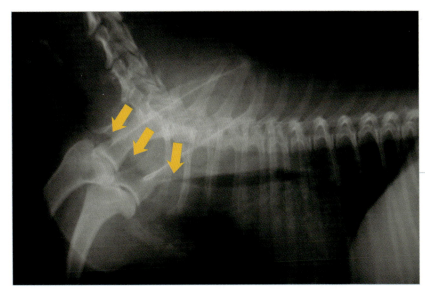

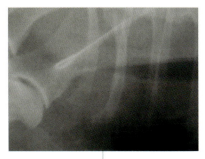

「胸部X線検査 気管」の項を参照 → 304ページ

図4 X線像から、主に頸部尾側に気管虚脱が存在することがわかる。

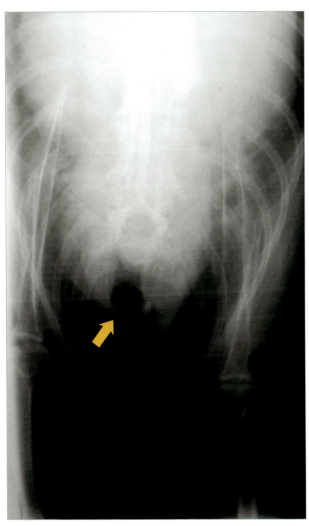

図5 スカイライン像では、頸部の尾側気管の径が精査できる。この写真は正常な気管を示している（矢印）。

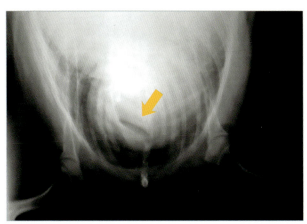

図6 気管虚脱の患者の吸気時に撮影されたX線像により、頸部尾側が障害されていることがわかる。気管の重度の変形に注目せよ（矢印）。図5の写真と比較するとよい。

> これらの患者の胸部X線像では、併発する心臓の変化により心拡大を認めることもある。洞性不整脈、肺性心あるいは左心肥大の可能性があり、これを検査するために心電図検査を実施する。

　超音波検査はもう1つの有用な診断機器であるが、内腔に空気があるために解釈が難しい。それゆえ、専門家が行うべきである。
　気管虚脱の鑑別診断として、扁桃炎、喉頭麻痺、鼻孔や気管の狭窄、喉頭小嚢の反転、軟口蓋過長、原発性あるいは異物による気管支炎や気管炎、慢性非代償性僧帽弁閉鎖不全症のような疾患を含める必要がある。

治療法

気管虚脱に対しては通常内科療法を選択する。その主な目的は悪循環を断ち、疾患の悪化を防ぐことにある。外科的治療が適応となるのは、内科療法に反応しない場合や重度の虚脱の場合である。

> グレードⅠあるいはⅡの気管虚脱の患者では内科療法で治療できる。進行したグレードⅡ、グレードⅢまたはグレードⅣの患者では外科手術が必要となることが多い。

内科療法

最初に改善可能なすべての外的要因を適正化する。有害なガス、タバコ、埃など刺激物との接触をさけ、犬種ごとに適切とされる体重を維持するための食事（高繊維、低脂肪）を与え、運動を減らす。気管支炎や心不全などの併発疾患も治療する。

> 内科療法の目的は、二次的な臨床徴候の重症度と頻度を減らすことにある。しかし、気管虚脱は進行性の疾病であることに留意する必要がある。

グレードⅠやⅡの患者に対する内科的治療には以下の薬剤を用いる。

- 鎮咳剤
  - ブトルファノール（0.5～1mg/kg/8～12h PO）は鎮静効果をもつので注意が必要である。過度な鎮静がかからず鎮咳効果を得られるように個々の患者ごとに用量を調整する必要がある。
  - コデイン（2～5mg/kg/6～8h PO）
- 気管支拡張剤
  - アミノフィリン
    （犬：10mg/kg/8h PO,IM、猫：5mg/kg/12h PO）
  - テオフィリン
    （犬：9mg/kg/6～8h PO,IM、猫：4mg/kg/8～12h PO）
  - テルブタリン（1.25～2.5mg/頭/8～12h PO）
- コルチコイド　二次的な作用があり、呼吸器感染症が生じやすくなる。これらの薬剤は、機械的損傷により気管の炎症がある急性症例で咳発作がある場合に使用する。
  - デキサメタゾン（0.2mg/kg/12h IM,SC）
  - プレドニゾン（0.25～1mg/kg/12～24h PO）
- 鎮静剤（神経質で緊張しやすい患者に対して）
  - アセプロマジン（0.05～2mg/kg/8～24h PO,IM あるいは SC）
  - ジアゼパム（0.2mg/kg/12h PO）
- 抗生物質（感染を伴う症例で）
  - アンピシリン（22mg/kg/8h PO,IM あるいは SC）
  - セファゾリン（20mg/kg/8h IM）
  - エンロフロキサシン（5～10mg/kg/8h PO,IM あるいは SC）
  - クリンダマイシン（11mg/kg/12h PO,IM）
- 重度の呼吸困難の患者には酸素療法を行うが、さらなるストレスとならない場合に限る。

100頭の気管虚脱の患者に対して行った研究で、ロモチル（塩酸ジフェノキシラートと硫酸アトロピン）[1]を使用し、71％の症例で良好な結果を得られたことが示されたが、効果のメカニズムは明らかになっていない。考慮すべき1つの選択肢である。

> 首輪の代わりにハーネスを使わせること、肥満の動物は減量させること、および運動制限を勧める必要がある。周囲環境も刺激物やタバコ、アレルゲンができるだけ少なくなるようにする。

> 軟骨の変性は進行性であり、内科的治療の長期的な結果は良好であるとは言えない。

外科療法

| 技術的難易度 | ■■■□ |

外科療法は、気管内腔が50％以上減少しており、内科療法に顕著な反応がない動物で適応となる。

本疾患に対して数多くの手術法が報告されている。楕円形の内腔をピラミッド型に形を変える矯正軟骨切開術は、軟骨がその形状を維持するのに十分に硬い場合には効果的であるが、大部分の患者の軟骨は軟弱になっている。背側の膜をマットレス縫合でひだ状にすることにより気管の形状は改善するが、小さな動物では気管の径自体が減少してしまう。1976年に、小さな注射筒を利用したリング状の気管外人工装具が初めて報告された。最近、気管内腔に金属製ステントを使用して径を維持する方法が報告されている。

---

[1] WHITE, R.A.S., WILLIAMS, J.M. Tracheal collapse in the dog. Is there really a role for surgery? A survey of 100 cases. *J Small Anim Pract*, 1994. No. 35: 191-196.

気管 / 気管虚脱

軟骨の変性は時間とともに進行するため、内科療法が長期的に良好な結果をもたらすことはまれである。

外科療法は、気管腔外（図8）あるいは気管腔内（図9）の人工装具により軟骨と気管筋を支持する方法で、それらの装着にはそれぞれ従来通りの外科手術もしくは低侵襲外科が行われるが、粘膜線毛クリアランスは変化させない。

術後経過

飼い主には、病気が進行性のものであり、症状が悪化する可能性があることを伝えておく必要がある。外科手術によって得られる症状の改善がどの程度の間持続するかは症例ごとに異なる。気管虚脱の進行をさらに悪化させたり早めたりする危険因子や、併発病変をなくすための定期検診を計画することが重要である。

「気管虚脱 頸部管外気管形成術」の項を参照 → 246ページ

「気管虚脱 管内気管形成術」の項を参照 → 252ページ

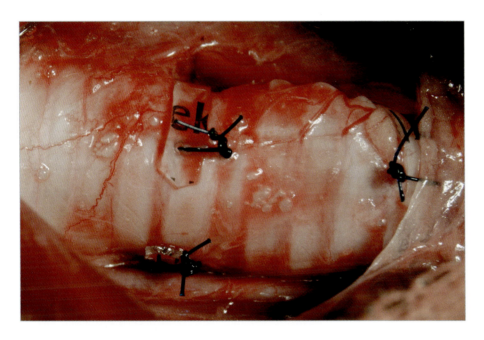

図7 気管の管腔形状を維持するための管腔外人工装具

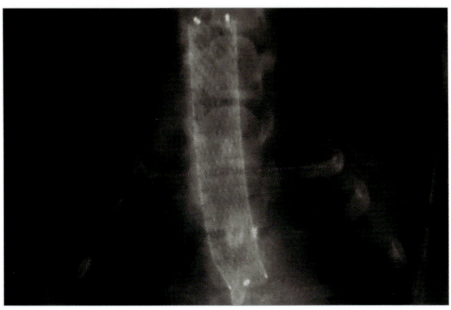

図8 気管虚脱の治療のための前胸部領域のステント。虚脱は主にこの部位に生じる。

気管虚脱　頸部管外気管形成術

| 技術的難易度 | ■■■□□ |

José Rodríguez Gómez, Carolina Serrano,
Rocío Fernández, Amaya de Torre

頸部管外気管形成術の目的は、気管の分節的な神経支配や血液供給に影響を与えることなく、軟骨と気管筋を支持することである。

術前管理

人工装具の準備

気管形成術に利用するリング状の人工装具は、2mLもしくは5mLの注射筒から作成する。注射筒を外科用メスや鋏でおよそ5mm幅で切る。気管周囲に設置しやすくするためにそれぞれの円筒に縦の切れ目を入れる。組織の損傷を防ぐために、外科用メスや小さなヤスリ（図A、B）を用いてすべての角と鋭利な辺縁を滑らかにする。その後リングをよく洗浄し、滅菌のためのオートクレーブバッグに入れる（化学的滅菌は避ける）。

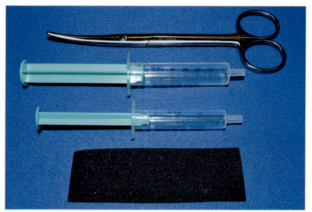

図A　気管の人工装具を作成するのに必要な道具

患者の準備

麻酔導入時に予防的な抗生物質投与を行うことが勧められる。たとえばセファゾリン（20mg/kg）IVは、術後8時間おきに同じ用量を繰り返し投与する。

人工装具の縫合によって生じる気管粘膜の炎症を減らすために、コルチコステロイドを使用する。

さらに、麻酔導入および気管挿管前に動物を酸素化しておく。

図B　リングを準備するステップを示した写真。それぞれの人工装具の尖った縁にヤスリをかけて角を丸くする。これらは洗浄し、滅菌しておく。

手術法

> 解剖学的に重要なポイント
> - 気管への血液供給と神経支配は分節的で、気管の両脇を走行する血管と神経から行われる。
> - 左の反回神経は椎弓根の側方にあり、気管に非常に近接している。
> - 右の反回神経は通常は頸動脈鞘にある。

動物は、気管を操作しやすくするために、頸部を巻いたもの（たとえば丸めたタオルなど）の上に置き過伸展にした状態で背臥位に保定する（図1）。

図1　術野の準備。動物は頸部を過伸展した状態で背臥位に保定する（丸めたタオルを首の下に入れることで気管を適切な位置にすることができる）。

気管／気管虚脱

皮膚と皮下組織を喉頭から胸骨柄部分まで切開する。その後、気管を露出できるように胸骨舌骨筋と胸骨頭筋を正中で分離する（図2）。

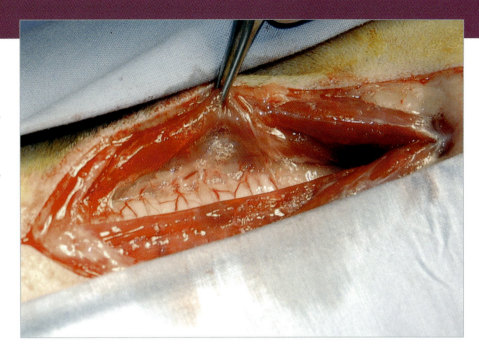

図2　気管へアプローチするために、皮膚を切開し、胸骨舌骨筋と胸骨頭筋を正中で分離する。

＊ 気管を剥離するときは、血液を供給する血管や支配する神経を温存するように慎重に行う。この写真は、頭側頸部気管の剥離を示している：気管（白矢印）、頸動脈（緑矢印）、内頸静脈（黄矢印）、迷走交感神経幹（青矢印）

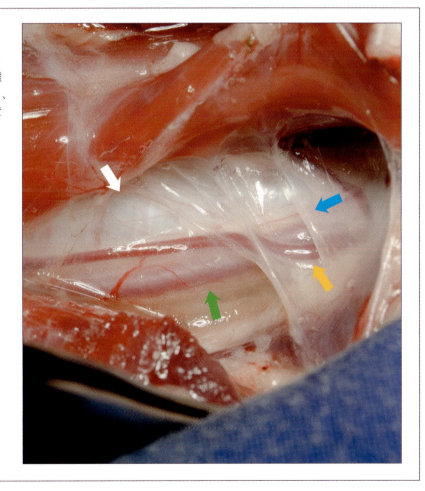

左反回神経を損傷する危険を減らすため、気管は主に右側から剥離し、反対側の操作は最小限にする（図3）。気管への血液供給が維持されるよう、剥離は小さく区切って行う（図4）。

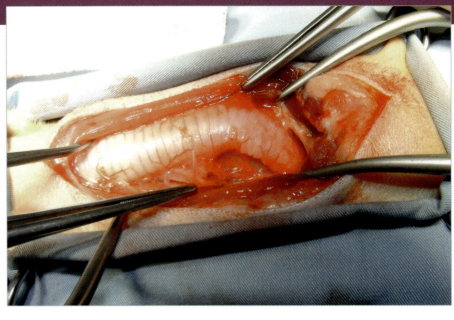

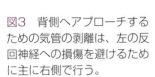

図3　背側へアプローチするための気管の剥離は、左の反回神経への損傷を避けるために主に右側で行う。

右側の剥離はこの部分への血液供給を傷害しないよう分節的に行うが、人工装具を気管背側に縫合する際に見えるように、気管が反転できるようにする。

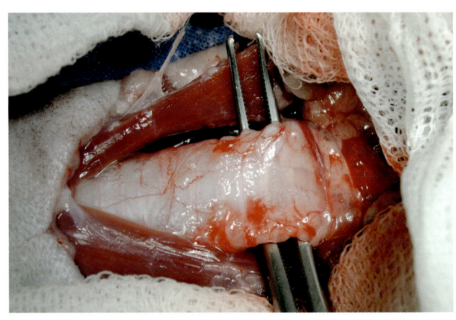

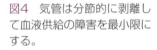

図4　気管は分節的に剥離して血液供給の障害を最小限にする。

 医原性の喉頭麻痺を引き起こす恐れのある反回神経の損傷を避けるために、剥離は慎重かつ正確に行う。

気管筋が気管内腔を閉塞させないように、人工装具に縫合する必要がある。

気管左側周囲にトンネルを作り、気管の周囲をくぐらせた剥離鉗子（角度のある鉗子）か曲の長い動脈用鉗子で人工装具を挿入する（図5、6）。

次に、人工装具を合成の非吸収性モノフィラメント糸で気管に単純縫合する。気管背側へアプローチする際には気管を部分的に反転させながら縫合を気管の全周に均等に掛ける（図6〜9）。

外科医は、それぞれの人工装具を気管に固定するための縫合が気管チューブに掛かっていないことを確認する必要がある。

気管/気管虚脱

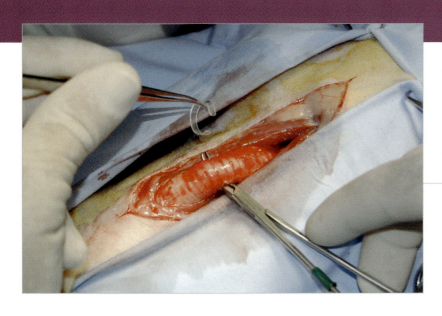

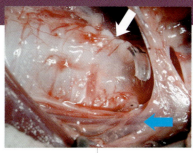

図5 気管近くの構造物（青矢印）を傷害しないように細心の注意を払いながら、長い動脈用の鉗子を用いて、人工装具を気管周囲に通す。拡大写真では、気管輪がかなり弛緩しており、人工装具を装着したときに内反しているのが確認できる（白矢印）。

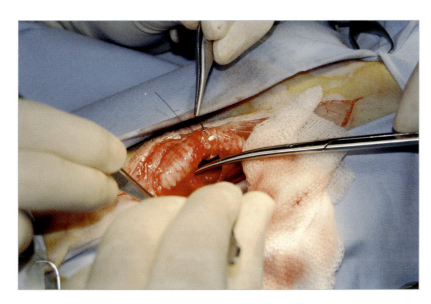

図6 人工装具を気管輪の腹側に縫着し、残りの縫合を気管周囲に均等に掛ける。この写真では気管の側方と背側が見えるように剥離を広げている。

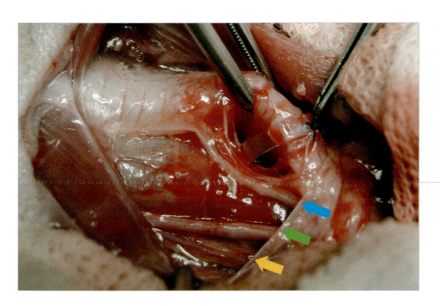

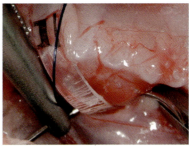

図7 側方の縫合を牽引すると気管は部分的に反転するので、背側へのアプローチができ気管筋を人工装具に固定することができる。気管に隣接する構造物を同定しておく必要がある。迷走交感神経幹（青矢印）、頸動脈（緑矢印）、内頸静脈（黄矢印）

胸部

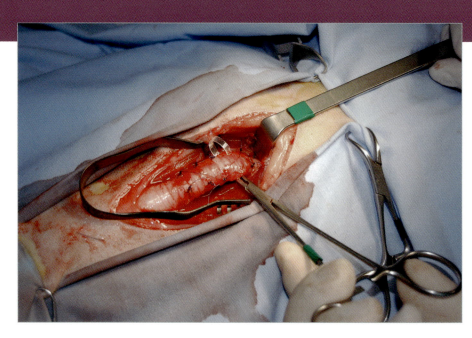

図8 気管が正常な形状に戻るように、罹患部に沿って10〜15mmごとに人工装具を配置する。

> 胸腔入り口部分で1つあるいは2つのリングが装着できるように、装着した人工装具のリングの一つを前方へ牽引することもできる。

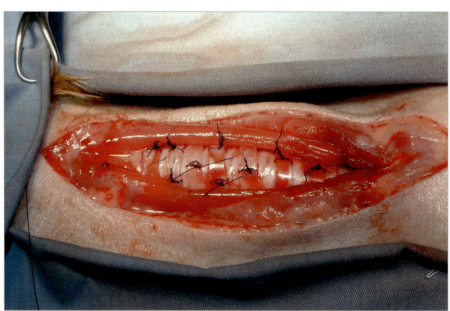

図9 頸部気管に人工装具のリングを装着した後の最終的な様子

個々のリングを装着する代わりの方法として、らせん状の人工装具がある（図10）。著者の経験では、この手技は難易度が高く、気管の虚血やその他の合併症を引き起こしやすいため、推奨されない。

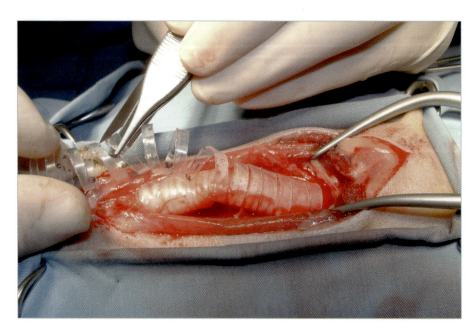

図10 らせん形状の気管人工装具。この手技では、気管やその周囲の組織の操作による術後の合併症の危険が高くなる。

最後に、滅菌の生理食塩水を用いて術野を洗浄し、剥離した筋を単純縫合で並置した後、皮下組織と皮膚を術者の好みの方法で縫合する（図11、12）。

> 手術の成功は、術者の経験と熟練度に依存する。

術後管理

- 回復を促すために、鼻カテーテルからの酸素吸入やコルチコステロイドの注射を行う。
- 生じうる呼吸器の合併症を見逃さないよう、患者の回復を定期的に監視する。
- 手術に先立って実施する内科療法（鎮咳剤、気管支拡張剤、抗生物質）は、個々の症例に応じて必要であれば継続する。

術後の気管周囲の炎症や気管粘膜の縫合による刺激が原因で、術後数週間経っても臨床症状の改善が顕著に見られないことがある。

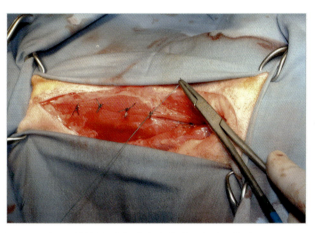

図11　胸骨舌骨筋と胸骨頭筋を合成吸収糸で縫合する。

> 多くの症例で、臨床症状が完全に消失しなくても、患者の生活の質の改善が認められる。

この手術により、長期的な臨床症状を改善することができる。84％の患者で咳の減少、80％で呼吸困難の減少、55％の患者では活動レベルの改善、60％で呼吸器感染症の改善が認められる[1]。

気管形成術後に起こりうる合併症

- 気管の細菌の増殖による人工装具の感染
- 気管側方の過度な剥離による気管壊死
- 反回神経の損傷に伴う喉頭麻痺

これらの合併症を予防するために、外科医はあらゆる注意を払う必要がある。
気管虚脱の患者の予後は、気管病変の重症度、肥満、併発疾患などの危険因子の存在と関連している。

図12　皮下組織と皮膚の並置には、術者の好みの方法を用いる。

> 6歳齢以下の症例では、虚脱は一般的により重症であるが、術後の予後は良好であることが多い。

---

[1] TANGNER, C.H., HOBSON, H.P. A retrospective study of 20 surgically managed cases of collapsed trachewa. *Vet. Surg.*, 1982. No. 11:146-149.

胸部

気管虚脱　管内気管形成術

Carolina Serrano

技術的難易度　■■■□

　気管虚脱の犬が内科療法に反応しない場合、外科療法が適応となる（図1）。気管輪の軟骨切開術、背側膜組織の縫縮術、気管切除と吻合術、あるいは管外プロテーゼ装着などの多くの外科的手技に関する記載がある。生理的機能を障害することなく気管の支持が得られるため、後者が最も一般的に用いられる手技である。しかし、これらの治療は、頸部気管の虚脱だけにしか利用できないので、適応できる部位が限られており、一方で気管壊死や感染あるいは喉頭麻痺といった重大な合併症を引き起こす可能性がある。

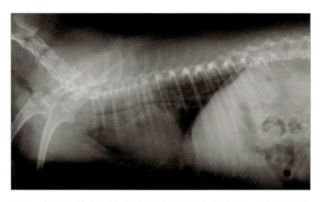

図1　主に胸腔内に障害部位があり、内科療法に良好な反応が得られない気管虚脱の症例。これらの動物では管内気管形成術を考慮すべきである。

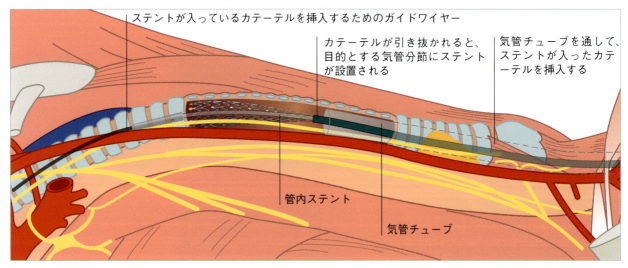

図2　自己拡張型の金属製ステントを気管内に設置した場合の模式図

> 症例ごとに治療法を選択する際には、虚脱している場所、程度、長さや内径を考慮する。

　気管虚脱に対する自己拡張型の金属製ステントの埋め込み術は、従来の外科療法に比べていくつかの利点がある（図2、3）。

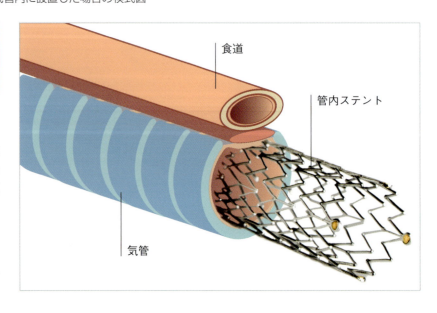

図3　気管内に設置した自己拡張型ステント

気管／気管虚脱

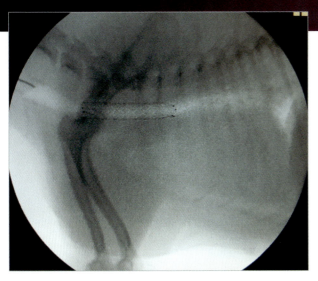

図4　主に前胸部に気管虚脱がある患者に設置したニチノール製の自己拡張型ステント

この方法では、気管の外側を操作することによって生じる外科合併症の危険が減少し、直後に改善が得られ、回復時間が短くなり（図4）、迅速で侵襲性が低い。

管内プロテーゼ（ステント）の設置

透視装置の画像によるガイド下での低侵襲手術により、気管の損傷を最小限に減らして気管内腔へアプローチし、管内ステントを設置することが可能となる。

> 低侵襲外科による気管内腔へのステントの設置は迅速に行える代替法であり、気管周囲の剥離や従来の手術の合併症を避けることができる。

この外科的代替法は、主に胸腔内に及ぶ虚脱がある症例や従来の手術法の適応となりにくい症例で適応となる。

金属製のステントには2種類ある。
- 内径が固定されたステントで、拡張のためのバルーンが必要となる。
- 自己拡張型のステントで、あらかじめ内径が決められているが、気管の内径の違いによく適応できる。これにはカバーのついたものと何もないものがある（図5）。

理想的なステントの特性
挿入と設置が容易である
半径方向に十分な力があり、気管を広げた状態が保持でき遊走が防止できる
素材が疲労しない高い弾性がある
縦方向の良好な柔軟性がある
肉芽組織の形成や感染がなく粘膜線毛のクリアランスを維持できる良好な生物的適合性がある

> 自己拡張型のステントの設置は容易かつ迅速であり、透視下で行うバルーンで拡張するステントは遊走しやすい。

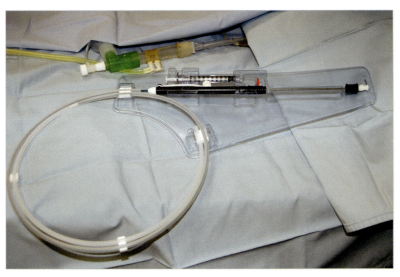

図5　気管チューブから挿入する準備をしたニチノール製ステント

気管支気管に自己拡張型のステントを使用する場合の主な欠点は、気管を刺激して異物反応を引き起こし、上皮の変化に伴って分泌液が貯留することである。それ以外の合併症も起こりうる。たとえば、肺炎、慢性の咳、上皮びらん、ステントの遊走や破綻、あるいは気管上皮の反応性過形成による再狭窄である。

文献的には異なる種類のステントに関して記述があるが、とくにステンレス製とニチノール製の2つについての記載が多い。

術式

　この手技において鍵となるポイントは、使用するステントの内径と長さを正確に決めることである。内径は食道内に挿入したマーカーカテーテルで計測する（図6）。患部の長さは意識下の患者を透視してあらかじめ決定するが、無理な場合には気管支鏡で虚脱部位の基始部から終末部の距離を計測する。

　計測は吸気時に行い、麻酔医が吸気を維持するようにする。吸気圧は肺への障害を避けるため、20cm水圧を超えないようにする。頸部気管の内径は胸部よりも幅が広いことを頭に入れておく必要がある。

> ステントの内径は、虚脱部の両側で計測した最大径より10％幅の広いものにし、虚脱部の長さよりも1cm長くする必要がある。

　透視下で的確な位置に設置器具を挿入し、ステントを設置する（図2、4、6）。

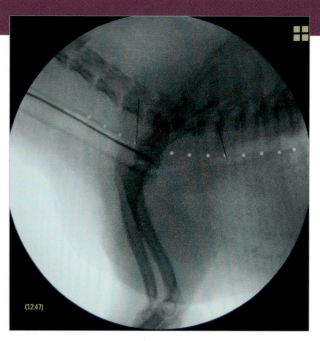

図6　ステントの大きさと長さを決定するために、正常気管と虚脱部の計測を行う。これは、1cm間隔のX線不透過性の目印があるマーカーカテーテルを食道内に挿入して行う。

この写真に示すように、気管チューブからカテーテルを挿入するためにT型の接続管を使用する。

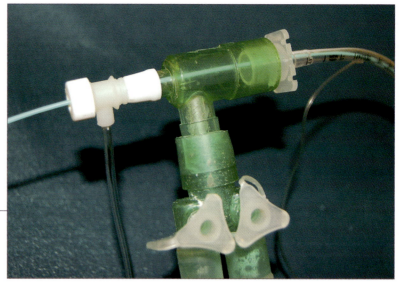

術後管理

　術後に以下の合併症が生じる可能性がある。
- 短期的
  - 咳
  - 気管内出血
  - 気管穿孔、縦隔気腫
- 長期的
  - 肉芽組織の過剰な増生
  - ステントの短小化
  - ステントの破綻
  - 気管虚脱の進行

気管／気管虚脱

　著者らは2種類のステント（ステンレス製とニチノール製）が気管壁に及ぼす反応について研究を行った。以下の図はその結果を示している。

　著者の経験によれば、ステンレスで編み込まれた自己拡張型金属ステントの気管壁に及ぼす組織反応はニチノール製の自己拡張型金属ステントよりも重度であった。それゆえ、画像ガイド下での低侵襲手術を実施する予定の患者では、ニチノール製の自己拡張型のステントを用いることが推奨される。

自己拡張型ステントに対する気管の反応についての研究		
	ステンレス製ステント	ニチノール製ステント
術後90日のCT所見	気管内腔の一部を占拠する環状の異常増殖	きれいな気管内腔
	ステントの近位端における異常増殖	きれいな気管内腔
術後90日の気管鏡所見	分泌物の貯留とステント端における環状の肥厚	完全かつ均等な再上皮化
術後90日の病理所見	気管壁の肥厚と嵌入形成	正常な気管と同様の組織像

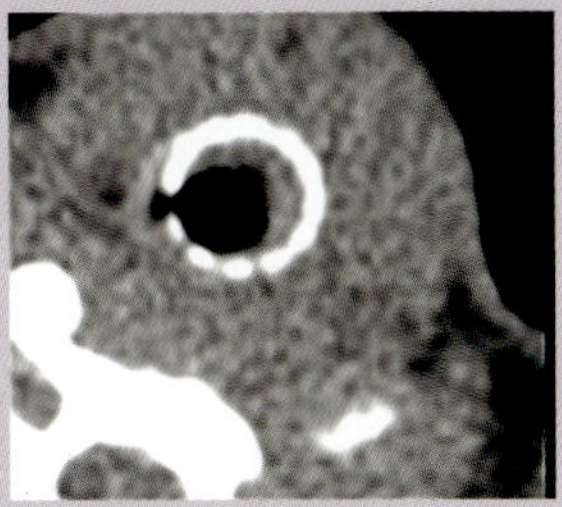

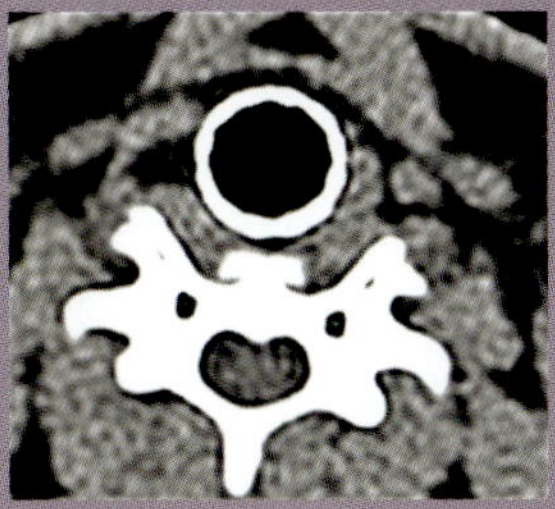

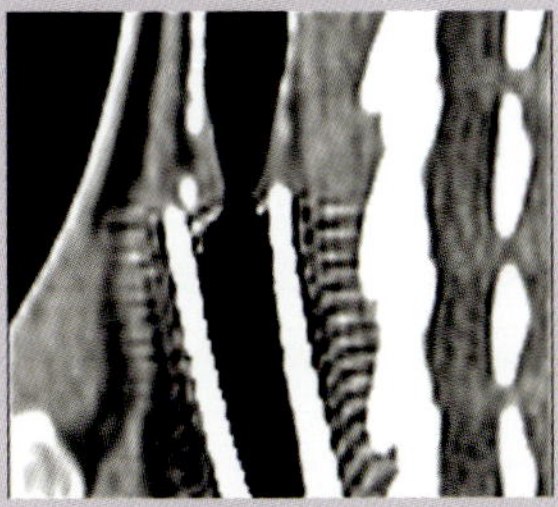

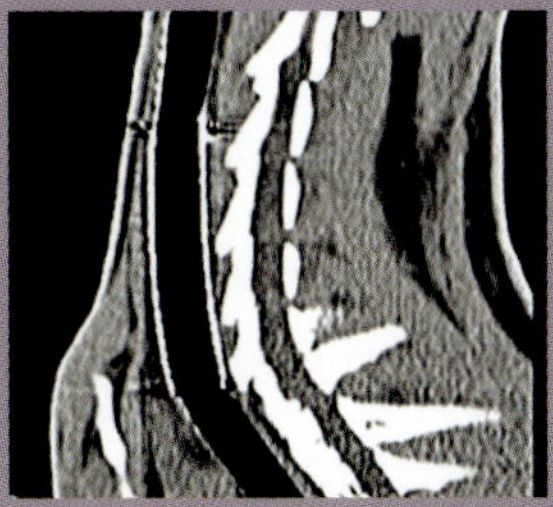

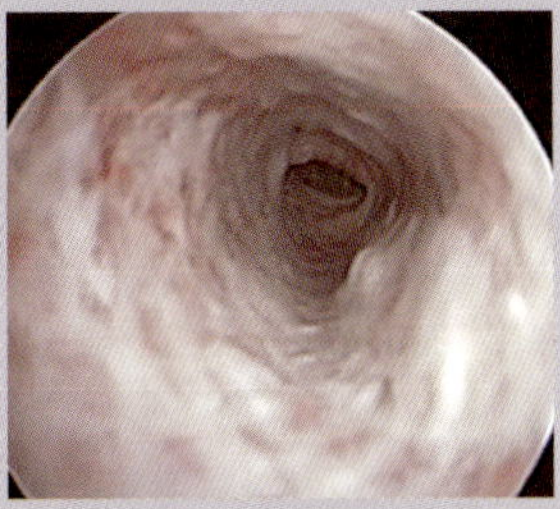

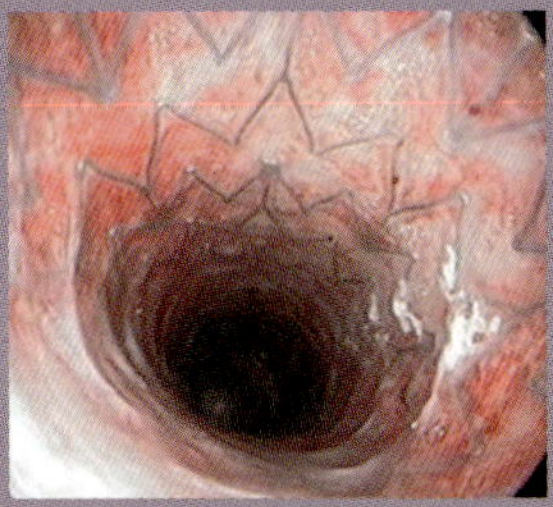

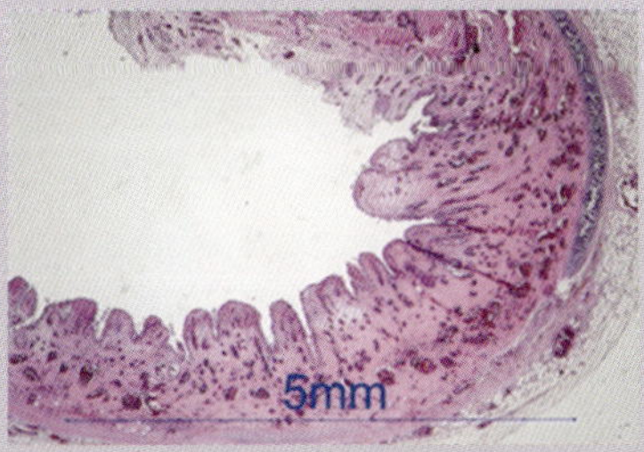

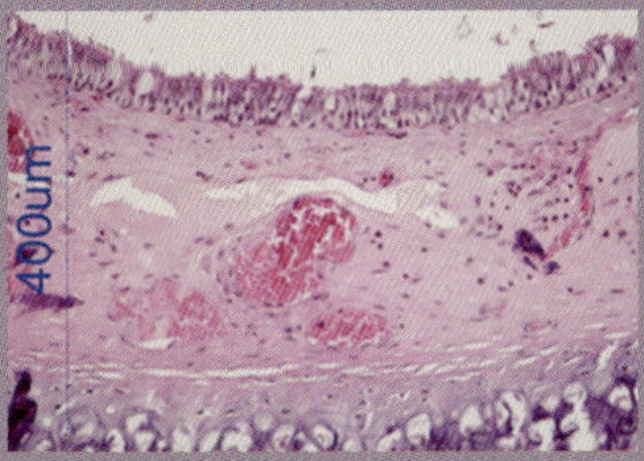

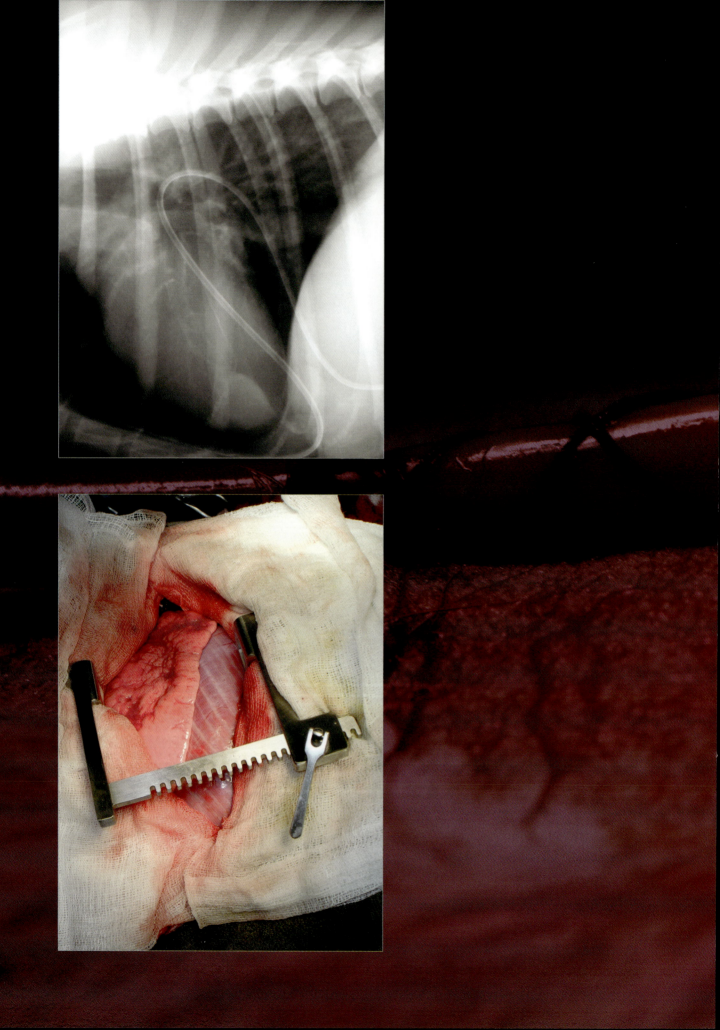

一般的手技

胸部手術の麻酔

胸腔ドレイン

胸腔穿刺

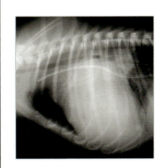 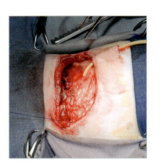

チューブとドレインの固定

胸部のX線検査

胸腔内の細胞診断

胸腔の内視鏡検査

低侵襲手術

画像ガイド下の低侵襲手術

胸腔鏡　概要

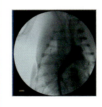 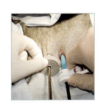 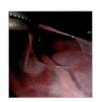

開胸術　概要

側方開胸術

正中開胸術

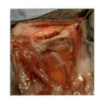 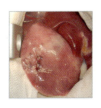 

胸部手術の麻酔

Ana González Inglán

技術的難易度 ■■■■■

胸部手術が必要な動物の麻酔管理は、より多くのモニタリングや動物の状態に応じた人工呼吸が可能な装置を必要とするため、他の手術に比べて複雑なものとなる。胸部手術が必要な動物は、麻酔リスク上昇の原因となる心臓や呼吸器系の障害を伴う、より"難しい"患者であることが多い。

したがって麻酔医は、基礎疾患の経過や手術操作の影響を十分理解しておく必要がある（図1）。

術前管理

胸部手術を行う動物に対しては、疾患の経過によらず徹底的に術前の評価を行うべきである。ただし、どの程度行うかは患者の状態による。術前評価では、心血管系および呼吸器系にとくに注意を払う。手術手技そのものが心肺系の機能をある程度変化させるので、既存の疾患がないか検査し、可能であれば手術前に治療する。

術前検査を行い、麻酔リスクの評価を行いアメリカ麻酔科学会（ASA）スケールで分類することは、患者に合わせた方法を選択するために、また麻酔の危険性についてできるだけ正確に飼い主に知らせるために非常に重要である。術前検査としては患者の完全な病歴と綿密な身体検査（心臓や呼吸器系にとくに注意を払う）に加え、必要に応じて以下の補足的検査を行う。血液検査（血液化学、血液一般、血液ガス）、X線検査、心電図検査、血圧測定や超音波検査。

胸部手術を行う動物を麻酔する際に重要なポイント
1. 術前
■ 心臓血管系の評価を含む綿密な術前検査
■ 可能な限り最善の準備と動物の状態の安定化
2. 術中
■ 術中に考慮すべき点
■ 十分な患者のモニタリング
■ 適切な麻酔薬と鎮痛薬の選択、マルチモーダル鎮痛
■ 使用するIPPV*の手技の選択
3. 術後
術後に生じうる合併症と対処法の検討
■ 術後管理（自発呼吸への復帰）
■ 疼痛管理

*間欠的陽圧換気

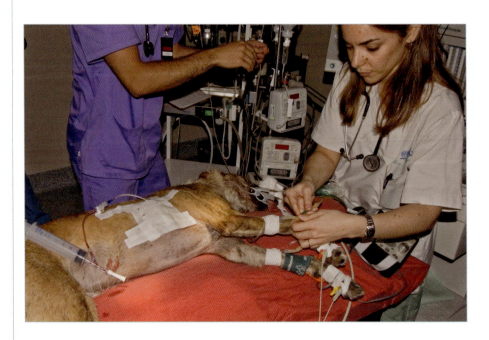

図1　胸骨正中切開に備えて麻酔下でモニタリングされている症例。呼吸機能を安定させるために、術前に胸腔ドレインを設置した。

胸部手術が必要な患者は、術後に無気肺や肺炎などの呼吸器合併症を発症する危険性が高く、術前の準備と安定化は重要である。これらの症例における合併症の発生と以下のことには関連があると思われる。

1. 術前の肺機能障害の程度；臨床症状が重度であるほど、合併症が生じる危険性が高くなる。術前にできる限り症例の治療や安定化を行うことが重要である。
2. 手術操作、患者の体勢により下側になる肺、無気肺などによる肺機能障害。これらは、術中に人工呼吸で呼気終末陽圧（PEEP）を負荷したり、酸素と空気を混合して使用したりするなど、術中の慎重な管理により軽減可能である。
3. 最後に術後の疼痛管理が不十分だと、患者の呼吸が浅くなり、発咳を抑制することで分泌物の蓄積を招く。したがって良好な疼痛管理が重要であり、疼痛の伝達経路のさまざまな点で作用するように複数の鎮痛薬を組み合わせたり異なる経路で投与したりするマルチモーダル鎮痛を行い、疼痛管理を術前から始めて術後も継続する。

緊急手術が必要となる最も危機的な状況を除いて、麻酔前に改善できる問題は治療して適正化する。

術前に患者を安定化させる方法には以下のものがあげられる。

- 腹水、胸水、心嚢水のある患者：液体の抜去。抜去した液体を検査して診断を下すだけでなく、術前に呼吸機能や心機能を改善することが可能になる（図2）。

このためには、たとえばアセプロマジン（0.02～0.03mg/kg）とオピオイド（この組み合わせは麻酔前投与薬としても使用可能）を用いて患者を鎮静する必要がある。患者が許容できるようなら処置中に酸素マスクを使用すると有用である。

- 気胸のある患者：空気の抜去。急速に気胸が再発する場合は、ドレインを設置して胸腔を開けるまで持続的に胸腔から空気を吸引することが最善の処置となる（これは胸腔内で出血が持続している場合にも必要な処置である）。
- 非代償性心疾患のある患者：血管拡張薬、利尿薬、抗不整脈薬や必要と考えられるものをすべて用いて事前に治療を行う。
- 貧血の患者：ヘマトクリット値が慢性患者で15％、急性出血患者で20～25％を下回った場合、またヘモグロビン値が7g/dlを下回るすべての患者で輸血が必要となる。
- 慢性呼吸器疾患や特定の心疾患の患者では、ヘマトクリット値が高く血液の粘稠度が増加し、末梢循環が阻害される。これらの患者では、瀉血を行うこともある；ヘマトクリット値を60～65％に減少させることが目標となる。
- 抜去する必要がある血液の量は、以下の計算式により算出される。

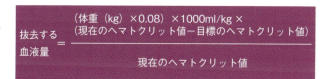

抜去した血液量は生理食塩水で補充する。
- 肺炎の患者：適切な抗生物質で治療する。

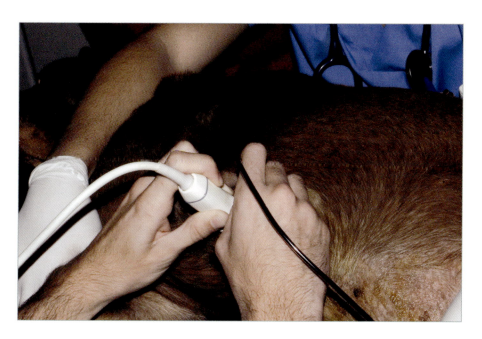

図2 特発性血様心嚢水による心タンポナーデの症例における心膜穿刺

術中

モニタリング

前述のように胸部手術の患者のモニタリングは、できる限り総合的に徹底して行う。胸部手術中における重要な目標は、以下のとおりである。

- 適切な換気
- 良好な酸素化
- 心血管系機能のモニタリングと管理（とくに心疾患を伴う場合）

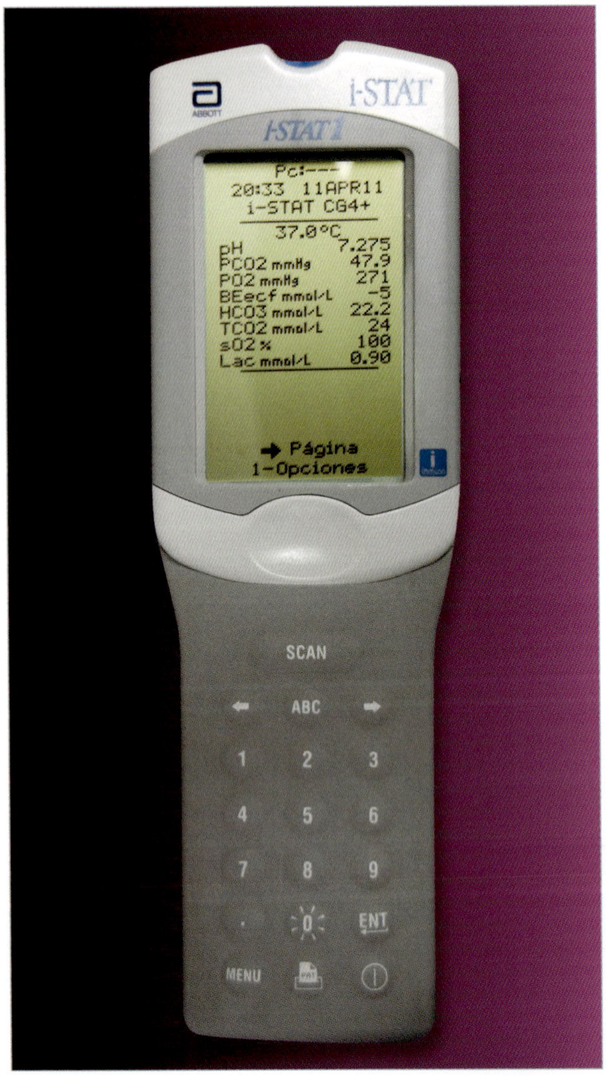

これらの患者では呼吸回数と胸郭やリザーバーバッグの動きを観察しているだけでは十分ではない。理想的には、直接的かつ非侵襲的に呼気中の二酸化炭素分圧を一呼吸ごとに連続的に測定するために、カプノメーターかカプノグラフを使用すべきである。その波形から呼吸回路の状態を知ることもできる。

呼気中二酸化炭素分圧の正常値は35～45mmHgであり、末梢血中の二酸化炭素分圧と非常に近い値である（図4、青矢印）。

呼吸機能のモニタリングを完璧にするためには、カプノグラフィーに加え、気道内圧、1回および分時換気量を測定し、必要であれば血液ガス分析装置を用いて血中の二酸化炭素分圧を測定する（図3）。

圧と容量のスパイロメトリー測定ではガス交換に関する情報は得られないが、患者の大きさに見合う十分な容量が交換されているか、肺実質に損傷を与えるほどに圧が上昇していないかがわかる。小さな動物では正常な最高圧は8～20cmH$_2$Oの間である。1回換気量は体重の10～15倍（10～15mL/kg）が適切である。

理想的には、血液の酸素化は血液ガス分析で評価する（図3）。侵襲的な動脈血圧測定を行っている場合には、分析用の血液を簡単に採取できる。パルスオキシメトリーにより、非侵襲的に酸素分圧とヘモグロビンの飽和度に関する情報が得られる。酸素飽和度の低下が予想される場合に使用することは興味深いが、一般的に低酸素症が進行してから情報が得られることが多く、また測定値は多くの要因に影響を受ける。術中に血液ガス分析を繰り返し情報を確認すべきである。

循環動態のモニタリングとして、不整脈をできる限り早く検出し、必要であれば治療を行って治療効果を確認するために、心電図を連続的に測定する（図4）。

図3　恒常性をモニタするために、胸部手術中の症例で行う血液ガス分析

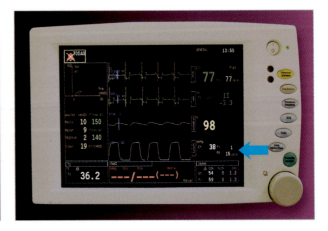

図4　多機能モニタ

図5　非侵襲的に動脈血圧を測定するドプラ式の測定装置

血圧も測定すべきであり、侵襲的な方法が理想的だが、無理な場合はドプラ法で測定する（図5）。

中心静脈圧の測定も有用であり、とくに心臓手術の患者や絶対的あるいは相対的な血液量の突然の変化が予測される症例で有用である（図6）。

麻酔法

低差酸素症の危険性があり緊急の治療が必要な例では、迅速な気道確保が必要となる。

- 動物が許容できるようなら100%酸素を投与し、可能であれば腹臥位にする（図7）。
- 1、2本の静脈にカテーテルを留置し、プロポフォール（2〜6mg/kg）、アルファキサロン（2〜5mg/kg）、チオペンタール（5〜10mg/kg）、エトミデート（1〜3mg/kg）などの即効性の導入薬を投与する。
- 挿管して人工呼吸を行う。

動物が危機的な状態でない場合は、アセプロマジン、ベンゾジアゼピン、α_2アドレナリン作動薬（患者の状態、性格、ストレスの程度による）を前投与薬として使用することも可能であり、術前であれば選択性の高いμオピオイド受容体作動薬と組み合わせることもできる。

どの場合も動物を連続的にモニタし、呼吸抑制が生じる可能性のある麻酔薬の投与中はとくに注意する。

続いて、100%酸素を5分間吸入させて患者を酸素化する（図7）。麻酔導入して挿管した後、ガス麻酔薬（イソフルランやセボフルラン）で麻酔を維持し、理想的には酸素と空気の混合ガスを用い、吸気酸素濃度は最低30%を維持し、動脈血中酸素のモニタリングを行う。

横隔膜ヘルニアで脾臓が胸腔内に脱出した患者では、脾臓の大きさを増加させる可能性があるアセプロマジン、チオペンタール、プロポフォールなどの薬剤は使用しない方が良い。

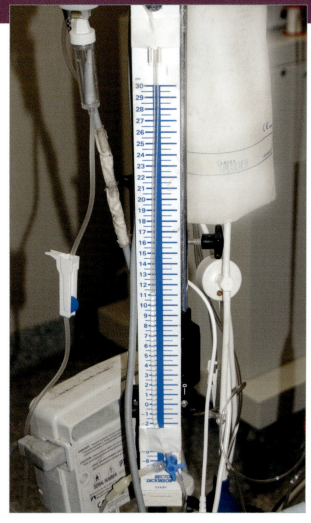

図6　中心静脈圧を測定するための機器。生理食塩水で満たされたカラムの0の位置を心臓の高さに合わせる。

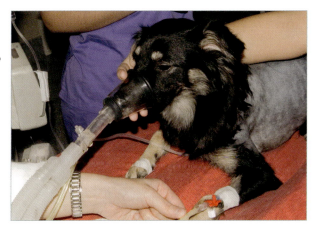

図7　麻酔導入前に100%酸素を数分間吸入させ動物を酸素化する。

巨大食道症の症例では、処置中に逆流が生じる可能性が常にある。これらの患者では軽い前投与薬を用い、迅速に挿管して食道内容物の吸引の準備をするとよい。

動脈管開存症、肺動脈あるいは大動脈狭窄のような心血管障害のある患者、心膜切除術を行う必要がある患者では、内科療法や術前の心嚢水抜去により、まず患者の状態を安定させることが必要である（図2）。これらの患者では、正常な心拍出量を維持することがとくに重要であり、心拍数を正常範囲内に維持し、心筋収縮力、容積/心拍数比率も正常に維持する。このような理由から、適切な麻酔薬と鎮痛薬を選択することが必要であり、低血圧をもたらす高炭酸血症を防ぎ、一方で心拍出量に影響を及ぼすような高圧、高容量の機械換気は避ける。中心静脈圧を0〜10mmHgに保つように輸液剤を投与し、分時拍出量が生理的範囲内に維持されるようにドブタミンやドパミンのような血管作動薬を準備する。

これらの動物に対する前投与薬は、低用量のアセプロマジン（0.02〜0.03mg/kg）やベンゾジアゼピンとペチジン（2〜3mg/kg）のようなオピオイドとの組み合わせがよい。続いて、動物を5分間酸素化し（ストレスとならない場合に限る）、エトミデート（1〜3mg/kg）とベンゾジアゼピン（ミダゾラム（0.2mg/kg）またはジアゼパム（0.2mg/kg））の組み合わせ、アルファキサロンやフェンタニルを投与する。

麻酔はイソフルランかセボフルランで維持し、酸素と空気の混合ガスを投与する。心室性不整脈が心拍出量に影響するような場合は、リドカインやプロカインなどの抗不整脈薬を静脈内に持続投与する。

左右短絡となっている動脈管開存症の患者では、心室から拍出される血液の大部分が肺動脈に流入し肺に再循環する。この結果、大動脈流量の大幅な低下を招き、全身性の血圧低下が生じる。さらに、肺血管抵抗が末梢血管抵抗を上回り、右左短絡が生じ右心不全となる可能性がある。

これらの患者における麻酔管理の目標は、左右短絡および心拍出量を維持し、全身血管抵抗の低下と肺血管抵抗の上昇を防ぐことである。輸液と変力作用薬を用い、心拍数の増加に注意しながら心拍出量を維持する。結紮により拡張期血圧が上昇し、ブランハム反射が生じて徐脈となることがあるが、この場合は結紮糸をゆるめた後（図8）、徐々に再結紮を行う。

鎮痛

疼痛伝達経路の異なる部分に作用するよう複数の手法と鎮痛薬を組み合わせて鎮痛を行う。この方法はバランスあるいはマルチモーダル鎮痛として知られている。

これらの患者に投与可能な鎮痛薬としては、オピオイド、NMDA受容体拮抗薬（ケタミン、メサドンなど）、抗炎症薬がある。$α_2$アドレナリン作動薬や局所麻酔薬が有効な場合もある。これらの鎮痛薬は処置中に単回投与あるいは持続投与するが、徐放性パッチや局所領域での投与が用いられることもある。

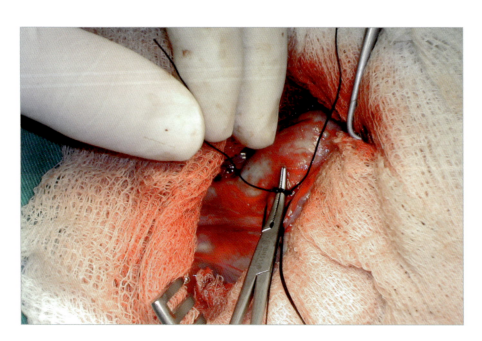

図8 開存している動脈管の結紮は著しい徐脈を引き起こすことがある。この場合は結紮糸をゆるめる必要がある。この操作は止血鉗子の先端の上で糸を結紮すると容易に行える。
ブランハム徴候が生じた場合は、鉗子を開いて結紮をゆるめる。心拍数が正常に戻ったのち、糸を徐々に再結紮する。徐脈が生じないことを確認してから鉗子を抜いて糸を結紮する。

これらの症例では、術前に局所領域の鎮痛を行い疼痛を管理するとよい。

- **肋間神経の神経ブロック**（図9）は、開胸時に胸壁内側から行うと、肋骨の尾側端、椎間孔の近く、肋間筋と胸膜頭頂部の間に局所麻酔薬を注入することができるため、より効果的である。

神経支配が重なるため、開胸部位の肋間の神経、開胸部位の頭側と尾側の肋間の神経の両方をブロックする。通常、リドカインやブピバカインを単独あるいは混合して用いる。

> ブピバカインによる局所麻酔の作用は6～8時間持続する。

- **硬膜外鎮痛**は、左右の胸郭に鎮痛作用をもたらすことができる利点があり、術後も作用が持続する。硬膜外カテーテルを留置することで作用時間を延長することができる。リドカインやブピバカインを使用するが、術後も鎮痛作用を持続させるためにα_2アドレナリン作動薬やケタミンなどを使用すると有用な場合もある。
- **ブピバカインの胸腔内投与**は、閉胸後に胸腔ドレーンを用いて麻酔薬を投与する。術後鎮痛法の一つである。

動物の換気

胸腔内で操作を伴う手術の場合、手術チームは症例に対する調節呼吸を行う準備をしておく必要がある。麻酔回路に接続されたリザーバーバッグを一定の間隔で押すという簡単な方法で換気を行うことができる。しかし、理想的には人工呼吸器が利用できることが望ましい（図10）。

人工呼吸器は手術全体を通じて、症例の大きさや状態に適した容量や圧で、必要とする正確な量のガスを投与することができる。また、規則的な呼吸となるため、執刀医が操作しやすくなる。

> これらの患者では、パンクロニウム（0.05～0.1mg/kg/30～60min IV）やアトラクリウム（0.2～0.5mg/kg/20～40min IV）などの非脱分極性の筋弛緩薬を使用することが勧められる。

間欠的陽圧換気（IPPV）を計画している場合、人工呼吸器のいくつかのパラメータを調節する必要がある。すべてのパラメータが調節できる人工呼吸器もあれば、いくつかのパラメータだけが調節でき、残りは測定だけされる人工呼吸器もある。

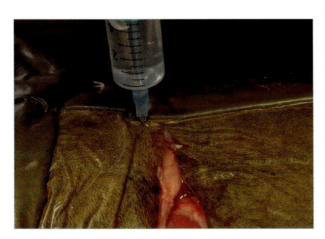

図9　肋間神経ブロックでは、開胸部位の肋間筋と開胸部位の頭側および尾側の肋間に局所麻酔薬を浸潤させる。

図10　伴侶動物用の人工呼吸器

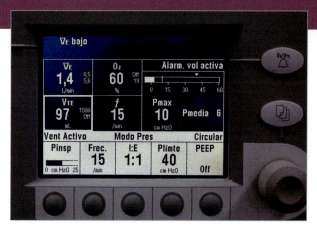

図11 デジタル自動化された人工呼吸器で調節されるパラメータ

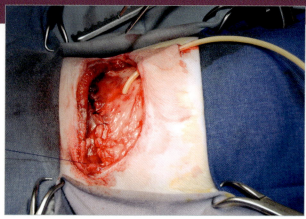

図12 術後の気胸から空気を抜去するための胸腔ドレインの設置

麻酔医が調節すべきパラメータ
- 1回換気量：体重（kg）の10～15倍の数値とする。1回の呼吸で交換されるガスの量（ml）を示す。
- 分時換気量：1回換気量に患者の呼吸回数（1分間に15～25回程度）を乗じたもの。1分間に交換されるガスの量を示す。
- 最大または最高気道内圧：理論的には気道内における圧に相当するが、実際の肺内の圧はさらに低い。7～20cmH₂Oの範囲内に維持する。
- 中間プラトー圧：吸気と呼気の間の吸気ポーズ期の圧。この間はガスは肺内に充満しており、この圧は最高圧よりも少し低くなる。
- コンプライアンス：肺の弾性の程度を表す。コンプライアンスが高いことは弾性が大きいことを意味する。
- 吸気：呼気比率（I：E比）：通常、呼気時間は吸気時間よりも長く、その比は1：2、1：3、1：4となる。吸気時間を短くすると胸腔内で陽圧が生じる時間が短くなり、心血管系への影響が軽くなる。また、呼気時間が長くなると正常な心臓の充填と駆出が可能となる。
- 呼気終末陽圧（PEEP）：呼気が終了する時点でも気道と肺胞を開存したままにする方法であり、呼気終末陽圧を2～10cmH₂Oに維持することで肺胞の虚脱を防ぐことが可能となる。

人工換気と手術操作を容易にするため筋弛緩薬を使用する動物では、自発呼吸運動は消失する。アトラクリウム（0.2～0.5mg/kg）は最も広く使用される筋弛緩薬であり、静脈内投与後直ちに作用が発現して約30分間作用が持続する。

術後管理

合併症を防ぐためには、手術の終了時に気胸を最小限にしておく必要があり、麻酔医と外科医の緊密な連携が必須となる。麻酔医は胸腔を閉じる縫合の終わりに肺を膨らませる。

残存する気胸減らし胸腔内の液体貯留を防ぐために、術後に胸腔ドレインを留置しておくことが有用な場合がある（図12）。術後にドレインを介して局所麻酔薬を投与することも可能となる。

術後は、徹底して患者のモニタを続けることが非常に重要である。心肺機能の他にも、疼痛により呼吸運動が制限されて低酸素症を引き起こすことがあるため疼痛の程度を評価する。低体温も高体温も低酸素症の一因となる可能性があるため、体温もモニタすべきである。

患者にストレスをかけないようにすることが必要であり、軽度の鎮静薬を使う場合もある。

手術直後は手術室内でマスクを用いて酸素療法を継続する。その後、鼻カテーテルの使用や小さな患者では酸素テントを使用することもある。

患者が自発呼吸を再開しない場合は、以下の要因を調べて必要であれば修正する。
- 過換気による低炭酸血症
- 低体温
- 筋弛緩薬の作用の遷延（代謝されていないあるいは拮抗されていない状態）

胸腔ドレイン

José Rodríguez, Rodolfo Bruhl Day, Amaya de Torre,
Carolina Serrano, Rocío Fernández

頻度	■	■	■	■	
技術的難易度	■				

例えば動脈管開存に対する閉鎖術のような、肺疾患や胸膜疾患を伴わない症例で予定開胸手術の場合には、胸膜腔内の空気は閉胸時に肺を拡張させることで排出できる。しかし、胸膜疾患や慢性的な肺虚脱のある症例では、術後の肺水腫を防ぐために、無気肺状態となった肺をゆっくりと拡張させなければならない。これには、胸腔ドレインを用い、24時間以上かけて間欠的に空気を吸引するとよい。

胸腔ドレインの適応のなかで最も一般的なものは、胸膜腔内に貯留した空気や液体の抜去であるが、膿胸の症例に対して胸腔洗浄を行うために利用することもできる。

しかし、胸腔ドレインの設置には常に致死的な合併症の危険性が伴う。そのため胸腔ドレインは胸腔手術後のすべての症例に対しルーチンワークとして実施すべきではない。そしてドレインの設置を行った場合には、厳密な医療監視が必要となる。

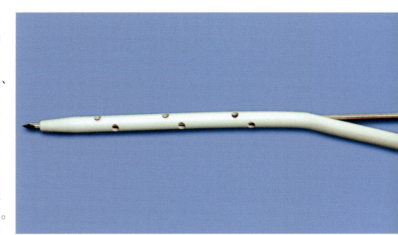

図1 胸腔ドレインセット。一部の穴が閉塞しても機能し続けるようにカテーテルには複数の穴が開いている必要がある。

> ＊ 重篤な合併症を防ぐために胸腔ドレインは可能な限り早期に抜去する。

術前管理

まず初めに胸部X線検査を行い、胸腔ドレインチューブ設置時に避ける必要のある結節性病変や腫瘍、癒着がないか確認する。

> 胸膜腔内の滲出液をサンプリングし、細胞診、微生物学的検査、化学検査に提出する。

胸腔ドレインの設置は全身麻酔下で行う。患者の呼吸状態が悪い場合には、麻酔導入の前に傍胸骨領域で胸腔穿刺を行い、胸膜腔滲出液を抜去する。

「胸腔穿刺」の項を参照　→ 277ページ
「胸部手術の麻酔」の項を参照　← 258ページ

> 麻酔導入前にマスクを用いて動物を5〜10分間酸素化する。

胸腔チューブを設置する前に、必要な器具をすべて準備する。
- 胸腔ドレインチューブ
- ドレインチューブをシリンジ、外部吸引装置、その他のチューブ等に接続するためのコネクター
- 各種サイズのシリンジ
- 三方活栓
- 検体採取用チューブ
- 一般外科器具セット（メス、鉗子、把針器、止血鉗子、挫圧鉗子、縫合糸、滅菌ガーゼ等）

ドレイン

胸腔ドレインの設置には以下のような選択肢がある。
- 市販の胸腔ドレインを用いる方法。通常、胸腔内へのチューブ設置しやすくするためのチューブ内腔を通るスタイレットもしくは厚いトロッカーが付属している（図1、2）。
- フォーリーカテーテルまたは強制給餌用チューブを鉗子を用いて設置する方法（図3）。

> ＊ トロッカーの先端は非常に鋭いため、刺入の際に肺を傷つけないよう注意する。

胸部

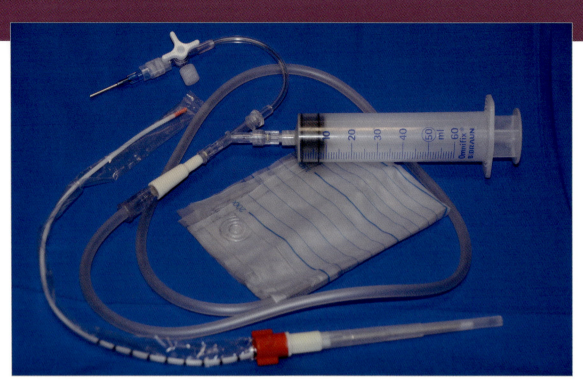

図2　胸水回収用のパウチが付属している胸腔ドレインセット

フォーリーカテーテル

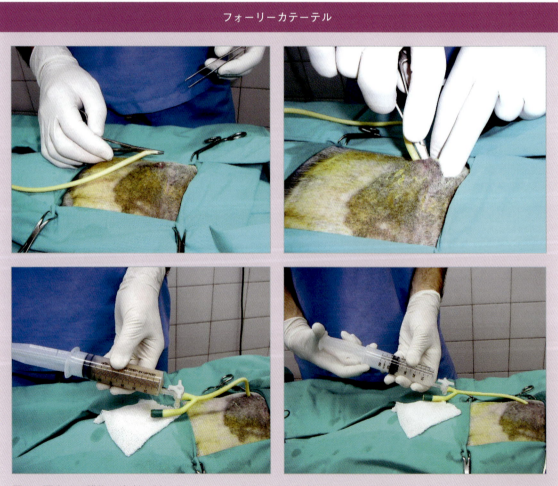

図3　写真では膿胸の患者に対してフォーリーカテーテルをドレインとして用いている。

市販の胸腔ドレインセットを用いる場合の手術手技

　胸腔ドレインの設置は、鎮静下で局所麻酔を併用しながら行うことも可能だが、全身麻酔下で挿管し、適切なモニタリングを行いながら手術を実施する方が安全である。

- 他の手術と同様、手術部位を剃毛、洗浄、消毒する（図4）。
- まず胸腔ドレインを挿入する第7～8肋間を同定し、そこから2肋間分ほど後背側に約1cmの皮膚小切開を加える（図5）。

> 全身麻酔は処置による動物へのストレスをなくし、また気管挿管と人工呼吸によって動物の適切な酸素化が可能である。

> 重度の呼吸不全を呈する動物に対してはまず胸腔穿刺と酸素化による安定化を行うべきであり、換気不全状態が解決するまで胸腔ドレインの設置を行ってはならない。

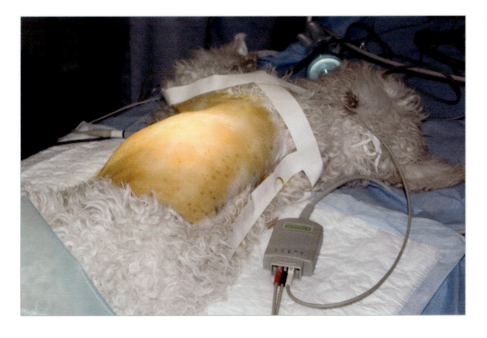

図4　全身麻酔下の患者。一般的な手術と同様に手術部位の準備を行う。

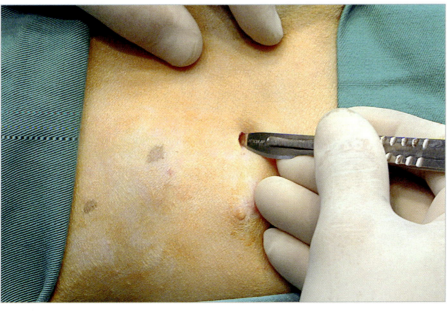

> 皮下にトンネルを作ることで、胸腔内と外界が直接連絡する危険性を減らすことができる。

図5　皮膚切開は第9～11肋間の間で胸骨と脊椎の間の約3分の2の位置で行う。

胸部

- 皮膚を前腹側方向に引っ張り、先ほどの切開部を第7または第8肋間の中央に位置させて、チューブまたはトロッカーを刺入する（図6）。
- 胸腔ドレインを肋骨前縁まで滑らせ、スタイレットまたはトロッカーを胸郭に対し垂直に保持する（図7）。

> ＊ スタイレットまたはトロッカーを刺入する際は、肺を傷つけないよう指を添えてストッパーとして機能させる。

- 利き手の中指をトロッカーに沿って伸ばし、胸郭を貫通させる際にストッパーとして用いる。もしくは利き腕ではない方の手で、胸壁の厚さよりやや長く刺入部が残るようにスタイレットの先端を把持し、過度の刺入を防ぐようにする（図7、8）。
- 利き手でスタイレットの尾部を強く押すか、可能であれば突き刺すようにして胸壁を貫通させ、ドレインを胸腔に挿入する。

トロッカーはスタイレットに比べ胸壁を容易に貫通することができるため、強く突き刺す必要はなく、徐々に挿入することができる。

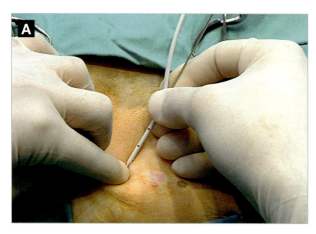

図6A　スタイレット付きのドレインチューブを頭腹方向に刺入する。

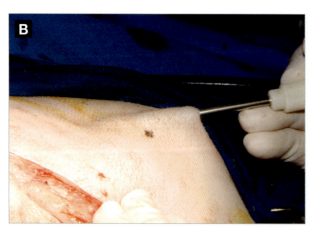

図6B　胸腔ドレイン用のトロッカーカテーテルを図6Aの症例と同様に頭側に向けて刺入し、皮下にトンネルを作る。

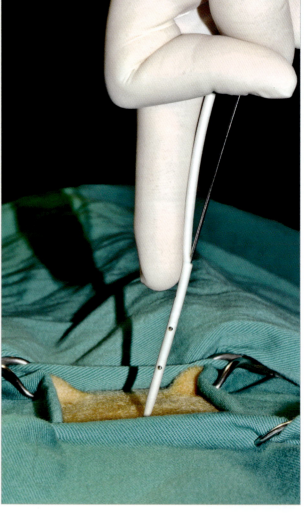

図7　ドレインチューブを胸腔内に挿入するところ。利き手の中指をストッパーとしてドレインに添えておくことで、鋭利な先端が胸腔内に入りすぎて誤って肺を傷害してしまうことを防ぐ。

- ドレインチューブを胸腔内に約1cm進めたところで、チューブを固定したままスタイレットまたはトロッカーを引き抜く（図8）。

> もしドレインチューブが簡単に前進しないようなら、チューブが正しく胸膜腔内に入っていない可能性がある。

- チューブの位置決めをする間、吸引システムにつなげるまではチューブはクランプしておくか、二つ折りにしておく。

- ドレインチューブを胸壁と平行にさらに前進させ、第二肋骨付近に先端を位置させる。
- ドレインの位置が決まったら、皮膚を元の位置に戻して皮下にトンネルを形成する。
- 可能であれば三方活栓につないでからドレインチューブにシリンジを取り付け、胸膜腔内の液体や空気を抜去する（図9）。この手技が簡便にできる逆流防止弁がついたドレインシステムもある（図10）。
- シリンジ内のプランジャーで2〜3ml程度の陰圧がかかるようになるまで、胸膜腔内を徐々に空にしていく。

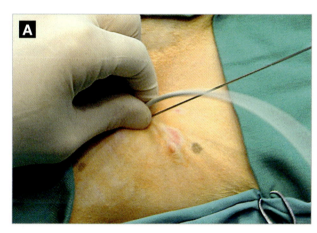
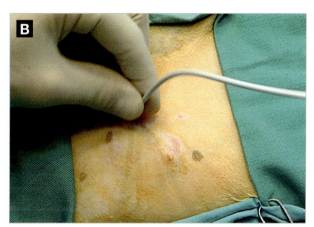

図8　ドレイン挿入後にスタイレットを引き抜く際には、チューブを固く保持し脱落を防ぐ。

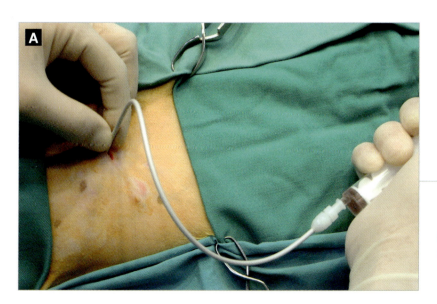

図9　チューブを適切に位置させた後に、胸膜腔内容をシリンジで吸引する。この手技は三方活栓を用いるとより簡単に実施できる。

胸部

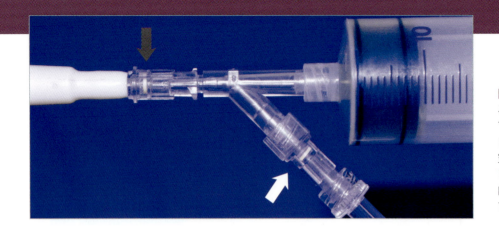

図10 胸腔ドレインに用いるバルブシステム。シリンジで吸引する際には近位の弁（白矢印）が開き、シリンジを空にする際には近位の弁が閉じ遠位の弁（灰矢印）が開き、内容物が採取バッグへと移動する。

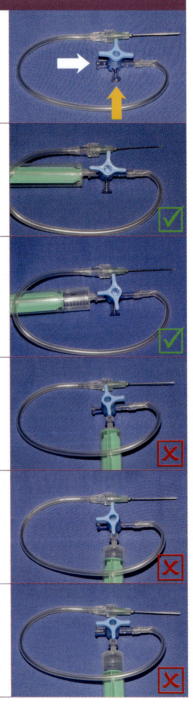

胸腔ドレナージを行う際の正しい三方活栓の使用法	
シリンジは三方活栓のポートの一つに取り付ける（白または黄矢印）。この選択は胸腔ドレインをシンプルに扱ううえで非常に重要である。	
最もよい方法は白矢印で示されたポートを使用することである。他のポートを閉じられたまま、シリンジはドレインと直線的に連結する。	✓
吸引したシリンジを空にするには、写真のようにコックを反時計回りに90°回転させる。こうすることでプランジャーを押し出したときに胸腔への連絡路を閉じたまま内容物を排出できる。	✓
黄矢印で示されたポートを用いた場合も、胸腔からの吸引は上記同様に行われる。	✗
しかし、写真のようにシリンジ内容物を排出しようとすると問題が生じる。	✗
三方活栓を動かしている途中で写真のような位置関係になり、胸腔と外気が連絡してしまい望ましくない。	✗

- チューブ設置後はX線検査で位置を確認する。胸腔内の腹側に位置するのが正しい（図11）。

膿胸の場合にはハイムリッヒ弁を使用するのもよい。この弁は患者が息を吐き出す際には空気を通し、息を吸い込むときには空気を通さないような一方向弁となっている（写真のA側が患者に連絡する）。
15kg以上の患者においてのみ使用可能である。

もしチューブが正しく位置しているにもかかわらず胸水が吸引できない場合は、チューブの先端が頭側に移動しすぎている可能性がある。このような場合には、チューブ先端の有窓部が胸腔内に残っていることを確認しながら、チューブをわずかに引き抜く。

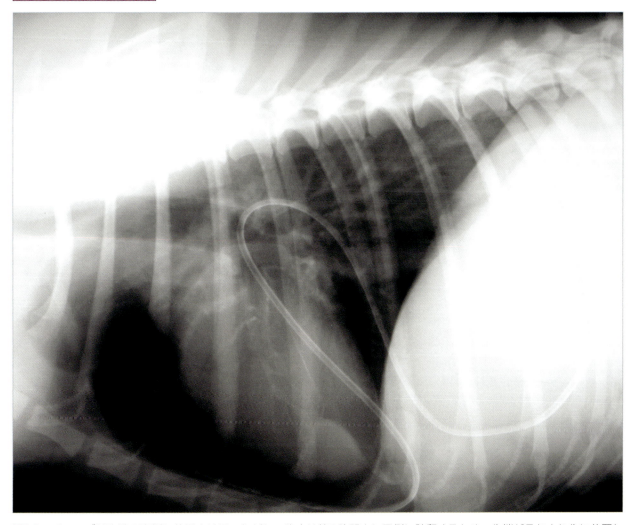

図11　チューブは胸腔の腹側に位置させる。ただし、胸水は第2肋間より尾側に貯留するため、先端がそれより先に位置してはいけない。

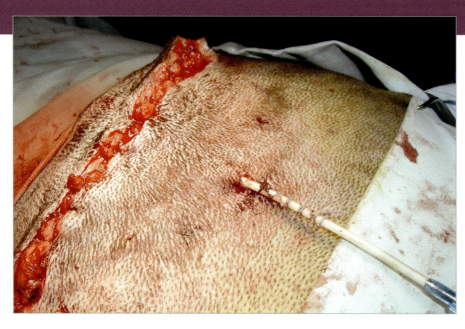

■ ドレインはチャイニーズフィンガートラップ縫合（ローマサンダル縫合）で皮膚にしっかりと固定する（図12）。

「チューブとドレインの固定」の項を参照 → 279ページ

図12　チャイニーズフィンガートラップ縫合でドレインを皮膚に固定する。

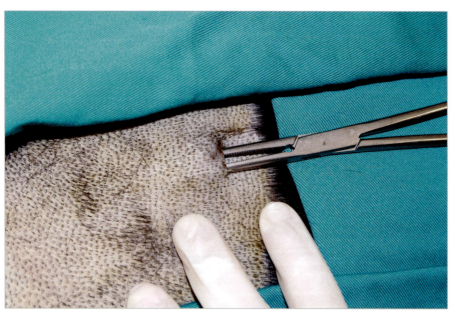

図13　手術野を準備し、2〜3肋間分の皮下トンネルを作成する。

チューブを用いる場合の外科手技

シリコン製または赤ゴム製のフォーリーカテーテル、もしくは経鼻胃チューブを用いる。

- 胸水の粘稠性が高い場合には、チューブの穴を増やすことでより効率的に吸引を行うことができる。チューブに穴を開けるには、チューブを曲げて鋏で切り込みを入れる。
- 前述のように術野を準備し、第9〜11肋間の間にメスで皮膚切開を加える。
- 第7または第8肋間に向けて鈍性切開で皮下トンネルを作成する（図13）。

> チューブに新しく開ける穴の大きさは、チューブ径の3分の1を超えてはならない。

> 皮下トンネルはなるべく狭く作る（これはドレインを抜去した後に、胸腔と外界の連絡を防ぐためである）。

- チューブの先端を鉗子（ケリー鉗子等）で把持する（図14）。
- 鉗子を皮下トンネルに通す。目的の肋間に到達したところで鉗子を肋骨に垂直に把持し、短く突き刺すような動きで胸腔内に貫通させる（図15〜18）。

鉗子の過度な胸腔内への挿入を防止するために、図15に示すように片方の手で鉗子の先端から適当な距離の部位を掴んでおく。

> 肋間筋は鉗子で一息に貫通させる。鉗子には中指を添えておき、鉗子が深く刺さりすぎて肺を傷つけることのないようにする。

図14　胸腔内へ挿入するためにチューブをケリー鉗子で掴む。写真よりもチューブの後方を持つと、チューブの先端が曲がってしまい胸腔への挿入が困難になる。

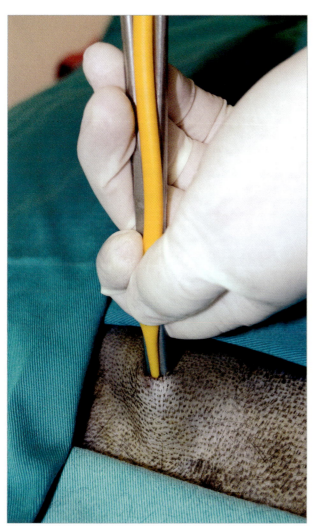

図15　胸壁の貫通時にチューブが深く刺さりすぎることを防ぐために、鉗子の先端に近い部分を手で固く掴んでおく。

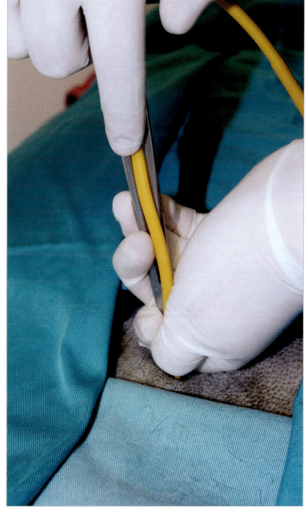

図16　肋間筋の貫通時には利き手ではない方の指をストッパーとして用いる。

胸部

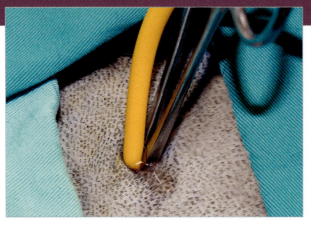

図17　鉗子を開いて、チューブを胸膜腔内へとさらに押し入れる。鉗子を引き抜く際には、チューブが抜け落ちないよう指でしっかりと掴んでおく。

> 鉗子を引き抜くときには、チューブを胸壁にしっかりと押さえつけ、鉗子と一緒に抜けてしまわないようにする。

■ チューブはチャイニーズフィンガートラップ（ローマサンダル）縫合で皮膚に固定する（図19）。

「チューブとドレインの固定」の項を参照 279ページ

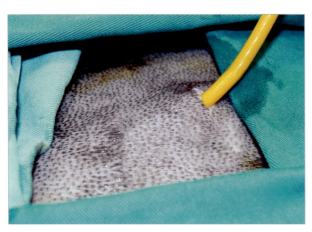 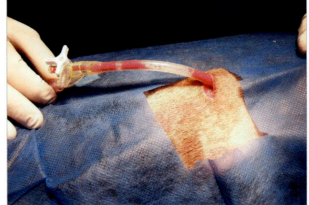

図18　鉗子を引き抜くと皮膚がもとの位置に戻り、皮下にトンネルができる。

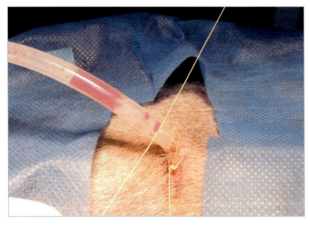 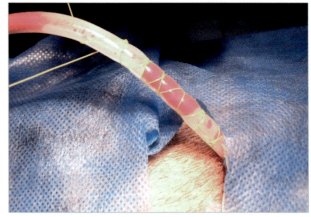

図19　チャイニーズフィンガートラップ縫合でチューブを皮膚に固定し、胸腔からの脱落を防ぐ。

術後管理

チューブ設置後にX線検査を行い、ドレインの位置を確認するとともに、胸腔ドレインによる吸引の効果を確かめるとよい（図20）。

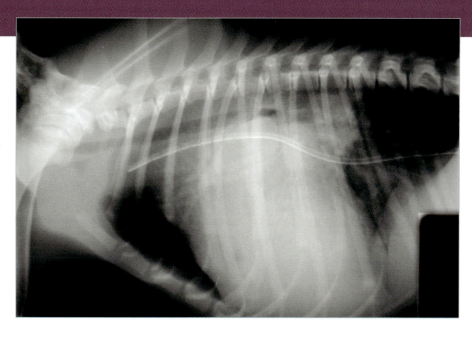

図20　この症例では、胸腔ドレインが正しい位置にない。胸膜腔内に貯留する液体を吸引するために、ドレインの先端は胸腔の腹側に位置していなければならない。

感染やチューブの脱落を防ぐために、チューブの挿入部位にドレッシングを行い、さらに胸部に包帯を巻く（図21）。

大部分の症例では、間欠的な吸引で十分である。胸腔内容物を1〜4時間間隔でシリンジで吸引する。

チューブを設置した患者は、チューブ抜去まで継続的にモニタを続ける。呼吸様式と体温チェック、ドレインの動作確認は毎日実施し、チューブの挿入部位を消毒する。

> チューブの接続確認とドレッシング材、包帯の交換は最低でも1日1回行う。

膿胸や他の粘稠性の高い滲出液がある症例の場合には、1日に1〜4回、10〜15ml/kgの温めた乳酸リンゲル液で胸腔内を洗浄する。洗浄液は15分以上かけてゆっくりと注入し、30分間胸腔内にとどめ、その後吸引する（図3）。

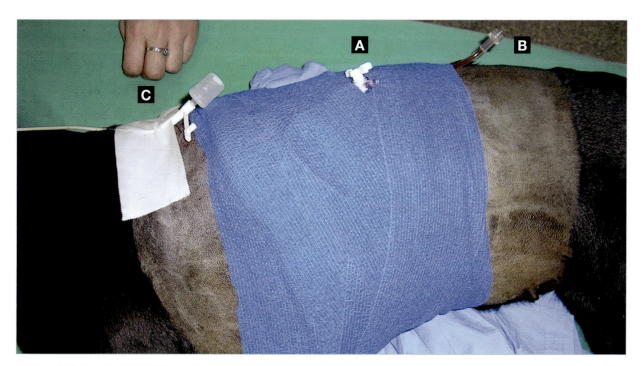

図21　胸腔ドレイン設置後には、ドレインの脱落と二次感染を防ぐために胸部にバンデージを行う。このバンデージはチューブを固定し、チューブの胸腔への挿入部位を保護する。ドレインに接続した三方活栓は露出させておき（A）、定期的な吸引と廃液袋への連結（B）が可能なようにしておく。
吸引を行わない間は違う色の包帯を使って、A、Bを覆うようにバンデージをさらに行う。
この症例では、患者の酸素化の補助のために鼻チューブも設置されており、その先端も背中に固定されている（C）。

胸腔からの吸引は痛みを伴うことがあり、適切な鎮痛下で実施する。例えば吸引後に、ブピバカイン（0.25〜1mg/kg/6h）を生理食塩水で10mlに希釈して胸腔内に投与してもよい。

> 胸腔ドレインを抜去する前にX線撮影を行い、胸腔内に残存する空気または液体が少量であり、胸膜によって吸収されうる量であることを確認する。

> ＊ 猫ではリドカインの胸腔内投与が心臓の異常を引き起こす可能性がある。

胸腔からの吸引物が1日に3〜4ml/kg以下になったら、もしくは少量の空気のみが吸引されるようになったら、胸腔ドレインチューブを抜去する。

チューブを抜去するには、チャイニーズフィンガートラップ縫合を切り、片方の手で皮下トンネル部を押さえながら、もう一方の手で素早くチューブを引き抜く（図22）。その後再び胸部にバンデージを施し、動物の呼吸に異常が出ないかを観察をする。

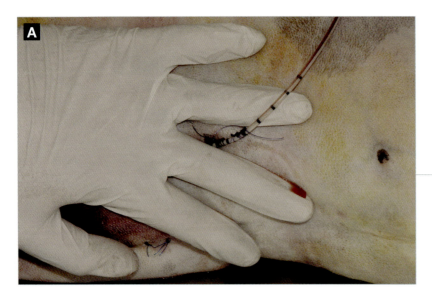

図22　チューブを除去する際には、チャイニーズフィンガートラップ縫合を切り、皮下トンネルを押さえて、チューブを素早く引き抜く。このようにすると、胸腔内に空気が入り込む危険性を最小限にできる。

合併症

胸腔ドレイン留置に伴う最も一般的な合併症は以下のとおり。
- 広すぎる皮下トンネルや、器具同士の連結不備、不適切なチャイニーズフィンガートラップ縫合によるチューブ周囲からの漏出
- チューブ壁の潰れ、血餅や組織片の詰まり、胸腔内にチューブを挿入しすぎることにより生じる捻れなどによるチューブの閉塞
- 肺実質の損傷や吸引システムの閉鎖不備、器具同士の連結不備、チューブ挿入が不十分なことによる開窓部の外部への露出、不適切な皮下トンネルなどによる気胸。呼吸困難や著しい倦怠感などが気胸の徴候である。
- 胸腔への挿入部やドレインチューブ経由での細菌感染。感染が生じた場合には、発咳と発熱が見られる。

> ＊ 胸腔ドレインの留置期間が長くなるのに伴い、チューブを介した逆行性感染の危険性が高まる。

このような合併症の発生を最小限にするためにできる限りの予防措置をとらなければならない。

ドレインチューブの閉塞が起きた場合には、生理食塩水でフラッシュし、閉塞の解除を試みる。気胸が発生した場合には、胸腔ドレインによる吸引の頻度を高める。どちらの場合においても問題が解決しない時には、新たなドレインの設置を行う。

一般的手技 / 胸腔ドレイン

胸腔穿刺

José Rodríguez, Rocío Fernández, Amaya de Torre, Carolina Serrano

| 技術的難易度 | ■ | □ | □ | □ | □ |

胸腔穿刺は胸腔内の気体または液体を吸引することで肺の拡張性を改善し、正常な胸部機能を回復させるために実施する。

胸腔穿刺は、胸腔内から液体や気体を抜去する最も簡単で、素早い方法である。

胸腔穿刺の実施には、三方活栓を間に挟みシリンジに接続した21～23Gの翼状針、または延長チューブと三方活栓を間に挟みシリンジに接続した静脈留置用カテーテルを用いる（図1、2）。

針の刺入部位は臨床検査と背腹方向でのX線検査で決める（図3）。

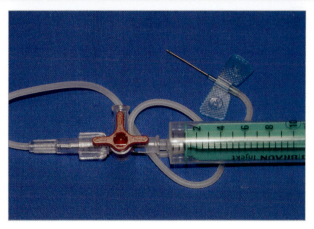

図1　胸腔穿刺に必要な器具：（羽根つき）注射針または静脈留置用カテーテル、三方活栓、シリンジ。シリンジが三方活栓に接続されているポートの部位に注目せよ。

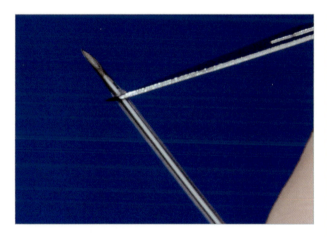

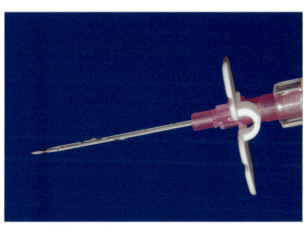

図2　静脈留置用カテーテルは注射針よりも痛みが少ないが、皮膚の厚い症例では捻れてしまったり、また吸引の際に曲がってしまったりすることがある。静脈留置用カテーテルを用いる場合にはNo.11のメスで皮膚に小切開を加える。

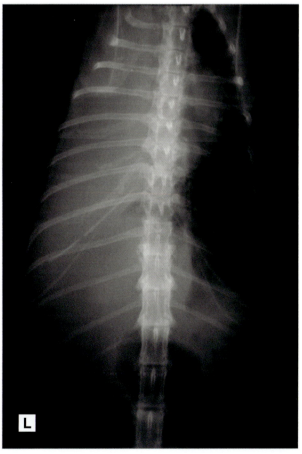

図3　この症例では背腹方向のX線検査により、左半分の胸郭のX線不透過性が亢進していることがわかる。これは液体貯留によるものである。胸腔穿刺は左側に行う必要がある。

> * このような症例では腹背方向でのX線撮影のために背臥位にすると、著しく呼吸能が低下してしまうことがある。

> 通常、犬や猫の縦隔は薄く透過性があるので、左右どちらに胸腔穿刺を実施するかはさほど重要ではない。しかし、慢性的な胸郭内病変により縦隔の肥厚が生じている場合は、片側にのみ滲出液が生じることがある。

症例は安静になれ、最も楽に呼吸ができる姿勢をとらせておく。多くの症例で、腹臥位が最もよい。

胸腔穿刺は第6〜第9肋間の肋軟骨結合部付近で行う。穿刺部位を剃毛し、消毒する。針を肋骨の頭側縁に沿って、わずかに角度をつけて（約45°）挿入する。針は、図4のように、切り口を肺に向けて抵抗を感じなくなるまで挿入する。

針に延長チューブ、三方活栓、シリンジを装着し、吸引を開始する（図5、6）。

液体の吸引は注意深く行い、全血球計算用の抗凝固剤入り採血管および化学検査用の採取管に採取する（図6）。

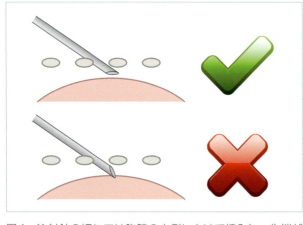

図4　注射針の切り口は胸腔の内側に向けて挿入し、先端が肺実質に刺さらないようにする。

> 三方活栓は胸腔内に空気を侵入させないように注意深く操作する。

胸腔穿刺による吸引は、シリンジに陰圧がかかるか、液体が吸引できなくなるまで行う。

胸腔穿刺後には、吸引の効果を確かめるために、また胸腔穿刺前には胸水貯留によって隠れていた原因疾患や、肺の虚脱を同定するためにX線撮影を行う。

胸腔穿刺によって起こりうる合併症は肺出血や肺障害などであるが、手技を注意深く正確に実施すればその危険性は小さい。

胸腔から吸引した後にも呼吸困難が持続する場合には、肺水腫や、肺炎、腫瘍、実質の損傷などの他の肺疾患の存在を疑うべきである。

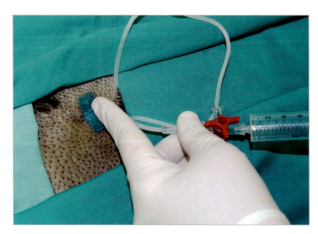

図5　この気胸の患者では左第7肋間より翼状針を刺入し、吸引を行っている。

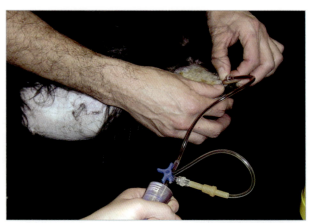

図6　外傷後の血胸の患者に対し胸腔穿刺を実施している。

チューブとドレインの固定

José Rodríguez, Amaya de Torre,
Carolina Serrano, Rocío Fernández

頻度					
技術的難易度					

　チューブやドレインの設置は胸部手術後に広く行われる手技である。しかし、チューブやドレインの損傷や脱落は深刻な合併症を引き起こしうる。

　チューブやドレインを皮膚に固定する方法には、シアノアクリレートなどの接着剤を用いる方法や、縫合糸で縫い付ける方法などさまざまなものがある。

　本章ではチューブやドレインの固定に用いる方法を紹介する。

"バタフライ法"（テープによる固定）

　幅広のテープを用いてチューブの周りに"バタフライウイング"を作り、皮膚に縫い付ける方法は次のとおりである。

- テープを適当な長さに切って半分に折り、折り返したテープを半分まで接着させる（図1A）。
- チューブを中央に挟み、テープ同士を端まで接着させて"バタフライウイング"を作る（図1B）。
- 両側の翼を非吸収糸を用いてそれぞれ単純結節縫合で皮膚に縫い付ける（図2）。

> バタフライウイング法はチューブを締め付けて狭窄を引き起こすことがないので、とくに細いチューブの固定に有用である。

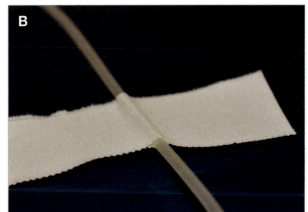

図1　A：テープを半分折り返し、片方の翼を作る。
B：中央にチューブを挟みテープの残りの部分を接着させ、もう片方の翼を完成させる。

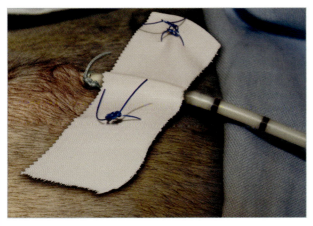

図2　両側の翼をそれぞれ単純結節縫合で皮膚に縫い付け、チューブを固定する。

長所

- 時間のかからない方法であり、チューブの全周に糸を掛ける他の方法では簡単に閉塞してしまうような、細く壁の薄いチューブでも利用できる。

> テープはしっかりとチューブに接着するような高い品質のものでなければならない。

短所

- テープの接着性が低かったり濡れてしまったりすると、脱落してしまうことがある。
- テープが埃などを接着してしまうので、感染の原因になりうる。

胸部

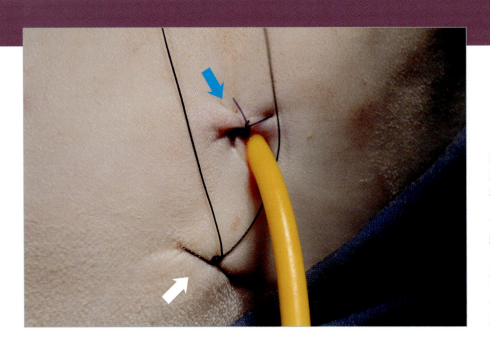

図3　空気の侵入を防止するために、チューブとの間隙が最少になるよう皮膚縫合を行う（青矢印）。チューブを固定するために皮膚に施す最初の縫合（白矢印）は幅広で安定したものでなければならない。皮膚がたるんだ動物種の場合には、筋膜や肋骨の骨膜に縫合糸を掛けることで強固な固定が達成できる。

チャイニーズフィンガートラップ縫合（ローマサンダル縫合）

　チューブやドレインを固定する最も一般的な手技は、いわゆるチャイニーズフィンガートラップ縫合（ローマサンダル縫合）である。壁の厚い、硬さのあるチューブの固定に最適である。

- 皮膚切開部に単純結節縫合を1糸行い、皮膚とチューブの間の空隙を最小限にする（図3青矢印）。
- チューブを皮膚に沿わせて寝かせ、チューブを固定する方向を決定する。
- チューブの挿入部から1〜2cm離れたところの皮膚に単結節縫合を行う（図3白矢印）。
- この皮膚縫合は1cm程度の皮膚を取るように幅広に行い、固く結紮しすぎてはいけない。以降のチャイニーズフィンガートラップ縫合が簡単に行えるように、結紮後の2本の縫合糸は十分に長く残しておく（図4）。

> マルチフィラメント糸はモノフィラメント糸よりも摩擦係数が高く、チューブの固定などの際にはより高い安定度が得られる。

- チューブを固定したい位置に戻し、先ほど長く残した糸をチューブに1周巻き付け男結びか外科結びで結紮する。結紮の強さは、チューブが固定されるが、損傷しない程度とする（図4）。
- 糸をさらにチューブの周りに1周回し、前の結び目から4〜8mmのところで新たに結紮する（図5、6）。この二つの結紮が近接し過ぎていると、チャイニーズフィンガートラップ縫合が効果的でなくなってしまうので注意する。

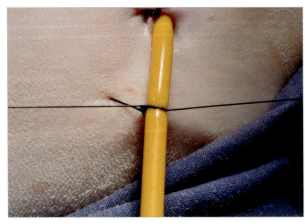

図4　チューブに対して施す最初の結紮は、チューブを適切な角度でしっかりと固定できるものでなければいけないが、チューブの閉塞や損傷を引き起こしてはいけない。

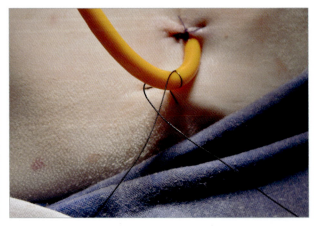

図5　糸をチューブの裏側でクロスさせ、結び目は表側に作る。

- この結紮を4回以上繰り返す（図6）。
- 最後の結紮はチューブに対し垂直に実施し、他の結び目が皮膚の挿入部に向かって滑らないよう確実に固定する（図7）。もし結び目が初めの結紮部位に向かって滑ってしまうと、ドレインが抜け落ちる危険性が高くなる。
- 最後に、単純結節縫合でドレインと皮膚を縫合する（図8）。

> 縫合材としてはモノフィラメント糸、マルチフィラメント糸のどちらも使用可能であるが、後者の方が摩擦係数が高いので、とくに経験の浅い外科医が本縫合を行う場合には安定度が高まる。

長所

- 本法はチューブの脱落を防ぐうえで非常に効果的である。
- チューブを設置したまま皮膚の消毒を行うことができるので、二次感染の危険性を低下させる。

短所

皮膚がゆるく、可動性のある動物では皮膚に施した縫合が数センチメートル程度元の位置から変位してしまう可能性があり、それによってチューブの脱落やそれに伴う重篤な合併症を引き起こされうる。このような症例に対しては、皮膚縫合をより深部の筋肉や骨膜にまで達するようにする。

図6 チャイニーズフィンガートラップ縫合。この症例では2-0絹糸を使って結び目を数ミリメートルごとに作成し、引き抜かれるような力に対抗してチューブの脱落を防いでいる。

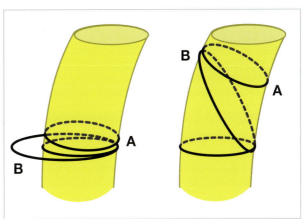

図7 もしも最後の結紮（A）がゆるみ、チューブに対して斜めに掛かった糸（B）が左図のように滑ってしまうと、チャイニーズフィンガートラップ縫合による張力が失われてしまう。

図8 チャイニーズフィンガートラップ縫合をより安定化するには、最後の結紮を単純結節縫合にて皮膚に縫い付ける。

巻き結び

水兵が用いる結び方である巻き結び（クローブヒッチ）[1]は、チャイニーズフィンガートラップ縫合の代わりとして利用できるものの一つである。

巻き結びは船上でロープ[2]を柱に結び付ける方法であり、外科手術においてもドレインチューブの固定に応用することができる。

> チューブやドレインの固定法は単純であるが、正確に実施し確実に固定することで、チューブの働きを保ちながら入院期間中の重篤な合併症を防がなければならない。

巻き結びの方法とポイントは以下のとおりである。
- 結び目の作成は固定したい部位ではなく、外科医が手技を行いやすい部位で行う。
- 糸をチューブの周りに1周回す（図9A）。
- 片方の糸の上を通って、もう一周巻き付ける（図9B）。
- 最後に、先ほど上を通った糸の下をくぐらせる（図9C）。

変法として、初めに1周回した糸の下を最後にくぐらせることで、より強い張力を結び目にもたせることもできる（図10）。
- 結び目を固定したい部位の皮膚まで滑らせる。巻き結びをより強固にするために、単純結紮を2回重ねる（図11）。
- 次にチューブの胸腔内への挿入部から1cm以内の部位で、結び目を皮膚に縫い付ける。皮膚には幅広く糸を掛ける。

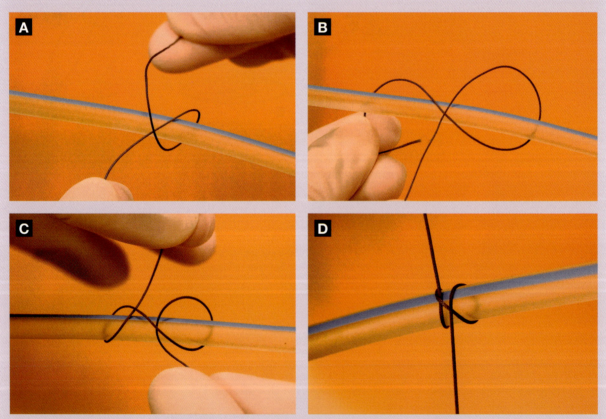

図9　巻き結びを用いてドレインを固定する方法：糸をチューブに1周巻き付ける。写真では先端が右側になっている（A）。先端側を初めの糸の上を通し、さらに1周巻き付ける（B）。先端を2周目の糸の下をくぐらせる（C）。結び目を望ましい位置に移動させてから糸の両端を引っ張って固く締め、チューブ上に固定する（D）。

---

[1] "尾を噛む蛇"状の結び方
[2] 船上で用いられるあらゆる種類のロープ

一般的手技 / チューブとドレインの固定

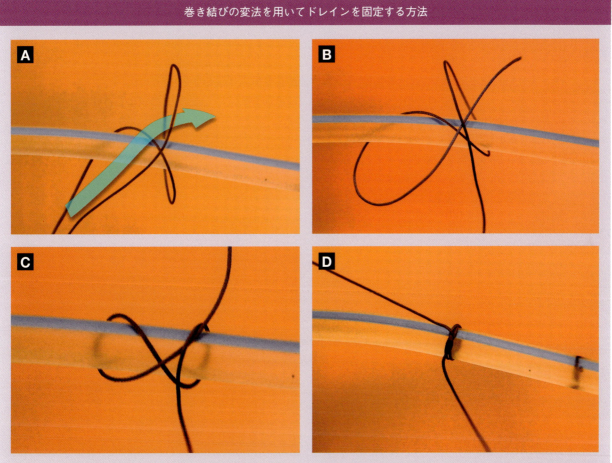

巻き結びの変法を用いてドレインを固定する方法

図10　この巻き結び変法では、2周目の糸を巻き付けた後で先端を1周目の糸の下をくぐらせる（A）。このように結ぶことで結び目は強固さを増し、またかかる力が大きくなればなるほど結び目は固く締まるようになる（B、C、D）。

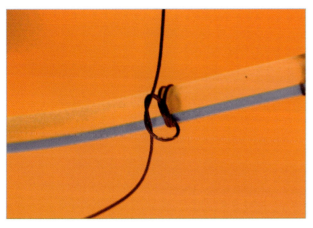

図11　巻き結びをより強固にするために、単結紮を2つ重ねる。

ドレインの抜去

ドレインを抜去するときは1周目の糸を切断する。ドレイン挿入部位で皮膚切開部を閉じている糸を切ってはならない。

ドレインの抜去を行う前に、抜去中にドレイン内容が漏れたりしないように口を閉じておく。

チューブの抜去後に、皮膚の切開創を洗浄し消毒する。柔らかい包帯などで覆い、創傷部を保護する。

この処置は閉創まで毎日行う。

胸部X線検査

Amaia Unzueta Galarza

X線検査は、胸腔内・外のさまざまな疾患の同定の鍵となる診断手技である。本章の目的は胸部X線検査の技術的概要を述べることと、本書で扱う各種胸部疾患を図説することである。

技術的問題点

X線パラメータ

胸部X線写真には高管電圧（kV）と低管電流（mAs）の設定が必要である。これは2つの理由による。
- 高kVによりコントラストが最大になる。
- 低mAsにより露出時間が短くなり、フィルムの質低下が避けられる。胸部X線像の撮影をするときは、動物の呼吸運動を止められないためX線像の鮮鋭度が低下する可能性があることを考慮しておかなくてはならない（図1）。

胸部X線像を正確に読影するためには、適切なX線パラメータを選択することが必要である。露出過度の像ではX線不透過性の肺の結節性病変を過小診断する可能性が（図2）、露出不足の像では肺のX線不透過性が人工的に増強されて過剰診断をしてしまう可能性がある（図3）。

撮影方向と位置決め

通常の胸部X線検査では、最低限でも直交する2方向が必要である。そのうち1方向は、動物を右側横臥位または左側横臥位にした側方像（L）とする。

> 動物の呼吸は画質を低下させる要因であるので、露出時間をできるだけ短くすることで、その影響を最小限にすることができる。

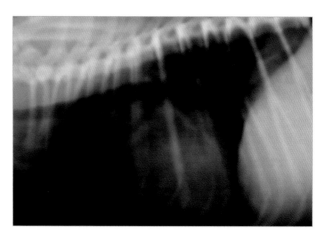

図1　X線露出中の動物の体動による胸部構造の輪郭や微細構造の喪失

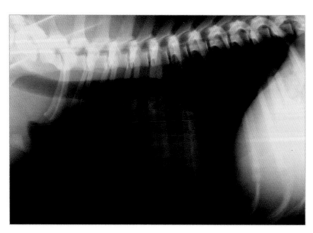

図2　フィルムの露出過度により軟部組織のX線不透過性が低下していることがわかる。

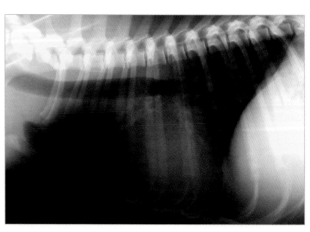

図3　露出不足により胸部のX線不透過性が増加している。

一般的手技／胸部Ｘ線検査

　Ｘ線検査で左、右という言葉は動物が下にしている側を指し、Ｘ線が入射する側ではない。側方像だけでなく、これと直交する像が必要である。背腹像（DV）または腹背像（VD）を撮影する。

> Ｘ線検査の撮影方向は、動物を通過するＸ線の入射点と出射点で表す。

　撮影方向にかかわらず、胸部全体（胸郭入り口から肺の最尾背側まで）が入るように、かつ最大吸気時に撮影しなくてはならない。吸気時は肺のＸ線コントラストが最大となるため、最良の胸部Ｘ線像が得られる。

> 胸部Ｘ線像は最大吸気時に撮影する。

胸膜腔

　胸膜腔は臓側胸膜（肺実質を覆う胸膜）と壁側胸膜（胸郭内面を覆う肋骨胸膜、横隔膜を覆う横隔胸膜、縦隔を覆う縦隔胸膜に分けられる）で形成される体腔である。また、肺葉間裂の間のスペースも胸膜腔の一部を形成している。

　正常でも胸膜腔にはごく微量の液体（潤滑剤）が存在しているが、これは胸部Ｘ線像では描出されない。しかし、胸膜腔に過剰な液体（胸水）や空気の貯留（気胸）を認めることがある。胸膜腔にガスや液体が存在する場合のＸ線学的特徴は、ガスや空気の量（多ければ多いほど見やすい）とＸ線ビームに対する動物の体位（接線ビームにより液体や空気の可視性が増す）に影響される。

> 胸膜腔のガスや液体のＸ線像はその量やＸ線ビームに対する動物の体位に影響される。

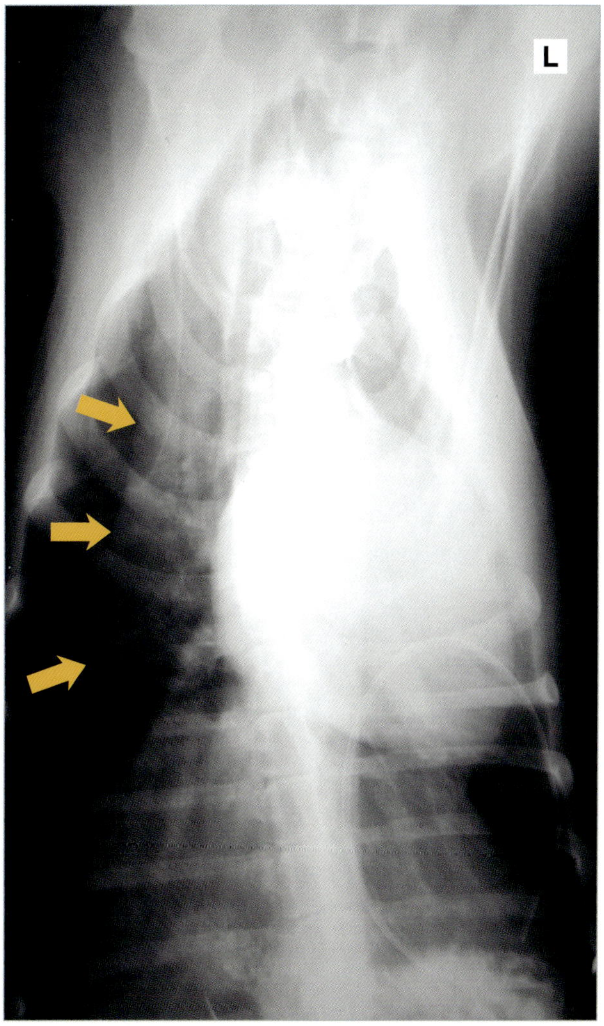

図4　犬の両側性緊張性気胸の胸部腹背像。肺は胸壁から離れ、虚脱によりＸ線不透過性が増加している。肺と胸壁の間の空間はＸ線透過性である。また、右胸膜腔の圧上昇による心陰影の左方変位が明らかである。

気胸

　気胸は胸膜腔に空気が存在する状態、と定義される。伴侶動物の気胸の原因は、外傷、肺破裂や食道穿孔、胸壁の裂傷、縦隔気腫の拡大、空洞性肺腫瘤の破裂などさまざまである。

　気胸のＸ線所見は、次の通りである。
- 肺胸膜が胸壁胸膜から離れる。胸壁と肺の間は図4のようにＸ線透過性である。

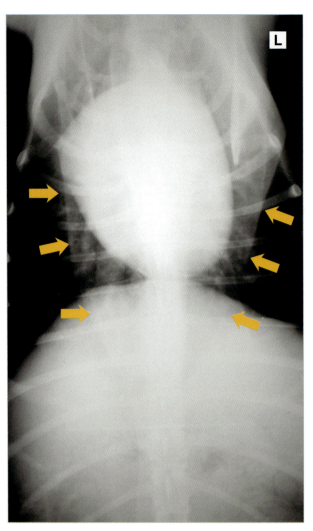

皮膚の皺壁のような、気胸と見間違いやすいアーティファクトには十分注意して読影する（図5）。
- 肺の輪郭が胸壁まで伸展していない（図4）。
- 虚脱した肺はX線不透過性が増加する（図4）。
- 心臓の背側変位（側方像にて）（図6）。

胸水

胸水は胸膜腔に液体が存在することと定義される。

通常の側方像と腹背像では、胸水が少量の場合は液面レベルに対して一次ビームが接線方向に通過しないため、胸水を描出できない。貯留液に対してX線ビームを接線方向から入射させるためには、X線ビームが水平になる体位で側方像と腹背像を撮影しなくてはならない。自由胸水が存在すれば、この撮影法でX線ビームが液体－ガス境界面に対して直交するようになる。

小動物では胸水の原因はさまざまで、うっ血性心不全（CCF）、腫瘍、膿胸、乳び胸、肺炎、低蛋白血症、凝固異常、外傷、横隔膜破裂、縦隔炎など。胸水の原因は多岐にわたるが、X線所見は多くの場合同じであり、胸水の分布やX線不透過性の程度は胸水の原因とはほとんど関連がない。

> X線像では胸水の性状は評価できない。

図5　皮膚の皺壁によるアーティファクトを認める犬の胸部腹背像。このアーティファクトは気胸と間違いやすい。

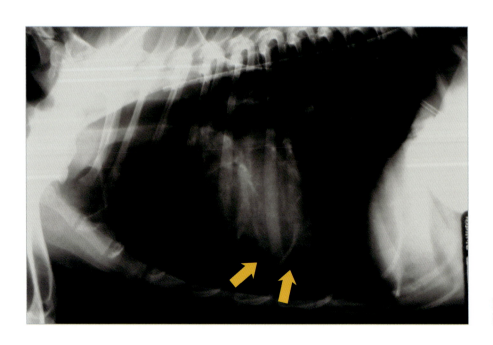

図6　気胸の犬の側方像。矢印は心臓の背方変位を示す。

遊離胸水のX線所見は、次のとおりである。

- 葉間裂の拡大：肺葉は軟部組織様のX線不透過性を呈する（図7）。

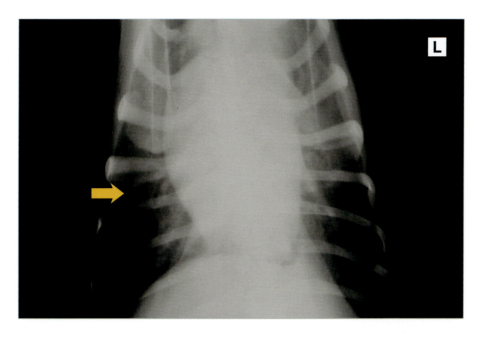

図7　胸膜腔に液体貯留を認める犬の腹背像

- 肺胸膜が胸壁から離れて後退している。肺と胸壁の間に軟部組織濃度の液体を認める（図8）。

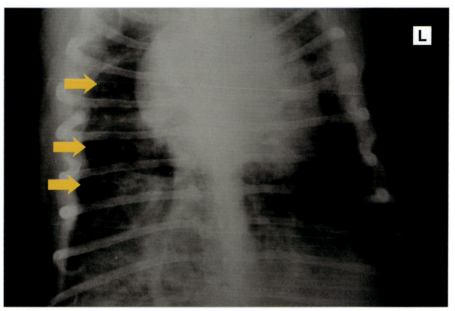

図8　気管支パターンと胸膜腔に液体を認める犬の腹背像。左右の胸腔ともに、液体デンシティのもので肺葉が胸壁から離されている（矢印）。

- 胸骨背側にある軟部組織のデンシティ上昇（側方像）。この陰影はホタテ貝の縁のような波をうった形状となることがある（図9）。
- 肋骨横隔膜角の鈍化（腹背像）
- 心臓の可視性の低下
- 横隔膜ラインの不明瞭化

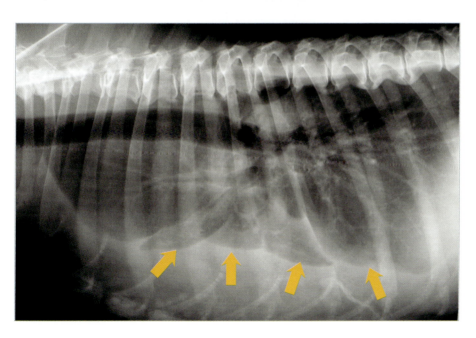

図9　胸膜腔に液体が貯留している犬の側方像。葉間裂が可視化されている。液体によって心陰影と横隔膜は確認できなくなっている。さらに、胸骨の背側ではX線不透過性が増加し、ホタテ貝の縁のような陰影を呈している。

肺

X線検査は、肺疾患の評価に優れた診断法である。肺には（X線透過性の）空気があるため、胸腔内軟部組織や胸腔外骨構造と、X線不透過性の肺病変のコントラストが良好となる。最大吸気時にX線撮影すると画質が向上する。

> 肺疾患をX線学的に診断するには、肺に十分に含気されていることが重要である。

側方像では下にしている肺葉の含気が一部なくなるとX線不透過性が上昇し、X線不透過性の肺病変のコントラストが低下してしまう。このためX線学的な評価は、上にしている肺葉では信頼性がある。両側性の肺病変を疑う場合は、左右側方像とその直交像を撮影することが推奨されている。

> 肺をX線学的に完全に評価するには、3方向（右側方像、左側方像、腹背／背腹像）が必要である。

本章では2つの肺結節と肺葉捻転の肺疾患のX線所見を取り上げる。その外科的アプローチは別の章で扱う。

肺結節

肺結節は5mmを超えると胸部X線写真で確認できるようになる。3cm以上になったものを腫瘤と呼ぶ。肺結節として最も多いものは次の通り：原発性肺腫瘍、肺転移、肉芽腫、血腫、嚢胞、膿瘍。

これらの病変のX線所見は、非常に類似している。結節の構造は孤立性または多発性であり、軟部組織デンシティもしくは鉱物デンシティのX線不透過性を呈する（図10～12）。

> 肺結節は孤立性または多発性で、軟部組織あるいは石灰化したX線不透過性を示す。

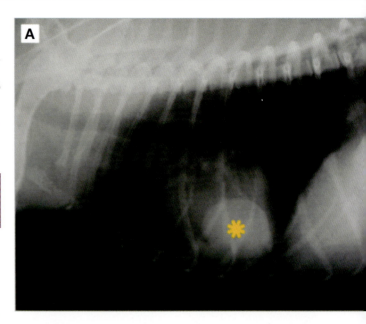

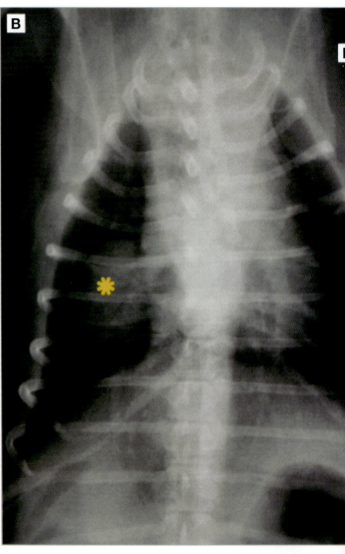

図10 軟部組織デンシティの孤立性肺結節（*）が認められる犬の側方像（A）と腹背像（B）。剖検により、この結節は原発性肺癌と診断された。

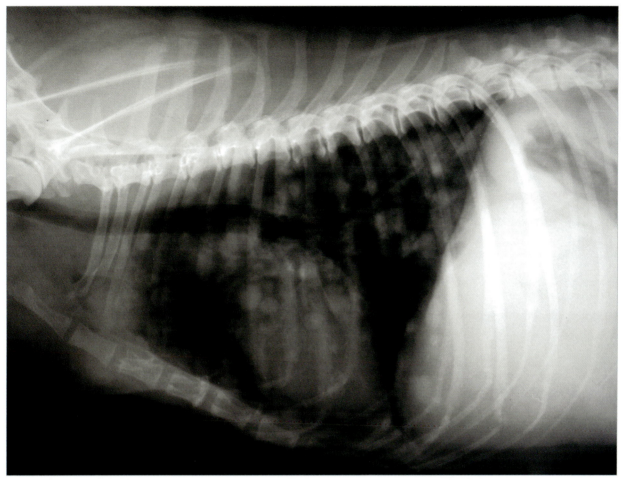

図11　肺転移に特徴的な、肺の多発性結節性パターンを認めた犬の側方像

犬の孤立性結節や腫瘤の原因として最も多いのは、原発性肺腫瘍である。膿瘍などの他の孤立性病変では、肺硬化、無気肺、胸水など他のX線所見を伴うことが多い。

多発性結節の原因として最も多いのは肺転移であり、発生はまれであるが真菌性肺炎や肉芽腫でも同様のパターンを呈する。

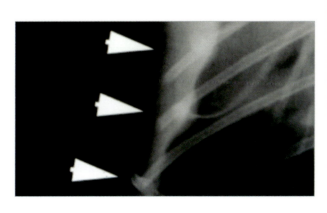
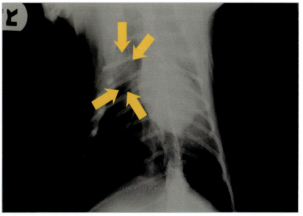

図12　"高所から落下"した猫の腹背像。右胸部の皮下気腫と数カ所の肋骨骨折を認める（左図、白矢印）。黄矢印は軟部組織デンシティの孤立性結節性として認められた血腫の境界部を示す。

肺葉捻転

肺葉捻転は、文献報告は多いものの犬ではきわめてまれである。しかし、発症した場合は、迅速な外科的介入が必要となることが多い。

X線所見は、胸水（片側性もしくは両側性）、無気肺もしくは肺硬化、肺葉変位、気管変位や気管虚脱、縦隔変位、縦隔気腫または気胸などの変化に関連したものである。捻転した肺葉の典型像は小胞状気腫性パターンとされている（図13）。

どの肺葉も捻転する可能性があるが、最も発生が多いのは右中葉である。

> 肺葉捻転の典型所見は小胞状気腫性パターンである。

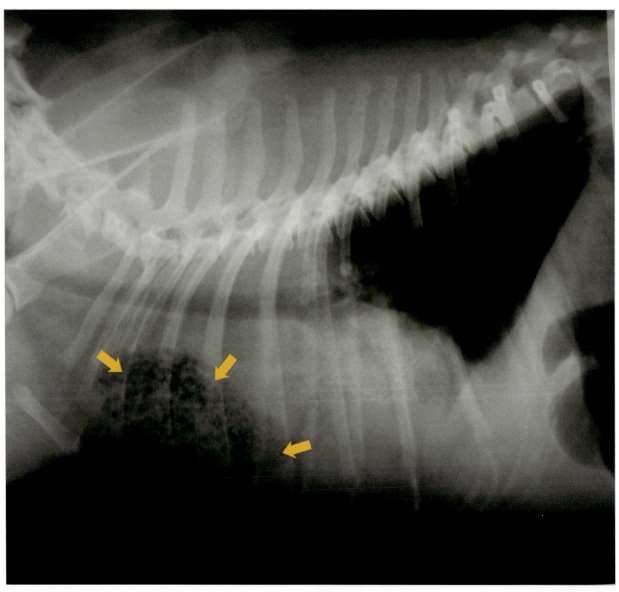

図13 肺左前葉捻転の犬における胸部側方像。胸水に加えて胸腔頭腹側に小胞状気腫性パターンを認める。

食道

胸部食道のルーチンのX線検査には、標準的な側方像が必要である。背腹像と腹背像では脊柱と重なってほとんど情報が得られないため、食道が見えるようにするために、斜位像が推奨されることもある。

胸部食道は気管の背側を走行し、単純X線像では確認できない。これは、食道の輪郭と周囲構造（背側縦隔、筋膜、結合組織）のX線不透過性が同等なため、両者を識別できないためである。

一般的には、食道内に空気があれば食道の異常を示唆する変化とされているが、正常な食道にも少量の貪気を認めることがある。少量の空気がよく認められる部位は、前食道括約筋のすぐ尾側、胸郭、心基底部背側である（図14）。

単純X線写真で食道疾患が疑われる場合は、陽性造影剤（液体バリウム）を経口投与して行う食道造影検査が必要となる。バリウム投与時は誤嚥による吸引性肺炎を起こさないように、十分に注意しなくてはならない（図15）。

ヨード水溶液は、食道穿孔が疑われる場合に用いる。ヨード水溶液は体腔内毒性が低いため、食道穿孔が疑われる場合に用いる。しかし、粘膜面の被覆性に劣るためルーチンには使用しない。

> 食道穿孔が疑われる場合には、バリウムではなくヨード造影剤を用いる。

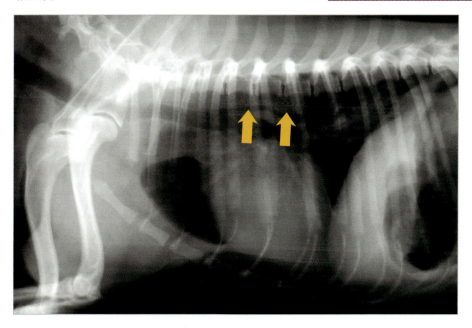

図14 食道内腔に少量の貪気を認める胸部X線側方像

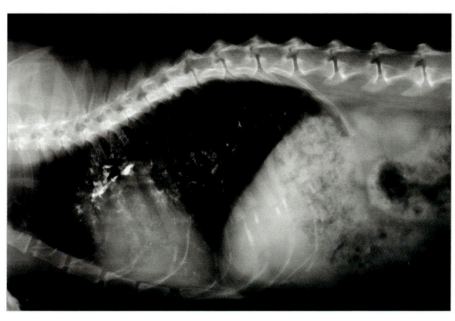

図15 吸引したバリウムが認められる胸部X線側方像

食道造影の手順は下記のとおりである。

- 被毛に造影剤が付着してX線像のアーティファクトにならないよう、動物を保護用の紙またはタオルで覆う（図16、17）。
- 陽性造影剤の懸濁液をシリンジで口から（5〜20ml）投与する、もしくは造影剤を混ぜた少量の缶詰フードを動物に食べさせる。

図16　アーティファクトが出ないように、造影剤の投与前に動物を"よだれかけ"で覆う。

> ※ バリウム検査を行う際は、動物が誤嚥しないようにゆっくりと投与する。

- 造影剤投与直後（0分）に側方像を撮影する。食道に病変がなければ、造影剤は胃に到達している。

> 陽性造影剤を投与する前に動物をよだれかけで覆い、アーティファクトが出ないようにする。

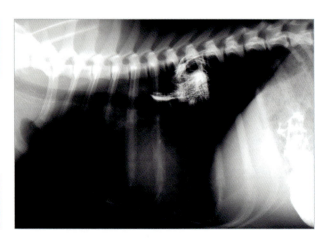

図17　食道陽性造影の胸部側方像。本症例は被毛に造影剤が付着してしまい、アーティファクトとなっている。

巨大食道症

巨大食道症とは、食道が限局性または全体に異常に拡張した状態である。

巨大食道症には先天性と後天性がある。先天性巨大食道症の原因で最も多いのは血管輪による異常であり、そのなかでも右大動脈弓遺残が最も多い。一方、重複大動脈弓と右鎖骨下動脈異常は少ない。

後天性巨大食道症の原因としては、食道狭窄（例：異物、食道や食道周囲の腫瘍）、神経筋疾患、内分泌疾患、消化管疾患（幽門狭窄、食道炎、胃拡張や胃捻転）、有機リン中毒や鉛中毒がある。

空気で食道が拡張した巨大食道症の単純X線側方像では、以下の所見が認められる（図18、19）。

- 頭側の胸部食道は、頸長筋を背景として食道内腔の輪郭が描出される。
- 気管背壁の背側の食道腹壁と気管背壁が融合したように見え、気管ストライプラインを作る。食道腹壁が気管より腹側に認められることもある。
- 尾側の胸部食道は、一組の細い軟部組織デンシティのように見え、横隔膜食道裂孔でV字形に集束する。
- 気道の腹側変位

一般的手技／胸部X線検査

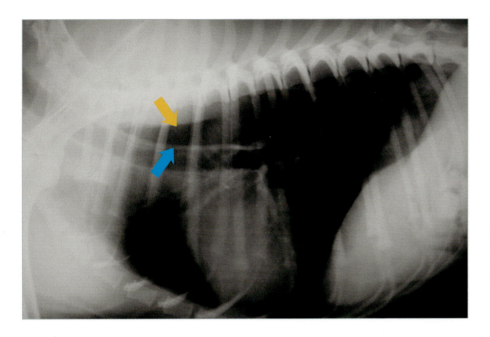

気管ストライプは巨大食道症を示唆する所見である。

図18　犬の胸部側方像。頸長筋上に食道内腔の陰影を認める（黄矢印）。食道腹壁と気管背壁の"融合"により気管ストライプサインが形成されている（青矢印）。

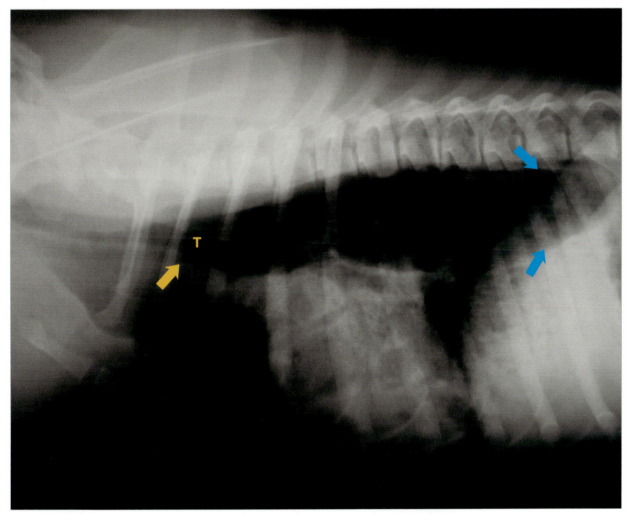

図19　胸部側方像。食道腹壁が気管の腹側に認められる（T：黄矢印）。青矢印は横隔膜食道裂孔に向かってＶ字を形成する尾側胸部食道を示す。

巨大食道症は単純X線写真で比較的容易に診断できるが、食道陽性造影検査では仮診断から確定でき、病変の範囲に関する情報も得られる（図20）。

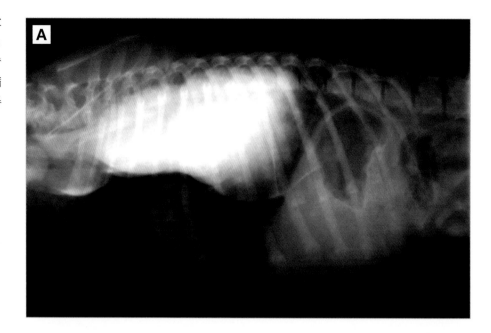

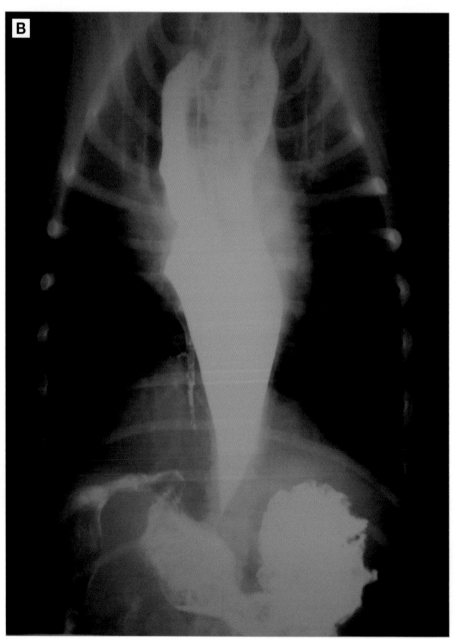

図20　特発性巨大食道症の若齢のジャーマン・シェパードの胸部食道陽性造影の側方像（A）と腹背像（B）

右大動脈弓遺残

生後、右第四大動脈弓が残存すると食道周囲に血管輪が形成され、心基底部背側で食道狭窄を生じる。この部位で食道狭窄があると、この狭窄部の頭側の食道内腔に空気、液体、食渣を含む拡張が認められる。単純X線写真での診断が困難な場合もあるが、そのときには食道陽性造影で診断に至ることが多い（図21）。

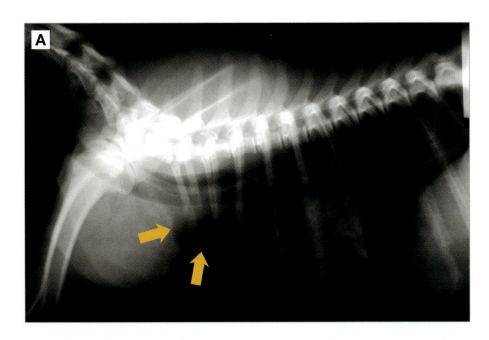

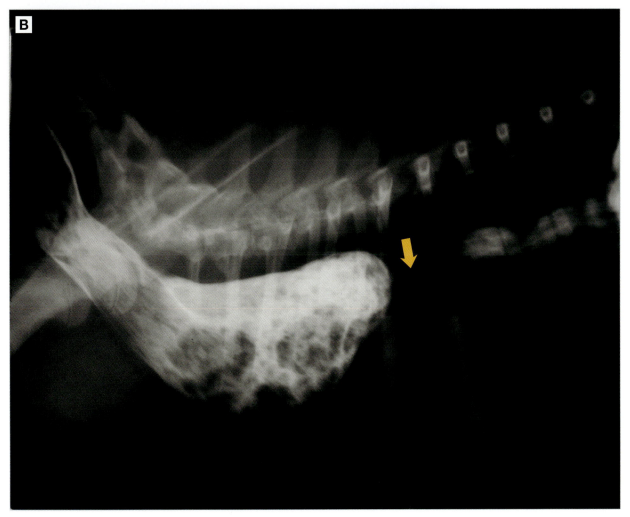

図21　胸部側方像。A：矢印は、気管の腹側にある食道のX線透過性陰影を示している。B：食道陽性造影では、右大動脈弓遺残による食道狭窄部（矢印）の頭側に重度の食道拡張を認める。

食道内異物

犬の食道内異物はさまざまなものがあり、X線不透過性のもの（例：骨、針）もX線透過性のもの（例：木）もある。異物は、胸郭、心基底部、食道裂孔の頭側で認められることが多い。

通常、単純X線像でX線不透過性の異物は認められるが、X線透過性の異物を検出するには陽性造影検査が必要である（図22〜24）。

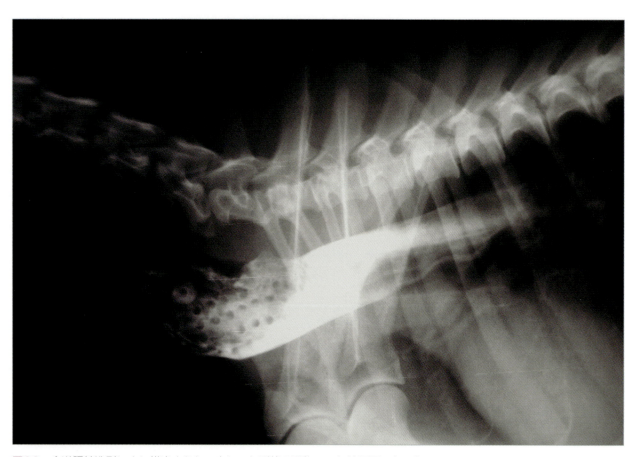

図22 食道陽性造影により描出された、変わった形状の異物。これは玩具であった。

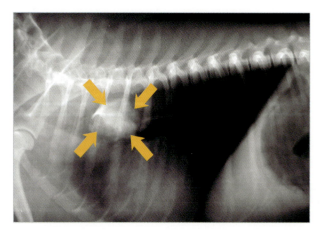

図23 心基底部レベルの胸部食道にある骨と同等のX線不透過性の異物（矢印）

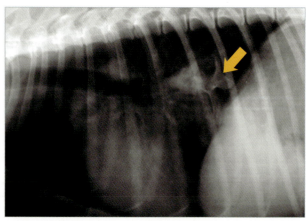

図24 食道裂孔頭側の骨と同等のX線不透過性の異物

食道裂孔の障害：食道裂孔ヘルニアと胃 - 食道重積

これらの疾患は、単純X線写真では確定診断に至らないことが多い。しかし、ときどき食道裂孔ヘルニアや胃 - 食道重積を示唆するX線所見が認められ、その後の陽性造影検査もしくは内視鏡検査で確定診断されることもある。

食道裂孔ヘルニアでは、尾側食道括約筋が頭側に変位し、時に胃のひだが胸腔に認められることもある（図25）。胃 - 食道重積では、胸腔尾背側に軟部組織もしくは不均一なX線不透過性の腫瘤が認められ、これは陥入した胃である。ときどき、胃のひだが腫瘤を覆うように見えることがある。さらに、腫瘤の頭側では食道拡張を呈することが多い（図26）。

> 食道裂孔における疾患は、陽性造影検査や内視鏡検査で診断する。

心血管系

本書で扱う外科的治療が有用な心血管系疾患は、そのほぼすべてが先天性疾患である。

この分類に入るのが動脈管開存、肺動脈狭窄、大動脈狭窄である。

> X線検査は心臓検査としては決して感度がいい検査ではなく、超音波検査を選択すべきである。

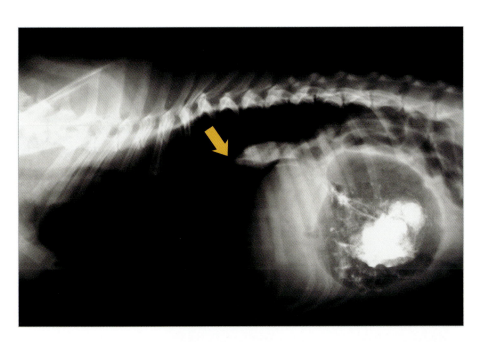

図25 食道裂孔ヘルニアの犬の胸部側方像。尾側食道括約筋（矢印）が横隔膜の頭側に認められることに注目せよ。

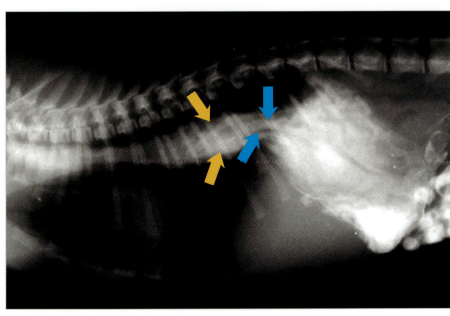

図26 食道の陽性造影像。黄矢印は食道拡張を示す。青矢印は食道内の胃のひだを示す。

側方像における心臓のX線解剖

心陰影は縦隔中央の2/3を占め、卵円形で第4～6肋間に位置する。

犬の心臓の大きさは多くの生理的要因（心周期、呼吸相、肥満度、品種）や、動物の横臥の方向など心臓の外観に影響を与える技術的要因によって変化する。

犬種はX線上の形態に影響する大きな要因である。胸部が浅く広い犬種では側方像において心陰影が胸腔全体の容積に対して大きく、胸骨上に横たわって心基底部は明らかに頭側に傾斜している。胸が深い犬種では胸腔容積に対して心臓が比較的小さく、胸骨に対してより垂直に存在する。その中間の犬種は、前述の二者の間の形態を有する。

犬種差を考慮した心陰影測定法がある。"vertebral heart score（VHS）"または"Buchanan Index"と呼ばれ、次のように測定する。心臓の長軸と短軸（長さと幅）の長さを合計し、この長さを第四胸椎（T4）から始まる心臓背側の脊椎の個数に換算する。正常値は8.5～10.5脊椎である（図27）。

> "Buchanan Index"は犬種差を考慮した心陰影の測定方法である。

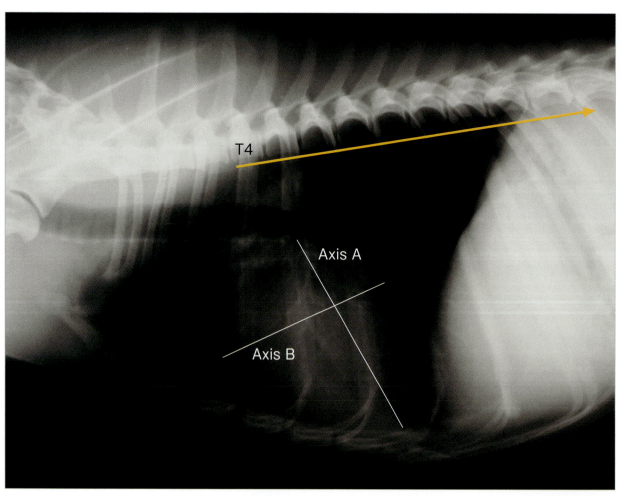

図27　胸部側方像における Buchanan Index の測定法

側方像で心臓の形態が変化するのは、生理的要因に加えて技術的要因：動物が左右どちらを下にしているかもある。

右横臥位では心陰影は楕円形になるが、左横臥位では心尖部が胸骨のわずかに背側に変位して見えるため、心陰影は円形になる。

心腔はX線不透過性がみな同等なためX線像で輪郭を可視化することはできず、それぞれを区別することもできない。このためX線像では心腔は推測するにとどまる（図28）。

> 心腔の輪郭は可視化できず、推測するにとどまる。

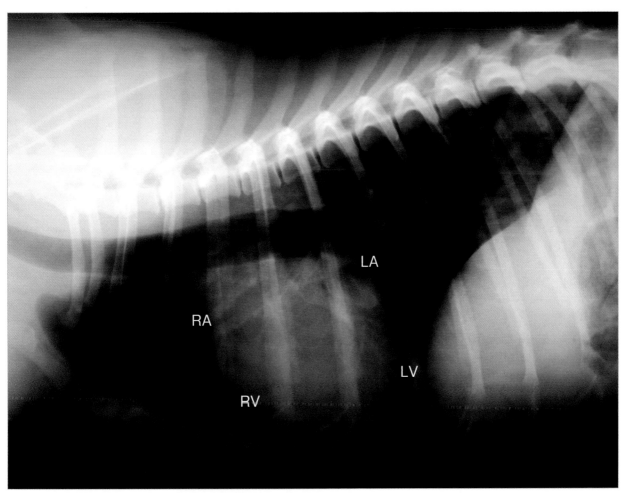

図28　胸部側方像における各心腔。RA：右心房、LA：左心房、RV：右心室、LV：左心室

背腹/腹背像における心臓のX線解剖

背腹/腹背像では図29のように、心臓の各構造の位置を推測するときに心陰影を時計の文字盤に見立てて表現する。

心臓の形態は側方像と同様に、腹背像も背腹像も生理的要因と技術的要因の影響を受ける。腹背像では心陰影は拡大して見えるが、背腹像ではより楕円形となり、心尖部は左胸腔内へ、横隔膜は頭側へ変位する。

> 腹背/背腹像では心腔の位置を時計に見立てて推定する。

心腔の変化

左心房と右心房

X線像で診断できる左心房（LA）の唯一の変化は拡大で、心臓の尾背側が拡大し（側方像）、その結果左主気管支が背側に変位する（図30A）。腹背/背腹像ではLAの拡大により左右主気管支の分岐の角度が大きくなる。左心耳や左心房が拡大すると、左心房の位置である2〜3時方向が突出する（図30B）。

LAと同様に右心房もX線像で診断できる唯一の変化は拡大であり、側方像で心陰影の頭側が隆起する（図31A）。腹背/背腹像では、9〜11時方向に隆起が認められる（図31B）。

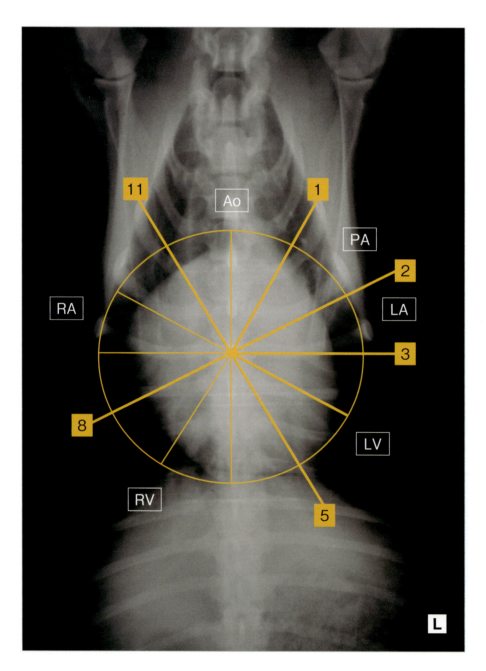

図29 時計の文字盤に見立てた胸部腹背像における心臓の各構造の位置
LA：左心房
RA：右心房
LV：左心室
RV：右心室
Ao：大動脈
PA：肺動脈

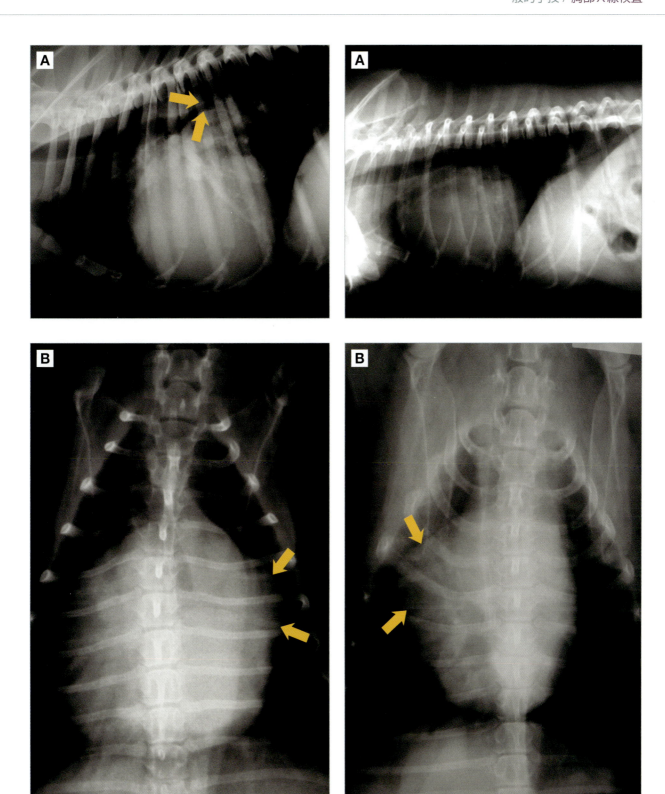

図30　左心房拡大を認める側方像と腹背像。A：心臓の尾背側部分の拡大と左主気管支の背側変位（矢印）。B：2〜3時方向の突出（矢印）

図31　右心房拡大を認める側方像と腹背像。A：心陰影の頭側への拡大。B：9〜11時方向の突出（矢印）

左心室と右心室

X線学的に心室肥大を評価するのは困難である。

左心室（LV）は厚い壁を有するため、心肥大では心陰影の変化は最小限である。心肥大が重度な場合は、側方像では心陰影の尾背側が拡大し、腹背／背腹像では左心室（3～5時方向）領域の突出により心尖部が円形化する（図32）。

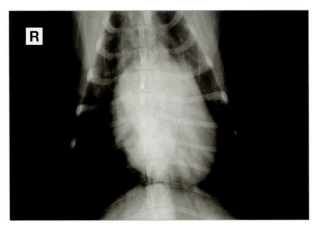

図32 左心室拡大により心尖部の円形化を呈している胸部腹背像

右心室の肥大があると、心臓と胸骨の接触面の増加（側方像）と5～9時方向の突出により右心が逆D字形を呈する（腹背像）。

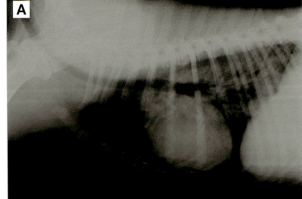

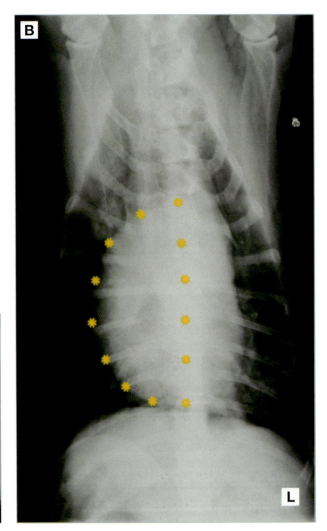

図33 右心室拡大を認める側方像と腹背像。A：心臓と胸骨の接触面の増加。B：5～9時方向が突出し、逆D字形を呈している。

動脈管開存症

胎子期においては、動脈管は肺動脈血を大動脈を経由して全身循環へとつないでいる。生後、酸素圧が上昇することで局所的にブラジキニンが抑制され、動脈管は機能的に閉鎖し、その後数週間かけて解剖学的にも閉鎖する。

生後、動脈管が閉鎖しないと、血液が大動脈から肺動脈に流入して肺循環の循環量と圧が増加する。動脈管開存症に伴う循環障害によって、X線学的異常が認められるようになる（図34）。
- 下行大動脈の拡大
- 主肺動脈の拡大
- 左心房の拡大
- 左心室の拡大
- 肺動脈と肺静脈の拡大

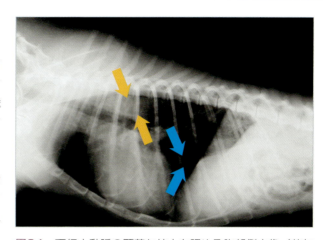

図34 下行大動脈の顕著な拡大を認める胸部側方像（黄矢印）。下行大動脈と後大静脈（青矢印）の径の差に注目。

肺動脈狭窄と大動脈狭窄

先天性肺動脈狭窄は肺動脈弁の奇形（これが最も多い）や弁下部狭窄や弁上部狭窄が原因となる。狭窄があると右心室圧が上昇し、右心室の拡大（逆D字形）と主肺動脈の拡大が起こる（図35）。

大動脈狭窄の最も多い原因は左心室の弁下部狭窄であり、これにより左心室圧が上昇する。X線学的には、大動脈狭窄により大動脈弓の拡大、左心室の拡大、左心房の拡大（二次的な僧帽弁機能障害がある場合）が認められる（図36）。

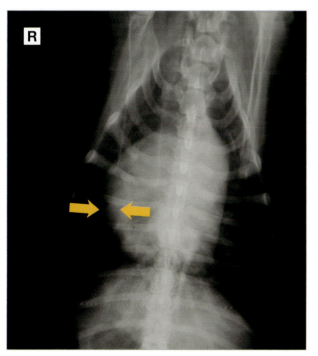

図35 肺動脈狭窄の犬の胸部腹背像。後葉（矢印）の肺動脈径の増大と逆D字形を認める。

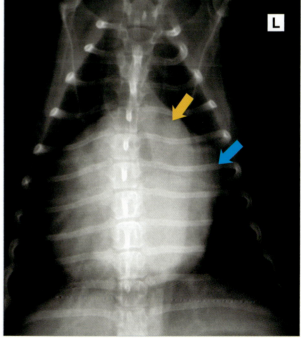

図36 大動脈弓の拡大（黄矢印）と左心房の拡大（青矢印）を認めた大動脈狭窄の犬の胸部腹背像

胸部

気管

胸部気管のルーチンな評価法は、胸部X線側方像である。動物の頭部と頸部をまっすぐにし、牽引や屈曲は行わない。頸部を強制的に牽引すると、胸郭部で気管の狭窄や圧迫があると誤診する可能性がある。また、頸部を屈曲させると胸部気管が背側にたわみ、前縦隔腫瘤により気管が背側に変位していると誤診する可能性がある。

> 気管の評価のために側方像を撮影するときは、頭部と頸部をまっすぐにする。屈曲したり牽引したりすると、アーティファクトが出る可能性がある。

胸部腹背像は、気管が正中に位置して脊柱と重なってしまうため有用性は低い。腹背像が有用となるのは、気管周囲に気管を側方に変位させるような腫瘤が存在しているときである。短頭種や肥満動物では、前縦隔内で気管がわずかに右側に変位して見えることがある。

気管虚脱

気管虚脱とは、呼吸に関連して気管腔が動的狭窄を起こすことであり、気管の硬い構造が脆弱化することにより生じる。気管虚脱は頸部気管では吸気相（とくに胸郭入口で顕著）で、胸部気管では呼気相（主に気管竜骨部）で認められる。

> 頸部の気管虚脱は吸気相、胸部の気管虚脱は呼気相

気管虚脱は動的変化であるため、その評価は吸気相と呼気相の側方像が必要である。側方像に加えて、図37のような斜位の頭背側－尾腹側スカイライン像も有用である。図38は正常な気管と虚脱した気管のスカイライン像である。

図37　胸郭部気管の接線像を撮影する際の斜位頭背側－尾腹側（スカイライン）像の体位

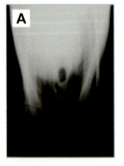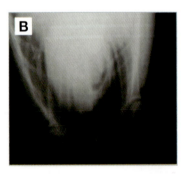

図38　スカイライン方向で撮影したX線写真。A：正常気管の接線像。B：虚脱した気管の接線像

横隔膜

横隔膜は胸腔と腹腔の間にある筋腱性の隔壁である。

犬の横隔膜のX線像は、X線撮影時の体位だけでなく犬種、年齢、肥満度によりさまざまである。

側方像では横隔膜は通常Y字形になる。上方は2つの脚（左右）、下方は腹側横隔膜ドームを形成する。頭側にある脚は動物が下にしている側である（図39）。

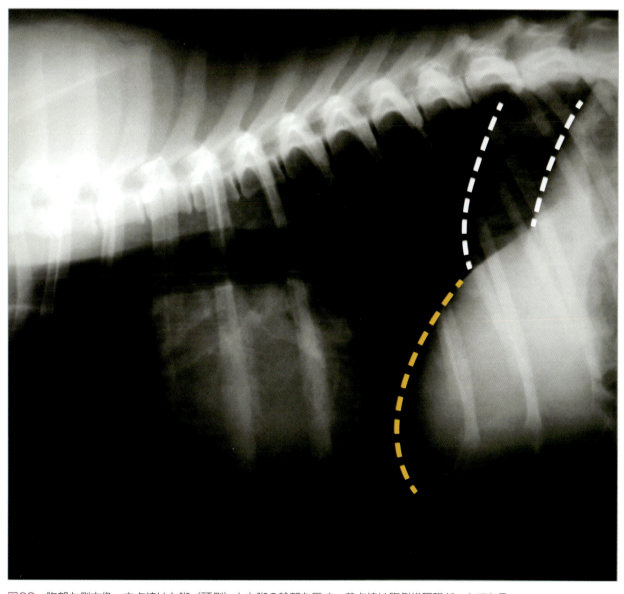

図39　胸部左側方像。白点線は左脚（頭側）と右脚の輪郭を示す。黄点線は腹側横隔膜ドームである。

横隔膜

背腹／腹背像では、X線ビームの中心をどこに置くかで像が変化する。横隔膜は単一のドーム状または、2つもしくは3つに分かれたドーム状に見える（図40）。

> 側方像では横隔膜がY字形になるが、腹背／背腹像では単一または、2つもしくは3つに分かれたドーム状を呈する。

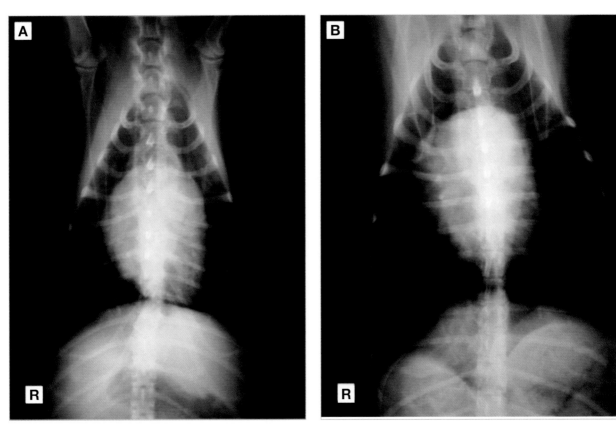

図40　X線ビームの位置で横隔膜の陰影が変化している胸部腹背像。A：単一のドーム状の横隔膜。B：3つに分かれたドーム状の横隔膜

横隔膜の異常で最もよく認められるX線所見は、横隔膜ラインの全体または部分的消失と横隔膜の形や位置の変化である。

胸部横隔膜が同程度のデンシティ（軟部組織、液体）を伴うものに隣接していると、横隔膜の輪郭は確認できない（図41）。

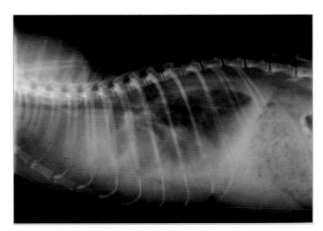

図41　胸水を認める胸部側方像。胸腔内の液体によって横隔膜の輪郭が不明瞭になっている。

形の変化が明確に認められるのはドーム状の部分である。多くの場合、横隔膜は正常で、横隔膜と心臓の接触や動物の体位によって形が変わる（図42）。

位置の変化、とくに頭側や尾側への明らかな変位は胸腔や腹腔の異常を示唆する。

横隔膜ヘルニア

横隔膜ヘルニアは、腹腔内臓器が横隔膜を超えて胸腔内に入りこむことである。横隔膜ヘルニアには先天性腹膜心膜ヘルニアや胸腹膜ヘルニアもあるが、最も多い原因は外傷性である。

横隔膜ヘルニアの診断にX線検査は重要である。単純X線像で腹腔内の構造が明らかに胸腔内に存在していれば、それで確定診断できることもある（図43、44）。

しかし、時に確定診断に造影X線検査（バリウムの経口投与または腹腔造影）が必要となることもある（図45、46）。

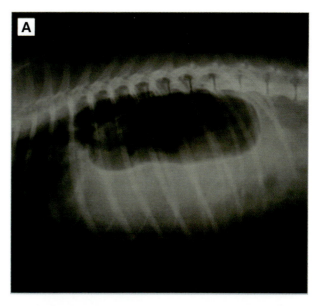

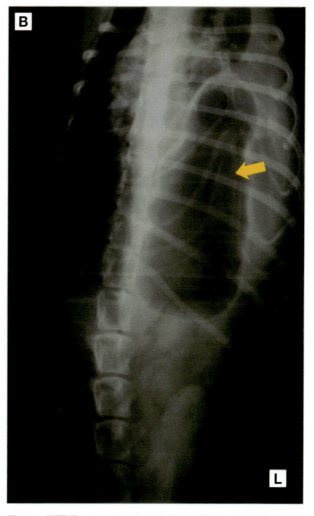

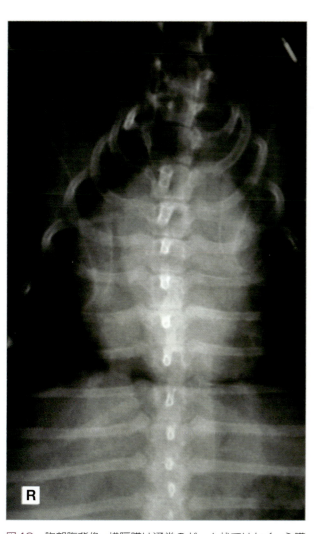

図42　胸部腹背像。横隔膜は通常のドーム状ではなく、心臓と接触している。

図43　横隔膜ヘルニアの犬の胸部X線像。A：側方像では胃の輪郭の頭側変位を認める。B：腹背像では胃は完全に胸腔内に逸脱している（矢印）。

胸部

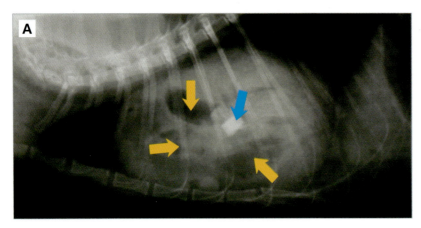
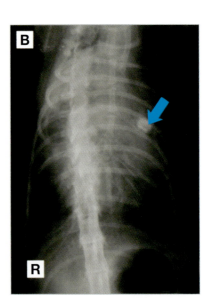

図44　先天性腹膜心膜ヘルニアの猫の胸部側方像（A）と腹背像（B）。心嚢内に腸ループと思われるガス充填管腔構造を認める（黄矢印）。X線不透過性物質（青矢印）はお菓子の包み紙であり、これにより腸閉塞を起こしていた（ヘルニアは偶発所見であった）。

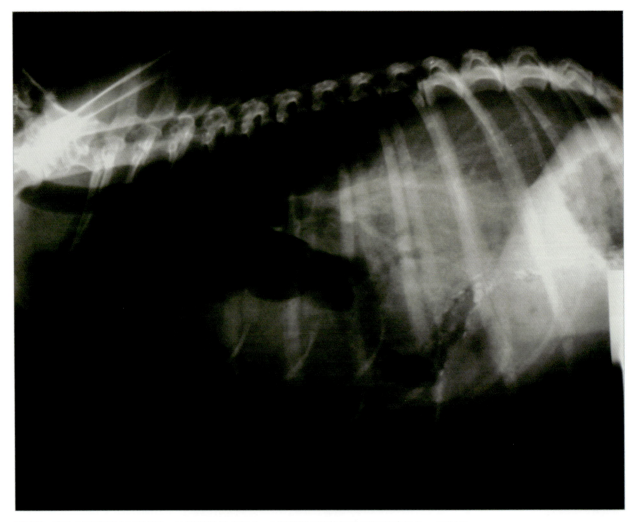

図45　消化管の陽性造影検査。X線透過性の腸ループが横隔膜を超えて胸腔内に入っている。

一般的手技／胸部X線検査

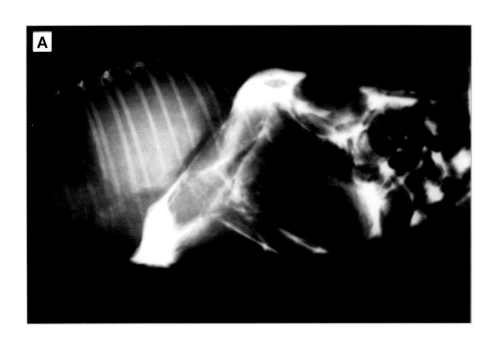

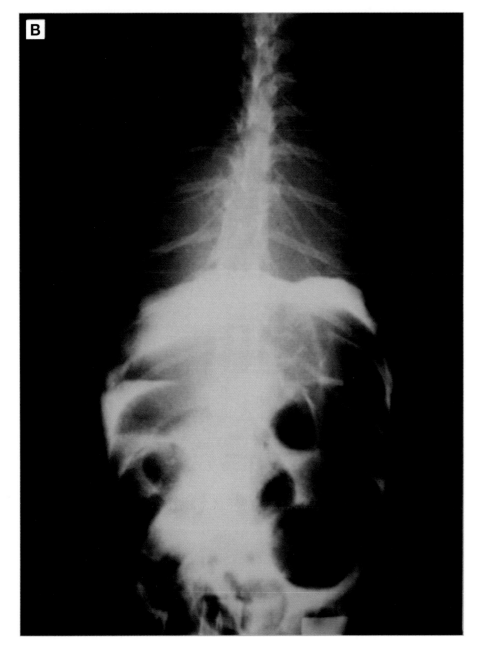

図46 陽性腹腔造影の側方像（A）と腹背像（B）では、横隔膜の正常な輪郭が認められる。

胸部

胸腔内の細胞診断

M. Carmen Aceña Fabián

　細胞診断学あるいは細胞病理学は、生体組織から採取された細胞／細胞群を形態学的に評価する手法と定義される。この方法により病変部の暫定的な診断をつけることができるが、時には確定診断に至ることもある。

　獣医学領域では、細胞診断学は非常に有用な手法として広く認識されている。それは、簡便かつ素早く細胞採取を行うことができ、動物に対する侵襲も小さく、かつ結果も迅速に得られるためである。

　一方、デメリットとしては、得られる細胞の量が限られており、その組織構築も消失するためにサンプルの質が低下し、得られた細胞の解釈が困難であることがあげられる。

> 細胞診断は今後の病態の進行について把握したり、治療方針を決定する（例：外科的手術を提案したり、逆に手術を選択肢として除外する）のに役立つことがある。

細胞の採取法とその扱い

　胸部における細胞診断ではいくつかの採取法が存在する。気管洗浄（経気管気管洗浄あるいは気管内気管洗浄）、気管支あるいは気管支肺胞洗浄（Bronchial or bronchoalveolar lavage：BAL）、経胸腔細針毛細管採取（transthoracic fine-needle capillary：FNC）、細針吸引（Fine needle aspiration：FNA）、胸腔穿刺、心膜穿刺などがあげられる。

　各採取法に最低限必要な器材は以下のとおりである。
- 経気管気管洗浄：針付きカテーテル
- 気管内気管洗浄：気管チューブ内を通過可能なカテーテル
- 気管支／気管支肺胞洗浄：気管支鏡が望ましい。
- 細針吸引：20～25Gの皮下注針。病変が深部に局在する場合は、22～25Gの脊髄針を用いる。
- 顕微鏡用スライドガラス、シリンジ、皮膚消毒薬

> 洗浄液から採取したサンプルは細菌培養にも用いることができ、高い診断的価値をもつことがある。そのため、臨床的に呼吸器症状を示す場合やX線検査で呼吸器疾患が疑われる場合には、気道洗浄を行うことが望ましい。

　気管支洗浄には、経気管気管洗浄と気管内気管洗浄の2種類の方法がある。経気管気管洗浄は主に大型犬種に対して適用されることが多く、気管内洗浄法は主に猫や小型犬などの小型動物で適用となる。

　経気管気管洗浄（図1）は、鎮静状態の動物に対して、輪状甲状靭帯もしくは隣接する気管輪の間に局所麻酔を行ってから実施する。気管壁を穿刺後、針を気管内腔内へ下向きに入れ、気管竜骨に届くまでカテーテルを挿入する（この時点でカテーテルはおよそ第四肋骨内面に到達する）。その後、針を抜き、生理食塩水0.1～0.2ml/kgを容れたシリンジをカテーテルに接続する。半量の生理食塩水を素早く注入すると動物は咳をし始めるので、気道のより深部のサンプルを採取することができる。その後シリンジを素早く交換し、新しい空のシリンジで内容液が吸えなくなるまで何度か吸引する。残り半量の生理食塩水についても同様の手法を繰り返す。

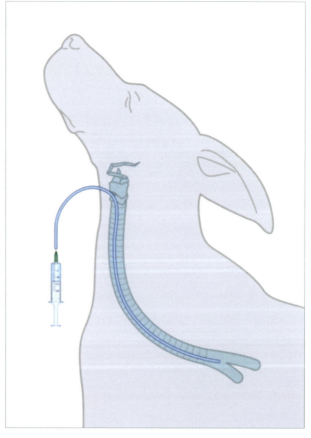

図1　経気管気管洗浄法。洗浄に用いるカテーテルは輪状甲状靭帯もしくは隣接する気管輪の間を通す。

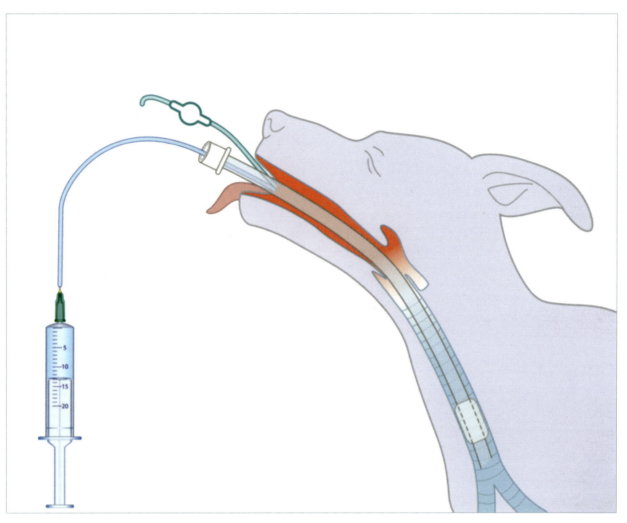

図2　気管チューブを介した気管支洗浄法。カテーテルは図のように挿入する。

　この方法で合併症が生じることはまれだが、皮下気腫、気管裂傷、出血、喀血、縦隔気腫などが生じる可能性がある。利点としては全身麻酔を必要としない、口腔咽頭のサンプルのコンタミネーションを最小限に抑えられるなどがあげられる。

　一方、気管内気管洗浄は気管チューブにカテーテルを挿入して実施する（図2）。この手法は全身麻酔が必要である。コンタミネーションを防ぐため、チューブ挿入の際には先端が咽頭部に接触しないように注意する。チューブを通じて気管分岐部にまでカテーテルを導入し、前述と同様の手法で洗浄を行う。カテーテルには尿道カテーテルを使用する。

　気管支肺胞洗浄（BAL）では肺胞腔内など、より狭い気道内のサンプルを採取することが可能となる。最良の方法はフレキシブル内視鏡を用いた気管支鏡検査法である。内視鏡は動物のサイズに合わせて大きさを調整しなくてはならず、また全身麻酔も必要となる。気管内チューブに気管支鏡を挿入し、気管から主気管支へ、その後は各肺葉へと気管支鏡を進めていく。滅菌生理食塩水は気管支鏡の生検用チャネルを通じて入れる。

　BALの一般的な合併症は一過性の低酸素症である。そのため洗浄後患者には5〜20分間酸素を補給する必要があり、できればその間パルスオキシメータにてモニタすべきである。

　細針吸引あるいは細針毛細管採取法は、肺実質性腫瘤や縦隔リンパ節、縦隔腫瘤がみつかった際に行われる。また心臓腫瘤についても、超音波ガイド下にてサンプルを採取することが可能である。

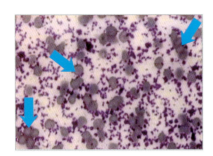

図3 図のように、超音波ゲルが混入すると標本の解釈が困難になるため、FNAを実施するときはあらかじめゲルを取り除くべきである。

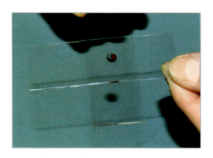

図4 押しつぶし法。スライドガラスの上にサンプルを載せ、別のスライドガラスを1枚目と直交させて上にかぶせる。

図5 サンプルが均一に広がるように、上のスライドガラスを横方向へ一気に動かす。

> 超音波ゲルが混入すると適切な診断ができない場合があるため、超音波ガイド下にて針生検を行う際は、皮膚についたゲルを事前にすべて拭き取っておくことが重要である（図3）。

液体成分や胸水がみつかった場合には、胸腔穿刺によってサンプルを採取することも可能である。

液体の位置はX線検査あるいは超音波検査によって特定できる。通常、鎮静は必要ない。滲出液が胸腔全域に広がっている場合には、第七〜八肋骨の肋軟骨結合付近からサンプルを採取する。肋骨の尾側辺縁に沿って血管が走行しているため、頭側辺縁から針を刺し採取する。1回だけサンプルを採取する場合には針とシリンジだけで十分であり、胸腔内に空気が入らないよう注意して採取する。サンプル量が多くシリンジが複数必要となる場合は、三方活栓をカテーテルに接続することで気胸の危険性を最小限に抑えることができる。

> 胸腔穿刺を行う場合、必ず肋骨の頭側辺縁を穿刺しなくてはならない。

心嚢に貯留した液体を採取する際には心膜穿刺を行う。穿刺の際には動物を鎮静し、穿刺部位の胸膜部を局所麻酔しておく必要がある。

針は第4〜5肋間部に刺し、細心の注意を払いながら、そしてシリンジを陰圧状態に保ちながら、心膜壁の抵抗が確認できるまでゆっくりと針を進めていく。針が心膜を貫通し抵抗がなくなると、心嚢腔から液体が流入してくる。当然、超音波ガイド下での実施が最も安全である。

> 心膜穿刺の際、針を抜かずに内容液を除去するためには、三方活栓を利用するとよい。

細胞診用に得られたサンプルは、顕微鏡用スライドガラスの上に載せる。空シリンジを針に接続し、プランジャーを押してサンプルをスライドガラス上へ噴出する。

組織片が得られた場合は、組織検査用にホルマリンに入れる前に、組織片をスライドガラスへ押し付け、生検材料の押捺塗抹標本を作製することもできる。

FNCサンプルをスライドガラス上で広げる場合には、押しつぶし法（squash smear）が有用となる。サンプルをスライドガラスに載せたのち、別のスライドガラスをサンプルの上に垂直あるいは平行にかぶせ、横方向に動かしてサンプルを広げる（図4、5）。サンプルを押しつぶし広げる作業は一連の動作で、しかも円滑に行わなくてはならず、途中で止めてしまったり過度に圧力をかけたりしてはならない。正しく塗抹標本を作ることができれば、診断に有意となる細胞や、病変を構成する細胞群は塗抹標本の中央に塗抹される。

洗浄で採取されたサンプルや、穿刺で得られた液体について、その細胞成分を評価する場合には細胞濃縮が有用となる。遠心濃縮には細胞遠心機を用いるが、機械がない場合には通常の遠心機を用いて低速(1,000〜1,500rpm)で5分間遠心する。遠心後、可能な限り上清を除去し、沈渣をパスツールピペットで吸いスライドガラスへ載せ、上述の通りに細胞を広げる。

塗抹された標本は空気乾燥したのち、染色をする。

> 獣医療の細胞診断で最も一般的な染色法はロマノフスキー染色であり、ギムザ染色、メイグリュンワルドギムザ染色、ライト染色や、ディフクイック™などの迅速染色がよく用いられる。

得られた細胞の解釈

どの部位から得られたサンプルであっても、炎症・過形成・腫瘍の3種類の病変は、それぞれある程度共通の細胞学的特徴をもつ。次項はその簡単な説明である。

炎症性病変

炎症反応では好中球、リンパ球、単球、マクロファージ、好酸球あるいは形質細胞などの炎症細胞が多数認められる。構成する細胞の種類とその割合により以下のように細分類される。

- 化膿性炎症：炎症細胞の85％以上が好中球である。
- 急性炎症：炎症細胞の70％以上が好中球である（図6）。
- 亜急性炎症：炎症細胞の30％～50％が単球、マクロファージあるいはリンパ球である（図7）。
- 慢性炎症：炎症細胞の50％以上が単核球とマクロファージである（図8）。
- 肉芽腫性炎症：類上皮細胞や巨細胞が多量に認められる（図9）。
- 化膿性肉芽腫性炎症：化膿性炎症に加えて類上皮細胞や巨細胞も認められる（図10）。
- 好酸球性炎症（アレルギー性炎症）：炎症細胞の10％以上が好酸球である（図11）。

過形成性病変

過形成性病変を細胞診断のみで診断することは困難である。その理由は、過形成性に増殖する細胞は正常な細胞とほぼ同一の形態を示すためである。

腫瘍性病変

腫瘍性病変の細胞学的評価は以下の流れに従って行われる。
- その病変が本当に腫瘍性なのか？
- 腫瘍性病変であるならば、良性なのか悪性なのか？
- 腫瘍はどの細胞に由来するものか？

> 構成する細胞の種類やその比率によって、どのような種類の炎症が生じているかを評価できる。

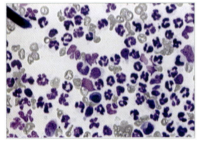

図6 急性炎症の典型例では多形核好中球が主成分となる。

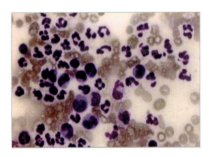

図7 亜急性炎症。多形核好中球に混じて単核性炎症細胞（単核球、リンパ球、マクロファージ）が一定数出現する。

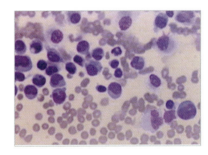

図8 慢性炎症。細胞成分は主にリンパ球、単核球および少量のマクロファージによって構成される。

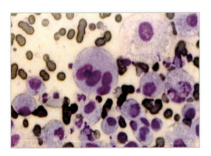

図9 肉芽腫性炎症。マクロファージと多核巨細胞が出現する。

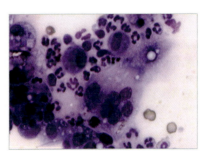

図10 化膿性肉芽腫性炎症。好中球、マクロファージ、多核巨細胞などの多様な炎症細胞が混在する。

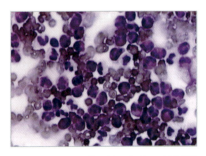

図11 アレルギー性、あるいは好酸球性炎症。この写真では好酸球が10％以上を占める。

病変が腫瘍性であるかを判断するには、いくつかの指標がある。たとえば、採取された細胞数が多く、炎症細胞が少ないあるいは全く認めず、多形性に富む単一細胞によって構成される場合には腫瘍が疑われる。しかし、1つ目の質問（その病変が本当に腫瘍性なのか？）に対する答えはそれほど簡単ではなく、とくにサンプル内に炎症細胞と異型細胞の両方を認める場合は腫瘍か否かの判断は難しい。この場合、腫瘍病変に二次的な炎症が生じている可能性も考えられるし、逆に炎症反応に伴い再生した細胞が異型性を示す場合もある。

腫瘤病変が悪性のものかを判断するには、いわゆる悪性腫瘍の判定基準を使用する。各々の所見単独では腫瘍が悪性であると言い切れないため表1に示す項目について総合的に判断する。最も指標となりやすい項目は核の多形性であり、逆に出血や壊死などの間接的な基準は悪性の指標にはなりにくい。

良性・悪性の判断は組織診断において行うべきであり、基本的には細胞診断のみでは判断できない。そのため、診断分類は以下のように行う。
- **陰性**：悪性を示唆する所見が1つもない。
- **擬陽性**：悪性を示唆する所見が3項目より少ない。
- **陽性**：サンプル中の細胞が悪性を示唆する所見を3つ以上有する。

腫瘍における細胞診断の最終評価項目は、腫瘍の由来の同定を試みることである。同定は細胞構築の特徴や、腫瘍細胞の大きさや形、細胞質および核の形態学的特徴に基づいて行う。

> 細胞学的には、腫瘍はその由来に基づいて上皮系腫瘍、結合組織腫瘍（間葉系腫瘍）、および自由円形細胞腫瘍の3種に分類される。

各腫瘍の主要な細胞学的特徴は以下の通りである（表2）。

表1

細胞診における悪性腫瘍の評価項目		
構成成分の評価項目		多形性に富む 特定の構造をとらない 核分裂像多見 / 異型核分裂像 採取される細胞数が多い
腫瘍細胞の評価項目	核	大きさの増大 核/細胞質比の増加 核クロマチンの増大 多核細胞の出現 核膜不整 多分葉状核 核小体明瞭 核小体の増加 核小体の増大 不均一な核小体
	細胞質	好塩基性細胞質 細胞質内空胞
間接的な評価項目		出血 壊死 細胞貪食像の増加

> 核の多形性が、悪性腫瘍を最も強く示唆する項目である。

表2

各腫瘍の細胞学的特徴			
特徴	上皮系腫瘍	結合組織性（間葉系）腫瘍	自由円形腫瘍
細胞密度	高い	低い	高い
塗抹のされ方	集塊状	孤在性	集塊状
組織構築	あり	なし	あり
細胞の大きさ	大型	中型〜小型	中型〜小型
細胞形態	類円形	紡錘形	類円形
核の形態	類円形	楕円形	類円形
好塩基性細胞質	あり	なし	なし（リンパ腫はあり）
細胞質内顆粒	時々あり	時々あり	なし（肥満細胞腫はあり）

これらの指標について評価する際、次の疑問が生じる。**これらの基準のうちどの項目が、いくつ当てはまれば悪性と診断できるのか？** 多くの教科書では、3項目以上が合致すれば悪性と判断するとしている（その中に核の指標が含まれるとなおよい）。しかし、強い炎症性変化に対して再生性の変化が生じる場合には、強い細胞異型を伴う場合がある。また、高分化型の悪性腫瘍では細胞の多形性に乏しく、基準を3項目以上満たさない場合もある。以上の点を考慮すると、炎症性変化が見られない場合、悪性所見を示唆する特徴を有する組織は悪性と判断すべきであり、多形性に乏しい細胞を認めたとしても安易に良性と判断してはならない。

■ 上皮系腫瘍

上皮細胞に由来する腫瘍は塗抹される細胞数が多く、集塊状に塗抹される。腺細胞に由来する腫瘍細胞は腺房様の構造をとる一方、表皮に由来する腫瘍細胞は、よりばらばらに分離した状態で、あるいは敷石状の配列をとりながら塗抹されることが多い。上皮系腫瘍細胞は大型・類円形で細胞境界が明瞭で、核も類円形のものが多い（図12）。

- ■ 結合組織腫瘍（間葉系腫瘍）

 結合組織もしくは間葉系組織に由来する腫瘍は、塗抹される細胞は少量で、孤在性あるいは細胞間接着を伴わない小集塊として塗抹されることが多い。腫瘍細胞は中型・紡錘形で極性をもたず、細胞境界は不明瞭である。核は楕円形を呈することが多い。

- ■ 自由円形細胞腫瘍

 自由円形細胞腫瘍は塗抹される細胞数が非常に多く、円形あるいはわずかに楕円形を示す細胞が孤在性あるいはびまん性に塗抹される。リンパ腫（図15、16、17、35、41）、肥満細胞腫（図13）、組織球腫および可移植性性器肉腫（図14）などがあげられる。その形態学的特徴により、黒色腫や形質細胞腫、場合によっては基底細胞腫も自由円形細胞腫瘍として分類されることがある。

 以降は、胸腔諸臓器において細胞診断で診断可能な疾患について解説する。

食道

 食道疾患の診断において、細胞診断はあまり有用ではない。しかしながら内視鏡検査の際、食道粘膜上皮を細胞診断用にブラシで採取することは可能である。通常、正常な食道粘膜では扁平上皮が塗抹される。食道原発の腫瘍はまれだが、細胞診断では最も診断されやすい。同部で最も発生しやすい腫瘍は、扁平上皮癌と未分化癌である。肉腫（平滑筋肉腫、線維肉腫、骨肉腫）の発生率はより低く、細胞診断で判断することは難しい。

縦隔

 縦隔ではリンパ組織由来の腫瘍（リンパ腫）や胸腺組織由来の腫瘍（胸腺腫および胸腺リンパ腫）が発生する。また、頻度は低いが異所性甲状腺癌や大動脈小体の化学受容体腫瘍（Chemodectoma）が発生することもある。縦隔部に炎症性病変が生じることはまれだが、炎症が生じた場合には、細胞診断で一般的な炎症所見が認められる。以下に縦隔リンパ腫と胸腺腫瘍について解説する。化学受容体腫瘍については、心臓腫瘍の項目（大動脈小体における化学受容体腫瘍、心基部腫瘍）で解説する。

縦隔リンパ腫

 縦隔リンパ腫は、縦隔頭側部に発生する。縦隔腫瘍の中で最も発生頻度が高く、とくに猫白血病ウイルス（FeLV）に感染した若齢猫で発生しやすい。犬では縦隔リンパ腫の発生頻度は低く（リンパ腫全体の5％）、しばしば高カルシウム血症を伴う（腫瘍随伴症候群）。

 腫瘤（リンパ節）からFNAを行うと、均質で単一な形態を示す未熟リンパ球様細胞が採取される。腫瘍細胞は赤血球の1.5〜3倍の大きさで、好塩基性の細胞質と一部明瞭な核小体を有する（図15、16）。しばしば胸水滲出を伴い、胸腔穿刺によって採取される胸水中には、腫瘤部と同様のリンパ球様細胞が見られる（図17）（後述）。

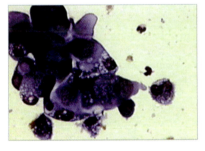

図12　多形性に富む類円形細胞の集塊が塗抹される。同細胞は類円形の核を有し、明らかな異型性を認める。

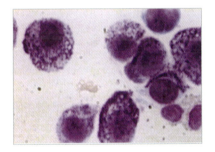

図13　肥満細胞腫。細胞質内には典型的なアズール好性顆粒を認める。

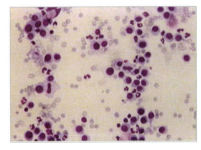

図14　可移植性性器肉腫。腫瘍細胞は類円形で、類円形の核と広くてやや好塩基性の細胞質を有し、まれに細胞質内に小型の空胞が見られる。

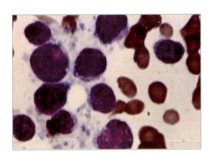

図15　縦隔リンパ腫。犬の縦隔前部腫瘤FNA。未熟で均質なリンパ球が認められる。

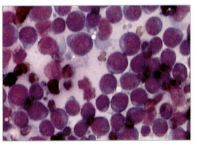

図16　犬の縦隔リンパ腫。単一な形態を示すリンパ芽球によって構成される。

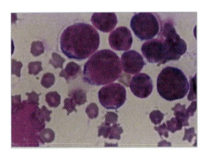

図17　猫の縦隔リンパ腫。胸水中に均一な細胞成分を認め、そのほとんどがリンパ芽球である。

胸腺腫瘍

本腫瘍は縦隔頭側部に発生するため、縦隔リンパ腫との鑑別を要する。

胸腺は、主にリンパ球系細胞と上皮性細網細胞の2種類の細胞によって構成されるが、いずれの細胞からも腫瘍が発生する。

- **胸腺リンパ腫**：胸腺のリンパ球系細胞に由来する腫瘍で、その細胞学的な特徴は他のリンパ腫と同様である。すなわち、単一のリンパ芽球が多量に塗抹される（図18）。
- **胸腺腫**：胸腺の上皮細胞に由来する腫瘍である。細胞診断では数種類の細胞が塗抹され、小型リンパ球に混在して胸腺上皮細胞が認められる。胸腺上皮細胞は、類上皮細胞やマクロファージ、場合によっては肥満細胞に類似した形態を示す。

腫瘍細胞の他にリンパ球系細胞がいるかどうかにより胸腺腫と胸腺リンパ腫を鑑別することは可能だが、細胞診断のみでは胸腺リンパ腫と縦隔リンパ腫との鑑別は非常に困難である。

気道

臨床症状やX線検査で呼吸器疾患が疑われる場合には、気道組織（気管、気管支、細気管支）からサンプル採取が行われる。サンプルは前述の気管洗浄あるいは気管支肺胞洗浄（BAL）によって採取する。この方法によって炎症の種類を診断できるほか、細菌培養用に試料を得ることもできる（前述）。

洗浄サンプルでまず最初に評価すべき項目は、粘液成分の有無である。粘液成分はピンク色あるいは青色様物質として（図19）、あるいはクルシュマンらせん体（Curschmann's spirals）と呼ばれるらせん状の捻れた糸状物質として認められる（図20）。

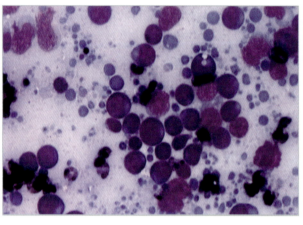

図18 胸腺リンパ腫。細胞診断では他のリンパ腫と同様の像を呈する。

> クルシュマンらせん体（Curschmann's spirals）は過剰な粘液産生を示唆する所見であり、気管部における慢性呼吸器疾患や閉塞性疾患などが疑われる。

次に細胞成分に注目する。通常、気管洗浄では、BALよりも採取される細胞数は少ない（図21、22）。

正常な状態で最も多く採取される細胞成分は肺胞マクロファージである（70～80％）。同細胞の細胞質内には空胞や貪食された残渣物質が見られることが多い（図23）。

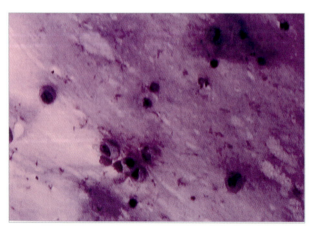

図19 肺胞洗浄法によって得られたサンプル。背景のピンク色の物質は粘液である。マクロファージも少量認められる。

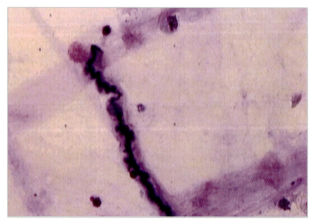

図20 クルシュマンらせん体。気管支粘液より成るフィラメント状の構造物である。

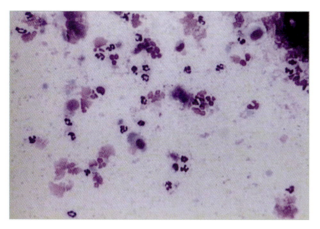

図21 気管支洗浄によって得られたサンプル。細胞成分は少なく、変性性好中球や少量のマクロファージが認められる。

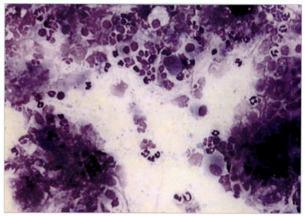

図22 肺胞洗浄液。粘液成分に混じて多様な細胞が塗抹されるが、その多くは変性している。マクロファージや好中球（多くは変性する）が主体であり、写真右側には立方形上皮細胞が見られる。

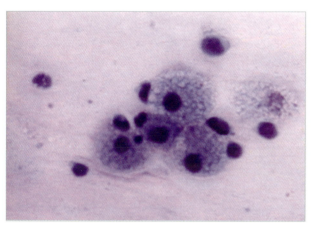

図23 肺胞洗浄液には肺胞マクロファージが多く採取される。

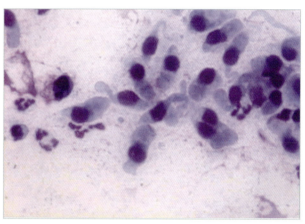

図24 肺胞洗浄液。線毛円柱上皮

肺胞マクロファージに次いで、種々の白血球が観察される。リンパ球は全体の5〜14％、好中球は5〜10％未満を占める。好酸球は5％未満だが、猫ではより多い場合もある。肥満細胞は1〜2％程度である。

線毛円柱上皮や立方上皮も認められるが（図24）、大きさは立方上皮の方がわずかに小さい。

気管支の粘液産生細胞である杯細胞は塗抹ではあまり見られない。杯細胞はマクロファージと同等の大きさで、類円形から立方形で細胞質内に好塩基性の粘液顆粒を含む。

時に、標本に表皮の扁平上皮が見られることがあるが、これは洗浄カテーテルが気管内チューブを通過する際に咽頭部の粘膜組織が混入したことを示唆する。とくに、扁平上皮にシモンシエラ属菌 Simonsiella spp.（図25）が付着する場合には咽頭組織のコンタミネーションが強く示唆される。他にも球菌、桿菌も同様に見られることがあるが、これらの細菌が好中球を伴わずに認められる場合には咽頭組織が混入していることを示唆する。

好中球を認める場合であっても、咽頭部に病変が存在し、同部の炎症性組織が混入している可能性については留意すべきである。

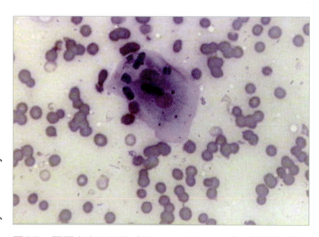

図25 扁平上皮に細菌（Simonsiella spp.）が付着している場合、洗浄カテーテル挿入時の口腔粘膜のコンタミネーションが示唆される。

> コンタミネーションにより、得られる細胞学的所見や細菌培養の結果が変わってしまう。気管内チューブを用いた気管洗浄法／気管支肺胞洗浄法では、咽頭組織のコンタミネーションにとくに気をつけなくてはならない。

気管気管支の炎症

> 本章の序盤で解説したように、炎症性病変で認められる一般的な細胞学的所見は、気道洗浄液でも適用できる。

炎症性病変では、それぞれ以下のような所見が認められる。

- **急性／化膿性炎症**：好中球が最も多く認められる。このような炎症の場合、感染体の有無について精査する必要がある（図26）。他の要因としては煙の吸引による刺激や、毒性物質や異物の吸引、急速に増大する腫瘍に伴う壊死巣などがあげられる。
- **慢性炎症**：通常、慢性炎症では好中球と肺胞マクロファージが混在して認められる。吸引性・誤嚥性肺炎や肺葉捻転、腫瘍性疾患に伴う壊死などの非感染性肺疾患に伴って発生する。炎症の期間が持続するほどマクロファージが占める割合が増加する。
- **肉芽腫性炎症**：類上皮細胞と多核巨細胞の出現を特徴とする。真菌感染の際によく見られるが、硫酸バリウムの吸引による誤嚥性肺炎の際にも発生する。
- **アレルギー性もしくは好酸球性炎症**：多量の粘液成分（クルシュマンらせん体）や好酸球を特徴とし、肺胞マクロファージや好中球、肥満細胞の割合はさまざまである。好酸球が有核細胞の10％以上を占める場合には、アレルギー性気管支炎／気管支肺炎や猫喘息、肺性／心性蠕虫症（幼虫、卵）に伴う過敏症反応の可能性を考慮する。

腫瘍

気道に発生する腫瘍は非常にまれである。肺原発性の腫瘍が気管支樹まで浸潤増殖する場合には、腫瘍細胞が洗浄液中に認められる。

> 洗浄液に腫瘍細胞が認められたときは、ほとんどの場合原発性肺腫瘍である。転移性肺腫瘍は通常間質で増殖するため、洗浄液中に採取されない。

肺腫瘍の細胞診断については後述する。

肺

経皮的、経胸腔的超音波ガイド下細針吸引は、肺の腫瘍からサンプルを採取するのに最も有用な手法である。細胞診断は、びまん性肺病変の診断にも有用だが、この場合には、病変を反映するサンプルを採取するのが難しい。

> 肺において細胞診断を行う主な目的は、腫瘍の診断である。

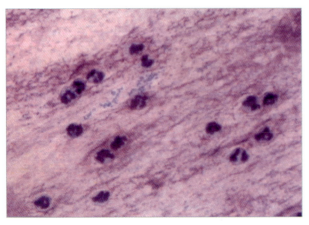

図26　気管支洗浄液。ピンク色の粘液成分を背景に好中球や球菌が認められる。

炎症性病変

他の臓器と同様、肺吸引物に白血球（好中球、好酸球、リンパ球）が多く認められたときには、炎症を意味する。肺から採取されるサンプルではかなりの頻度で血液を混じるため、末梢血中の白血球数が上昇している際には見かけ上の肺の白血球数が上昇する場合があることに留意しなくてはならない。

炎症は、あらゆる種類の感染体（細菌、真菌、ウイルス、寄生虫）、刺激物や異物の吸入による壊死、あるいは腫瘍による虚血性壊死が原因となって生じる。細菌性肺炎と虚血性壊死においては通常、急性あるいは化膿性の炎症を生じ、多数の好中球の浸潤が特徴的である。このときは好中球が全炎症細胞中の85％以上を占める。

異物の吸引や真菌、原虫による炎症の場合、通常、マクロファージを主体とする肉芽腫性病変を形成する。

好酸球の比率が高い場合（犬で10％以上、猫で20％以上）、寄生虫や吸入したアレルゲンに対するアレルギーまたは過敏症が疑われる。

腫瘍

大部分の肺腫瘍は悪性腫瘍の転移病巣であり、全葉性の多結節状病変を示す。一方、原発性肺腫瘍は通常孤在性の結節状病変を示す。

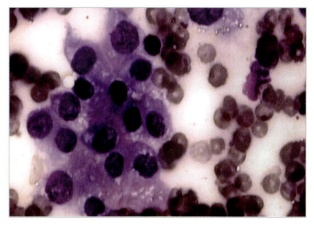

図27　犬の気管支肺胞腺癌。肺FNAでは異型上皮細胞の集塊が認められる。

> 大部分の肺腫瘍は、原発／転移病変にかかわらず悪性上皮系腫瘍である。

■ **原発性腫瘍**：すべての呼吸器上皮細胞から発生しうるが、通常は気管か気管支肺胞上皮に由来する。しかし、細胞診断でそれらを区別することは不可能である。通常これらの腫瘍では細胞密度が高く、腫瘍細胞は多型性に富み、細胞および核の大小不同や巨核のものが認められる（図27〜19）。

腫瘍が腺細胞に由来する場合、腫瘍細胞は腺房のような形態を示し、場合によっては印環細胞の形態をとる。

肺腫瘍ではしばしば胸水中に異型細胞が出現するが、病態が進行するとより顕著になる。

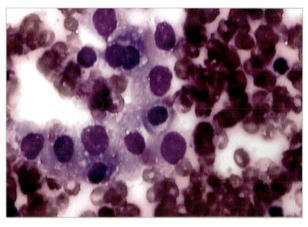

図28　犬の気管支腺癌。肺FNA。核大小不同や濃染核、好塩基性核、および細胞質空胞と二核細胞など、多形性に富む上皮細胞塊が見られる。

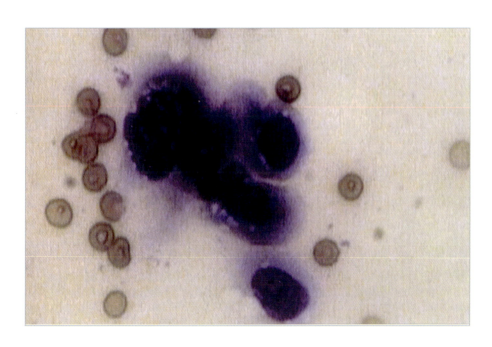

図29　雌犬の肺胞腺癌。肺FNA。明らかな異型（核大小不同、核／細胞比の増加、好塩基化、細胞質空胞）を示す上皮細胞が見られる。

- **転移性腫瘍**：転移した腫瘍細胞は、原発巣の腫瘍細胞と非常に類似するため、原発巣を特定できる場合がある（図30）。転移性癌（例：乳腺、膀胱、前立腺、卵巣等）ではその限りではないが、肉腫（例：骨肉腫、血管肉腫、組織球性肉腫等）とリンパ系腫瘍（リンパ腫）ではその由来を特定できる。

> 原発腫瘍と放射線画像により、明らかに転移と分かる場合が多いため、実際に細胞診が転移性腫瘍の診断に用いられることはまれである。

胸水

とりわけ滲出性胸水の場合、細胞診断が非常に有用となる（表3）。

胸水で見られる主な細胞は以下の通りである。

- **好中球**：ほとんどの胸水においてさまざまな割合で観察され、とくに炎症や感染を伴う場合には主体となる（図31）。細菌が同定される場合もある。また、猫感染性腹膜炎（FIP）では、好中球の他に多量のマクロファージが胸水中に観察される（化膿性肉芽腫性炎）。これらの細胞診用のサンプルは蛋白を多量に含むため、好酸性沈殿物が認められる場合がある（図32）。

> 好中球はほとんどの胸水で認められる。

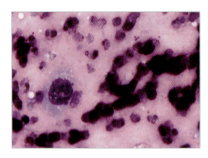

図30 犬の肺の転移性粘液肉腫。肺のFNA。ピンク色の粘液物質と赤血球を背景に、異型間葉系細胞が観察される。

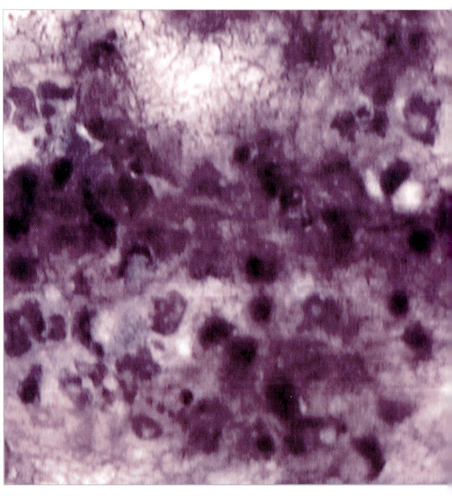

図31 猫の膿胸における胸水。細胞形態は不完全であり、とくに好中球は高度に変性し、胞体内には細菌に類似した好塩基性構造が観察される。

- **中皮細胞とマクロファージ**：中皮細胞は胸膜を覆い、ほぼすべての胸水にさまざまな割合で出現する。同細胞は集塊状あるいは孤在性に観察される大型円形細胞である。核は大型で二核のものもしばしば認められ、時に核小体が明瞭である。細胞質はやや好塩基性を呈し、細胞辺縁部に小さな隆起を多数認めることもある（図33）。中皮細胞の反応性変化は炎症の際にしばしば認められ、核分裂像を認める場合もある（図34）。

> ＊ 中皮細胞の異型性は慎重に判断するべきであり、悪性中皮腫細胞や癌細胞と見誤ってはならない。

- また、活性化した中皮細胞は貪食細胞へ変化しうる。その場合、中皮細胞とマクロファージを区別するのは困難だが、区別することに診断上の意義はない。
- **リンパ球**は乳び胸やリンパ腫に随伴する胸水で主体となる。両者は細胞の分化度によって区別する。乳び胸で観察されるリンパ球は小型で成熟しているが、リンパ腫ではリンパ芽球が観察される。縦隔リンパ腫では胸水を伴うことが多く、その細胞診断は有用となる（図17、35）。
- **好酸球**は糸状虫やアレルギー、過敏症あるいは全身性肥満細胞症に続発して胸水中に多数出現する（図36）。

図32　猫のFIPにおける胸水。主に好中球で構成され、マクロファージも少数観察される。

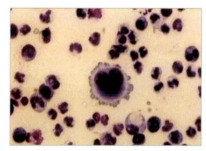

図33　胸水。中央に大型の反応性中皮細胞が認められる。同細胞は二核で明瞭な核小体と好塩基性細胞質を有する。背景には多数の好中球と少数のマクロファージが認められる。

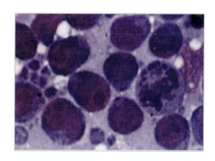

図34　胸水。犬の縦隔リンパ腫。さまざまな大きさの明瞭な核小体と好塩基性細胞質を有する腫瘍性リンパ球を認める。核分裂像とリンパ腺小体（lymphoglandular body：腫瘍性リンパ球の破片）が認められる。

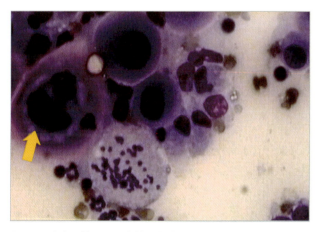

図35　胸水。著しい反応性変化を伴う中皮細胞。この変化は悪性所見と間違えられやすい。剖検の結果、この細胞は心疾患に伴う持続性の胸水による胸膜反応で生じたものと判明した。

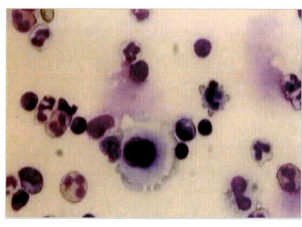

図36　犬の寄生虫感染に継発した胸水。炎症細胞中の好酸球の出現が目立つ（19％を占める）。中央には二核の中皮細胞が見られる。

- **肥満細胞**は、異染性を示す紫色の顆粒により容易に見分けることができる。全身性肥満細胞症ではまれに胸水を伴うことがあるが、その際胸水に肥満細胞が観察される。
- **腫瘍細胞**は、腫瘍に継発して胸水中に認められる場合がある。胸腔内の腫瘍細胞は縦隔リンパ腫か、原発性／転移性肺腺癌、中皮腫に由来することが多い。観察された細胞の種類とその悪性度により診断する（図37～40）。

表3

性状による胸水の分類				
胸水の種類	色	総蛋白 (g/L)	細胞数 (個/L)	比重
漏出液	透明	<25	$<1\times10^9$	<1.017
変性漏出液	淡黄色／不透明なバラ色	>25	$>1\times10^9$	1.017～1.025
滲出液	橙色／不透明で出血性	>30	$>5\times10^9$	>1.025

> 腫瘍が胸水中に腫瘍細胞が見られるときは、続発する炎症反応によって診断が困難になる場合がある。これは、炎症の際に出現する細胞にも異型性が見られることがあり、腫瘍細胞自体が有する異型性所見との区別がしにくくなるためである。とくに中皮腫では、反応性に増生する中皮細胞との鑑別は難しい。

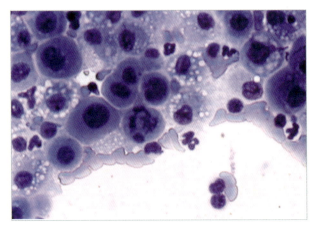

図37　犬の肺胞上皮癌による胸水。上皮様の形態を示す細胞で、明らかな異型が認められる。

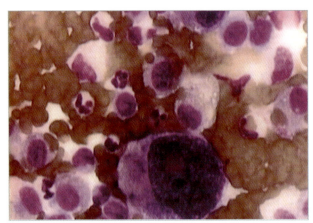

図38　犬の乳腺癌の肺転移による胸水

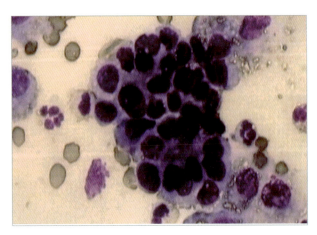

図39　猫の気管支癌による胸水。腫瘍性上皮細胞が認められる。

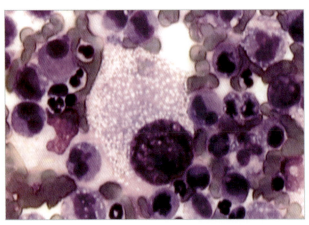

図40　胸水。悪性上皮性腫瘍に類似した形態を示す異型細胞が多数認められる。剖検により中皮腫と診断された。

心嚢水

心嚢水の特徴と細胞診はその他の滲出液と類似するが、いくつか異なる点もある。多くの場合、心嚢水は出血性である。半数近くの症例で心嚢水は腫瘍に随伴するものであり、残り半数の症例の多くは特発性心膜出血が占める。

その他の要因として心不全、感染、外傷、尿毒症、凝固異常、心膜炎（図43）があげられる。反応性中皮細胞と、腫瘍の性質をもつ細胞との鑑別は通常不可能である。心嚢水の原因となる腫瘍のうち、最も頻度の高いものの一つが心房の血管肉腫である。しかしこの腫瘍は心嚢水中に腫瘍細胞を認めないため、細胞診で特定することは難しい。

心臓

心臓の細胞診はあまり行われず、その意義は腫瘍の診断に限定される。心臓腫瘍自体まれだが、犬で最も頻度が高いのは血管肉腫であり、次いで大動脈小体の化学受容器腫瘍（傍神経節腫あるいは心底部腫瘍）が見られる。一方、猫ではリンパ腫が認められる。

ほとんどの症例で生前に細胞学的あるいは組織学的診断を得ることはできない。通常、腫瘍は心房や大血管と連続しており、サンプル採取が困難なためである。化学受容器腫瘍の細胞診では典型的な神経内分泌腫瘍の像を示し、細胞密度は高く、細胞質の青色を背景に、凝縮したクロマチンと明瞭な核小体を有する多数の裸核細胞が認められる（図44、45）。

> 腫瘍に付随する心嚢水と、特発性あるいはその他の非腫瘍性因子による心嚢水を区別するのに、細胞診は有用でないとする人もいる。

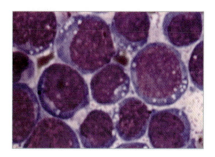

図41　心嚢水。リンパ腫によるリンパ芽球からなる細胞群を認める。

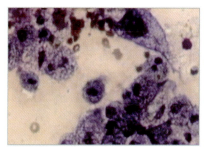

図42　心嚢水。由来不明の異型細胞が認められる。上皮系の特徴を有する細胞と、間葉系の特徴を有する細胞の両方が存在する。最終診断は心房の血管肉腫であった。

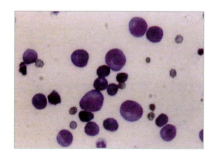

図43　心嚢水。犬の線維素性心膜炎による単核細胞（リンパ球、単球、マクロファージ）が認められる。

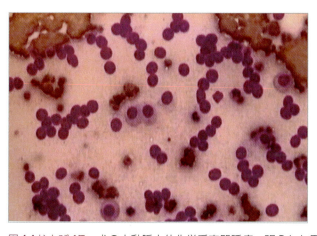
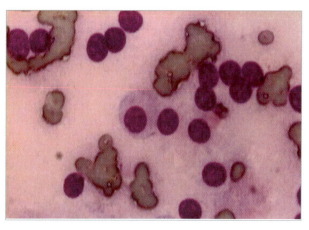

図44および45　犬の大動脈小体化学受容器腫瘍。明らかな異型性を伴わない神経内分泌細胞が見られる。青色の細胞質残屑を背景に、多数の裸核細胞が観察される。

胸腔の内視鏡検査

Amaya Unzueta Galarza

食道内視鏡

　X線検査の章では、X線検査で多くの食道疾患（巨大食道症、食道裂孔ヘルニア、食道外からの圧迫）が確定診断を下せることを述べた。しかし、食道内視鏡検査は粘膜の異常（食道炎）や内腔の閉塞（狭窄、異物、腫瘍）を診断するうえでより正確な方法である。食道内視鏡は診断ツールとしてだけではなく、異物の除去や食道内腔の拡張など、治療のツールとして用いることもできる。

内視鏡のテクニック

　食道内視鏡検査だけでなく消化管内視鏡検査において一般的にいえることだが、検査に際しては内腔を空にしておく必要がある。すなわち内視鏡検査の前に症例を24時間絶食にしておく必要がある。

　動物に麻酔をかけ、気管挿管した後処置台に左側横臥位にし、開口器を慎重に設置する。頭側食道括約筋は喉頭の背側に位置し、通常は閉じているため、粘膜のひだが収束しているのが確認できる（図1）。この括約筋により内視鏡の通過時に若干の抵抗を感じることがあるが、これは送気操作と内視鏡を慎重に進めることで容易にクリアできる。

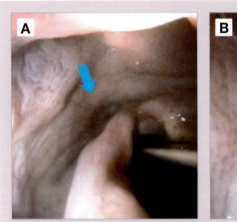 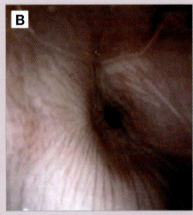 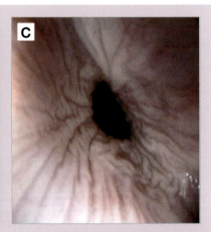

図1　A：頭側食道括約筋。矢印は喉頭の背側にある括約筋の位置を示している。B、C：内視鏡を進めるにつれ認められる、括約筋の拡張具合の違いを示している。

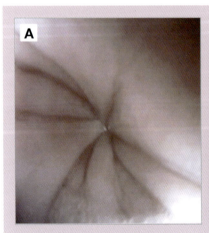 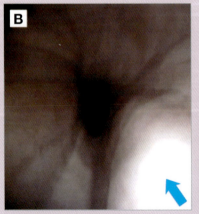 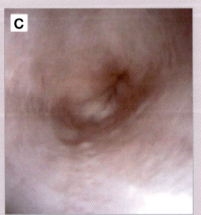

図2　頸部食道。A：送気前の食道は内腔が潰れている。B：食道は拡張し、気管による食道の圧迫が確認できる（矢印）。C：下部食道。吻門括約筋が閉じていることに注目せよ。

頭側食道括約筋の尾側は頸部食道につながるが、これは通常閉じているため内腔の視野が確保できるまで送気を行う必要がある（図1B、1C、図2）。頸部気管にそって、食道内腔が円形にくぼんでいるのが確認できる。この所見により術者はスコープの位置を確認することができる（図2B）。頸部食道の終わりの部分はわずかに彎曲しており（食道中部の狭窄）、これは食道の胸郭への入口の部位にあたる。この彎曲部を過ぎると、内視鏡は胸部食道に位置しており、その後は吻門部括約筋まで問題なく到達することができる（図2C）。

正常な食道の内視鏡画像所見

食道粘膜は淡いピンク色で縦走するひだを有する。正常な食道内視鏡検査では内腔は空でなければならない（図1、2）。食物や液体、胆汁が食道内に認められた場合、病的な状態を示唆している可能性がある。食道遠位から胃の粘膜上皮への移行部は明瞭であり、粘膜の色は食道の真珠色から胃の赤へと劇的に変わる。

食道炎

刺激性の化学物質の摂取、熱損傷、急性および持続性の嘔吐、異物による閉塞あるいは胃食道逆流など、食道の炎症はさまざまな原因によって生じる。食道炎の単純X線所見は正常であることが多いため、X線で食道炎の診断を下すのは困難である。重度の食道炎では、陽性造影剤を用いた食道造影検査によって粘膜不整や、食道運動性の低下によるさまざまな程度の食道拡張が認められることがある（図3）。

食道粘膜の内視鏡検査は、食道炎の診断において最も感度の高い検査法である。他の検査手法では検出できない粘膜不整や紅斑、出血、びらん、潰瘍などを肉眼的に検出することができる（図4）。

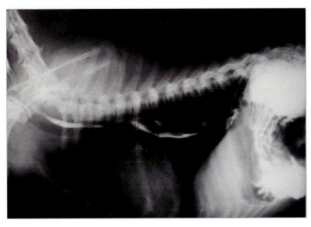

図3　陽性造影剤を用いた食道造影検査により、食道粘膜の不整と中程度の内腔の拡張が認められる。これらのX線所見は食道炎を示唆している。

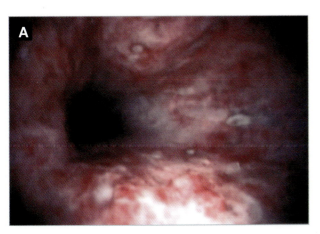
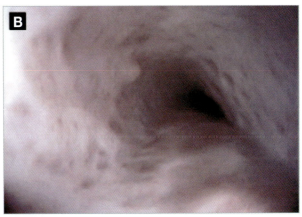

図4　食道炎　A：食道内視鏡検査で多数のびらん、潰瘍を伴う粘膜が確認された。B：びらんと食道の線維化

食道閉塞

さまざまな要因で食道閉塞が引き起こされる（表1）。

表1

食道閉塞の原因
異物
食道外からの圧迫
狭窄
血管輪異常
腫瘍

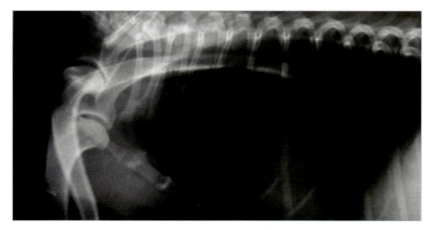

図5　胸部X線側方像　骨が食道内に停滞している様子が確認できる。

食道内異物

食道内異物はしばしば遭遇する疾患であり、犬では骨であることが多いが、異物の種類は非常にバラエティに富む。異物が停留する最も一般的な部位は、胸郭の入口、心基底部、食道裂孔部である。通常これらの異物を診断するには単純X線検査で十分であるが（図5）、食道内視鏡ではこれらの異物を取り除くことができることが多く、異物除去後の食道粘膜の状態を肉眼的に観察することができる（図6）。

食道内異物の除去に際して、比較的頻度は少ないが起こりうる合併症は食道穿孔であり、とくに尖った骨などで起こりやすい（図7）。

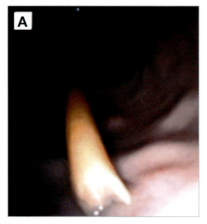 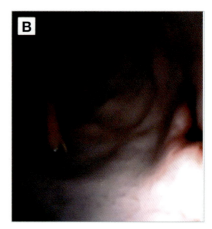

図6　A：X線で認められていた骨の内視鏡像　B：内視鏡検査により骨による粘膜の潰瘍が認められ、骨の摘出も行うことができた。

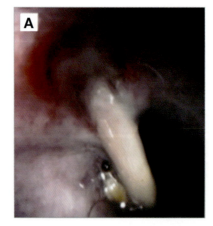 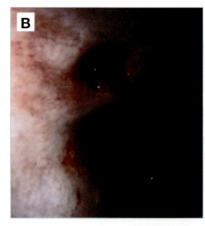

図7　食道穿孔　A：食道内に停滞していた骨　B：骨を摘出すると、食道の穿孔が明らかとなった。

食道の圧迫

食道外の腫瘤による食道の圧迫は、内腔への浸潤を伴わずに食道の機能障害を引き起こす。内視鏡では粘膜面の異常をともなわない内腔の狭窄として認められる（図8）。

狭窄

食道の狭窄は一般的に後天性であり（外科手術、異物除去の後、腐食性物質、食道炎、穿孔性の外傷）、どの分節にも起こりうる。粘膜下組織や筋層にまで波及するような粘膜面の重度の炎症は、食道の線維化や狭窄を引き起こす（図9）。

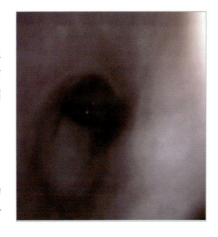

図8 管外からの圧迫を受けている胸部食道の内視鏡所見。粘膜面には病変は認められない。その後の追加検査により縦隔のリンパ腫と確定診断された。

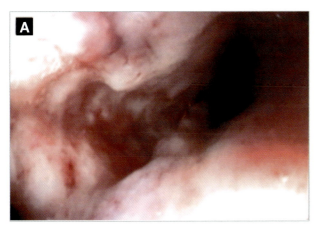 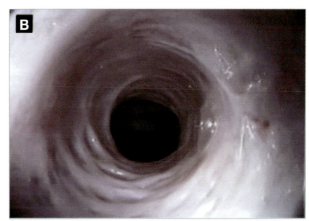

図9 この2症例では手術中の胃食道逆流が認められ、食道炎と食道狭窄へと進行した。

血管輪異常

血管輪異常は先天性の奇形であり、胸部食道を巻き込む。最も一般的な血管輪異常は右大動脈弓の遺残である。この奇形では食道は、右側は大動脈、左側は主肺動脈、背側側面は動脈管、腹側は心基底部により拘扼される。これらの結果として、心基底部背側部で同心円状の狭窄が生じ、狭窄部位の吻側で空気や液体、食物を含んだ拡張が起きる（図10）。

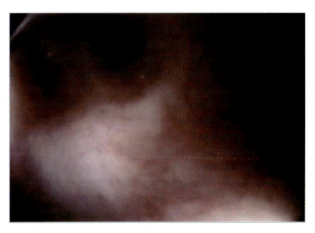

図10 右大動脈弓遺残。胸部食道が同心円状に狭窄しており、近位は空気の貯留により拡張している。

腫瘍

犬において食道の悪性腫瘍はまれだが、扁平上皮癌、骨肉腫、線維肉腫や未分化癌などが認められることがある。良性腫瘍もまれだが、平滑筋腫が一般的である。

X線検査は正常であるか、あるいは食道内腔に軟部組織腫瘤を認めることもある（図11）。確定診断には内視鏡下での生検が必要となる（図12）。

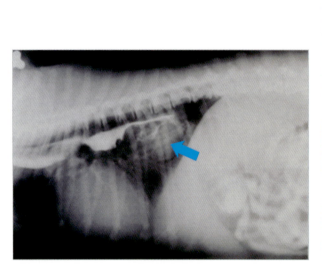
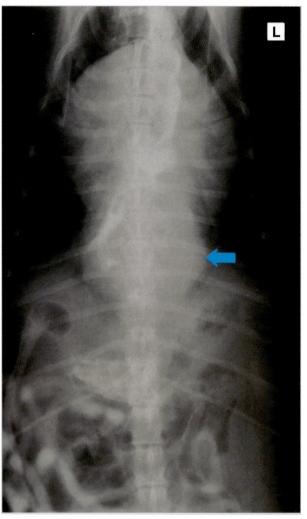

図11　食道バリウム造影　側方像において、胸郭の尾背側に造影剤が欠損する軟部組織陰影（青矢印）が認められる。X線検査で食道腫瘤が確認できる（青矢印）。

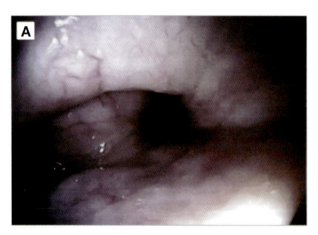
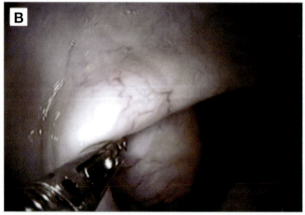

図12　図11のX線像の犬における食道内視鏡像　A：食道の内腔に認められる腫瘤性病変。B：生検により平滑筋腫と診断された。

裂孔ヘルニア

しばしば裂孔ヘルニアの診断は、X線検査によってなされることも多いが、内視鏡検査はその確定診断および胃食道逆流の証明に非常に有用である（図13）。単純な裂孔ヘルニアは、胃の反転観察法の際に診断されることがある。食道裂孔が正常よりも拡張しており内視鏡周囲に隙間が認められ（図14）、胃食道括約筋は胸腔内に逸脱している。

「胸部X線検査」の項を参照 ← 284ページ

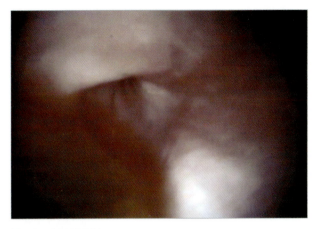

図13　胃食道逆流

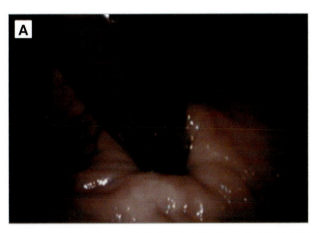
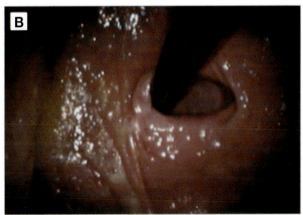

図14　反転観察法　A：健常犬では食道括約筋は内視鏡の周囲に隙間なく密着している。B：吻門が正常よりも拡張しており、内視鏡の周囲に密着していない。この内視鏡所見では裂孔ヘルニアが強く疑われる。

胃食道重積

胃食道重積はX線検査で診断されることもあるが、内視鏡検査で確定診断を下すことができる。内視鏡検査では間違えようのない像が認められ、胃食道括約筋を越えて胃の皺壁が胸部食道に陥入している様子が観察される（図15）。

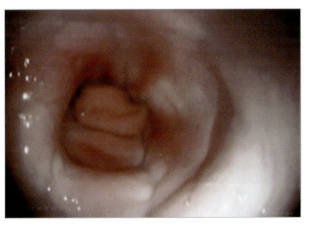

図15　胃食道重積　胸部食道内に胃の皺壁が陥入していることに注目せよ。

気管気管支鏡検査

気管と気管支の内視鏡検査は、しばしば従来の投薬治療に対して抵抗性を示す重度の呼吸器疾患の診断の助けとなる。獣医師は気管支鏡検査によって気管支肺胞洗浄液や生検材料を採取することができ、気管虚脱を診断することもできる。

内視鏡のテクニック

気管気管支内視鏡検査には全身麻酔が必要である。内視鏡が通過でき、同時に麻酔ガスの通過を遮ることのない、適切なサイズの気管チューブを選択する必要がある（図16）。

動物は気管支検査に先立ち、100％酸素で10分間酸素化しておき、腹臥位に保定する。

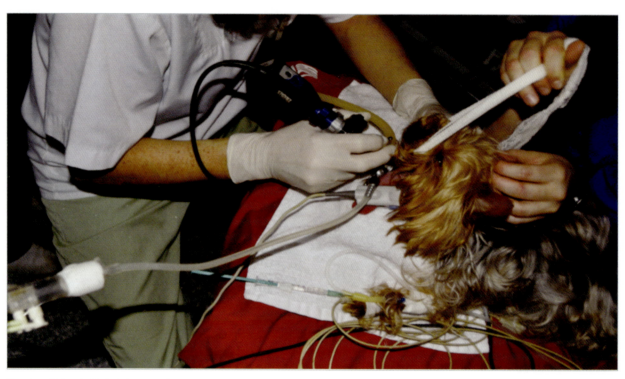

図16　重度の気管病変をもつ症例における気管気管支鏡検査。この症例では内視鏡の鉗子チャネルから酸素供給と維持麻酔を行っている。

正常な気管の内視鏡像

気管気管支内視鏡検査はまず色調、血管走行、強固さやサイズ、位置や背側膜の動きの評価から始める。

正常な気管では液体や粘液は存在せず、色調は明るいピンク色である。粘膜下の血管は微細な網目状構造として認められ、気管輪も容易に確認することができる。背側膜はピンと張っており、気管内腔に突出していてはならない（図17）。基部には気管竜骨が認められ、そこが気管支樹の始まりである（図18）。気管支樹の検査は7つの気管支を調べていく。すなわち右前葉、右中葉、右後葉、左前葉前部、副葉、左前葉後部、左後葉への気管支分岐である。

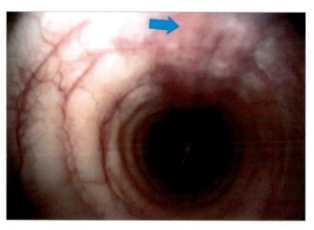

図17　正常な気管　正常な気管の色調は明るいピンクである。粘膜下の血管と気管輪を観察することができる。矢印は背側膜を指しており、これは気管内腔に突出していないのが正常である。

一般的手技／胸腔の内視鏡検査

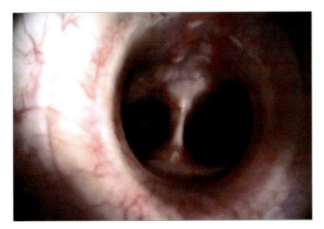

図18　気管竜骨と気管分岐部

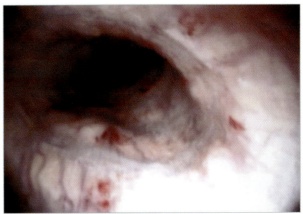

図19　気管支炎症例の気管病変

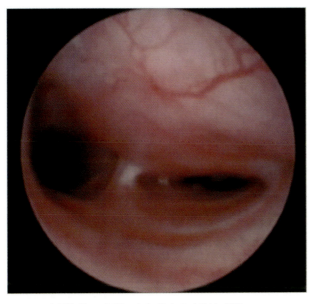

気管支炎

炎症が起きていれば、気管の見え方はかなり変わる。図19でその様子を確認することができる。

気管虚脱

気管虚脱は気管内腔の動的な虚脱であり、呼吸相と関連している。気管の構造的な強度が失われたことにより生じる。

頸部気管、胸部気管もしくはその両方が罹患することがある。気管虚脱を診断するための多くのX線撮影のテクニックがあるが、X線の章で述べたように内視鏡検査はこの疾患の確定診断の助けとなり、気管虚脱の重症度評価の助けとなる可能性がある。

図20　胸部気管の虚脱　左気管支の虚脱も伴う。

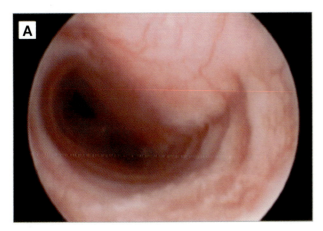
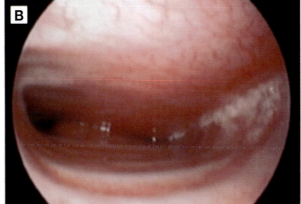

図21　頸部気管の虚脱　A：背側膜が内腔に突出し、内腔の直径が50％に減少している（グレードⅡの虚脱）。B：気管内腔の完全な虚脱（グレードⅣの虚脱）

胸部

低侵襲手術

José Rodríguez, Alicia Laborda, Carolina Serrano, Rocío Fernández, Amaya de Torre, Javier Gómez-Arrue, Miguel Ángel de Gregorio

頻度					
技術的難易度					

　この25年で、医学領域においては低侵襲手術が革新的に発展した。近年では、これまでの外科手術の替わりとしてさまざまな低侵襲の手技が利用可能になっている。これらの侵襲性の低い治療アプローチは、獣医外科領域にも取り入れられ広まりつつあり、小動物患者における低侵襲手術数も徐々に増加している。

　外科的アプローチは生体の天然孔を通して、もしくは体壁に小さな切開を加えて行う。このような方法を用いることで、従来の方法と比べて術後合併症や疼痛を減らすことができ、外観上も優れた結果が得られる。

　この治療法にはインターベンショナル・ラジオロジーおよび腹腔鏡/胸腔鏡がある。

　現在のところ、インターベンショナル・ラジオロジーによる（図1）治療の適応には以下のものがある。
- 腫瘍の塞栓
- 門脈体循環シャントの閉鎖
- 動脈管開存の閉鎖
- 肺動脈狭窄における弁形成術
- ペースメーカーの埋込
- 心膜穿刺と心嚢水吸引、など

> 獣医師は、人医療と同様の低侵襲手術の利点を飼い主に提供できる。

「画像ガイド下低侵襲手術」の項を参照 ➡ 334ページ

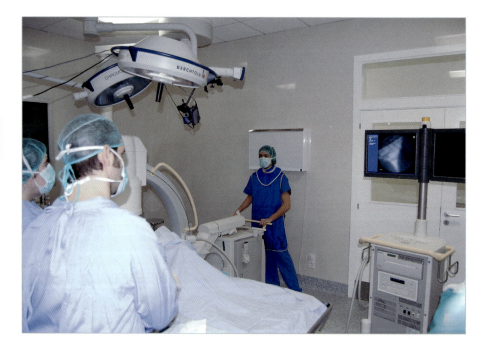

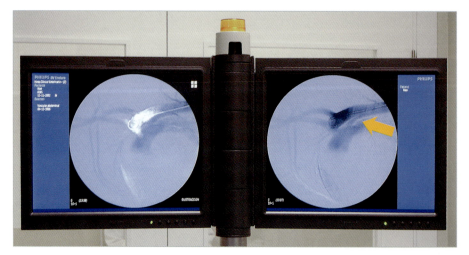

図1　この症例は動脈管開存の例で、結紮前に動脈管の直径を測定するために動脈造影を行っている（黄矢印）。

胸腔鏡の適応（図2）には現在のところ以下のものがある。
- 胸腔内の検査
- 肺生検・部分肺葉切除
- 動脈管開存の閉鎖
- 右動脈弓遺残症における動脈管索の結紮・分離
- 心タンポナーデにおける心膜切除
- 乳び胸における胸管結紮、など

「胸腔鏡」の項を参照 → 340ページ

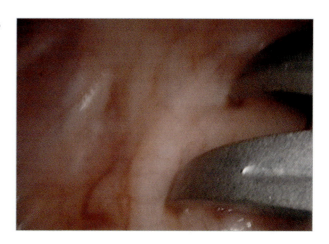

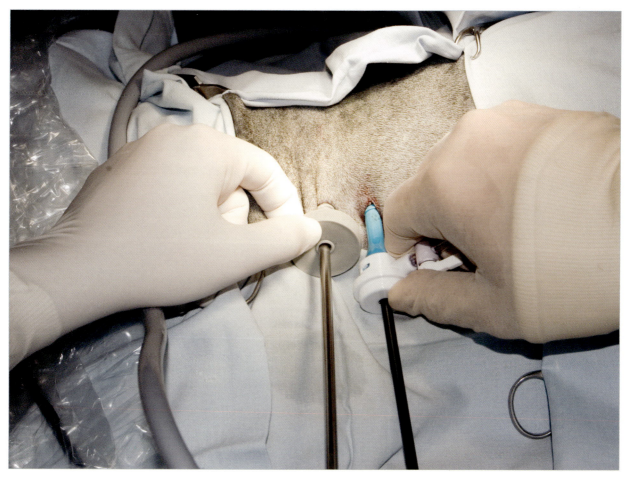

図2　右大動脈弓による食道圧迫の症例における胸腔鏡下手術。内視鏡写真は食道をまたぐ動脈管索の剥離を示している。

胸部

画像ガイド下低侵襲手術

Rocío Fernández, Carolina Serrano, Alicia Laborda, José Rodríguez, Miguel Ángel de Gregorio

頻度	■ ■ □ □ □
技術的難易度	■ ■ ■ □ □

　画像ガイド下低侵襲手術は、常に診断画像に依存して行うため、術者は低侵襲手術および画像診断の両方に精通している必要がある。

　胸部においては、これらのテクニックにより従来の外科手術と比べて合併症の発症率、斃死率を最小限にすることができる。気管虚脱の修復術などの非血管外科、肺動脈あるいは大動脈狭窄などの血管外科に適応できる方法であり、観血的な方法での危険性、瘢痕、麻酔時間、術後の疼痛や回復時間などの軽減が期待できる。

> 画像ガイド下低侵襲手術により、通常の開胸手術では不可能な治療オプションが可能となる。

　このような医療を提供するためには、獣医師はスペシャリストとしてのトレーニングを受けることや、他のスペシャリストの獣医師と連携して多くの経験を積むことが必要である。専門的な施設や器具、機材も必要になるため、初期投資は大きなものとなる。

設備と放射線防護

　インターベンショナル・ラジオロジーでは透視装置（図1）を使用することが前提であり、これにより体内の構造にアクセスしたり、診断を行ったり、さらに他の手技では不可能な治療を行ったりすることができる。

　手技を行っている間の放射線防護の原則は以下のとおりである。
- 放射線源からできるだけ離れる。
- 曝露時間を最小限にする。
- 鉛入りエプロン、鉛入り眼鏡、鉛入りグローブ、甲状腺防護用カラーなどの防護具を使用する。

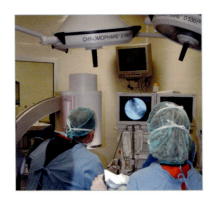
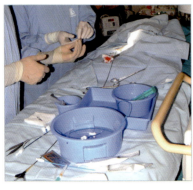
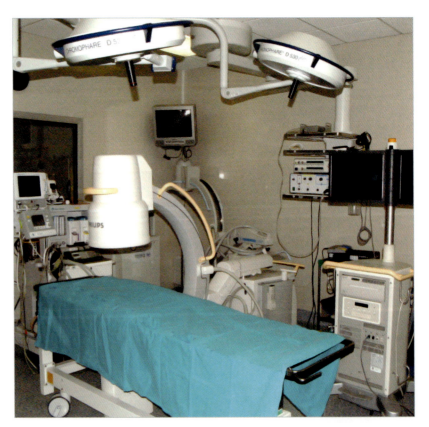

図1　X線透視ガイド下低侵襲手術は特別な施設で行う必要があり、それぞれの機器に対応する放射線防護基準に従うものでなければならない。

一般的手技／低侵襲手術

さらに、X線装置の定期的なパフォーマンステストを行い、月ごとにスタッフの線量計をチェックすることが必要である。

放射線照射量を許容可能な最大曝露量内に抑えるために、三段階で管理する。すなわち、X線装置のデザインと製造、施設の設計と区画、そして手技中の放射線防護である。特別な施設が必要であり、鉛入りの壁やドア、窓がなければならない。さらに、すべてのX線装置はICRP（国際放射線防護委員会）の規制に従っていなければならない。

器具・機材

これらのインターベンションを行うために、獣医師は種々の器具、機材の使い方に慣れている必要がある。

造影剤

インターベンショナル・ラジオロジーに用いる造影剤は、イオヘキソールやイオプロミドのようなヨウ素化有機化合物である（図2）。

造影剤の効果は、造影剤が満たされた部分の不透過性を増加させるものであり、体内に保持されるヨウ素原子の濃度に依存する。インターベンショナル・ラジオロジーにおいては、造影剤は用手あるいは総投与量と流量が調整可能な注射用ポンプを用いて血管内に注入する。

これらの造影剤は高浸透圧性であり（血漿浸透圧の5～6倍）局所性、あるいは全身性の合併症を引き起こす可能性がある。

カテーテルと血管ガイドワイヤー

カテーテル、および血管ガイドワイヤーは血管を介する操作、到達可能な組織の同定、診断および治療を可能とする器具である。

ガイドワイヤーは細いワイヤーで、カテーテルの挿入、ポジショニングおよび交換に役立つ（図3）。遠位末端は通常まっすぐだが柔らかいか、あるいはJ字型になっていて、脈管内を進める際に壁を傷害するのを防いでいる。2つのタイプのガイドワイヤーがある。
- 親水性ガイドワイヤー
- テフロンコートガイドワイヤー

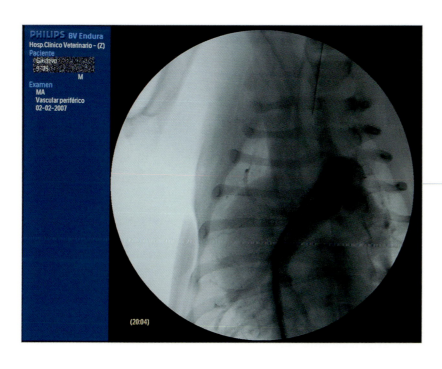
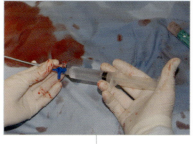

図2　X線造影剤は血管および内部構造を可視化するために不可欠であり、これを用いることでガイドワイヤー、カテーテルやステントなどのさまざまな器具を導入できる。

胸部

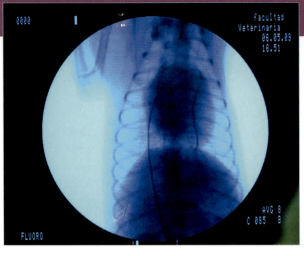
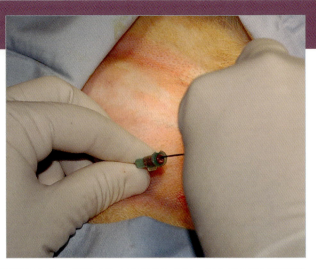

図3　ガイドワイヤーを用いることで血管のナビゲーションが可能になり、使用するさまざまなカテーテルを交換する際のサポートにもなる。

　これら一般的な2つのグループの中でさらに、到達したい解剖学的位置によりさまざまな径、長さ、先端の形状がある。
　カテーテルは小型で先端に穴の開いた中が空洞のチューブで、脈管や空洞内を造影剤で満たし、この種の外科手術で必要な他の器具をガイドするために用いる。

塞栓・閉塞物質

　画像ガイド下低侵襲外科手術手技の一つに、内出血を塞いだり腫瘍を孤立化させる、あるいは他の方法では到達が難しい部位における血管系の奇形を閉鎖することを目的とした血管塞栓がある。塞栓物質は非常にさまざまで、コイルや、ポリビニルアルコール粒子、スポンジ様の物質、脂溶性のスポンジ様物質、アルコール、液体ゴム、Amplatzerデバイスなどがある（図4、5）。

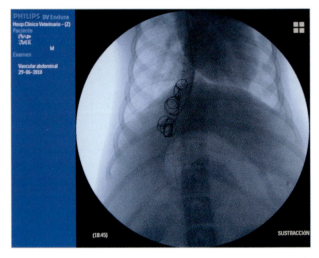

図4　肝内シャントをいくつかのコイルで閉塞させている術中写真

「Amplatzer Canine Duct Occluder（ACDO）を用いたPDA閉塞法」の項を参照 193ページ

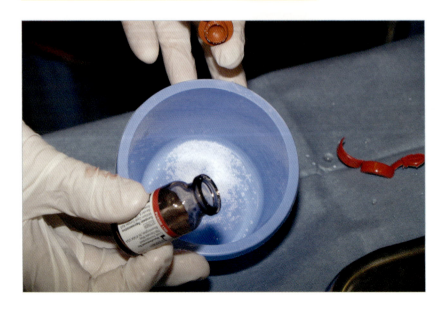

図5　前立腺の流入動脈閉塞のための塞栓物質の準備

一般的手技／低侵襲手術

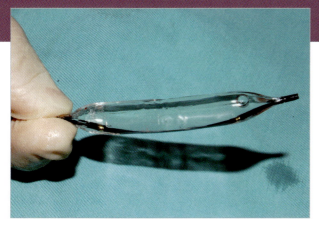

図6　6カ月齢の雑種の子犬における肺動脈狭窄の拡張術に用いられるバルーンカテーテル

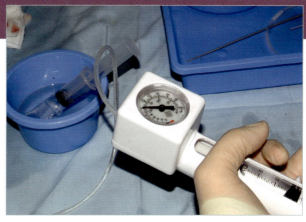

図7　バルーンカテーテルの平均圧力を10バールにするための送水器。圧力を20バールまで上げることが可能である（トラクターのタイヤは2.5バール）。

バルーンカテーテル

バルーンカテーテルとはカテーテル遠位端に小型で膨らませることが可能なバルーンが付属したものである。機能としては、大動脈あるいは肺動脈狭窄などの血管狭窄、あるいは尿路系や消化管など非血管性の狭窄部位の拡張である（図6）。

このバルーンは、バルーンから発生する半径方向への圧力をコントロールする送水器を用いて拡張させる（図7）。

ステント

ステントは、筒状で金属製のメッシュ状器具である。薬剤がコートされていたり、最近では生物学的に分解されるようなステントも利用可能になりつつある。ステントは閉塞、狭窄、もしくは塞栓した内腔を広げるものである。応用範囲は血管内にとどまらず、気管や消化管、尿路の狭窄にも用いられる（図8）。

『下腹部』の「直腸狭窄ステント設置術」の項を参照

222ページ

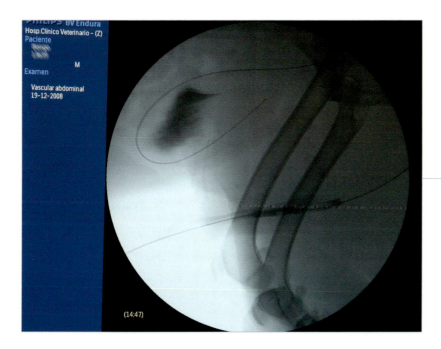

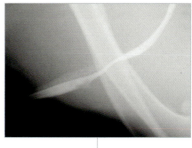

図8　陰茎骨の前方の尿道への、この部分の狭窄による排尿障害を改善するためのステント設置

胸部

画像ガイド下低侵襲手術の基礎的手技

血管へアクセスする基本的手技はセルディンガー法である。この手技により留置針から柔軟なワイヤーを通し、このワイヤーを使ってさまざまなカテーテルを交換することができる。

手技
- 超音波による血管の同定
- 22G カニューレによる血管確保。血液が流れ出たらスタイレットを抜き、カニューレを留置する（図9）。
- ヘパリン化した血清で湿らせたガイドワイヤーをゆっくりカニューレに通す。数センチ挿入したところでカニューレを引き抜き、ガイドワイヤーを血管に留置する（図9）。
- ガイドワイヤーにイントロデューサーのシースを、少し回転させながらスライドさせる。皮膚が通過できるように、11番のメスで小さく切開を加える（図10、11）。

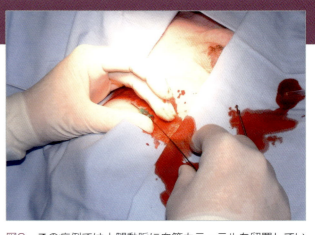

図9　この症例では大腿動脈に血管カテーテルを留置している。親水性のガイドワイヤーがカニューレに挿入されている。

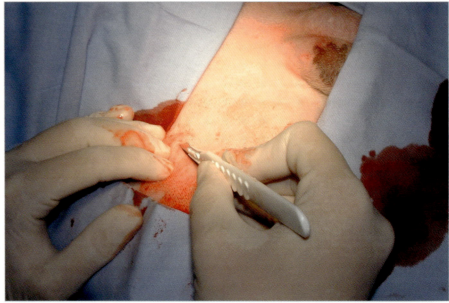

図10　イントロデューサーのシースが通過できるよう、皮膚に小切開を加える。カテーテルやガイドワイヤーを切ってしまわないよう注意する。

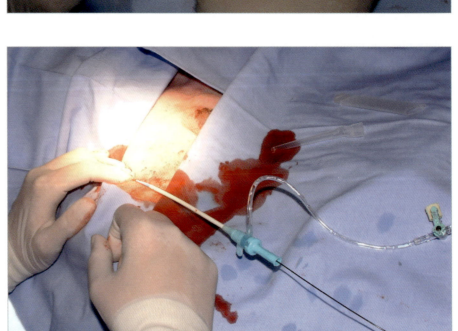

図11　ガイドワイヤーにイントロデューサーのシースをスライドさせる。シースを通して、ガイドワイヤーとカテーテルを交換する。

一般的手技／低侵襲手術

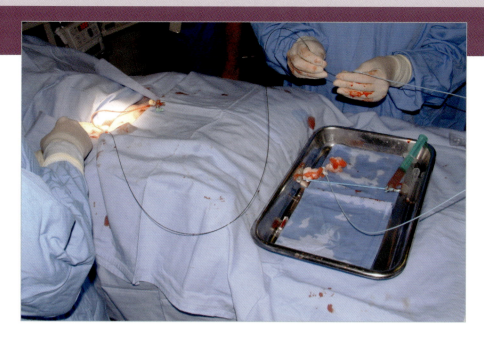

これで、カテーテルやガイドワイヤー、ステント、バルーンなどが挿入可能な血管アクセスポートができる（図12）。

図12　この写真は、診断用カテーテルの内腔にガイドワイヤーの先端をどのように入れるのかを示している。

インターベンションが終了したら、血管閉鎖の手技を使って術創を閉鎖するか、使用した器具の直径がそれほど大きくなければ単に数分間その部位を圧迫し、3〜4日間圧迫包帯を巻く。

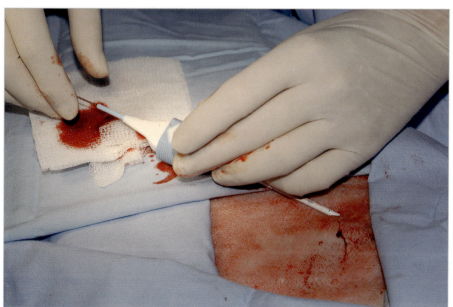

図13　血管の穿刺部位を確実に止血するための血管閉鎖手技。これらの器具を使用することによる合併症は最小限である。

その他の画像ガイド下低侵襲手術で応用可能なものとしては以下のものがある。
- 埋め込み型静脈アクセスポート。この器具は中心静脈に留置するカテーテルと皮下組織に埋没する注射用ポートからなる。設置された動物（とくに抗がん剤の投与を行う患者）では末梢の静脈を傷つけずに薬剤を持続あるいは反復投与可能である。
- 心嚢水の吸引。再発性の心嚢水貯留に対する外科的治療は開胸下心膜切除術である。一方、低侵襲な方法は、心嚢膜バルーン開窓術である。全身麻酔下で行い、カテーテルは剣状突起下から挿入する。

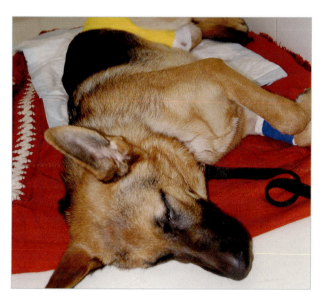

図14　血管閉鎖法を用いない場合は、3〜4日その部位に圧迫包帯を使用する。

胸腔鏡　概要

Javier Gómez-Arrue Azpiazu

頻度			■			
技術的難易度		■	■	■		

　胸腔鏡は内視鏡下外科手術で使われる手技の一部であり、いくつかの疾患において診断的、あるいは治療的手技を行うことを目的に胸腔内を内視鏡的にアクセスするためのものである（図1）。

　胸腔鏡の手技と聞くと、腹腔鏡や関節鏡などの他の手技がまっさきに連想される。しかし、胸腔とその構造に特徴的な要因がいくつかある。胸腔鏡においては、液体や気体などを注入し、操作するスペースを確保する必要はない。一方の肺に選択的に挿管することができれば、胸腔内に空気が入ったときに"病変側"の肺が虚脱し、肋骨と臓側胸膜との間に操作用のスペースができるため、術野を拡張する必要はない。気体の注入により肺の虚脱を助けたり、速くすることはできるが、術者はそれによって起こる問題についてよく理解しておく必要がある。

　注入圧が高すぎると、緊張性気胸と同様の影響が現れる。臨床所見としては、心拍出量の減少と対側の肺の圧迫である。したがってごく少数の例外を除いて、術野の確保のためにガスを使うことは推奨されない。使用する場合には、ガスの注入速度が1L/minを超えないようにすべきであり、内圧が5mmHgを超えないようにする。圧力が高いと前述のような問題を引き起こす。

　胸腔鏡下インターベンションにおけるもう一つ留意すべき点は、モノポーラ凝固の使用である。高周波装置のモノポーラ凝固モードを使用するときには、510kHz程度の高い周波数の電流が活性電極から組織を経由して患者の下に置かれた接触板に流れる。

凝固作用は活性電極だけに発現するが、低周波（50～60kHz）の迷走電流も生成されることがある。心筋はとくに30～110kHzの間の電流に感受性が高く、迷走電流の周波数はこの範囲に入っている。この周波数帯ではわずか10mAの電流でも心拍リズムの変化を引き起こすことがある。30W以上でエネルギー発生機を使用することでこの電流を超えてしまう。

> ＊ モノポーラ凝固装置は心室細動、さらには心停止を引き起こすことがある。

> 胸腔鏡下外科手術では、出血のコントロールに高周波凝固装置、超音波、レーザーなどを用いることが推奨される。

　さらに、腹腔鏡下外科手技ではアクセスポート設置のためのトロッカー挿入は平坦な表面で行うが、胸腔鏡下インターベンションの場合には肋骨が問題となる。内視鏡や器具を肋骨に対して垂直な方向に動かす場合、その範囲は非常に限定されるため、軌道ができるだけ短くなるようにすべきである。

　動物の準備は、開胸手術のように行う必要がある。手術中に問題が起こった場合、術者はすぐに従来の方法でアプローチできるようにするためである。

『上腹部』の「腹腔鏡検査と腹腔鏡手術」の項を参照　321ページ

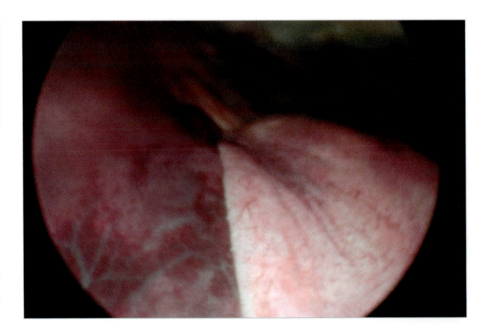

図1　この症例では、中葉では認められない病変が左肺の尖部で認められる。

一般的手技／低侵襲手術

動物によっては胸腔が2つに分かれていることもあるが、両側をつなぐ縦隔に細孔があることは珍しいことではない。これが、挿管して間欠的陽圧換気を行うことが推奨される理由である。絶対に必要というわけではないが、ダブルルーメンの気管チューブを使用することが推奨される。これは片側の気管支に挿管するためのものであり、術者が胸腔内に到達した際に対側の気管支が虚脱しないようにしておくものである。

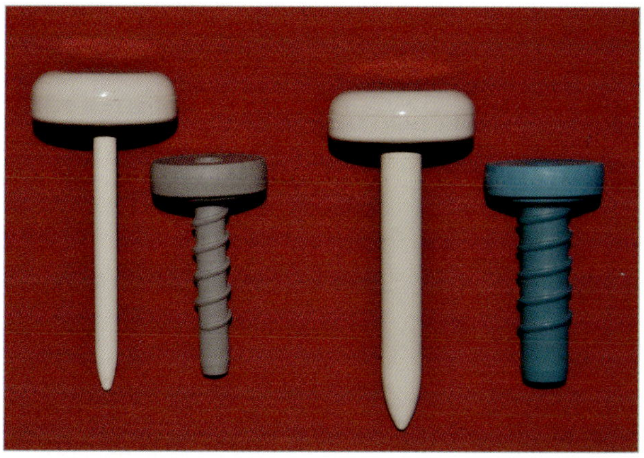

> 肺のブラや膿瘍を摘出する際、あるいは葉切除や主要な気道の一つが閉塞した際に永久的な解決を図る際、罹患していない肺の気管支に選択的に挿管することは非常に重要である。

> 低侵襲手術では、開胸と同様の血行動態的な変化が起こりうる。それは、胸腔鏡でのアクセス部位やどちら側かということ、切開の位置などよりは、術者の手技に依存する。

胸腔鏡手技の間に、動脈圧や心拍出量に変化が生じることが予想される。これらの変化は、胸腔鏡手技そのものよりも、インターベンション中の動物の体位や外科的な手技による変化である。操作スペースを確保するために胸腔内にCO_2を充満させることにより、心拍出量の減少や対側の肺の圧迫を引き起こすことがある。また心筋への直接的な刺激により期外収縮や不整脈を引き起こすこともある。

胸腔鏡によって酸素飽和度やカプノグラムの波形が変化するようなことはあってはならない。

アクセスと閉鎖の手技、術野の確保

手技を計画し、胸腔へアクセスする場所が決まったら、アクセスポートとして機能するトロッカーを挿入する。

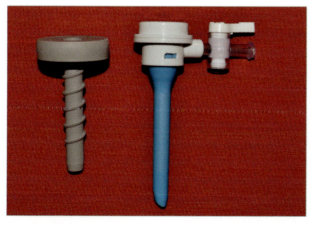

図2 胸腔鏡用に特化したトロッカー。先端が鈍になっており、肋骨の尾側にある血管を傷つけることなく肋間筋を貫通することができる。

トロッカーにはさまざまなタイプがある。
- 胸腔鏡に特化したトロッカー：まっすぐな、プラスチックあるいは金属のカニューレセット。さまざまな直径（5、10、12mm）が種々の器具を使用するために存在する。先は丸くなっている（図2）。
- 腹腔鏡用トロッカー：末端にガスの漏出を防ぐための弁がついたプラスチックカニューレ。いくつかの直径がある（5、10、12、15mm）。CO_2注入器と接続することができる（図3）。トロッカーの先端は丸いもの（ノン・カッティング・トロッカー）と、いくかの筋層を分離するための尖っているもの（カッティング・トロッカー）がある。目視下で体腔内にアクセスするための光学機器を使用できるトロッカーもある（光学トロッカー）。筋層を切開するためのブレードがついたもの（鋭性トロッカー）、力を加えることで押し込むことができるよう特別に設計されたものがある（鈍性トロッカー）。

図3 腹腔鏡用のトロッカー。送気装置に接続するための三方活栓と、上部には弁が付属しており、外科器具や光学装置を交換する際にガスが漏出するのを防ぐ。

もし手技にガスの注入が必要な場合、注入したガスが漏出せず密封することができるようにするため腹腔鏡用のトロッカーを用いることが好ましい。

アクセス手技

1. トロッカーの直径に応じた大きさで皮膚を切開する。ガスを用いる場合には、漏出してしまうことがあるため切開創は大きすぎないようにする。逆に小さすぎれば、トロッカーをスムーズに挿入することが難しくなる。トロッカーにかける力が強すぎると、皮膚を突然貫通し、コントロールを失ったトロッカーが胸腔内の構造に傷害を与えてしまう。トロッカーを挿入する際には、肋間の血管は肋骨の尾側に沿って走っていることに注意すべきであり、肋骨の頭側に沿って挿入することが望ましい。
2. 皮膚を切開したら、モスキート鉗子を用いて壁側胸膜に到達するまでいくつかの筋層を分離する。胸膜を貫通した場合、特徴的な音が聞こえてくる（図4）。
3. ブラント・トロッカー、それが用意できない場合はブレードのついていないトロッカーを挿入する。ブレードのついたトロッカーは、プロテクター・シールドが格納されてしまう危険性がない場合をのぞいて推奨されない（図5）。
4. 光学器具を挿入し、内部構造に傷害を与えていないことを確認する（図6、7）。
5. 胸腔内からの目視ガイド下で、同様の手技を他のトロッカーを用いて繰り返す。

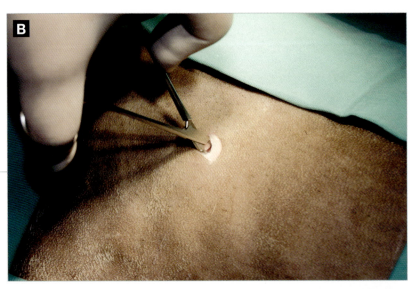

図4　A：適切な皮膚切開を行うために、トロッカー外筒の直径を皮膚にマークする。B：メスで皮膚切開を行い、続いて胸腔に到達するまで剥離鉗子を用いて肋間筋を貫通する。

図5　トロッカーとオブチュレーターの挿入。スクリューのように胸壁に対して時計回りにトロッカーを回転させる。挿入の間は皮膚はしっかりと引っ張り、トロッカー周囲の皮膚がよじれないようにする。

一般的手技 / 低侵襲手術

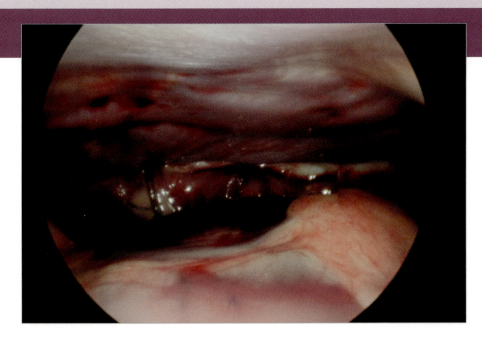

図6　胸腔中央部の検査。この画像では背側に脊椎血管のうちの1本の下側が、無気肺となった肺葉の両側に、腹側に心膜が見える。

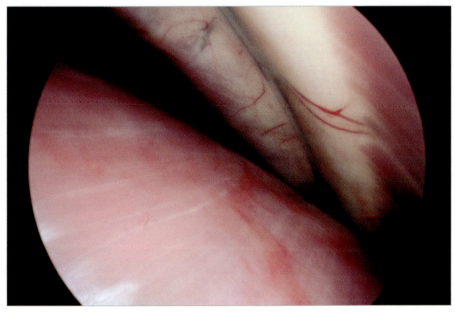

図7　胸腔の検査。この画像では横隔膜円蓋の左側、肋骨、内側肋間筋の1つが見える。

可視化システム

- **冷光源**：ハロゲン、キセノン、あるいはLEDランプと、光源冷却装置、光をケーブルに投影するシステムからなる。

> キセノンランプは寿命が短く約500時間であり、オンとオフを繰り返すことにも耐性がない。

- **無熱光ケーブル**：独立した光学ファイバー束により無熱光源から光学システムに光が送られる。"無熱光"とは、光ケーブルの先端から10cmの距離では熱を発しないということである。しかし、光学装置の先端と光学装置とケーブルの接続部は、熱傷を起こす熱さになることがある。

- **光学装置**
  - **内視鏡**：固いもの、柔らかいものがあり、0°、30°、45°、90°、120°の角度のものがある。胸腔鏡下外科手技では30°の内視鏡が推奨される。内視鏡は作業用チャネルがついているものもある。直径は2.7〜10mmで、胸腔鏡には5mmのものが適切である。
  - **ビデオカメラ**：光学装置の接眼レンズに接続する小型カメラ。1つ、あるいは3つのCCDカメラから構成されている。1つのものは1つの受光器がすべての色情報を感受できるものであり、3つのものは、それぞれの色（赤、緑、青）に対応した受光器をもつものである。現在、高解像度の画像（1080ピクセルまで）が得られるカメラが利用可能である。

胸部

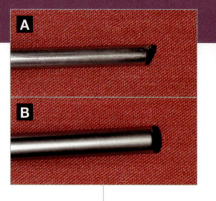

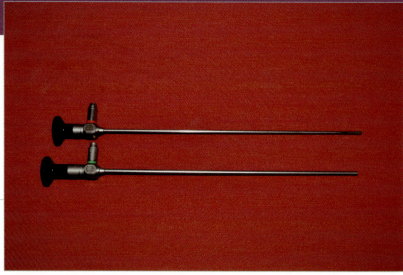

図8 30°(A)と直(B)の5mm硬性鏡

30°の視野が胸部での処置には最も適している。これは、光学システムに隣接する構造を肋骨に力を加えずに観察することができるためである。

- テレビモニタ：アナログとデジタルがあり、カメラのビデオ・アウトプットに考慮して選択する。アナログ信号は通常5：4のフォーマットで出力され、高解像度信号は常に16：9で出力される。
- レコーダー

器具

胸腔鏡外科に用いる器具は、従来の外科手術と同様、さまざまなものがある。開胸による胸部外科手術に用いる器具の大部分が胸腔鏡外科用に用意されている。しかし、基本的な器具は含まれていなければならない（図9〜12）。

- 剥離鉗子
- 剪刀
- 把持鉗子
- 剥離鉗子
- 止血器具
- ステイプル

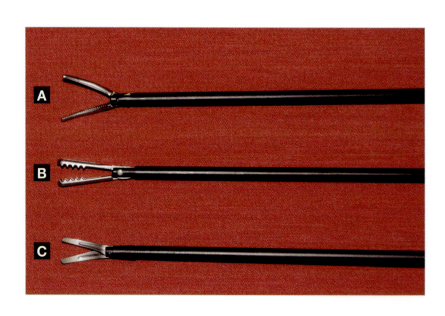

図9 胸腔外科のための外科器具
A：剥離鉗子
B：バブコックタイプの把持鉗子
C：バイポーラ剪刀

一般的手技／低侵襲手術

バイポーラ凝固装置と蒸着パルスによる組織シーリング（LigaSure™、PlasmaKinetic タイプの器具）については、とくに述べておく必要がある。

図10　器具の先端のスクリューを広げた状態の扇状分離器

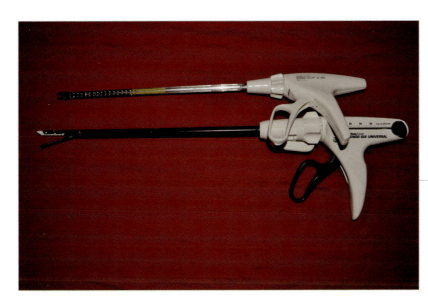

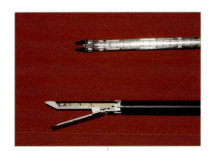

図11　この写真は、上が止血用のステイプラー、下が内視鏡下ステイプラーを示している。

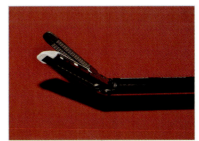

図12　内視鏡手術用のステイプラーは、挟み込む組織の厚みによりさまざまなステイプルが使用可能である。Roticulator™ システムにより先端の角度を変えられ、組織の把持が容易になっているものもある。

適応と応用

医学領域では、きわめて種々の手技が胸腔鏡外科に使われている。

獣医外科に応用されている手技は少ないが、従来の方法から"鍵穴"手術に応用することはそれほど難しくはない。ただし、外科医は手術を行う領域に対して熟知している必要がある。

- 胸部背側へのアクセス：背側3分の1、腹側3分の2のラインに沿ってトロッカーを挿入する。肺を腹側に移動すれば十分なスペースを確保でき、動きにある程度自由があるので、正確な肋間から胸腔にアクセスする必要性はそれほど高くない。この領域では、胸部血管、右大動脈弓、食道、胸管、気管を確認することができる（図13、14）。
- 胸部中腹側へのアクセス：この場合、外科器具のアクセス・ポートは手技を行う部位の1肋間後ろから挿入し、光学システムのためのアクセスポートはさらに1肋間後ろから挿入する。心嚢切開のために心臓へアクセスすることが可能で、さらに、肺葉あるいは部分肺葉切除を実施するために肺全体を観察することができ、膿瘍を吸引したり、ブラの生検および切除を行うこともできる：胸腔では胸膜癒着術を行うこともできる（図15～17）。

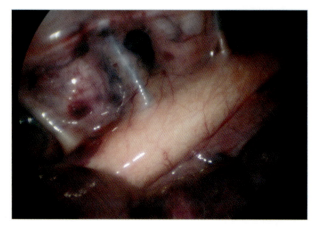

図13 背側胸腔の目視と切開。尾側大動脈とその椎骨枝に注意する。この画像はトレーニングクラスの死体を使った練習でのものである。

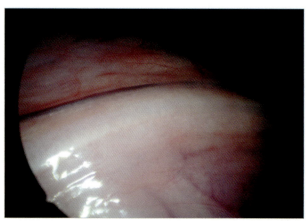

図14 内視鏡手術では解剖学的構造を高倍率で可視化することができる。これは横隔神経の詳細な画像である。

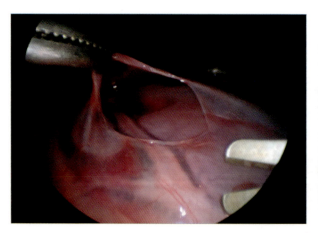

図15 この画像は心嚢膜切除を示しており、トレーニングクラスの死体を使った練習でのものである。

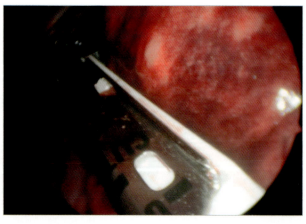

図16 肺葉部分切除における Endo-GIA ステイプラー。この画像はトレーニングクラスの死体を使った練習でのものである。

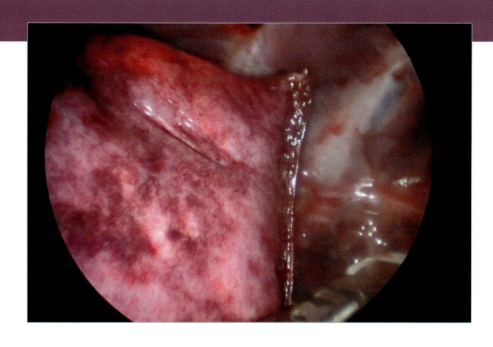

図17 ステイプラーを使用した後の肺の最終的な外観。ステイプラーにより、各3列のステイプルで2カ所の機械的結紮を行い、この部位で切除した。
この画像はトレーニングクラスの死体を使った練習でのものである。

主な合併症

胸腔鏡外科において発生する合併症の多くは従来の外科手術で起こるものと同様である。

胸腔鏡外科手術自体によって起こる特殊な合併症としては以下のものがある。
- **緊張性気胸**。2つの主要因がある。
    - 送気のためガスを使用しすぎた場合
    - 人工呼吸の代わりに自発呼吸を用い、腹腔鏡用トロッカーを設置した場合、動物が吸気するたびにトロッカーの末端から外気が入ってくる。動物が呼気するときに三方活栓が閉じている場合、バルブから出ることができないため空気はトラップされてしまう。このようにして胸腔内圧が呼吸のたびに上昇する。
- **肋間血管の傷害**：トロッカーを肋間の尾側に設置した場合に生じる。血胸に至るような持続的な出血を起こす場合もある。頭側の肋骨辺縁で胸部にアクセスすることでこの問題は簡単に回避できる。
- **肺実質の切断、穿孔**：一気に胸腔内に入ってしまうことで生じる。注意深く手技を行い、胸膜を含むすべての層をあらかじめ剥離することで簡単に避けることができる。
- **主要な血管の切開、穿孔**：長いトロッカーを不用意に挿入してしまったり、血管の周囲を剥離する際に起こりうる。すぐに開胸を行うべき緊急事態である。
- **急速な再拡張に続発する肺水腫**：虚脱した肺が再び酸素化された際に、フリーラジカルの放出と炎症細胞の浸潤により片側性の急性肺水腫を起こすことがある。このため、再拡張させた後1時間は患者をモニタする必要がある。
- **食道の狭窄、もしくは穿孔**：剥離の技術が低かったり、電気焼灼器具を用いることによる。腹側胸腔は脂肪組織が豊富であるため、この領域を操作する場合術者は十分注意する必要がある。
- **心室細動と心停止**：モノポーラ電気外科器具を心筋のすぐそばで使用することで起こる場合がある。このようなことをできるだけ避け、またバイポーラ器具に切り替えることで避けることができる。
- **乳び胸**：胸管を切断してしまうことによる。手術時にこれを発見することは難しい。手術時には絶食しているためである。切断してしまった場合には、乳び胸を防止するために胸管を結紮しなければならない。

胸部

開胸術　概要

José Rodríguez, Amaya de Torre,
Carolina Serrano, Rocío Férnandez

頻度	
技術的難易度	

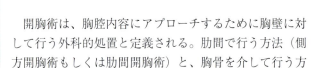

　開胸術は、胸腔内容にアプローチするために胸壁に対して行う外科的処置と定義される。肋間で行う方法（側方開胸術もしくは肋間開胸術）と、胸骨を介して行う方法（正中開胸術もしくは胸骨切開術）がある。

　開胸術は予定手術として行う場合と緊急手術として行う場合がある。後者では、他の処置の間に酸素療法や胸腔ドレインの設置（図1）を行ってまず患者の状態を安定させる。

> 胸腔穿刺あるいは胸腔ドレインの設置のために使用する器材は、常に身近に用意しておく。すべての小動物獣医師は、これらの方法が行えるようにしておく。

一般的な注意点

　患者の臨床検査の中でも、心肺機能、粘膜の色調、毛細血管再充填時間、心臓や肺の聴診、脈拍数やその様式にとくに注意を払う。

「胸隔および胸腔　概要」の項を参照 ← 8ページ

> ※ 胸腔内病変によって呼吸が妨げられると、低酸素血症が生じる。このような患者では、麻酔前にマスクや経鼻チューブで酸素化しておく。

　大量の胸水が貯留している患者では、X線検査や手術を行う前に胸腔から排液しておく。

「胸腔ドレイン」の項を参照 ← 265ページ

　適切な麻酔法を選択し、呼吸抑制や重度の低血圧を軽減する。患者の換気と麻酔管理を直ちに行うために、麻酔の導入と挿管を迅速に行う。オピオイドは心肺機能の低下を引き起こすが、その鎮痛効果は有害作用に勝る。

「胸部手術の麻酔」の項を参照 ← 258ページ

> 胸腔を開けたら、20cmH$_2$O を超えない範囲で間欠的陽圧換気により呼吸管理を行う。適切な換気によって低酸素症、呼吸性アシドーシス、無気肺を防ぐ。

　予防的抗生物質には、セファゾリンが勧められる（20mg/kg IV）。胸腔へのアプローチには、対象臓器、疾患により側方あるいは正中の開胸術を行う。手術の対象臓器が十分に露出できるよう、進入方向や肋間を適切に選択することが重要である（表1）。

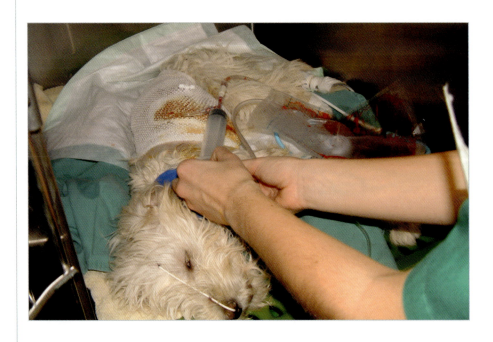

図1　集中治療室に入院している重度胸部外傷患者。鎮静下で経鼻チューブによる酸素療法を受け、胸腔ドレインが留置されている。

一般的手技／開胸術

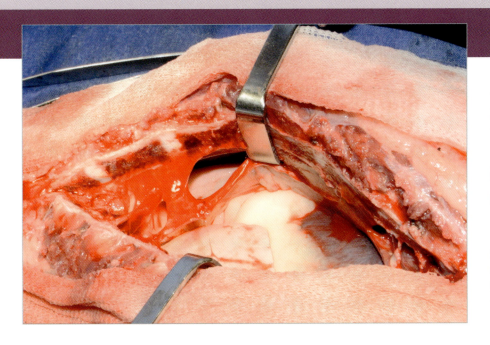

次章において、患者の準備と側方および正中からの胸腔へのアプローチ法について述べる（図2、3）。

「側方開胸術」の項を参照 → 353ページ

図2　正中開胸術の胸骨切開の最終段階。ファラボイフ開創器を用いると、サジタルソーによる胸骨切開が行いやすくなる。

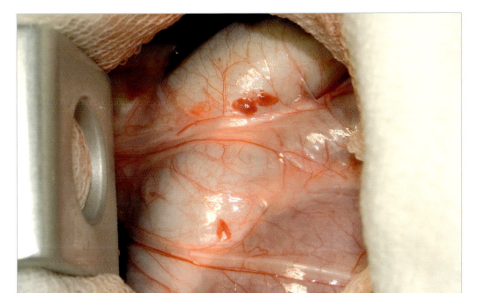

「正中開胸術」の項を参照 → 361ページ

図3　心基部にアプローチするための第4肋間からの側方開胸術。この患者は動脈管開存症があり、分離と結紮が必要であった。

表1

臓器や手術内容に基づく外科的アプローチの推奨部位			
開胸術	肋間	対象
右側あるいは左側	第4、第5	心臓
	第4〜6	肺葉切除術
右側	第4	前大静脈
	第6、第7	後大静脈
	第4、第5	心基部付近の食道
左側	第4	動脈管開存症 右大動脈弓遺残症
	第3、第4	食道頭側部
	第9	食道尾側部
正中		試験的開胸術

術後管理

患者を集中治療室に入院させ、4～6時間ごとに液体や空気を吸引する。

術後の疼痛は以下の方法で管理する。
- メサドン　0.2～0.4mg/kg/4h　IV，IM
- ブトルファノール　0.2～0.4mg/kg/2～4h　IV，IM
- ブプレノルフィン　0.005～0.02mg/kg/6h　IV，IM
- フェンタニルパッチ　犬では50～75μg、猫では25μg

ブピバカイン（2mg/kg）による胸膜浸潤麻酔も用いられる。患者は十分に酸素化しておく。このため、呼吸数と呼吸の深さを確認する必要がある。

> オピオイド鎮痛薬は呼吸を抑制する。

術後の疼痛を軽減し、自発呼吸を促すために、閉胸時にブピバカインを胸膜間に滴下したり、開胸した両側の二肋間の肋間神経をブロックする（図4）。

> ブピバカインによる局所鎮痛（合計2mg/kgまで）は患者の呼吸状態を改善する。

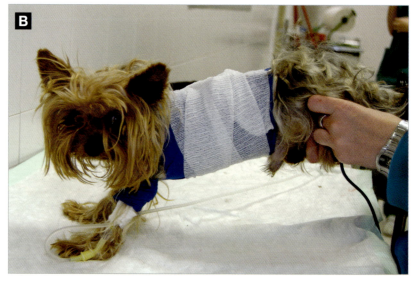

図4　A：胸腔にアプローチした肋間両側の傍脊椎へのブピバカイン浸潤麻酔。B：正中開胸術の術後にドレインからブピバカインを投与する。胸腔の頭側部に分布させるために、写真のように患者を保定する。

患者の酸素化状態を改善するためには、経鼻チューブによる酸素の投与が勧められる（図5）。

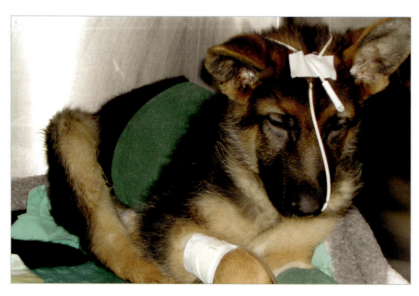

図5　開胸術後の回復期。患者は低換気状態だったので、手術直後、酸素投与のための経鼻チューブを留置した。

一般的手技／開胸術

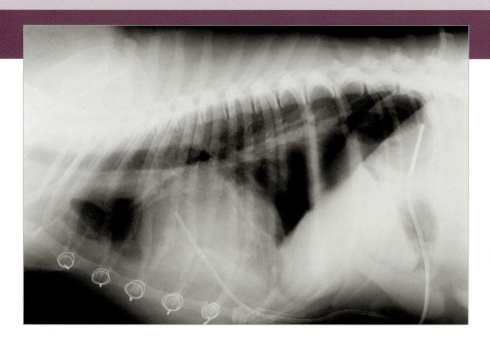

　空気が吸引されなくなったり、吸引される液体の量が1〜2ml/kg/24h以下になったら、胸腔ドレインを抜去する（図6）。

図6　48時間前に正中開胸術を行った患者のX線像の確認。気胸は認められず、2ml以上の胸水も吸引されないため、胸腔ドレインを抜去する。

可能性のある合併症

　胸部の術後には、以下のような合併症が起こりうる。術者はこれらに注意し、回避しなければならない。

気胸

　開胸術後に胸膜腔に空気が残存するのは正常であり、問題の原因となることはまれである。正常な状態では24〜48時間以内に胸膜から空気が吸収されるからである。
　しかし、肺や気道の手術後に気胸が持続する場合には、重大な問題となり得る。このような患者では、胸膜の炎症反応により空気の漏れが塞がれるまで、ドレインに持続吸引システムを接続する。
　患部の胸膜癒着も試みる。これは、胸腔内に自家血（6ml/kg）を注入することによって行う[1]。これらの方法でも問題が解決しない場合には、欠損部を縫合するために再手術を行う。

血胸

　胸腔の洗浄に用いた液体を完全に除去することはできないので、心肺手術や腫瘍外科の後に血液の混じった内容液が吸引されるのは普通である。
　吸引された液のヘマトクリット値が血液のヘマトクリット値と同じ場合や血様液の量が非常に多い場合には、輸液量を増やすとともに輸血が必要となる。
　術後3〜4時間で血液の喪失量が2ml/kg/hを超える場合には、出血のコントロールのために再手術を行う。

 血胸は重大な術後合併症である。このため、術中の止血を十分行い、胸壁の血管を損傷しないように細心の注意を払う必要がある。これらの血管からの失血は、血胸の原因と混同されやすい。

乳び胸

　乳び胸は、外科手技の失宜や大動脈付近の操作後の胸管の損傷によって生じる。治療法は、以下のとおりである。
- ゆるやかで持続的な排液と低脂肪食
- ルチン（15mg/kg/8h）の経口投与（胸水から蛋白質を排出し、吸収を促進する）。
- 希釈した塩酸テトラサイクリンによる胸膜癒着（結果はあまり思わしくなく、全身麻酔下で行わなければならない）
- 外科手術：胸管の結紮、胸膜腹膜ドレインなど

---

[1] Merbl, Y, Kelmer, E, Shipov, A, Golani, Y, Segev, G, Yudelevitch, S, Klainbart, S. Resolution of persistent pneumothorax by use of blood pleurodesis in a dog after surgical correction of a diaphragmatic hernia. J. Am. Vet. Med. Assoc. 1 August 2010; vol. 237(3):299-303.

不整脈

 胸部外科では、とくに心臓を操作する際に不整脈が生じる。

不整脈の主な原因は、通常電解質の不均衡（低カリウム血症や低マグネシウム血症）、心臓血管手術中の心臓の直接的操作や近隣組織の操作の際の変位、虚血による変化などである。他の原因としては、不十分な麻酔濃度、疼痛、循環血液量減少、低体温、薬剤とくに麻酔薬などがある。

心電図上で最も多く見られる変化は、心室性期外収縮や心室性頻拍で、血行力学的異常を伴う場合と伴わない場合がある（図7）。

標準的な治療法は、リドカインのボーラス投与（2〜4mg/kg）とその後の持続点滴（50〜100μg/kg/min）である。不整脈が持続する場合には、アミオダロン（2〜5mg/kg IV）を使用する。患者が反応しない場合には、プロカインアミド（3〜6mg/kg IV）を使用する。症例によっては、ベータ遮断薬（プロプラノロール、エスモロール）が適応となる。

重度の徐脈（通常、麻酔薬や過度の迷走神経刺激によって生じるが、低酸素症、低体温、高カリウム血症も原因となりうる）の場合には（図8）、治療はアトロピン（0.02〜0.04mg/kg IV）が基本となる。

心臓電気的活動の協調性の完全喪失を伴う心室細動が認められた場合には、除細動器を使用する。開胸中の場合には、低電圧でも有効であるため直接心臓に当てて使用する。

上室性頻拍に対しては、ジルチアゼムを使用する（0.25mg/kg IV）。

場合によっては、重炭酸塩による代謝性アシドーシスの補正やグルコン酸カルシウムもしくはインスリンによる持続的高カリウム血症の補正を行う必要がある。

これらの不整脈や合併症を確認するために、術後24〜48時間患者をモニタする。

再拡張性肺水腫

再拡張性肺水腫は、慢性的肺虚脱の患者において虚脱の改善後に認められる。原因は不明であるが、術後数時間で患者が呼吸困難や呼吸促迫を示した後、急速に悪化し、残念なことに多くの例で致命的となる。

この病態の予防や治療は非常に困難である。このような患者では、虚脱した肺側の胸郭をまず閉じ、その後胸腔から少量ずつ空気を吸引することが勧められる。これによって、再拡張が緩徐に生じるからである。また、全身的に副腎皮質ホルモン（メチルプレドニゾロン）を投与する。

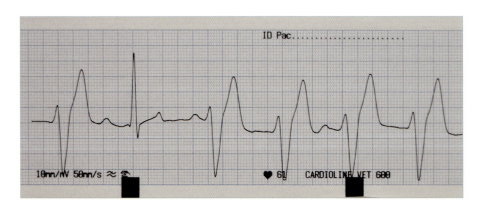

図7　心臓の操作による心室性期外収縮

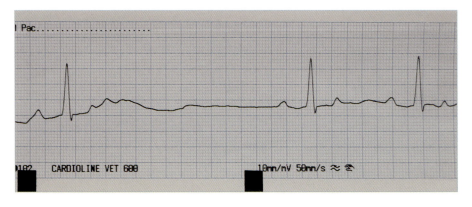

図8　迷走神経刺激によって起こった徐脈

側方開胸術

José Rodríguez, Amaya de Torre, Carolina Serrano, Rocío Fernández

頻度				
技術的難易度				

　横臥位の患者に対し、胸腔にアプローチする際の適正な肋間に印をつける（図1）。

> 胸腔にアプローチする際の肋間の選択は非常に重要である。術野が狭いので、肋間を1～2つ間違えると手術が非常にやりにくくなるからである。

> 開胸術の正しい位置を選択するためには、最後肋骨から前に向かって第12肋間、第11肋間、第10肋間……と数えていくとよい。

> 肥満動物では、肋間を確認するのがさらに難しい。時間をかけて、正しい位置を確認する。

※ 開胸術を始める前に、アプローチする部位とその両側2肋間の肋間神経をブロックする。

　選択した肋間上の皮膚、皮下組織、筋肉を椎体部から胸骨付近まで切開する（図2）。

※ 本法では、バイポーラ凝固装置による出血のコントロールが非常に重要である（図2）。これによって、術後出血（例えば、胸腔内由来の血胸）との混同を避けることができる。

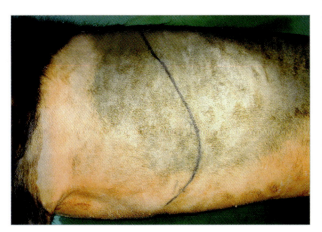

図1　第8肋間での開胸術のための術野の準備

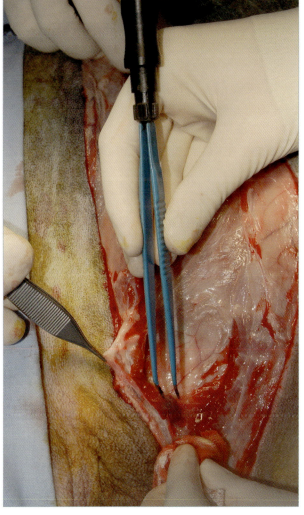

図2　この術式では、術後合併症を防ぐためにバイポーラ凝固装置による出血のコントロールが非常に重要である。

胸部

次に、鋏を用いて広背筋を背方に、胸筋を腹方に切開する（図3）。

術者は、最後肋骨から戻りながら数えることで正しい肋間を選択しているか確認し（肋間は12ある）、肋骨および肋間筋を露出するために斜角筋と腹鋸筋を切断する（図4）。

第4肋間での開胸術を計画した場合、第五肋骨上の外腹斜筋の停止部がよい解剖学的指標となる。

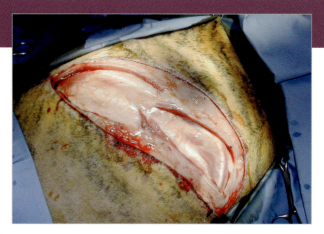

図3　第4肋間での左側開胸術を行う患者における広背筋と胸筋の切開

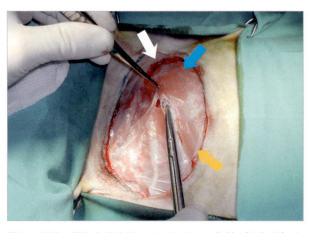

図4　組織の損傷を最小限にするために、鋸筋（青矢印）を線維の方向で切断する。この写真では、すでに切開した広背筋（白矢印）や第5肋骨に終止する外腹斜筋（黄矢印）も認められる。

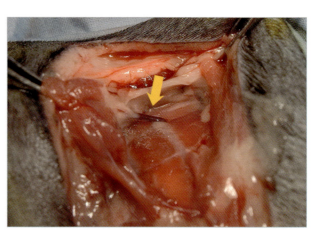

図5　切開後のこの写真は、広背筋の血管供給を示している（矢印）。筋肉の虚血や壊死を避けるため、これらの血管は温存する。

選択した肋間に疑問があるときは、より尾側の肋間を選択する。尾側の肋骨を牽引する方が簡単で、容易に術野を露出できるからである。

胸壁の筋肉を切開する場合には、内側を走る血管に注意し、可能な限り温存する（図5）。

術者が開胸すると気胸になるので、麻酔医は注意を払う。肋骨の頭側部で肋間筋に穴を開ける（図6）。

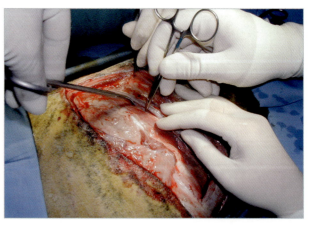

図6　胸腔を開く場合には、吸気時に鈍性の鉗子で肋間筋と胸膜に穴を開ける。これによって、肺は胸壁から離れ、損傷を防ぐことができる。

胸腔内に空気が入ると、肺は胸壁から離れ、損傷が起こりにくくなる。次に、内胸動静脈を損傷しないように鋏を用いて肋間筋を背腹方向に切開する（図7、8）。

大型動物では、閉胸後の密閉性の改善のために尾側の肋骨から肋間筋に付着する骨膜フラップを作ることができる（図9）。

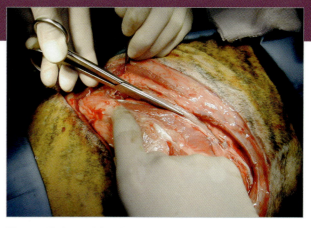

図7　開胸部の尾側に位置する肋骨頭側部に沿って肋間筋を切開する。

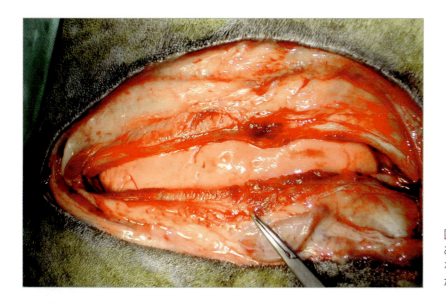

図8　肋間筋を切開する。ここまでのあらゆる段階で、切開した筋肉の止血を注意深く行う。肋骨の尾側には特別な注意を払う。

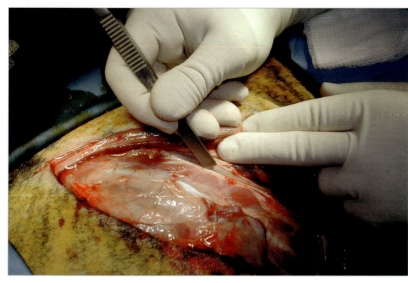

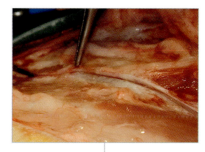

図9　尾側の肋骨の骨膜を全長にわたって切開し、骨膜刀あるいはメスの鈍側を用いて頭側を肋骨から剥離する（挿入図）。

胸部

> 開胸の際は、背側部（後上腕回旋動脈）および胸骨付近（浅前腹壁動静脈、外胸動静脈、内胸動静脈）の血管を損傷しないようにする。

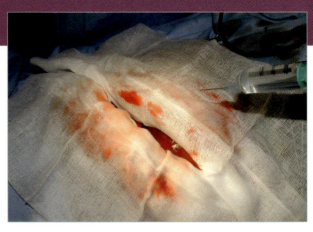

図10　胸壁の筋肉損傷を防ぐために、開胸部の辺縁を滅菌生理食塩水で湿らせたガーゼで保護する。

　開胸部の辺縁は、温めた滅菌生理食塩水で湿らせたガーゼで保護する（図10）。肋骨を広げたままにして術野を広くするためには、フィノチェット肋骨開創器あるいは外傷外科で用いられる他の自在開創器を使用する（図11）。

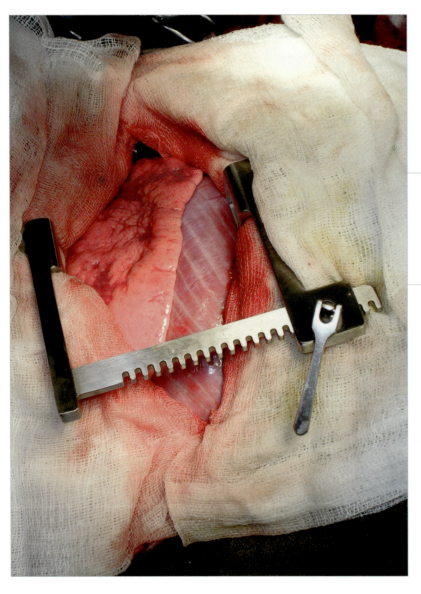

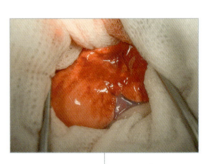

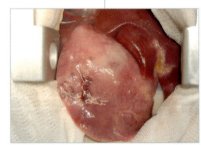

図11　術野を広げたままにしておくためには、写真に示すようにフィノチェット肋骨開創器あるいはゲルピー肋骨開創器が必要である。

一般的手技／開胸術

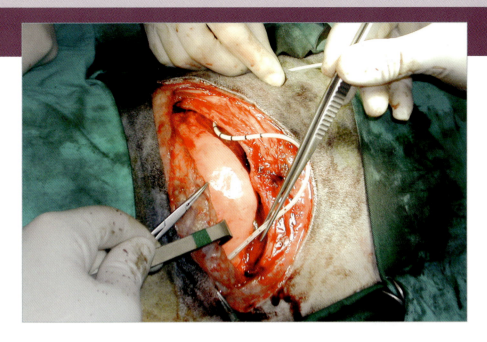

予定した胸腔内処置を行い、出血や他の胸腔内病変の有無を確認した後に、閉胸する。

胸腔ドレインを予定している場合には、閉胸前に設置する。チューブの先端は第2肋間を超えないようにする（図12）。

「胸腔ドレイン」の項を参照 265ページ

図12 術後に胸腔ドレインを設置する場合には、閉胸前に適切な位置に設置する。

開胸創の安定化のために、切開部の両側の肋骨を取り囲んだ縫合を数カ所行う必要がある（図13）。動物の大きさによって、2-0～2の太い吸収糸を用いる。

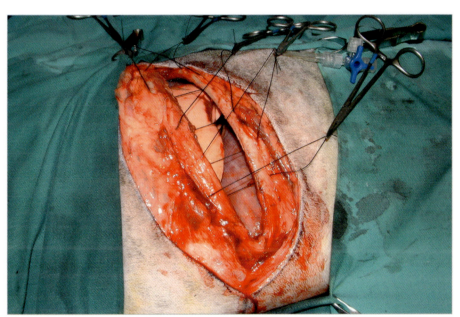

図13 胸腔ドレインを設置した後、治癒を促進するために数カ所の肋骨周囲縫合を行い、開胸部の両側の肋骨を固定し、その部位を安定化する。

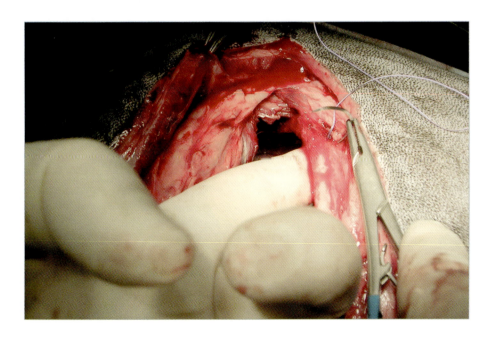

肋骨尾側の血管損傷を防ぐために、縫合針は後ろに向かって刺入する。このようにすれば、針先で傷害を与えることがなく、血胸を予防できる（図14）。

図14 肋骨の血管損傷を防ぐために、縫合針を後方に向かって刺入する。このようにすれば血管を切断することなく針が組織を貫通する。針が肺を損傷しないよう術者は指を当てておく。

胸部

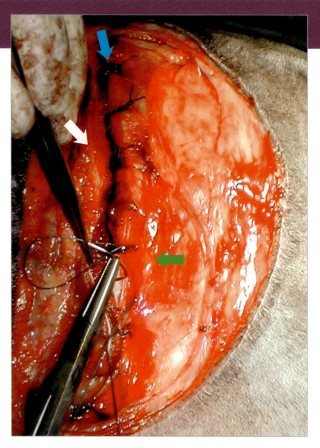

うまく結紮するためには、バックハウスタオル鉗子を用いて肋骨を寄せるとよい。あるいは、助手が中央の縫合糸の両端を交差させて締めつけて肋骨を寄せている間に、術者が残りの結紮を行う。

外肋間筋に付着する骨膜フラップを準備した場合には、合成吸収糸を用いた連続縫合によってフラップを尾側の肋間に縫合する（図15）。続いて腹鋸筋、斜角筋、胸筋、最後に広背筋を縫合する（図16、17）。これらの縫合には、合成吸収糸を用いた単純連続縫合を行う。

図15　肋骨周囲の縫合（青矢印）を結紮した後、肋間筋（白矢印）を肋間尾側の筋肉（緑矢印）と縫合する。開胸術の間に準備した骨膜フラップを肋間筋に縫合するとやりやすい。

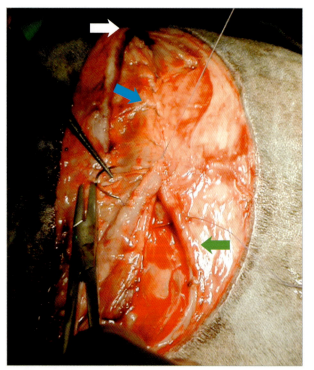

図16　吸収性モノフィラメント糸を用いた連続縫合で筋層を閉鎖する。胸筋（緑矢印）の並置縫合の開始部に注目せよ。腹鋸筋（青矢印）はすでに縫合し、次に広背筋（白矢印）を縫合する。

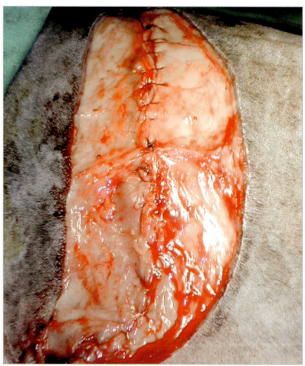

図17　この写真は、広背筋の縫合が終わった最終的な外観を示す。これまでの筋肉と同様、無傷性丸針付きの合成吸収性モノフィラメント糸を用いた連続縫合を選択した。

胸腔ドレインを設置しない場合、麻酔医は各筋層の最後の結紮を行うまで中程度の圧で吸気させて維持する。

> これらのすべての縫合には、無傷性の丸針、できれば鈍針を用いる。

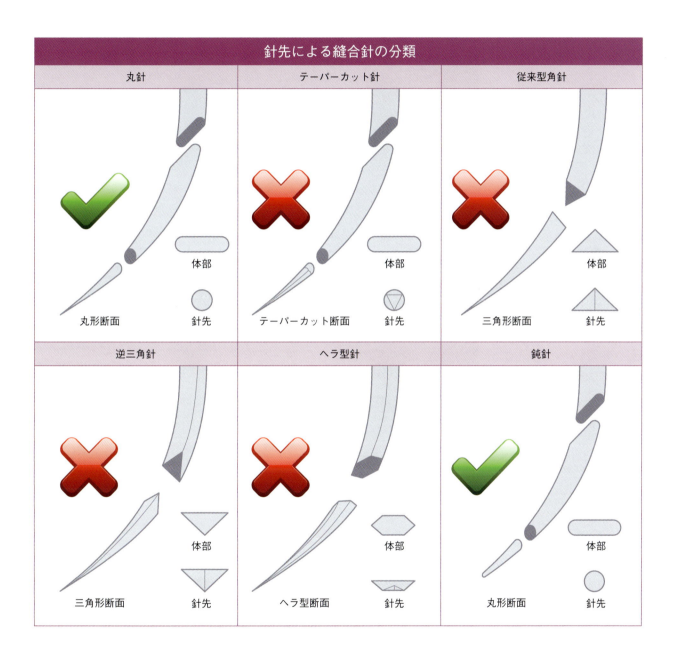

胸部

皮下組織と皮膚を閉鎖している間に、助手は胸腔ドレインから残っている空気をゆっくり抜去し始める（図18）。

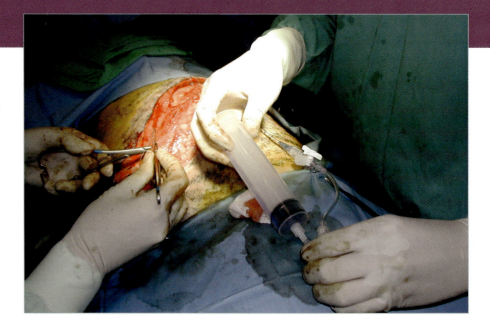

図18 筋層を再建したら、胸腔内に貯留している空気と液体の吸引を始める。

まだ行っていないようなら、手術の最後に開胸部両側の2肋間を麻酔薬でブロックする（図19）。

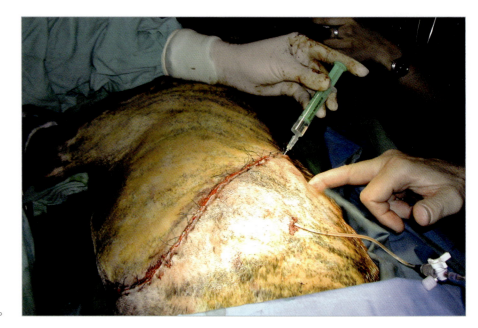

図19 肋間（開胸部の前後2つ分）の浸潤麻酔を胸腔から皮下組織までの全層に行う。

開胸部の術創と胸腔ドレインの保護のために、胸部に非圧迫性包帯を巻く（図20）。

> 開胸術の概説の章で述べた術後管理の注意を参照せよ。

図20 術後、胸腔を吸引するのに使うシリンジと三方活栓の接続部を操作できるようにしたままで、圧迫を加えないように術部を包帯で巻く。手術直後の酸素療法を行うためには、経鼻カテーテルが勧められる。

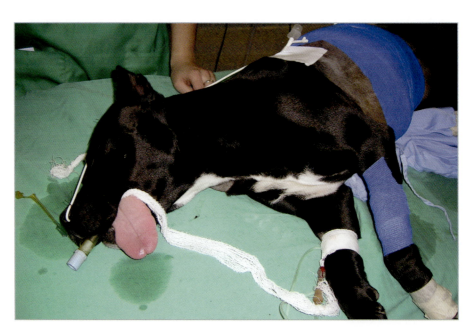

正中開胸術

José Rodríguez, Rodolfo Bruhl Day, Amaya de Torre, Pablo Meyer, Carolina Serrano, Elena Martínez, Rocío Fernández

頻度	
技術的難易度	

正中開胸術あるいは胸骨切開術は、胸骨分節の正中を切断して行う。

> ※ 正中胸骨切開術を行う場合、胸郭の安定性を維持し、術後疼痛を軽減し、胸骨の治癒を促進するために、最初と最後の胸骨分節は切断せずにそのまま残しておく。

術野を剪毛、消毒し、患者を背臥位に保定する。術野を準備して、胸骨の正中線上で皮膚を切開する（図1）。次に、浅胸筋を終止部で分離する。これは、骨膜起子、メスの非切断縁、抜糸鋏などを用いて行う（図2）。

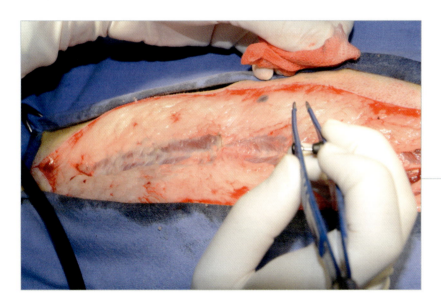

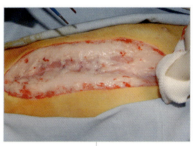

図1　バイポーラ凝固装置を用いて出血をコントロールしながら、胸骨柄から剣状突起までを切皮する。

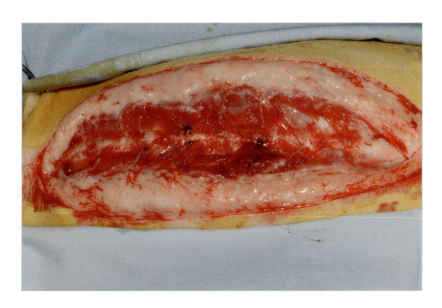

図2　骨膜刀やメス刃の背面を用いて浅胸筋の終止部を正中から分離する。胸筋を分離したときの出血は、バイポーラ凝固装置を用いて永続的に止血する。

次に、胸骨分節を縦に切断する。患者の大きさや胸骨分節の石灰化の程度によって、肋骨刀、ハンマーとノミあるいはサジタルソーを用いて行う（図3、4）。

通常、切断した胸骨分節からびまん性の出血が見られるので、ボーンワックスを用いて止血する。

> ＊ サジタルソーを用いる場合、胸骨分節の熱傷を防ぐために生理食塩水で切断面を持続的に冷却する（図3）。

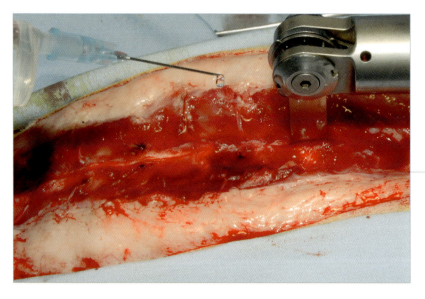
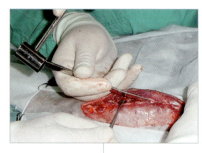

図3　外傷外科で用いられるサジタルソーあるいはハンマーとノミで正中胸骨切開術を行う。胸骨分節は正中で切断して閉鎖しやすくし、術後の胸郭の安定性を得る。

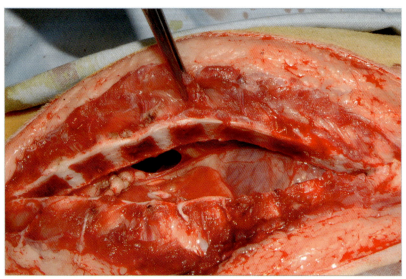

図4　サジタルソーを用いた胸骨切開術の写真。術後の胸郭の安定性を得るために、最初と最後の胸骨分節は温存する。

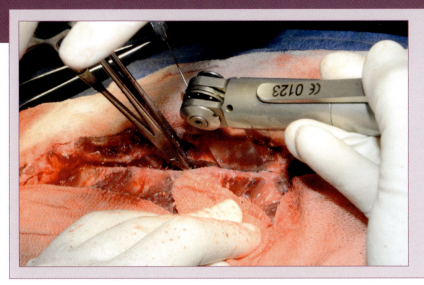

助手はセン・ミラー開創器を用いて切開部位を広げておき、サジタルソーによる骨の切断を補助する。あるいは、この写真のように2本の曲の動脈鉗子をテコのようにして用いる。後者を選択した場合には、片方の手があくので、サジタルソーに注水して冷却することができる。

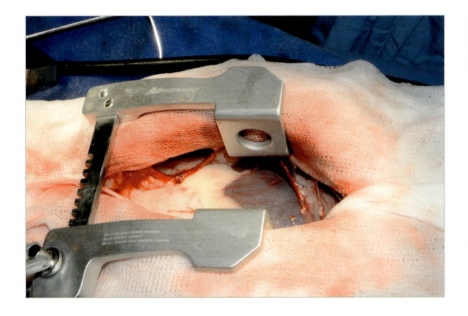

肺葉や心臓を損傷しないようできる限りの注意を払う。

ガーゼを掛けることにより、胸骨分節からの出血を防ぎ、開胸部辺縁を保護する。ガーゼを掛けたら、切開した創縁を分離して術野をより露出するために、フィノチェット開創器を使用する（図5）。

図5　生理食塩水で湿らせたガーゼを用いて開胸部の創縁を保護し、胸腔を開いておくためにフィノチェット開創器を装着する。

次に、予定した外科的処置を行う（図6）。

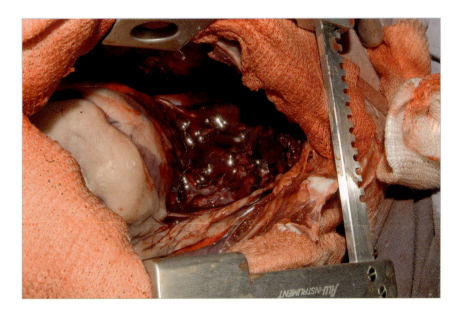

図6　この症例では、外傷性の血胸の原因を確認するために試験的開胸術を行い、右肺を切除した。

操作が終了したら、出血や他の肺病変の有無を確認する。胸腔を洗浄・吸引し（図7）、胸骨切開部を閉鎖する。胸腔ドレインを設置する場合は、胸骨切開部を閉鎖する前に行う。

「胸腔ドレイン」の項を参照 265ページ

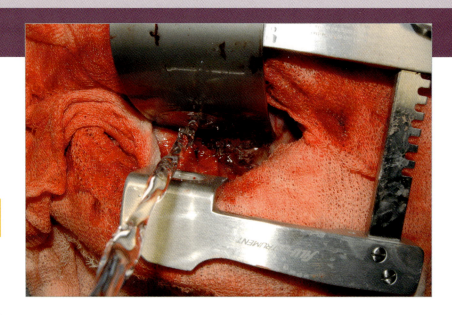

図7　操作が終了したら、術中の汚染をできるだけ除去し、気道縫合部の密閉性の確認のために、温めた生理食塩水で胸腔内を洗浄、吸引する。

> 胸腔ドレインは胸骨分節を通して引き出すのではなく、肋間に設置する。

> 胸骨分節を保持する縫合法として、胸骨を安定化させ、横方向や前後方向の動きを防ぐために、8の字縫合を行う。

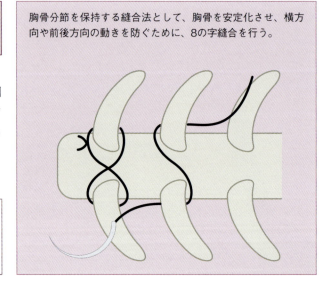

胸骨切開部は、胸骨分節周囲に太い縫合糸を掛けて閉鎖する（図8）。体重が15～17kg以上の患者では、ステンレス・スチール・ワイヤー（22～18ゲージ）を使用する（図9～15）。

 側方開胸術における肋骨周囲縫合と同様、血胸の原因となる血管損傷を避けるために針付縫合糸を用いる。

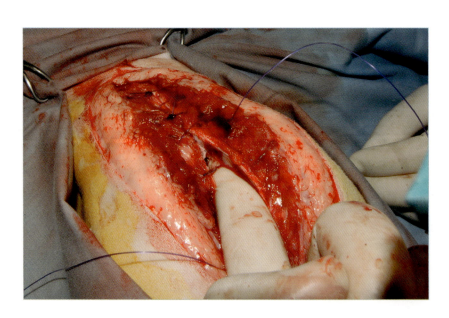

図8　吸収性モノフィラメント糸を用いて胸骨分節を縫合する。肋軟骨接合部周囲には8の字縫合を行う。

一般的手技／開胸術

> サークレージワイヤーによる確実な閉鎖は、創の破綻を防ぎ、安定化を得るのに非常に重要である。

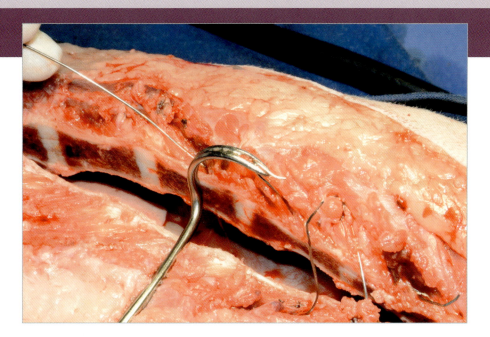

図9 デシャン針を用いて、サージカルスチールワイヤーを肋軟骨接合部周囲に通す。縫合部にはできる限り肋骨周囲組織を含まないようにする。

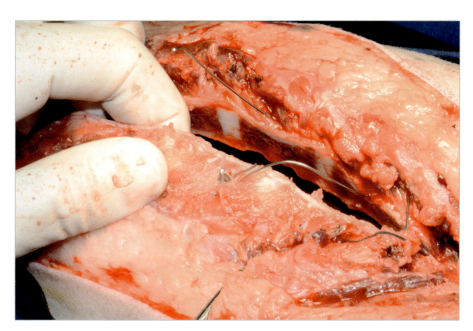

図10 この針は血管を損傷しないよう鈍端になっている。針を後方に引き抜く前に、肋骨周囲組織を損傷しないようワイヤーの先端を曲げておく。

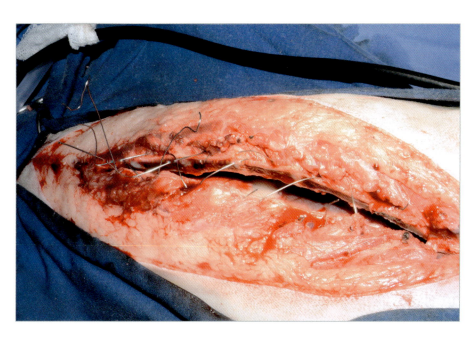

図11 それぞれのサークレージワイヤーを掛けやすくするために、すべてのワイヤーを掛けるまで締結しないでおく。

胸部

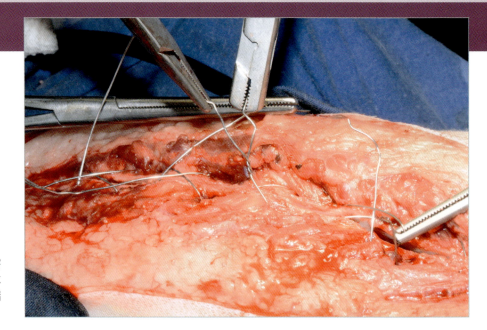

図12 助手が胸骨分節を寄せておき、術者は圧を加えながら時計方向にワイヤーの端を引っ張りながら捻る。

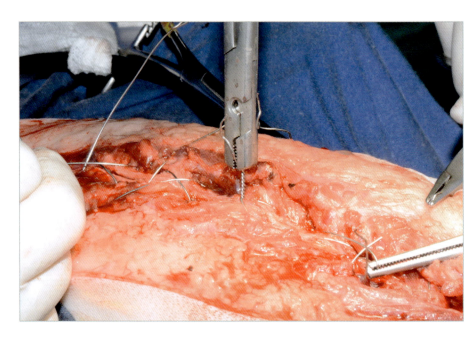

図13 ワイヤーをプライヤーで保持し、しっかりと引っ張ることで、サークレージワイヤーに張力をかけながら胸骨分節が接合するまで徐々に捻る。ワイヤーが破綻するので、張力をかけすぎないようにする。

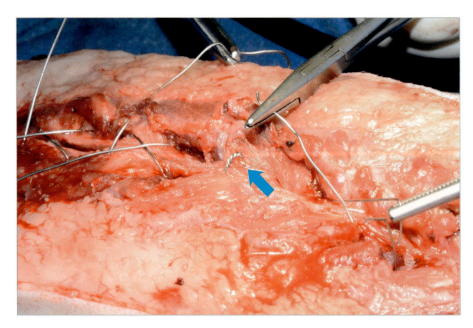

図14 捻った端はプライヤーで5mmほどに切断し、他の組織を損傷しないように尖端が胸骨に接触する程度に曲げておく。

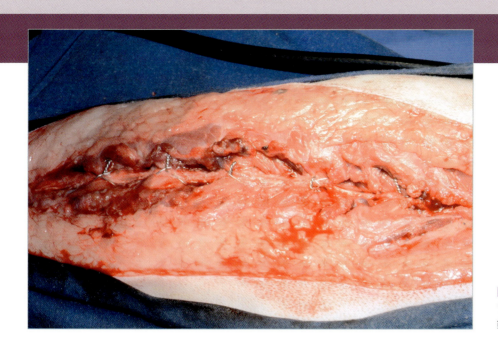

図15 サージカルスチールワイヤーによる胸骨分節の閉鎖の最終像

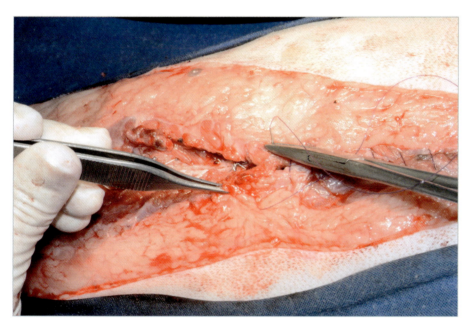

図16 浅胸筋を縫合して開胸術部を完全に被覆する。十分な密閉性を得るために、縫合は広く、強固に行う。

> 内胸動静脈の損傷を避けるために、サークレージワイヤーはできるだけ胸骨の近くに掛ける。

> 胸骨分節は急速に治癒する。

次に、吸収糸を用いた連続縫合によって胸筋と皮下組織をそれぞれの層ごとに縫合する（図16）。術者の選択した方法で皮膚を閉じる。

> 開胸術の概要の項で述べた術後管理の注意を参照せよ。

カラーアトラス
小動物外科シリーズ　胸部
Small animal surgery. Surgery atlas, a step-by-step guide: The thorax

2015年2月18日　第1版第1刷発行Ⓒ

定　価　本体価格　23,000円＋税
監　訳　西村亮平
発行者　金山宗一
発　行　株式会社ファームプレス
　　　　〒169-0075東京都新宿区高田馬場2-4-11
　　　　　　　KSEビル2F
　　　　TEL03-5292-2723　FAX03-5292-2726

無断複写・転載を禁ずる
落丁・乱丁本は、送料弊社負担にてお取り替えいたします
ISBN978-4-86382-058-6